■ 高等学校环境类专业教材

# 固体废弃物的资源化处理

张增强·主编

U0272028

中国农业科学技术出版社

**图书在版编目（CIP）数据**

固体废弃物的资源化处理／张增强主编 . —北京：中国农业科学技术
出版社，2020. 10

ISBN 978-7-5116-5052-8

Ⅰ.①固… Ⅱ.①张… Ⅲ.①固体废物利用 Ⅳ.①X705

中国版本图书馆 CIP 数据核字（2020）第 187390 号

## 内容提要

本书为环境和资源类专业主干课程教材，分上下两篇，上篇为理论部分，下篇为实验部分。

上篇较为系统的介绍了固体废物的来源、性质以及处理处置与资源化的基本原理、基本方法、工艺流程、相关设备以及运行参数等。特别是对实际应用较多的固体废物处理与处置方法如固体废物热解、焚烧、高温堆肥、厌氧发酵、卫生填埋等部分作了详细介绍。

下篇介绍了固体废物资源化处理的基本实验内容，包括固体废物中的植物养分和重金属含量的测定以及好氧堆肥、厌氧产沼、热解、焚烧等实验内容。

本书适用于环境工程、环境科学、资源与环境、再生资源科学与技术及相关专业的本科生、研究生、专科生作教材或参考书，也可供从事固体废物处理与处置工程或科学研究的科研人员参考。

| | | |
|---|---|---|
| **责任编辑** | 穆玉红 | |
| **责任校对** | 贾海霞 | |

**出 版 者** 中国农业科学技术出版社
北京市中关村南大街 12 号　邮编：100081
**电　　话** （010）82106626（编辑室）　　（010）82109702（发行部）
（010）82109709（读者服务部）
**传　　真** （010）82106650
**网　　址** http://www.castp.cn
**经 销 者** 各地新华书店
**印 刷 者** 北京建宏印刷有限公司
**开　　本** 787 mm×1 092 mm　1/16
**印　　张** 22.25
**字　　数** 525 千字
**版　　次** 2020 年 10 月第 1 版　2020 年 10 月第 1 次印刷
**定　　价** 85.00 元

# 《固体废弃物的资源化处理》
## 编 委 会

主编　张增强

编者（按姓氏笔画排序）

王　权　　王素芬　　王燕强　　孙西宁

李荣华　　刘永卓　　张勤虎　　张增强

岳庆玲　　黄懿梅

# 前　言

　　《固体废弃物的资源化处理》是根据教育部高等学校环境科学与工程类专业教学指导委员会制定的环境类核心课程的教学任务与基本要求，在总结多年教学实践和当前科研成果的基础上编写的。

　　全书共分上下两篇，上篇为理论部分，下篇为实验部分。上篇分八章，第一章为固体废物资源化处理总论，重点讲述了固体废物的来源、分类、危害、污染控制措施、固体废物管理制度、固体废物管理法规以及标准；第二章为固体废物的收集、存放及清运，重点讲述了城市生活垃圾的收运系统分析、收集线路设计和转运站设计；第三章为固体废物的预处理方法，重点讲述了固体废物的压实、破碎、机械分选和污泥的浓缩与脱水的原理、方法和工艺设备；第四章为固体废物的生物处理，重点讲述了固体废物的堆肥化、沼气发酵技术的原理、方法和工艺设备；第五章为固体废物的热解和焚烧处理，重点讲述了固体废物的热解、焚烧以及焙烧的原理、方法和工艺设备；第六章为固体废物的填埋处置，重点讲述了城市生活垃圾卫生填埋场的规划没计、渗滤液的污染防治及填埋气的控制及利用；第七章为固体废物的资源化与综合利用，重点讲述了产生量大、来源广的几种固体废物的资源化利用途径和方法；第八章为危险废物及放射性固体废物的管理，重点讲述了放射性固体废物的安全处置和危险废物的安全处置。

　　全书由张增强主编，并编写了前言、第四章及实验一至实验八；第一章和实验十一由黄懿梅编写；第二章和实验九由李荣华编写；第三章和实验十五由孙西宁编写；第五章和实验十四由张勤虎编写；第六章和实验十二由王素芬和王燕强编写；第七章和实验十三由岳庆玲和刘永卓编写；第八章和实验十由王权编写。

　　在本书的编写过程中，先后征求了综合性大学和农林高校的相关任课老师的意见和建议，得到了他们的热情帮助和支持；本书还参考引用了一些从事教学、科研、生产工作的同志撰写的教材、论文等有关文献资料；中国农业科学技术出版社的穆玉红同志对书的编写和出版做出了许多工作，在此一并表示感谢。限于编者水平以及经验，不足之处在所难免，敬请读者多多批评指正。

# 目　录

## 上篇　理论部分

# 下篇　实验部分

上篇　理论部分

# 第一章　固体废物的来源、危害及管理

## 第一节　固体废物的来源及分类

固体废物是指在生产、生活和其他活动中产生的在一定时间和地点无法利用而被丢弃的污染环境的固态、半固态废弃物质。一般情况下，废弃物根据其形态可分为固态废物、液态废物和气态废物。在液态废物和气态废物中，大部分为废弃的污染物质掺混在水和空气中，直接或经过处理后排入水体或大气中，在我国它们被习惯地称为废水和废气，从而纳入水环境或大气环境管理体系管理，而其中不能排入水体的液态废物和不能排入大气的气态废物，通常置于特殊的容器中存放，此类废物由于多具有较大的危害性，在我国归入固体废物管理体系。

固体废物是相对某一过程或某一方面没有使用价值，而并非在一切过程或一切方面都没有使用价值。另外，由于各种产品本身具有使用寿命，超过了使用寿命，也会成为废物。因此，固体废物的概念具有时间性和空间性，一种过程的废物随着时空条件的变化，往往可以成为另一种过程的原料，所以固体废物又有"放在错误地点的原料"之称。

固体废物主要来源于人类的生产和消费活动，人们在开发资源和制造产品的过程中，必然产生废物，任何产品经过使用和消耗后，最终都将变成废物。物质和能源消耗越多，废物的产生量就越大。进入经济体系中的物质，仅有 10%～15% 以建筑物、工厂、装置、器具等形式累积起来，其余都变成了废物。固体废物具有以下 4 个特征：①产生于生产建设、日常生活和其他活动之中；②不再具有原使用价值；③固态、半固态和置于容器中的非固态物质；④对环境有可能产生污染和危害。

固体废物来源广泛，种类繁多，组成复杂。从不同的角度出发，可以进行不同的分类。按其化学组成可分为有机废物和无机废物；按其危害性可分为一般固体废物和危险性固体废物；按其形状可分为固体废物（粉状、粒状、块状）和泥状废物（污泥）等。根据《中华人民共和国固体废物污染环境防治法》及国际惯例，可分为城市固体废物、工业固体废物、农业废物、危险性废物等。

1. 城市固体废物

城市固体废物主要指城市生活垃圾，它是指在城市居民日常生活中或为城市日常活动提供服务中产生的固体废物，其主要成分包括厨余物、废纸、废塑料、废织物、废金属、废玻璃陶瓷碎片、砖瓦渣土、粪便以及废家具、废旧电器、庭院废物等。城市生活垃圾主要产自城市居民家庭、城市商业、餐饮业、旅馆业、旅游业、服务业、市政环卫、交通运输业、文教卫生业和行政事业单位、工业企业以及水/污水处理厂污泥等。其主要特点是组成复杂、有机物含量高。影响城市生活垃圾成分的主要因素有居民生活水平、生活习惯、季节、气候等。

2. 工业固体废物

工业固体废物是指在工业生产过程中产生的固体废物。按行业主要包括以下几类。

（1）冶金工业固体废物。主要包括各种金属冶炼或加工过程中所产生的废渣，如高炉炼铁产生的高炉渣、平炉转炉电炉炼钢产生的钢渣、铜镍铅锌等有色金属冶炼过程中产生的有色金属渣、铁合金渣及提炼氧化铝时产生的赤泥等。

（2）能源工业固体废物。主要包括燃煤电厂产生的粉煤灰、炉渣、烟道灰、采煤及洗煤过程中产生的煤矸石等。

（3）石油化学工业固体废物。主要包括石油及加工工业产生的油泥、焦油页岩渣、废催化剂、废有机溶剂等。化学工业生产过程中产生的硫铁矿渣、酸渣、碱渣、盐泥、釜底泥、精（蒸）馏残渣以及医药和农药生产过程中产生的医药废物、废药品、废农药等。

（4）矿业固体废物。矿业固体废物主要包括采矿废石和尾矿，其中废石是指各种金属、非金属矿山开采过程中从主矿上剥离下来的各种围岩，尾矿是指在选矿过程中提取精矿后剩余的尾渣。

（5）轻工业固体废物。主要包括食品工业、造纸印刷工业、纺织印染工业、皮革工业等工业加工过程中产生的污泥、动物残余物、废酸、废碱以及其他废物。

（6）其他工业固体废物。主要包括机械加工过程中产生的金属碎屑、电镀污泥、建筑废料以及其他工业加工过程中产生的废渣等。

由于不同工业生产过程不同，所用原料不同，因而所产生的固体废物种类和性质是不同的。

3. 农业固体废物

农业废弃物主要包括农作物秸秆、畜禽粪便等。随着城乡人民生活水平的提高，工农业生产水平的不断改进以及对环境的不断重视，秸秆和畜禽粪便等废弃物的产生量在不断地增多，对农业环境的污染问题愈来愈严重。

目前，我国每年仅作物秸秆量就达 9 亿吨，但因缺乏相应的技术和设备来加以利用，其中的 2/3 只能废弃或焚烧。不仅浪费了大量的资源，而且造成了严重的环境污染；畜禽粪便对环境的污染主要集中在大、中城市郊区的集约化养殖场。由于畜禽粪便排放相对集中在养殖场附近，远远超出附近农田环境自身消纳的能力。同时，因经济发达地区直接从事农业生产的劳动力和劳动时间较少，农田施肥主要以化肥为主，导致大中型畜禽场产生的畜禽粪便因找不到出路而随意堆放，严重污染了周围环境。

4. 危险废物

危险废物是指列入国家危险废物名录或是根据国家规定的危险废物鉴别标准和鉴别方法认定具有危险特性的废物。

危险废物的定义是在 20 世纪 70 年代初得到社会认可的。联合国环境规划署（UN-

EP）对危险废物做出了如下定义："危险废物是指放射性以外的那些废物（固体、污泥、液体和用容器装的气体），由于它们的化学反应性、毒性、易爆性、腐蚀性或其他特性引起或可能引起对人类健康或环境的危害。不管它是单独的或与其他废物混在一起，不管是产生的或是被处置的或正在运输中的，在法律上都称为危险废物。"

美国环保局对危险废物做出的定义为："危险废物是固体废物，由于不适当的处理、贮存、运输、处置或其他管理方面，它能引起或明显地影响各种疾病和死亡，或对人体健康或环境造成显著的威胁。"

《中华人民共和国固体废物污染环境防治法》中规定："危险废物是指列入国家危险废物名录或者根据国家规定的危险废物鉴别标准和鉴别方法认定的具有危险特性的废物。"

危险废物的特性通常包括急性毒性、易燃性、反应性、腐蚀性、浸出毒性和疾病传染性。根据这些性质，各国均制定了自己的鉴别标准和危险废物名录。联合国环境规划署《控制危险废物越境转移及其处置巴塞尔公约》列出了"应加控制的废物类别"共45类，"须加特别考虑的废物类别"共2类，同时列出了危险废物"危险特性的清单"共14种特性。

# 第二节　固体废物对环境的影响

## 一、固体废物污染环境的途径

固体废物露天存放或置于处置场，其中的有害成分可通过大气、土壤、地表或地下水体等直接或间接传至人体，对人体健康构成威胁。图1-1表示固体废物进入环境后其中的有害物质可能导致人类感染疾病的途径。其中有些是直接进入环境的，如通过蒸发进入大气，而更多的则是非直接如接触浸入、食用或饮用受沾染的水或食物等进入人类体内。各种途径的重要程度不仅取决于不同固体废物本身的物理、化学和生物特性，而且与固体废物所在场地的地质水文条件有关。

## 二、固体废物对自然环境的影响

固体废物在露天的任意堆放，不仅占用土地，而且其累计的存放量越多，所需的占地面积也越大。即使是固体废物的填埋处置，若不着眼于场地的选择评定以及场地的工程处理和填埋后的科学管理，废物中的有害化学物质还会通过不同的途径而进入环境中，对生物包括人类的生存产生危害。

生物群落特别是一些水生动物的休克死亡，可以认为是废物（包括垃圾）处置场释放出污染物质的前兆。例如，由于填埋处置不当，在雨季使地表径流或渗沥液中的化学毒物进入江河湖泊而引起大量的鱼群死亡。这类危害效应可从个体发展到种群，直到生物链，并导致受影响地区营养物循环的改变或产量降低。

具体来说，固体废物污染对自然环境的影响分以下几个方面。

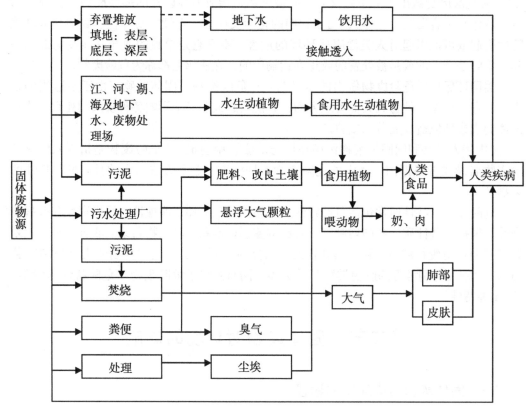

**图 1-1  固体废物中的有害化学物质致人疾病的途径**

1. 对大气环境的影响

露天堆放的固体废物中的细微颗粒、粉尘等可随风飞扬，从而对大气环境造成污染。更有甚者，由于堆积的废物中某些物质的分解和化学反应，可以不同程度地产生有毒气体或恶臭，造成区域性空气污染。比如长期堆放的煤矸石中如硫含量达 1.5% 即会自燃，达 3% 以上即会着火，散发大量的二氧化硫。

2. 对水环境的影响

将固体废物弃置于水体，可使水质直接受到污染，严重危害水生生物的生存条件，并影响水资源的充分利用。此外，堆积的固体废物经过雨水的浸渍和废物本身的分解，其渗滤液和有害化学物质的转化和迁移，将对附近地区的河流及地下水系和水资源造成污染。向水体倾倒固体废物还将缩减江河湖面有效面积，使其排洪和灌溉能力有所降低。

3. 对土壤环境的影响

固体废物任意露天堆放，必将占用大量的土地，破坏地貌和植被。固体废物及其渗滤液中所含有害物质会改变土壤的性质和土壤结构，并对土壤中微生物的活动产生影响。这些有害成分的存在，不仅对植物根系的生长发育产生障碍，而且还会在植物体内累积，并通过食物链危及人畜健康。

### 三、固体废物对人类健康的影响

图1-1已指明了固体废物中有害物质以不同的方式和途径进入人体的过程，图1-2表示了环境中人畜排泄物传播疾病的途径。

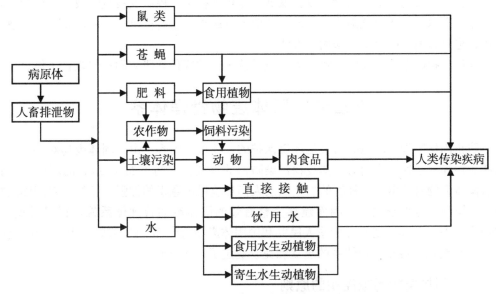

**图1-2 环境中病原体向人类传播疾病的途径**

固体废物的化学性质差异较大，当某些性质不相容的物质相混时，可能发生剧烈反应，包括放热反应（燃烧或爆炸）、产生有毒气体（砷化氢、氰化氢、磷化氢、氯气等）和产生可燃性气体（氢气、乙炔等）。若人体皮肤与废酸或废碱接触，可能发生烧灼性腐蚀作用。若误吸收一定量的农药，将引起急性中毒，出现呕吐、头晕等症状。贮存化学物品的空容器，若未经适当处理或管理不善，可能引起严重中毒事件。化学废物的长期暴露会产生对人体健康有不良影响的有害物质。

### 四、固体废物污染控制的方式

固体废物对环境的污染特点表现在：①直接占用土地并具有一定的体积；②品种繁多、数量巨大；③包括了有固体外形的危险液体及气体废物。其对环境的污染主要通过水、大气或土壤介质影响人类赖以生存的生物圈，给人体健康带来危害。因此，对固体废物污染的控制，关键在于解决好危险废物的处理、处置和综合利用问题。经过多年实践证明，采用可持续发展战略，走减量化、资源化和无害化道路是可行的。具体来说，固体废物污染控制的方式如下。

首先，要从污染源头开始，改进或采用更清洁的生产工艺，尽量减少或不排废物。这是根本的控制工业固体废物污染的措施。只有在工业生产中采用精料工艺、提高能量利用效率、减少废渣排量或所含成分。在企业生产过程中，以前一种产品生产过程中产生的废物作后一种产品的生产原料，并以后者的废物再生产第三种产品，如此循环和回收利用，既可使固体废物的排出量大为减少，还能使有限的资源得到充分利用，满足可持续发展的要求，如此达到的污染控制就是最有效的。

其次，强化对危险废物污染的控制，实行从产生到最终无害化处置全过程的严格管理。实行对废物的产生、收集、运输、贮存、处理、处置或综合利用者的申报许可证制度；禁止危险废物在地表长期存放，发展安全填埋技术；控制发展焚烧技术；严禁液态废物排入下水道；建设危险废物泄漏事故应急设施等，这些都具有控制废物污染扩散的作用，也是目前国际上普遍采用的方法。

最后，提高全民对固体废物污染环境的认识，做好科学研究和宣传教育工作。

# 第三节　固体废物管理体系

防止固体废物对环境的污染是环境保护的一项重要内容。由于固体废物对环境污染的滞后性和复杂性，人们对固体废物污染防治的重视程度尚不如对废水和废气那样高。随着固体废物对环境污染程度的加重以及人们环境保护意识的加强，全社会对固体废物污染环境问题越来越关注，因而建立完整有效的固体废物管理体系就显得日益迫切。1996 年 4 月 1 日起实施的《中华人民共和国固体废物污染环境防治法》（以下简称《固废法》）为固体废物管理体系的建立和完善奠定了法律基础。

## 一、固体废物污染控制的原则

《固废法》中确立了固体废物污染防治的"减量化、无害化、资源化"原则，即固体废物污染防治的"三化"原则。

1. 减量化原则

减量化是指通过采取适当的管理措施和技术手段减少固体废物的产生量和排放量。目前固体废物的排放量十分巨大，如我国工业固体废物年产量 8.2 亿吨以上，城市垃圾 1.4 亿吨以上，如果能采取措施，最小限度地产生和排放固体废物，就可以从"源头"上直接减少或减轻固体废物对环境和人体健康的危害，另外对产生的废物进行有效的处理和最大限度地回收利用，以减少固体废物的最终处置量。减量化不只是减少固体废物的数量或其体积，还包括尽可能地减少其种类、降低危险废物的有害成分的浓度、减轻或清除其危险特征等。减量化是对固体废物的数量、体积、种类、有害性质的全面管理，因此，减量化是防止固体废物污染环境的优先措施。

2. 无害化原则

无害化是指对固体废物经过物理、化学或生物方法，进行对环境无害化或低危害化的安全处理、处置，达到废物的消毒、解毒或稳定化，以防止固体废物对环境的污染。例如对城市生活垃圾，可以采用焚烧、热解气化和卫生填埋等技术手段，实现对其无害化处理处置。

3. 资源化原则

资源化是指采取管理和工艺措施从固体废物中回收有用物质和能源，提高物质和能量的利用率，创造经济价值的广泛的技术和方法。资源化包括 3 个范畴：①物质回收，即处理废弃物并从中回收可回收物如纸张、玻璃、金属等物质；②物质转化，即利用废弃物制取新形态的物质，如利用废玻璃和废橡胶生产铺路材料，利用炉渣生产水泥和其他建筑材料，利用有机垃圾生产堆肥和有机复混肥料等；③能量转化，即从废物处理过程中回收能量，如通过可燃垃圾的焚烧处理回收热量，进一步发电，利用可降解垃圾的厌氧消化产生沼气，作为能源向居民或企业供热或发电等。

《固废法》确立了对固体废物进行全过程管理的原则，对固体废物从产生、收集、运输、利用、贮存、处理和处置的全过程及各个环节都实行控制管理和开展污染防治，故亦称为"从摇篮到坟墓"的管理原则。这主要是基于固体废物从其产生到最终处置的全过程中的各个环节都有产生污染危害的可能性，如固体废物焚烧处理中产生的空气污染、固体废物土地填埋处理中产生的渗滤液对地下水体的污染，因而有必要对整个过程及其每一个环节都实施控制和监督。

## 二、固体废物管理体系

我国固体废物管理体系是以环境保护主管部门为主，结合有关的工业主管部门以及城市建设主管部门，共同对固体废物实行全过程管理。为实现固体废物的"三化"，各主管部门在所辖的职权范围内，建立相应的管理体系和管理制度。《固废法》对各个主管部门的分工有着明确的规定。

各级环境保护主管部门对固体废物污染环境的防治工作实施统一监督管理。其主要工作包括如下。

（1）制订有关固体废物管理的规定、规则和标准。

（2）建立固体废物污染环境的监测制度。

（3）审批产生固体废物的项目以及建设贮存、处置固体废物的项目的环境影响评价。

（4）验收、监督和审批固体废物污染环境防治设施的"三同时"及其关闭、拆除。

（5）对与固体废物污染环境防治有关的单位进行现场检查。

（6）对固体废物的转移、处置进行审批、监督。

（7）进口可用作原料的废物的审批。

（8）制定防治工业固体废物污染环境的技术政策，组织推广先进的防治工业固体废物污染环境的生产工艺和设备。

（9）制定工业固体废物污染环境防治工作规划。

（10）组织工业固体废物和危险废物的申报登记。

（11）对所产生的危险废物不处置或处置不符合国家有关规定的单位实行行政代执行制度。

（12）对经营危险废物处置的单位进行行政审批，颁发危险废物经营许可证。

（13）对固体废物污染事故进行监督、调查和处理。

各级人民政府环境卫生行政主管部门负责城市生活垃圾的清扫、贮存、运输和处置的监督管理工作。其主要工作包括如下。

（1）组织制定有关城市生活垃圾管理的规定和环境卫生标准。

（2）组织建设城市生活垃圾的清扫、贮存、运输和处置设施，并对其运转进行监督管理。

（3）对城市生活垃圾的清扫、贮存、运输和处置经营单位进行统一管理。

## 三、固体废物管理制度

根据我国国情并借鉴国外的经验和教训，《固废法》制定了一些行之有效的管理制度。

1. 分类管理制度

固体废物具有量多面广、成分复杂的特点，因此《固废法》确立了对城市生活垃圾、工业固体废物和危险废物分别管理的原则，明确规定了主管部门和处置原则；在《固废法》第58条中明确规定："禁止混合收集、贮存、运输、处置性质不相容的未经安全性处理的危险废物，禁止将危险废物混入非危险废物中贮存。"

2. 工业固体废物申报登记制度

为了使环境保护主管部门掌握工业固体废物和危险废物的种类、产生量、流向以及对环境的影响等情况，进而有效地防治工业固体废物和危险废物对环境的污染，《固废法》要求实施工业固体废物和危险废物申报登记制度。

3. 固体废物污染环境影响评价制度及其防治设施的"三同时"制度

环境影响评价和"三同时"制度是我国环境保护的基本制度，《固废法》进一步重申了这一制度。

4. 排污收费制度

排污收费制度也是我国环境保护的基本制度。由于固体废物的排放与废水、废气的排放有着本质的不同，废水、废气排放进入环境后，可以在自然当中通过物理、化学、生物等多种途径进行稀释、降解，并且有着明确的环境容量，而固体废物进入环境后，并没有与其形态相同的环境体接纳。固体废物对环境的污染是通过释放出水溶态污染物和大气污染物进行的，且这一过程是长期的和复杂的，并难以控制。因此，从严格意义上讲，固体废物是严禁不经任何处置而排入环境当中的。这样，任何单位都被禁止向环境排放固体废物。而固体废物排污费的交纳，则是对那些在按照规定和环境保护标准建成工业固体废物贮存或者处置的设施、场所，或者经改造这些设施、场所达到环境保护标准之前产生的工业固体废物而言的。

5. 限期治理制度

《固废法》明确规定：没有建设工业固体废物贮存或者处置设施、场所，或者已建设但不符合环境保护规定的单位，必须限期建成或者改造。实行限期治理制度是为了解决重点污染源污染环境问题。对于排放或处理不当的固体废物造成环境污染的企业和责任者，实行限期治理，是有效的防治固体废物污染环境的措施。

6. 进口废物审批制度

《固废法》明确规定，"禁止中国境外的固体废物进境倾倒、堆放、处置"；"禁止经中华人民共和国过境转移危险废物"；"国家禁止进口不能用做原料的固体废物；限制进口可以用作原料的固体废物"。1996年4月1日，当时的国家环保局与外经贸部、国家工商总局、海关总署、国家进出口商品检验局于 1996 年 4 月 1 日联合颁布了《废物进口环境保护管理暂行规定》以及《国家限制进口的可用作原料的废物名录》，规定了废物进口的三级审批制度、风险评价制度和加工利用单位定点制度；在这一规定的补充规定中，又规定了废物进口的装运前检验制度。通过这些制度的实施，有效地遏止了"洋垃圾入境"的势头，维护了国家尊严和国家主权，防止了境外固体废物对我国的污染。

7. 危险废物行政代执行制度

《固废法》规定，"产生危险废物的单位，必须按照国家有关规定处置；不处置的，由所在地县以上地方人民政府环境保护行政主管部门责令限期改正；逾期不处置或者处置不符合国家有关规定的，由所在地县以上地方人民政府环境保护行政主管部门指定单位按照国家有关规定代为处置，处置费由产生危险废物的单位承担"。行政代执行制度是一种行政强制执行措施，这一措施保证了危险废物能得到妥善、适当的处置。而处置费用由危险废物产生者承担，也符合我国"谁污染谁治理"的原则。

8. 危险废物经营单位许可证制度

《固废法》规定，"从事收集、贮存、处置危险废物经营活动的单位，必须向县级以上人民政府环境保护行政主管部门申请领取经营许可证"。由于从事危险废物的收集、贮存、处理、处置活动，必须既具备一定的设施、设备，又要有相应的专业技术能力等条件。必须对从事这方面工作的企业和个人进行审批和技术培训，建立专门的管理机制和配套的管理程序。因此，对从事这一行业的单位的资质进行审查是非常必要的。许可证制度将有助于我国危险废物管理和技术水平的提高，保证危险废物的严格控制，防止危险废物污染环境的事故发生。

9. 危险废物转移报告单制度

危险废物转移报告单制度的建立，是为了保证危险废物的运输安全，以及防止危险废物的非法转移和非法处置，保证危险废物的安全监控，防止危险废物污染事故的发生。

## 四、固体废物污染控制标准

我国固体废物的国家标准基本由国家环境保护总局[①]和建设部[②]在各自的管理范围内制定，建设部主要制定有关垃圾清扫、运输、处理处置的标准，国家环境保护总局制定有关污染控制、环境保护、分类、监测方面的标准。我国的有关固体废物的标准主要分为固体废物分类标准、固体废物监测标准、固体废物污染控制标准和固体废物综合利用标准四类。

1. 固体废物分类标准

这类标准主要包括《国家危险废物名录》《危险废物鉴别标准》（GB 5085.1－3－2019）。建设部颁布的《生活垃圾产生源分类及其排放》（CJ/T 368—2011）中关于城市垃圾产生源分类及其产生源的部分也是此类标准。另外，《进口可用作原料的固体废

---

① 1998 年，国家环保局改为国家环保总局，于 2008 年组建环保部时撤销
② 2008 年，组建中华人民共和国住房与城乡建设部（住建部），不再保留建

物环境保护控制标准》（GB 16487.12-2017）也应归入这一类。

根据规定，"凡《名录》中所列废物类别高于鉴别标准的属危险废物，列入国家危险废物管理范围；低于鉴别标准的，不列入国家危险废物管理"；"对需要制定危险废物鉴别标准的废物类别，在其鉴别标准颁布以前，仅作为危险废物登记使用"。

《国家危险废物名录》共涉及47类废物，其中编号为HW01-HW18的废物名称具有行业来源特征，是以来源命名，亦即产生自《名录》中这些类别来源的废物均为危险废物，纳入危险废物管理；编号为HW19—HW47的废物名称具有成分特征，是以危害成分命名，但在《名录》中未限定危害成分的含量，需要一定的鉴别标准鉴别其危害程度。

目前已经制定颁布的《危险废物鉴别标准》（GB 5085.1-3-2019）中包括腐蚀性鉴别、急性毒性初筛和浸出毒性鉴别三类，其中浸出毒性鉴别以无机重金属为主。

《城市垃圾产生源分类及其排放》（CJ/T 368—2011）规定了城市垃圾的分类原则和产生源的分类，即居民垃圾产生场所、清扫垃圾产生场所、商业单位、行政事业单位、医疗卫生单位、交通运输垃圾产生场所、建筑装修场所、工业企业单位和其他垃圾产生场所共9类。

《进口可用作原料的固体废物环境保护控制标准》（GB 16487.12-2017）是根据《固废法》和《废物进口环境保护管理暂行规定》的要求以及为遏制"洋垃圾"入境而紧急制定的。这类标准的制定在国际上尚属首次，具有鲜明的中国特色。这一标准根据《国家限制进口的可用作原料的废物名录》分为12个分标准，即骨废料、冶炼渣、木及木制品废料、废纸或纸板、纺织品废物、废钢铁、废有色金属、废电机、废电线电缆、废五金电器、供拆卸的船舶及其他浮动结构体、废塑料。根据《废物进口环境保护管理暂行规定》，国家商检部门依据这一标准对进口的可用作原料的废物进行商检，海关根据国家环境保护部出具的进口废物审批证书和国家商检部门出具的检验合格证书放行，彻底堵住了"洋垃圾"的入境通道。这一标准根据进口废物中的夹带废物的种类制定了废物的进口标准，不符合这一标准的废物禁止进口。进口废物中的夹带废物分为三类，即严格禁止夹带的废物、严格限制夹带的废物和一般夹带废物。严格禁止的夹带废物主要包括浸出毒性和腐蚀性超过我国鉴别标准的废物、放射性废物等危害严重的废物，这类废物严禁在进口废物中夹带入境；严格限制夹带的废物主要包括虽然危害比较严重，但是在进口废物的收集、运输过程中难以避免的废物，如卫生间废物、厨房废物、废船舶中的生活垃圾、废油船中的油泥等，标准为这类废物的夹带量规定了严格的限值；一般夹带废物主要是在进口废物收集、运输过程中难以避免，其危害性较小的废物，如废纸、废木料、渣土、废塑料、废玻璃以及其他与进口废物种类不同的一般废物，标准为这类废物的夹带量制定了较严格但又合理的限值。

2. 固体废物监测标准

这类标准包括《固体废物浸出毒性测定方法》（HJ 702-2014、HJ 749-751-2015、HJ 786-787-2016）、《固体废物浸出毒性浸出方法》（HJ 557—2009）以及《工业固体废物采样制样技术规范》（HJ/T20-1998）。《危险废物鉴别标准急性毒性初筛》（GB 5085.2—2007）中附录 A《危险废物急性毒性初筛试验方法》应归入这类标准。另外建设部制定颁布的《生活垃圾采样和分析方法》（CJ/T 313—2009）、《生活垃圾卫生填埋场环境监测技术要求》 （GB/T 18772—2017） 及《城市生活垃圾监测分析方法》 （CJ/T 96-106-1999） 也属于这类标准。这类标准主要包括固体废物的样品采集、样品处理，以及样品分析方法的标准。

《固体废物浸出毒性测定方法》 （HJ 702-2014、HJ 749-751-2015、HJ 786-787-2016） 规定了固体废物浸出液中总汞、铜、锌、铅、镉、砷、六价铬、总铬以及镍的测定方法；《固体废物浸出毒性浸出方法》 （HJ 557—2009） 规定了固体废物浸出液的制取方法。这一标准规定，固体废物浸出液采用100g固体废物样品在1L蒸馏水中震荡8h、静置16h的方法制取；《危险废物鉴别标准急性毒性初筛》 （GB 5085.2—2007） 中附录A《危险废物急性毒性初筛试验方法》规定了危险废物急性毒性初筛的样品制备、试验方法；《工业固体废物采样制样技术规范》 （HJ/T20-1998） 规定了工业固体废物采样制样方案设计、采样技术、制样技术、样品保存和质量控制；《城市生活垃圾采样和物理分析方法》 （CJ/T 313—2009） 规定了城市生活垃圾样品的采集、制备和物理成分、物理性质的分析方法；《生活垃圾卫生填埋场环境监测技术要求》 （GB/T 18772—2017） 规定了生活垃圾填埋场在填埋前和填埋后的水、气和土壤的监测内容和监测方法；《城市生活垃圾监测分析方法》 （CJ/T 96-106-1999） 规定了生活垃圾中有机质、全氮、全磷、全钾、pH值和重金属铬、汞、镉、铅、砷的测定方法。

固体废物对环境的污染主要是通过渗滤液和散发气体等释放物进行的，因此对这些释放物的监测仍然应该遵照废水、废气的监测方法进行。浸出毒性的测定中没有制定标准测定方法的项目 （如有机汞），暂时参照水质测定的国家标准。

3. 固体废物污染控制标准

这类标准是固体废物管理标准中最重要的标准，是环境影响评价、 “三同时”、限期治理、排污收费等一系列管理制度的基础。

固体废物管理与废水、废气的最大区别在于固体废物没有与其形态相同的受纳体，其对环境的污染主要是通过其释放物 （渗滤液、产生气体等） 对水体和大气的污染，即使是对土壤的污染也是通过渗滤液进行的，而这一过程时间长，过程复杂，一旦形成污染将很难予以消除。如城市生活垃圾进入填埋场后，即使是在好氧条件下一般也要通过大约1年的时间才能基本达到稳定状态，而在厌氧状态下即使3年后仍不能达到稳态。如果不加处理直接在环境中完成这一过程，周围土壤和地下水将会受到极其严重的污染。而工业固体废物，特别是危险废物对环境的污染更是严重而且难以消除。因此，固体废物在严格意义上讲是不允许排放的。从这个角度上讲，固体废物的环境保护控制标准与废水、废气的标准是截然不同的，无法采用末端浓度控制的方法。我国固体废物控制标准采用处置控制的原则，在现有成熟处置技术的基础上，制定废物处置的最低技术要求，再辅以释放物控制，以达到固体废物污染环境防治的目的。

固体废物污染控制标准分为两大类，一类是废物处置控制标准，即对某种特定废物的处置标准、要求。目前，这类标准有《含多氯联苯废物污染控制标准》 （GB 13015—2017）。这一标准规定了不同水平的含多氯联苯废物的允许采用的处置方法。另外《生活垃圾产生源分类及其排放》 （CJ/T 368—2011） 中有关城市垃圾排放的内容应属于这一类。这一标准中规定了对城市垃圾收集、运输和处置过程的管理要求。

另一类标准则是设施控制标准，目前已经颁布或正在制定的标准大多属这类标准，如《生活垃圾卫生填埋技术规范》（CJJ 17—2004）、《生活垃圾填埋污染控制标准》（GB 16889—2008）、《危险废物焚烧污染控制标准》（GB 18484—2001）、《生活垃圾焚烧污染控制标准》（GB 18485—2014）、《危险废物填埋污染控制标准》（GB 18598—2019）、《危险废物贮存污染控制标准》（GB 18597—2013）、《一般工业固体废物贮存污染控制标准》（GB 18599—2013）。这些标准中都规定了各种处置设施的选址、设计与施工、入场、运行、封场的技术要求和释放物的排放标准以及监测要求。这些标准在制定完成并颁布后将成为固体废物管理的最基本的强制性标准。在这之后建成的处置设施如果达不到这些要求将不能运行，或被视为非法排放；在这之前建成的处置设施如果达不到这些要求将被要求限期整改，并收取排污费。

除此之外，国家生态环境部和住房和城乡建设部制定并颁布的一些设备、设施的行业性技术标准亦应归入这一类。

4. 固体废物综合利用标准

根据《固废法》的"三化"原则，固体废物的资源化将是非常重要的。为大力推行固体废物的综合利用技术并避免在综合利用过程中产生二次污染，国家生态环境部已经制定了一系列有关固体废物综合利用的规范、标准。首批制定的综合利用标准包括有关电镀污泥、含铬废渣、磷石膏等废物综合利用的规范和技术规定。以后，还将根据技术的成熟程度陆续制定有关各种废物综合利用的标准。

# 习题与思考题

1. 简述固体废物的来源、种类和主要组成。
2. 简述固体废物对环境的污染与人体健康的联系。
3. 简述固体废物的环境管理制度。
4. 简述固体废物的无害化、资源化与减量化的相互关系。
5. 如何理解固体废物的污染与资源二重性？

# 参考文献

国家环境保护局，2017. 中国环境年鉴［M］. 北京：中国环境科学出版社.

国家环境保护总局污染控制司，2000. 城市固体废物管理与处理处置技术［M］. 北京：中国石化出版社.

李国学，2005. 固体废物处理与资源化［M］. 北京：中国环境科学出版社.

芈振明，高忠爱，祁梦兰，等，2002. 固体废物的处理与处置［M］. 北京：高等教育出版社.

聂永丰，2000. 三废处理工程技术手册——固体废物卷［M］. 北京：化学工业出版社.

赵由才，等，2019. 生活垃圾资源化原理与技术［M］. 北京：化学工业出版社.

# 第二章 固体废物的收集、存放及运输

固体废物的收集、存放与运输过程通常包括以下三个阶段：第一阶段，固体废物收集阶段，环卫工人将各固体废物产生源的废物收集起来，统一送至垃圾存放容器或集装点的过程；第二阶段，固体废物存放阶段，即采用专门的垃圾运输车辆沿规定的路线收集各固体废物集装点的固体废物，运至垃圾中转站并暂时存放的过程；第三阶段，固体废物的转运阶段，即将固体废物中转站存放的垃圾使用专门的垃圾运输工具运往固体废物处理场进行无害化处理的阶段。

固体废物收集、存放和运输操作是一个复杂的过程，其直接关系到能否对固体废物进行科学有效地无害化处理。所以，固体废物的收集、存放和运输管理必须配套一系列科学的管理原则和方法。

## 第一节 城市垃圾的收集、存放及运输

城市垃圾的收集、存放及运输是城市垃圾综合管理的一个重要组成部分，这一阶段主要包括对城市各处垃圾源的垃圾进行及时收集、集中存放管理以及使用专用垃圾运输车辆装运到垃圾处理站等过程。该管理过程效率的高低，主要取决于垃圾运输方式、运输路线设定、收集运输车辆数量及机械化装卸程度和垃圾类型、特性以及数量等各种因素。

### 一、城市垃圾的收集、存放及运输

城市垃圾管理的主要目的是及时有效地将城市各处产生的垃圾收集和运输出城区，从而有效地降低城市火灾发生概率、消除有机废物因腐败而释放出的恶臭气体、防止疾病扩散、提高城市环境卫生水平，保证城市居民正常的生活环境质量。城市生活垃圾应逐步实行分类收集、运输和处理，收集和运输应密闭化，防止暴露、散落和滴漏，鼓励采用压缩式收集和运输方式，尽快淘汰敞开式收集和运输方式。

城市垃圾的传统收集方法一般是首先将垃圾从其发生源送至设定在集装点的垃圾容器内，再由环境卫生部门的工作人员统一将垃圾集装点的垃圾使用专门的垃圾车运至中转站进行存放管理，中转站再定时把垃圾运送到垃圾处理厂进行无害化处理，形成了一套"收集 → 存放和中转 → 集中处置"的城市垃圾管理处理系统。

#### （一）垃圾产生源的运输管理

城市垃圾源主要分散在城市的每条街道、每栋楼、每个家庭以及其他各种类型的垃

圾产生场所，它主要包括固定形式的垃圾源（固定源）和流动形式垃圾源（流动源）两种形式。针对不同特点和类型的垃圾源，一般采取不同的垃圾运输管理方式。

1. 城市居民住宅区垃圾源运输管理

城市居民住宅区产生的垃圾主要为生活垃圾，由于各个居住区楼层高低不一，因此对于低层、中高层居民住宅区常采用不同的垃圾运输管理方式。

（1）低层居民住宅区垃圾运输。低层居民住宅区（住宅楼高六层以下）垃圾源产生的垃圾运输操作管理工作，一般有两种比较常见的运输方式：①居民按当地规定的时间、地点和其他要求，使用自备的垃圾容器把垃圾搬运到居民区附近的垃圾集装点的垃圾收集容器或垃圾收集车内，再由物业管理或环卫部门指派专门人员定期将垃圾从居民区运送出去。其优点是居民可以自觉实施，随时方便地进行操作，垃圾收集人员不必挨家挨户地进行垃圾收集工作，节省了大量的人力和物力。缺点是如果住宅区内物业管理不善或环卫部门收集不及时，垃圾将会影响居民区内的环境公共卫生和面貌。②上门运输服务，由专门的城市垃圾收集工作人员负责定期、按时地将每一户居民家中的垃圾运输至指定的垃圾集装点或收集车。其优点是居民对于家庭生活垃圾的运输操作极为便利，只需按时支付一定的垃圾运输费用，即可达到家庭生活垃圾运输的目的，不需亲自把垃圾搬运到垃圾集装点或收集车辆上。同时，这一操作方式还有利于居民住宅区内的整个环境卫生管理。缺点是物业管理公司或环卫部门要相应地耗费比较多的劳动力和作业时间。

（2）中高层居民住宅区垃圾运输。国内外目前对这类住宅区的垃圾运输方式主要有以下几类：①对于一些没有设立垃圾道的中高层住宅楼，其垃圾运输方式类似于低层住宅区的运输操作方式。一般来说，这种方式楼层越高，垃圾运输费用越大。②设有垃圾通道的中高层住宅楼中，居住家庭只需将垃圾就近投进垃圾通道内即可。垃圾落入底层的垃圾间，然后再由专门的垃圾收集工作人员按时从垃圾间把垃圾转运到垃圾收集点或者直接送到城市垃圾中转点。

多层及高层建筑中排放、收集生活垃圾的垃圾通道包括：倒口、通道道、垃圾容器、垃圾间。垃圾通道应垂直、内壁光滑且无死角。通道内径应按楼房不同的层数和居住人数确定，并应符合下列规定：多层建筑管道内径 600~800mm；高层建筑（20 层以内，含 20 层）管道内径 800~1000mm；超高层建筑管道内径不小于 1200mm。

管道上方出口须高出屋面 1m 以上。管道通风口要设置挡灰帽。垃圾管道底层必须设有专用垃圾间。高层垃圾管道的垃圾间内应安装照明灯、水嘴、排水沟、通风窗等。北方地区应考虑防冻措施。

这种垃圾运输方式方便居民，但要注意不要把粗大的垃圾投入垃圾通道，要及时清理垃圾间内的垃圾，还要注意垃圾通道和垃圾间的密封效果，以免垃圾通道内发生堵塞以及垃圾废液、臭气外泄等现象的出现。

另外，对于居民家庭内的废旧家具等大件废弃物应当按规定时间投放在指定的收集场所，不得随意投放。以便环卫人员及时转运。

2. 商业区与企事业单位垃圾运输

这类垃圾源产生的垃圾主要包括商业垃圾、建筑垃圾以及城市污水处理厂产生的污泥等。商业区与企事业单位的垃圾一般由产生者自行负责，同时必须向城市市容环境卫生行政主管部门申报，按批准指定的方式运输。环境卫生管理部门进行监督管理，这也是国内外固体废物管理的通则和共识。无力运输的，可以委托城市市容环境卫生管理单位负责垃圾运输工作。如果委托环卫部门收运时，各垃圾产生者使用的运输容器应与环卫部门的收运车辆相配套，运输地点和时间也应和环卫部门协商而定。

3. 城市公共场所垃圾运输

城市公共场所包括街道、体育馆、绿化草坪、广场、公园以及其他为广大市民服务的地方，这类场所产生的垃圾主要包括落叶、纸屑、塑料袋、果皮和灰尘等。这类垃圾通常有两种运输方式：① 配备专门的卫生工作人员，每天定点、定时地清扫、收集公共场所的垃圾。② 环卫部门应指派专门人员在城市街道、广场等公共场所全天值班，负责清理公共垃圾。同时在公共场所设置垃圾桶（箱）等垃圾临时盛放容器，以方便市民投放垃圾。并且及时运输垃圾容器内的垃圾，保持公共卫生。

（二）存放管理

由于城市垃圾的产生量具有一定的不均匀性及随意性，所以城市垃圾的收集、运输和处理三个操作行为构成的是一个具有一定时间间隙的过程，因此，城市公共场所、居民家庭以及垃圾中转站等地方需配备一定数量的垃圾存放容器或设施，对垃圾进行科学的存放管理。

1. 垃圾存放方式

城市垃圾的存放分为家庭存放、单位存放、公共存放和中转站存放等4种方式。

（1）家庭存放。我国城市家庭生活垃圾的存放容器多为塑料或金属制品垃圾桶、塑料袋和纸袋。为了减少垃圾桶脏污和清洗工作，人们已逐步开始使用塑料垃圾袋和纸质垃圾袋。塑料和纸质垃圾袋使用比较方便，卫生清洁，搬运轻便，特别是纸质垃圾袋可以使用回收废纸为原料制造，能够实现循环利用，具有很好的环保效益。

（2）单位存放。包括城市各类企事业单位的垃圾存放管理。根据《中华人民共和国固体废物污染环境防治法》第三十二条规定：企业事业单位对其产生的不能利用或者暂时不能利用的工业固体废物，必须按照国务院环境保护行政主管部门的规定建设存放或处置设施、场所。此条明确规定了城市企事业对本单位产生的垃圾具有科学存放保管的责任和义务。

（3）公共存放。此类垃圾存放是城市垃圾存放工作的重要部分，诸如城市街道、公园、广场、博物馆、体育场等公共场所都需要配备一定数量的垃圾存放容器或设施，如垃圾桶、存放间（仓）等。以暂时存放公共场所的产生的城市垃圾，保持环境卫生，便于垃圾运输处理。

（4）中转站存放。垃圾中转站是为了适应城市垃圾收集及运输管理工作需要而设的垃圾暂时存放场所，因此，在垃圾中转站必须设置专门存放垃圾的大型存放设施。

对于各类城市垃圾源，应该根据产生垃圾的种类、数量、性质以及存放时间长短等因素，确定合理的存放方式，选择合适的垃圾存放容器，并且科学地规划存放容器的放置地点和适当的数量。

**2. 垃圾存放容器**

城市垃圾容器泛指各种类型用于收集城市垃圾的容器，包括塑料垃圾袋、纸垃圾袋、塑料垃圾桶、金属垃圾桶、复合材料垃圾桶和用于收集垃圾的集装箱等。

（1）城市垃圾存放容器的一般要求。城市垃圾存放容器应具有一定的密封隔离性能，防止在容器存放、搬运当中产生垃圾外泄污染公共卫生；城市垃圾存放容器应具有足够的耐压强度，保证在垃圾投放和倾倒过程中，垃圾存放容器不会破损；城市垃圾存放容器所用制作材料应与所装垃圾相容，不与垃圾进行反应而产生新的污染物；城市垃圾存放容器应耐腐蚀和不易燃，满足垃圾类型多样性，防止火灾发生；城市垃圾存放容器应使用方便、美观耐用，造价适宜，便于机械化装车。金属和塑料是垃圾存放容器常见的制作材料，金属垃圾容器结实耐用，不易损坏，但是笨重而价高；塑料容器轻而经济，但不耐热，使用寿命较短。目前，国内外已经有许多地方使用纸袋作为垃圾存放容器（家用为 60~70L，商业和单位用为 110~120L），纸袋装满垃圾后用夹子封口，连袋送去处理。纸质垃圾袋的最大优点是易于自然降解，对环境危害小，还可回收利用，应用前景很好。

总之，垃圾容器既要符合方便居民和不影响市容观瞻等要求，又要利于垃圾的分类收集和机械化清除。垃圾容器要密闭并具有便于识别的标志。各类垃圾容器的容量按使用人口、垃圾日排出量计算。垃圾存放容器的总容纳量必须满足使用需要，避免垃圾溢出而影响环境。特别是对于城市公共垃圾容器来讲，要求容器外形美观、卫生、耐用，并能防雨、防火。

（2）垃圾存放容器类型。垃圾存放容器分为容器式和构筑物式两大类型。其中，构筑物式垃圾存放容器主要存在于垃圾中转站和一些公共垃圾集装点，目前已逐步被活动的垃圾贮运设备所取代。如垃圾间就是多层或高层民用建筑中用于收集存放垃圾、垃圾容器的专用构筑间。单独建造或依附于主体建筑建造的用于放置可移动式垃圾容器的构筑间称为垃圾容器间。

容器式垃圾存放容器（如图 2-1 所示）应用范围广泛，这类容器的分类方法很多，常见的有按使用方式分为固定式和活动式；按容器形状分为方形、圆形和柱形等类型；按制造材料分为塑料和金属容器两大类；按存放时间长短分为临时、长时间存放容器；按容量大小分为小型、中型和大型存放容器等。

**图 2-1　容器式垃圾存放**

对于家庭存放，我国除少数城市规定使用一次性塑料袋外，通常由家庭自备旧桶、箩筐、簸箕等容器；对于公共存放，常见的有固定式砖砌垃圾箱、活动式带车轮的垃圾桶、铁制活底卫生箱、车厢式集装箱等；对于街道存放，除使用公共存放容器外，还配置大量供行人丢弃废纸、果壳、烟蒂等物的各种类型的垃圾箱（筒）；对于单位存放，则由产生者根据垃圾量及收集者的要求选择合适的垃圾存放容器类型。

（3）容器设置数量。公共场所垃圾容器数量多少与服务范围面积大小、居民人数、垃圾类型、垃圾人均产量、垃圾容重、容器大小和收集频率等因素有关。

容器设置数量可以按照下面方法计算确定（《城市环境卫生设施设置标准》）。

按下式计算服务范围内的垃圾日产生量：

$$w = R \cdot C \cdot Y \cdot P \tag{2-1}$$

式中，$R$ 为服务范围内居住人口数，人；$C$ 为实测的垃圾单位产量，t/（人·d）；$Y$ 为垃圾日产量不均匀系数，通常取 $1.1 \sim 1.15$；$P$ 为居住人口变动系数，取 $1.02 \sim 1.05$。

计算垃圾日产生体积：

$$V_{ave} = \frac{w}{Q D_{ave}} \tag{2-2}$$

$$V_{max} = K V_{ave} \tag{2-3}$$

式中，$V_{ave}$ 为垃圾平均日产生体积，$m^3/d$；$w$ 为垃圾日产生量，$t/d$；$Q$ 垃圾容重变动系数，一般取 $0.7 \sim 0.9$；$D_{ave}$ 为垃圾平均容重，$t/m^3$；$K$ 为垃圾产生高峰时体积的变动系数，取 $1.5 \sim 1.8$；$V_{max}$ 为垃圾高峰时日产生最大体积，$m^3/d$。

最后以式（2-4）和式（2-5）求出收集点所需设置的垃圾容器数量：

$$N_{ave} = \frac{A v_{ave}}{E \cdot F} \tag{2-4}$$

$$N_{max} = \frac{A V_{max}}{E \cdot F} \tag{2-5}$$

式中，$N_{ave}$ 为平时所需设置的垃圾容器数量，个；$E$ 为单个垃圾容器的容积，$m^3$/个；$F$ 为垃圾容器填充系数，取 $0.75 \sim 0.9$；$A$ 为垃圾收集周期，d/次，当每日收集 1 次时，$A=1$，每日收集 2 次时，$A=0.5$；每二日收集 1 次时，$A=2$，依此类推；$N_{max}$ 为垃圾高峰时所需设置的垃圾容器数量。

最后，使用垃圾高峰时所需设置的垃圾容器数量（$N_{max}$）来确定该服务区应设置垃圾存放容器的数量，然后再合理地分配在各服务地点。容器最好集中于收集点附近，收集点的服务半径一般不超过70m。

公共场所垃圾容器数量设置要根据人流量、场所属性以及当地人们的生活习惯科学合理规划设置。比如对于设置在城市道路两旁和路口的垃圾容器数量确定，其间隔可参照下列标准进行设置：商业大街设置间隔 $25 \sim 50m$；交通干道设置间隔 $50 \sim 80m$；一般道路设置间隔 $80 \sim 100m$。

3. 垃圾分类存放

分类存放是根据各类城市垃圾的种类、性质、数量以及处理工艺等因素，由垃圾产生者或环卫部门将垃圾分为不同种类进行存放管理。分类存放的最大优点是利于垃圾的资源化利用，可以在一定程度上减少城市垃圾的处理成本，还可以降低某些垃圾对环境存在的潜在危害。常见的分类存放方式有如下几种。

（1）二类存放。按可燃垃圾（主要是纸类、木材和塑料等）和不可燃垃圾（金属、玻璃等）分开存放。其中塑料通常作为不可燃垃圾，有时也作为可燃垃圾存放。

（2）三类存放。按可燃物（塑料除外）、塑料、不燃物（玻璃、陶瓷、金属等）三类分开存放。

（3）四类存放。按塑料除外可燃物类、金属类、玻璃类、塑料陶瓷及其他不燃物类四类分开存放。金属类和玻璃类作为有用物质分别加以回收利用。

（4）五类存放。除上述四类外，再挑出含重金属的干电池、日光灯管、水银温度计等危险废物作为第五类单独存放收集。

目前我国分类存放的城市垃圾主要是纸、玻璃、橡胶、金属、塑料、破布和纤维材料等。进行分类存放时，需要设置不同垃圾存放容器（如不同颜色的纸袋、塑料袋或塑胶容器）以便存放不同类别的垃圾。在美国大多数城市已规定城市居民家庭必须放置二个垃圾容器，一个存放厨房垃圾，一个存放其他生活垃圾。

（三）运输操作方法

城市垃圾运输操作方法分移动式和固定式两种。

1. 移动容器操作方法

移动容器操作方法是指将装满垃圾的容器使用垃圾运输工具（运输车辆或牵引车等）运往中转站或处理处置场，垃圾卸空后再将空容器送回原处（搬运容器方式，图 2-2-a）或其他垃圾集装点（交换容器法，图 2-2-b），如此重复循环进行垃圾运输。

垃圾运输成本的高低，主要取决于运输时间长短，因此对运输操作过程的不同单元时间进行分析，可以建立关系式，求出某区域垃圾运输耗费的人力和物力，从而计算运输成本。运输操作过程分为四个基本用时单元，即集装时间、运输时间、卸车时间和非生产性时间。

集装时间（$P_{hcs}$）为：

$$P_{hcs} = t_{pc} + t_{uc} + t_{dbc} \qquad (2-6)$$

式中，$P_{hcs}$ 为每次行程集装时间，h/次；$t_{pc}$ 为负载垃圾容器装车所需时间，h/次；$t_{uc}$ 为卸空容器放回原处所需时间，h/次；$t_{dbc}$ 为车辆由一集装点行至下一集装点之间所需行驶时间，h/次。

一次收集运输操作行程所需时间（$T_{hcs}$）可用下式表示：

$$T_{hcs} = (P_{hcs} + s + t)/(1 - w) \qquad (2-7)$$

式中，$T_{hcs}$ 为一次收集运输操作行程所需时间，h；$s$ 为卸车时间，专指垃圾收集车在终点（中转站或处理处置场）逗留时间，包括卸车及等待卸车时间，h/次；$t$ 为运输时间，h；$w$ 为非生产性时间因子，即非收集时间占总时间百分数（表征收集操作全过程中非生产性活动所花费的时间），其数值一般在 0.1~0.25 变化，通常取 0.15。

当装车和卸车时间相对恒定时，则运输时间取决于运输距离和速度。对不同收集车的大量运输数据分析结果表明，运输时间可以用下式近似表示：

$$t = a + bx \qquad (2-8)$$

式中，$t$ 为运输时间，h/次；$a$ 为经验运程常数，h/次；$b$ 为经验运程常数，h/km；$x$ 为一次往返运输距离，km/次。其中，$a$ 和 $b$ 的数值大小与运输车辆的速度极限有关，称作车辆速度常数。它们的关系见表 2-1。

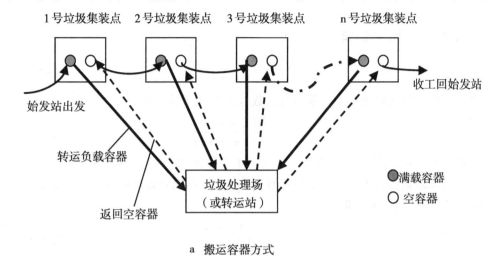

a 搬运容器方式

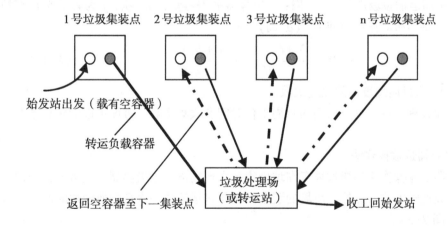

b 交换容器方式

**图 2-2 移动容器运输方式**

**表 2-1 垃圾运输车辆速度常数数值**

| 速度极限/<br>(km/h) | $a$/h | $b$/<br>(h/km) | 速度极限/<br>(km/h) | $a$/h | $b$/<br>(h/km) |
|---|---|---|---|---|---|
| 88 | 0.016 | 0.0112 | 40 | 0.050 | 0.025 |

（续表）

| 速度极限/<br>（km/h） | a/h | b/<br>（h/km） | 速度极限/<br>（km/h） | a/h | b/<br>（h/km） |
|---|---|---|---|---|---|
| 72 | 0.022 | 0.014 | 24 | 0.060 | 0.042 |
| 56 | 0.034 | 0.018 | | | |

将式（2-8）代入式（2-7）得到：

$$T_{hcs} = \frac{P_{hcs} + s + a + bx}{1 - w} \qquad (2-9)$$

每一工作日每辆收集车的往返运行次数（$N_d$）由下式求出：

$$N_d = \frac{H(1 - w)}{p_{hcs} + s + a + bx} \qquad (2-10)$$

式中，$N_d$ 为每天往返运行次数，次/d；$H$ 为每天工作时数，h/d。

每周所需收集的行程次数，即行程数（$N_w$），可根据收集范围的垃圾清除量和容器平均容量，用式（2-11）求出：

$$N_w = \frac{V_w}{cf} \qquad (2-11)$$

式中，$N_w$ 为每周收集次数，即行程数，次/周（若计算值带小数时，需进值到整数值）；$V_w$ 为每周运输垃圾产量，m³/周；$c$ 为容器平均容量，m³/次；$f$ 为容器平均充填系数。由此，每周所需作业时间 $D_w$（d/周）为：

$$D_w = \frac{N_w(P_{hcs} + s + a + bx)}{H(1 - w)} \qquad (2-12)$$

式中，$N_w$ 为每周垃圾车的往返次数。

通过上面计算过程，可以得到的每周工作时间和收集次数，进而可以制定科学合理的工作计划。

2. 固定容器运输操作法

固定容器运输操作法是指垃圾车在垃圾集装点现场清空垃圾容器，垃圾容器原地不动的一种垃圾运输方式。显然，垃圾的装车时间是该运输法一次行程所使用时间的主要影响因素（图2-3）。

垃圾车辆装车一般有机械操作和人工操作两种方式，所以与移动容器法相比，计算方法有所不同。

（1）机械装车

一般使用压缩机进行自动装卸垃圾，每一收集行程所需时间为：

$$T_{scs} = \frac{P_{scs} + s + a + bx}{1 - w} \qquad (2-13)$$

式中，$T_{scs}$ 为固定容器收集法每一行程所需时间，h/次；$P_{scs}$ 为每次行程集装时间，h/次；其余符号同前。此处，集装时间为：

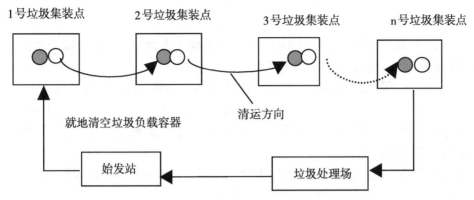

图 2-3 固定容器运输方式

$$P_{scs} = c_t \cdot t_{uc} + t_{dbc} \cdot (N_p - 1) \qquad (2-14)$$

式中，$c_t$ 为每次行程可腾空的负载垃圾容器数，个/次；$t_{uc}$ 为倒空一个负载垃圾容器所需平均时间，h/个；$N_p$ 为每一行程经历的集装点数；$t_{dbc}$ 为每一行程各集装点之间平均行驶时间，h。如果集装点平均行驶时间未知，也可用式（2-8）进行估算，但应以集装点间距离代替往返运输距离 $x$（km/次）。

每一行程能倒空的容器数（$c_t$）直接与容器容积、收集车的容积以及垃圾压实比有关，由式（2-15）计算：

$$c_t = \frac{V \cdot r}{c \cdot f} \qquad (2-15)$$

式中，$V$ 为收集车容积，$m^3$；$r$ 为垃圾压实比，垃圾原体积与压实后体积之比；$c$ 为垃圾容器的体积，$m^3$；$f$ 为垃圾容器的平均填充系数。

每周需要的行程次数（$N_w$）可用式（2-16）求出：

$$N_w = \frac{V_w}{V \cdot r} \qquad (2-16)$$

式中，$N_w$ 为每周行程次数，次/周；$V_w$ 为每周运输垃圾产量，$m^3$/周；$V$ 为垃圾收集车容积；$r$ 为垃圾压缩比。

由此计算出每周需要的收集时间为：

$$D_w = \frac{N_w P_{scs} + t_w(s + a + bx)}{H(1 - w)} \qquad (2-17)$$

式中，$D_w$ 为每周收集时间，d/周；$t_w$ 为 $N_w$ 值进到大整数值；其余符号意义同前。

（2）人工装车

使用人工装车的工作方式，其原理同前，计算公式有所变化。如果每天进行的收集行程数为已知值或保持不变，在这种情况下日工作时间为：

$$P_{scs} = \frac{(1 - w)H}{N_d} - (s + a + bx) \qquad (2-18)$$

式中符号意义同前。

每一行程能够收集垃圾的集装点数目（Np）可以由式（2-19）估算：

$$N_p = \frac{60P_{scs}n}{t_p} \qquad (2-19)$$

式中，60 为时间转换因素，60min/h；$n$ 为收集工人数，人；$t_p$ 为每个集装点需要的集装时间，人·min/点；其余符号同前。

由两人组合搭配的收集操作，$t_p$ 可由式（2-20）估算求得（经验式）：

$$t_p = 0.72 + 0.18c_n + 0.014P_{rh} \qquad (2-20)$$

式中，$c_n$ 为每一个集装点的平均垃圾容器数；$P_{rh}$ 为服务到居民家的收集点占全部垃圾集装点的百分数，%。

每次行程的集装点数确定后，即可用下式估算收集车的容积（或转化为载重量）：

$$V = \frac{V_p N_p}{r} \qquad (2-21)$$

式中，$V$ 为收集车的容积，$m^3$；$V_p$ 为每一集装点收集的垃圾平均量，$m^3$/次；其余符号同前。

每周的行程数，即收集次数 $N_w$：

$$N_w = \frac{T_p F}{N_p} \qquad (2-22)$$

式中，$T_p$ 为集装点总数，点；$F$ 为每周容器收集频率，次/周；其余符号同前。

人工装车的方式，正确估算的关键在于合理假设每一工作日运输往返的次数。一般而言，每周收集频率 2 次较为理想，第二次收集量约为第一次的 90%～95%（计算时可以忽略，视为等量）。

**（四）收集车辆**

**1. 收集车类型**

垃圾收集车是一类专门用于城市生活垃圾的收集和运输的专用车辆。城市垃圾收集车一般配置专用垃圾集装、卸载设备，并且具有一定程度的机械化和自动化功能。城市垃圾收集车辆类型众多，按照装车形式可分为前装式、后装式、侧装式、顶装式、集装箱直接上车式等类型；按照车辆垃圾载重量分为 2t、5t、10t、15t、30t 等类型；按照装载垃圾容积分为 $6m^3$、$10m^3$、$20m^3$ 等类型的垃圾收集车辆。

垃圾收集车辆必须做到密闭化，经常清洗，保持整洁、卫生和完好状态。不同城市应根据当地的垃圾组成特点、垃圾收运系统的构成、交通、经济等实际情况，选用与其相适应的垃圾收集车辆。一般应根据整个收集区内的建筑密度、交通状况和经济能力选择最佳的收集车辆规格。国内常用的垃圾收集车包括。

（1）自卸式收集车。自卸式垃圾车自 20 世纪 60 年代已经开始使用，价格较低，至今仍为各中小城市广泛采用。如图 2-4 所示，自卸式垃圾车适宜于固定容器收集法作业，装备有液压举升机构，能将车厢倾斜一定角度，垃圾依靠自重能自行卸下的专用自卸汽车。

（2）车厢可卸式垃圾收集车。车厢可卸式垃圾收集车主要用于移动容器收集法作业，这种收集车的车厢作为活动敞开式存放容器，平时放置在垃圾收集点。由于车厢贴地且容量大，其适合于存放装载大件垃圾，故亦称为多功能车。如图 2-5 所示，目前此类收集车在我国大多数城市广泛使用。

图 2-4 自卸式垃圾车

图 2-5 车厢可卸式垃圾收集车

（3）加盖自卸式垃圾车。加盖自卸式垃圾车是一种适用于城市高层管道垃圾及堆场垃圾收集的专用作业车。如图 2-6 所示，该车一般采用液压传动、车厢上部设置一组可折合翻转前置的厢盖实现封闭化运输，防止运输过程中垃圾撒落、飞扬，性能可靠、操作方便。

（4）压缩式收集车。如图 2-7 所示，这种车装备有液压填塞器，可将垃圾自行装入、压缩和自卸的垃圾专用汽车，能够满足体积大、密度小的垃圾收集工作，并且在一定程度上减轻了垃圾对环境造成二次污染的可能性。这种车与手推车收集垃圾相比，工效提高 6 倍以上，大大减轻了环卫工人的劳动强度，缩短了工作时间。

图 2-6 加盖自卸式垃圾车

图 2-7 压缩式垃圾收集车

（5）侧装自卸式密封垃圾收集车。此类收集车车体侧面装配有提升、下降装置，工作时将储放垃圾的标准垃圾桶吊起，向车厢内倾倒垃圾，然后把垃圾桶放回地面，完成垃圾收集作业。卸载垃圾时，利用设置在车体上的举升、降机构使车厢向后倾翻转45°~50°，完成自卸动作。利用在收集口设置的与提升、降机构同步的启闭盖完成封闭工况，且运输作业封闭化程度高，劳动强度低。另外，这类车提升架悬臂长、旋转角度大，可以在相当大的作业区内抓取垃圾桶，车辆不必对准垃圾桶停放，十分灵活方便。侧装自卸式密封垃圾收集车的变形车型较多，常见的侧装自卸式密封垃圾收集车如图2-8a 和图 2-8b 所示。

（a）

（b）

图 2-8　压缩式垃圾收集车

（6）其他收集车。垃圾中转站是近年来出现的一种新型的城市垃圾收集运输设备。该设备采用全封闭落地举升式总体结构、机械传动自动升降系统、集装式整体运输方式及独特的密封装置，主体结构全部落入地下，可省去地面建筑物。占地面积小，坚固耐用，使用方便，改善工作操作环境和提高劳动强度，并可消除垃圾收集、运输过程中造成的二次污染，有利于净化环境。该设备生产效率高，作业成本低。因此具有非常广阔的应用前景。

2. 收集车数量配备

收集车数量的合理配备，直接影响到垃圾收集的效率和成本高低。在进行车辆配备时，应该考虑车辆的种类、满载量、垃圾输送量、输送距离、装卸自动化程度以及人员配备情况等因素。

各类收集车辆配备数量可参照下列公式计算：

$$简易自卸车数 = \frac{该车收集垃圾日平均产生量}{车额定吨位 \times 日单班收集次数定额 \times 完好率} \quad (2-23)$$

式中，垃圾日平均产生量、日单班收集次数定额按各地方环卫部门定额计算；完好率一般按 85% 计算。

$$多功能车数 = \frac{收集垃圾日平均产生量}{车箱额定容量 \times 箱容积利用率 \times 日单班收集次数定额 \times 完好率}$$
$$(2-24)$$

式中，箱容积利用率按 50%～70% 计，完好率按 80% 计，其余同前。

$$侧装密封车数 =$$

$$该车收集垃圾日平均产生量$$

$$桶额定容量×桶容积利用率×日单班装桶数×日单班收集次数定额×完好率$$

$$(2-25)$$

式中，日单班装桶数定额按各省、自治区环卫定额计算，完好率按80%计，桶容积利用率按50%~70%计，其余同前。

3. 收集车劳力配备

每辆收集车配备的收集工作人员，一般按照运输车辆的载重量、机械化作业程度、垃圾容器放置地点与容器类型以及工人的业务能力和素质等情况而定。

一般情况，除司机外，采用人力装车的3t简易自卸车配2名工作人员，5t简易自卸车配3~4名工作人员；侧装密封车配2名工作人员；多功能车配1名工作人员。

此外，还应设立一定数量的备用工作人员，当在特定阶段工作量增大、人员生病或设备出现故障时，备用人员可以马上投入工作。另外，当遇到工作量、气候、雨雪、收集路线和其他因素变化时，劳力配备规模可以随实际需要而发生变动。

（五）作业方式

收集次数与作业时间确定的原则是在卫生、高效、低成本的前提下达到垃圾运输目的。

垃圾收集次数。在我国各城市住宅区、商业区基本上是要求及时收集，即日产日清。在欧美各国垃圾收集次数则划分较细，一般情形下，对于住宅区厨房垃圾，冬季每周二三次，夏季至少三次；对旅馆酒家、食品工厂、商业区等，不论夏冬，每日至少收集一次；煤灰夏季每月收集二次，冬季改为每周一次；如果厨房垃圾与一般垃圾混合收集，其收集次数可采取折中或酌情预定。国外对废旧家用电器、家具等庞大垃圾则定为一月两次，对分类存放的废纸、玻璃等也有相对固定的收集周期，以利于居民的配合。以上这些都可作为各地制定城市垃圾收集作业方式的参考，根据当地具体情形合理规划，科学设计当地的垃圾收集方式。

垃圾收集时间的规划设定。收集时间一般大致可分为白天、晚间及黎明三种工作时间段。通常，住宅区的垃圾最好在昼间收集，避免晚间骚扰住户；商业区垃圾则最好在晚间收集，此时车辆行人稀少，可加快收集速度，提高效率；街道、广场等公共场所则可在黎明时进行收集、运输，这样不会对交通和公共活动造成影响。

总之，城市垃圾的收集次数与时间，应在充分考虑当地实际情况（如气候，垃圾产量与性质、收集方法、道路交通、居民生活习俗等）的前提下，进行科学合理的规划、确定。

住宅区生活垃圾运输方式以垃圾容器间收集方式和环卫工人上门收集方式（上门服务）为主，并以集装箱垃圾收集站作为垃圾收集系统的主体设施；垃圾收集点和垃圾收集站是垃圾收集系统的基本设施，垃圾收集系统随着垃圾收集点和垃圾收集站的改造完善逐步形成以下四种基本作业方式：

第一种方式如图2-9（a）所示，住宅生活垃圾分类袋装后由居民直接送入住宅楼下和附近的垃圾容器间中的分类垃圾容器内，然后由垃圾车分类装车后运往垃圾中转站或垃圾处理场。第二种方式如图2-9（b）所示，住宅生活垃圾分类袋装后由居民直接送入住宅楼下和附近的垃圾容器间中的垃圾分类容器内，再由环卫工作人员将垃圾容器送至垃圾收集站，然后由垃圾车分类装车后运往垃圾中转站或垃圾处理场。第三种方式如图 2-9（c）所示，当垃圾收集站距离不超过 70m 时，住宅生活垃圾分类袋装后由居民直接送入垃圾收集站中的垃圾分类集装箱内，然后由垃圾车运往垃圾中转站或垃圾处理场。第四种方式为管道气力抽吸收集方式，如图 2-9（d）所示，新建超高层建筑物采用管道气力抽吸垃圾运输方式。这是一种以真空涡轮机和垃圾输送管道为基本设备的密闭化垃圾运输方式。该系统主要组成部分包括倾倒垃圾的通道、垃圾投入孔通道阀、垃圾输送管道、机械中心和垃圾站。

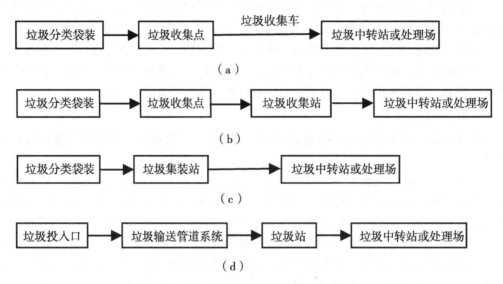

图 2-9  住宅区生活垃圾运输方式

## 二、城市垃圾的收运路线

在城市垃圾收集操作方法、收集车辆类型、收集劳力、收集次数和作业时间等确定以后，就应该着手设计垃圾的收运路线，以便有效地使用车辆和劳力，提高工作效率。合理的收运路线在一定程度上可以非常有效地提高城市垃圾收运水平。

垃圾收运路线一般有四种方案。

第一种方案为每天按固定路线收运，这也是目前采用最多的收集方案。环卫人员每天按照预设固定路线进行收集工作。该法具有收集时间固定、路线长短可以根据人员和设备进行调整的特点，但同时存在的缺点是人力设备使用效率较低，并且在人力和设备出现故障时会影响收集工作的正常进行，而且当线路垃圾产生量发生变化时，不能及时调整收集线路。

第二种方案是大路线收运。允许收集人员在一定的时间段内，自己决定何时何地进行哪条路线的收集工作。此法的优缺点与第一种方法的相同。

第三种方案是车辆满载法，环卫人员每天收集运输车辆的最大承载量的垃圾。该方法的优点是可以减少垃圾运输时间，能够比较充分的利用人力和设备，并且适用于所有收集方式；缺点是不能准确预测车辆满承载量相当多少居民住户或企事业单位的垃圾产生量。

第四种方案是采用固定工作时间的方法。收集人员每天在规定的时间内工作。这样可以比较充分地利用有关的人力和物力，但是由于本方法规律性不明显，一般人员很少了解本地垃圾收集的具体时间。

收集线路的设计需要经过设计、试运行、修正、确定等步骤才能逐步完成，并且只有经过一段时间运行实践后，才能确定下来。由于各个城市的实际情况各不相同，即使在同一个城市，城市垃圾的分布、种类、数量等也随着时间的推移而不断地发生着改变。所以，垃圾收运路线也应随着城市的发展，不断完善，以满足垃圾收运工作的实际需要和变化。

设计收运路线的一般步骤：一条完整的收运路线不但包括垃圾收集车在指定的街区内所遵循的实际收集路线，还包括收集车装满垃圾后，把垃圾运往垃圾中转站（或处理处置场）需走过的地区或街区的路线。图 2-10 为一街区垃圾收运路线示意。

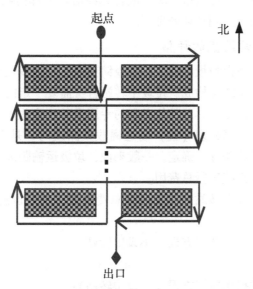

**图 2-10　由南—北向单行道和东—西双行道组合形成的街区垃圾收运路线**

## （一）设计垃圾收运路线时的原则

收运线路应尽可能紧凑，避免重复或断续。收运线路应能平衡工作量，使每个作业阶段、每条路线的收集和运输时间大致相等。

收运线路应避免在交通拥挤的高峰时间段收集、运输垃圾。

收运线路应当首先收集地势较高地区的垃圾。

收集线路起始点最好位于停车场或车库附近。

收运线路在单行街道收集垃圾，起点应尽量靠近街道入口处，沿环形路线进行路线收集工作。

## （二）设计收运路线的一般步骤

（1）调查、考察垃圾运输区特点：包括区域面积、地形、气候、交通、垃圾集装点的位置、容器数、收集次数以及垃圾类型和数量等情况；

（2）资料整理、分析，将所收集的相关资料和数据进行分析整理；

（3）初步设计收集路线，根据各种资料以及现有条件，设计多条收集路线；

（4）根据实践运行，对初步收集路线进行比较、分析，根据同一工作日内收集的垃圾量、车辆的行驶路程、收集时间等要素进一步优化、均衡收集路线；

（5）制作收集线路图，在一定比例的地形图上，标明最后确定的收集路线。

## 三、城市垃圾的转运及中转站设置

垃圾中转站（也称转运站）是把用中、小型垃圾收集运输车分散收集到的垃圾集中起来并借助于机械设备转装到大型垃圾运输车的，由建筑物、构筑物群组成的环境卫生工作场所称垃圾中转站。即城市垃圾一般首先经由环卫部门收集运输到垃圾中转站，然后再在中转站把垃圾转运到垃圾处理厂。

### （一）垃圾转运站设置的评估

垃圾中转站成套设备由垃圾压缩机、垃圾储料槽、垃圾转运车、电气控制系统、除尘除臭系统和污水处理系统等构成。垃圾中转站自身需要一定的基建费用，还需要投资购买大型的垃圾装卸、运输工具及其他必需的专用设备，这些投资必然也会在一定程度上增加收运费用。所以，当处理（置）场远离收集路线时，是否需要设置中转站，主要视当地现实技术和经济条件来确定。一般来说，垃圾运输距离长，设置中转站可以有效地降低城市垃圾管理系统运行总费用。

在一定条件下，垃圾中转站对垃圾运输总费用的影响可以通过下面计算进行评估分析。

移动容器方式运输操作费用方程（不设中转站）：

$$C_1 = a_1 \cdot S \tag{2-26}$$

固定容器方式运输操作费用方程（不设中转站）：

$$C_2 = a_2 \cdot S + p \tag{2-27}$$

中转站转运运输操作费用方程：

$$C_3 = a_3 \cdot S + b \tag{2-28}$$

式中，$C_n$ 为垃圾运输总费用，元；$S$ 为垃圾运输距离，km；$a_n$ 为单位距离垃圾的运输费用，元/km；$p$ 为固定容器操作方式中集装点垃圾装卸和其他管理等费用，元；$b$ 为中转站基建和操作管理增加给垃圾运输的费用，元。一般情况下，$a_1 > a_2 > a_3$，$b > p$。

利用上面三种运输操作费用方程作图（$C$-$S$ 图）（如图 2-11 所示），从图中分析：$S > S_3$ 时，中转站垃圾运输操作费用低，即需设置中转站；当 $S < S_1$ 时，应用移动容器方式直接进行垃圾运输操作较为经济合理，不需设置中转站；当 $S_1 < S < S_3$ 时，使用固定容器方式直接运输垃圾，费用合理，因此也不需设置中转站。

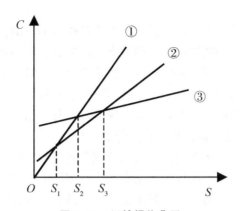

**图2-11　运输操作费用**

注：①移动容器方式直接运输操作；

②固定容器方式直接运输操作；

③中转站转运运输操作

## （二）中转站类型与设置要求

### 1. 中转站类型

中转站可按不同的分类标准进行分类，常见的分类标准包括垃圾转运能力大小、装载卸载方式、运输工具类型等。

（1）按照中转站的垃圾日中转量大小。

小型中转站，日转运量150t以下；中型中转站，日转运量150~450t；大型中转站，日转运量450t以上。

（2）按装载方式。

直接倾斜装车。垃圾收集车直接将垃圾倒进中转站内的大型运输车或集装箱内（不带压实装置）。该类中转站的优点是投资较低，装载方法简单，设备事故少。缺点是装载密度较低，运费较高。

直接倾斜压实装车。经压实机压实后直接推入大型运输工具上。此类中转站装载垃圾密度较大，能够有效降低运输费用，降低能耗；

存放待装。垃圾运到中转站后，先卸到存放槽内或平台上，再装到运输工具上。这种方法的最大优点是对城市垃圾的转运量的变化，特别是高峰期适应性好，即操作弹性好。但需建大的平台来存放垃圾，投资费用较高，而且易受装载机械设备事故影响。

复合型中转站。综合了直接装车和存放待装式中转站的特点，这种多用途的中转站比单一用途的中转站更方便于垃圾转运。

（3）按装卸料方法。

高低货位方式，利用地形高度差来装卸垃圾。

平面传送方式，利用传送带、抓斗车等辅助工具进行收集车的卸料和大型运输工具的装料，收集车和大型运输工具停在一个平面上。

（4）按大型运输工具差异。

公路中转站，垃圾收集和运输工具为汽车等陆路运输车辆，位于公路干线附近。

铁路中转站，对于远距离输送大量的城市垃圾来说，特别是在比较偏远地区，公路运输困难，但却有铁路线，且铁路附近有可供填埋的场地时，铁路运输是有效的解决方法。铁路中转站地处铁路干线附近，便于列车进出。省掉了不方便的公路运输，减轻了停车场的负担。铁路运输城市垃圾常用的车辆有：设有专用卸车设备的普通卡车，有效负荷 10~15t；大容量专用车辆，其有效负荷 25~30t。

水路中转站，水路垃圾中转站需设在河流或者运河边，垃圾收集车可将垃圾直接卸入停靠在码头的驳船里。水路垃圾中转站应采取专用码头的方式，并应满足水位变动的要求。水路垃圾中转站应设有固定垃圾运输船的设备、垃圾装卸设备和防止垃圾散落在水中的设施。运输机车及船舶数量应根据运转量及运输机车、船舶载重量及一次作业时间确定。铁路及水路运输中转站内必须设置与铁路系统及航道系统相衔接的调度、通信、信号系统。

这种运输方式有下列优点：提供了把垃圾最后处理地点设在远处的可能性；使用大容积驳船的同时保证了垃圾收集与处理之间的暂时存贮。

2. 中转站设置要求

在大、中城市通常设置多个垃圾中转站。在设置中转站时，要考虑的重要因素包括：垃圾储存容量、地址选择、中转站类型、卫生设备、出入口以及其他附属设备，如铲车及布料用胶轮拖拉机、卸料装置、挤压设备和称量用地磅等。根据中转站的特点，在设计时，应做到因地制宜、技术先进、经济合理、安全适用，有利于保护环境、改善劳动条件。另外，中转站设置时，尽可能考虑到其作为目前或未来某些资源回收利用的场所。

根据《城市环境卫生设施规划标准》（GB/T 50337—2018），我国对垃圾中转站设置要求如下：

（1）公路中转站一般要求。公路中转站的设置数量和规模取决于收集车的类型、收集范围和垃圾转运量，一般每 10~15km² 设置一座中转站。

（2）铁路中转站一般要求。当垃圾处理场距离市区路程大于 50km 时，可设置铁路中转站。此类中转站必须设置装卸垃圾的专用站台以及与铁路系统衔接的调度、通信、信号等系统。

（3）水路中转站一般要求。水路垃圾中转站应采取专用码头的方式，并应满足水位变动的要求。水路垃圾中转站应设有固定垃圾运输船的设备、垃圾装卸设备和防止垃圾散落在水中的设施。水路中转站设置要有供卸料、停泊、调档等使用的岸线，还应有陆上空地作为作业区。陆上面积用以安排车道、大型装卸机械、仓储、管理等项目的用地。所需陆上面积按岸线规定长度配置，一般规定每米岸线配备不少于 40m² 的陆上面积。在有条件的码头，应有改造为集装箱专业码头的预留用地。码头应有防尘、防臭、防散落下河（海）设施，要有计量和计数装置。

设置码头所需要的岸线长度应根据装卸量、装卸生产率、船只吨位、河道允许船只停泊档数以及河道状况等因素确定。其计算公式为：

$$L = Q \times q + I \tag{2-29}$$

式中，$L$ 为水路中转站岸线长度，m；$Q$ 为垃圾日装卸量，t；$q$ 为岸线折算系数，m/t；$I$ 为附加岸线长度，m。

码头岸线按表 2-2 确定。当日装卸量超过 300t 时，用表中"岸线折算系数"栏中的系数计算。

表 2-2　水路垃圾中转站码头岸线计算

| 船只吨位（t） | 停泊挡数 | 停泊岸线（m） | 附加岸线（m） | 岸线折算系数（m/t） |
| --- | --- | --- | --- | --- |
| 30 | 二 | 130 | 20~25 | 0.40 |
| 30 | 三 | 105 | 20~25 | 0.35 |
| 30 | 四 | 90 | 20~25 | 0.30 |
| 50 | 二 | 90 | 20~25 | 0.30 |
| 50 | 三 | 60 | 20~25 | 0.20 |
| 50 | 四 | 60 | 20~25 | 0.20 |

注：表中岸线为日装卸量 300t 时所要的停泊岸线．

最后，各类垃圾中转站内还应装配电话或其他通信设施以及相关监控系统。大、中型中转站宜设置垃圾称重装置、应急电源、洗车台及检修车台、停车场、加油站等辅助设施。中转站内应设供工人值班、更衣或存放工具、资料的附属用房以及办公、宿舍、食堂等工作、生活设施。其面积应符合《环境卫生设施设置标准》（CJJ 27—2012）的规定。中转站应设置供控制作业用的操作室或操作台。操作室或操作台应设在高处或安全的地方。

（4）环境保护与卫生要求。城市垃圾中转站操作管理不善，常给环境带来不利影响，引起附近居民的不满。故大多数现代化及大型垃圾中转站都采用封闭形式、规范作业，并采取一系列环保措施：① 周围一般设置防风网罩和其他栅栏，防止碎纸、破布及其他垃圾碎屑和飞尘等随风飘散到周围环境，造成负面影响。当垃圾抛洒到外边时，要及时捡回；② 中转站平时存放的垃圾，要采取有效措施，避免垃圾飘尘及臭气污染周围环境；③ 中转站内部运行要严格按照相应的环境安全规范程序进行组织和管理，如垃圾进出要严格管理，认真检查运输车辆的环保措施是否得当，工人在作业时必须穿工作服、戴防尘面罩等；④ 中转站内建筑物、构筑物布置应符合防火、卫生规范及各种安全的要求，设有防火、避雷电设施，以免垃圾长期堆放引发火灾；⑤ 中转站应设置排除站内积水的设施，大、中型中转站内排水系统应采用分流制，应设污水处理设施。防止垃圾产生的渗沥液渗入地下的防渗处理等卫生设施，防止地下水遭到污染；⑥ 中转站应采用多种预防措施，减小垃圾装卸机械、运输车辆等工作时的噪声，防止对周围居民生活形成噪音危害；⑦ 中转站应最大限度地不给周围环境造成负面影响，采取综合防治污染措施，注重内外的绿化，绿化面积应达到 10%~30%，中转站内建筑物、构筑物的建筑设计和外部装修应与周围居民住房、公共建筑物以及环境相协调，充分实现与周围环境和谐共处；⑧中转站应设置杀虫灭害装置，转运车间内应设置除尘除臭装置；⑨中转站的采暖、通信、噪声和消防的标准应符合现行标准的有关规定；⑩中转站的总平面布置应结合当地情况，做到经济、合理。大、中型中转站应按区域布置，作业区宜布置在主导风向的下风向，站前区布置应与城市干道及周围环境相协调。

总之，垃圾中转站外形应美观，操作应封闭，设备力求先进。其飘尘、噪声、臭气、排水等指标应符合环境监测标准。其建设规划、设计要符合国家的方针、政策和法令，并达到保护环境、提高人民健康水平的要求。

（三）中转站选址要求

中转站选址，既要满足环境卫生要求，还要尽可能地降低垃圾中转过程的费用。中转站的选址应符合城市总体规划和城市环境卫生行业规划的要求。中转站选址要注意的事项如下：①中转站选址要综合考虑各个方面的要求，科学合理地进行规划设置；②中转站应尽可能设置在靠近服务区域的中心或垃圾产量最多的地方；③中转站应最好位于对城市居民身体健康和环境卫生危害和影响较少的地方，比如离城市水源地和公众生活区不能太近；④中转站应尽可能靠近公路、水路干线等交通方便的地方，以方便垃圾进出，减少运输费用；⑤在具有铁路及水运便利条件的地方，当运输距离较远时，宜设置铁路及水路运输垃圾中转站；⑥便于垃圾中转收集输送，运作能耗最经济的地方；⑦应考虑便于废物回收利用及能源生产的可能性。

（四）中转站工艺设计计算

中转站的工艺设计是关乎其功能能否充分合理发挥的关键因素之一，要根据中转的垃圾量、中转周期、垃圾类型以及地方经济等实际情况进行设计。中转站用地面积应符合《环境卫生设施设置标准》（CJJ 27—2012）中的规定。中转站的规模，应根据垃圾转运量确定。

垃圾转运量，应根据服务区域内垃圾高产月份平均日产量的实际数据确定。无实际数据时，可按式（2-30）计算：

$$Q = \delta \times \frac{nq}{1\,000} \tag{2-30}$$

式中，$Q$ 为中转站的日转运量（t/d）；$n$ 为服务区域的实际人数；$q$ 是服务区域居民垃圾人均日产量（kg/人·d），按当地实际资料采用；无当地资料时，垃圾人均日产量可采用 1.0~1.2kg/人·d，气化率低的地方取高值，气化率高的地方取低值（气化率是指城市居民用燃料中燃气的使用百分率）；$\delta$ 为垃圾产量变化系数（按当地实际资料采用，如无资料时，$\delta$ 值可采用 1.3~1.4）。

1. 中转站的服务半径

（1）用人力收集车收集垃圾的小型中转站，服务半径不宜超过 0.5km。

（2）用小型机动车收集垃圾的小型中转站，服务半径不宜超过 2.0km。

（3）垃圾运输距离超过 20km 时，应设置大、中型中转站。

2. 设备及其布置

中转站应根据不同地区、不同条件，采用不同方式和设备将垃圾装载到运输车辆或船舶上。中转站的设备数量应根据转运量确定。为调节中转站的工作效率与车辆调用频率之间的关系，应根据需要设置垃圾存放槽。放置集装箱地坑的深度应保证集装箱上缘与室内地坪齐平或不高于室内地坪5cm，集装箱外壁与坑壁之间应保持15~20cm的距离，并应设置定位装置。集装箱的数量，应根据垃圾存放时间、运输周期及备用量等因素确定。地坑式中转站其集装箱的数量不宜少于地坑数的2倍。采用起重设备的中转站，应采用电动起重设备。中转站宜设置垃圾压缩机械。

垃圾中转站的设置数量和规模取决于收集车的类型、收集范围和垃圾转运量，并应符合《城市环境卫生设施设置标准》的要求。

（1）小型中转站每0.7~1km²设置一座，用地面积不小于100m²，与周围建筑物的间隔不小于5m。

（2）大、中型中转站每10~15km²设置一座，其用地面积根据日转运量确定（表2-3）。

表2-3 垃圾转运站用地标准

| 转运量（t/d） | 用地面积（m²） | 附属建筑面积（m²） |
| --- | --- | --- |
| 150 | 1 000~1 500 | 100 |
| 150~300 | 1 500~3 000 | 100~200 |
| 300~450 | 3 000~4 500 | 200~300 |
| >450 | >4 500 | >300 |

注：表中"转运量"按每日工作一班制计算

大、中型中转站应配备一定数量的运输车辆，运输车辆的配置数量可采用下列公式计算：

$$M = \frac{Q}{W \times u}\eta \qquad (2\text{-}31)$$

式中，$M$ 为运输车辆数量，辆；$Q$ 为垃圾日转运量，$t/d$；$W$ 为垃圾运输车载重量，$t$；$u$ 为每部垃圾车日转运次数；$\eta$ 为备用车系数，取1.2。

其中

$$u = \frac{T}{t} \qquad (2\text{-}32)$$

式中，$T$ 为额定日运输时间；$t$ 为一次作业时间。

假定某中转站要求：①采用挤压设备；②高低货位方式装卸垃圾；③机动车辆运输。其工艺设计可以设计如下：

垃圾车在货位上的卸料台卸料，倾入低货位上的压缩机漏斗内，然后将垃圾压入半拖挂车内，满载后由牵引车拖运，另一辆半拖挂车装料。

根据该工艺与服务区的垃圾量，可计算应建造多少高低货位卸料台和配备相应的压缩机数量，需合理使用多少台牵引车和半拖挂车数量。

卸料台数量（$A$）

该垃圾中转站每天的工作量可按下式计算：

$$E = \frac{MW_y k_1}{365} \qquad (2-33)$$

式中，$E$ 为每天的工作量，t/d；$M$ 为服务区的居民人数，人；$W_y$ 为垃圾年产量，t/（人·a）；$k_1$ 为垃圾产量变化系数（参考值 1.15）。

一个卸料台工作量的计算公式为：

$$F = \frac{t_1}{t_2 k_t} \qquad (2-34)$$

式中，$F$ 为卸料台一天接受运输车数量，辆/d；$t_1$ 为中转站 1 天的工作时间，min/d；$t_2$ 为一辆运输垃圾车的卸料时间，min/辆；$k_t$ 为运输车到达的时间误差系数。

则所需卸料台数量为：

$$A = \frac{E}{WF} \qquad (2-35)$$

式中，$W$ 为运输车的载重量，t/辆。

每一个卸料台配备一台压缩设备，因此，压缩设备数量（$B$）为：

$$B = A \qquad (2-36)$$

牵引车数量（$C$）

为一个卸料台工作的牵引车数量，按公式计算为：

$$C_1 = \frac{t_3}{t_4} \qquad (2-37)$$

式中，$C_1$ 为牵引车数量；$t_3$ 为垃圾运输车辆往返的时间，h；$t_4$ 为半拖挂车的装料时间，h。其中半拖挂车装料时间的计算公式为：

$$t_4 = t_2 n k_4 \qquad (2-38)$$

式中，$n$ 为一辆半拖挂车装料的垃圾车数量。因此，该中转站所需的牵引车总数（$C$）为：

$$C = C_1 A \qquad (2-39)$$

半拖挂车数量（$D$）

半拖挂车是轮流作业，一辆车满载后，另一辆装料，故半拖挂车的总数为：

$$D = (C_1 + 1)A \qquad (2-40)$$

## 四、城市生活垃圾的收运路线设计典型案例

在城市生活垃圾收集操作方法、收集车辆类型、收集劳力及收集次数和时间等确定以后，就应着手设计收集路线，以便有效使用车辆和劳力。一般地，收集路线的设计需要进行反复试算。路线设计的主要问题是收集车辆如何通过一系列的单行线或双行线街道行驶，以使整个行驶距离最小，或者说空载行程最小。

在研究较合理的实际路线时，需考虑以下几点：每个作业日每条路线限制在一个地区，尽可能紧凑，没有断续或重复的线路。平衡工作量，使每个作业、每条路线的收集和运输时间都合理地大致相等。收集路线的出发点从车库开始，要考虑交通繁忙和单行

街道的因素。在交通拥挤时间，避免在繁忙的街道上收集垃圾。

设计收集路线的一般步骤包括：①准备适当比例的地域地图，图上标明垃圾清运区域边界、道口、车库和通往各个垃圾集装点的位置、容器数、收集次数等。如果使用固定容器收集法，应标注各集装点垃圾量。②资料分析，将资料数据概要列为表格。③初步收集路线设计。④对初步收集路线进行比较，通过反复试算进一步均衡收集路线，使每周各个工作日收集的垃圾量、行驶路程、收集时间等大致相等，最后将确定的收集路线画在收集区域地图上。

例如，针对如图 2-12 所示的某城市一住宅区布局图，首先完成步骤①的工作（图 2-12 中已经完成）。设计拖曳式和固定式两种收集操作方式的收集路线。要求两种收集操作方式在每日 8h 内均必须完成收集任务，确定处置场距 B 点的最远距离。

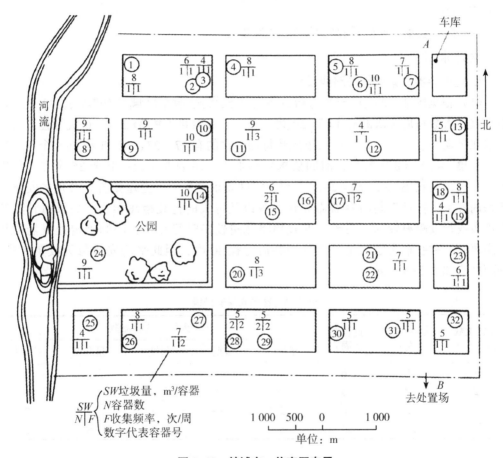

**图 2-12 某城市一住宅区布局**

根据该小区的基本情况，已知有关数据和要求如下。

——收集次数为每周 2 次的集装点，收集时间要求在星期二、星期五 2 天。

——收集次数为每周 3 次的集装点，收集时间要求在星期一、星期三、星期五这 3 天。

——各集装点可以位于十字路口任何一侧集装。

——收集车车库在 A 点，从 A 点早出晚归。

——拖曳容器收集操作从星期一至星期五每天进行收集。

——移动容器收集操作法按交换式进行，即收集车不是回到原处而是到下一个集装。

——拖曳容器收集操作作业数据：容器集装和放回时间为 0.033h/次，卸车时间为 0.053h/次。

——固定容器收集操作每周只安排 4 天（星期一、二、三和五），每天行程一次。

——固定容器收集操作的收集车选用容积 35m³ 的后装式压缩车，压缩比为 2。

——固定容器收集操作作业数据：容器卸空时间为 0.050h，卸车时间为 0.10h 次。

——容器间估算行驶时间常数 a＝0.060h/次，b＝0.067h/km。

——确定两种收集操作的清运时间，使用运输时间常数为 a＝0.080h 次，b＝0.025h/km。

——两种收集操作的非收集时间系数为 0.15。

设计求解

1. 拖曳容器收集操作的路线设计

（1）根据图 2-12 提供资料进行分析（步骤②）。收集区域共有集装点 32 个，其中，收集次数每周 3 次的有 11 和 20 共 2 个点，每周共收集 3×2 次＝6 次行程，时间要求在星期一、三、五 3 天；收集次数每周 2 次的有 17、27、28 和 29 共 4 个点，每周共收集 4×2 次＝8 次行程，时间要求在星期二、星期五 2 天；其余 26 个点，每周收集一次，其收集 1×26 次＝26 次行程，时间要求在星期一至星期五。合理的安排是使每周各个工作日集装的容器需大致相等以及每天的行驶距离相当。如果每日集装点增多或行驶距离较远，则改日的收集将花费较多时间并且将限制确定处置场的最远距离。三种收集次数的集装点每周共需行程 40 次，因此平均安排每天收集 8 次，分配办法如表 2-4 所示。

表 2-4　容器收集安排线

| 收集次数<br>（次/周） | 集装点数<br>（次） | 行程数<br>（周） | 每天倒空的容器数 | | | | |
|---|---|---|---|---|---|---|---|
| | | | 星期一 | 星期二 | 星期三 | 星期四 | 星期五 |
| 1 | 26 | 26 | 6 | 4 | 6 | 8 | 2 |
| 2 | 4 | 8 | — | 4 | — | — | 4 |
| 3 | 2 | 6 | 2 | — | 2 | — | 2 |
| 总计 | 32 | 40 | 8 | 8 | 8 | 8 | 8 |

（2）通过反复试算设计均衡的收集路线（步骤③和步骤④）。在满足如表 2-4 所示的次数要求的条件下，找到一种收集路线方案，使每天的行驶距离大致相等，即 A 点到 B 点间行驶距离约为 86km。每周收集路线设计和距离计算结果在表 2-5 中列出。

（3）确定从 B 点至处置场的最远距离。

计算每次行程的集装时间。因为使用交换容器收集操作法，故每次行程时间不包括容器间行驶时间，即：

表 2-5　拖拽容器收集操作的收集路线

| 集装点 | 星期一 收集路线 | 距离/点 | 集装点 | 星期二 收集路线 | 距离/点 | 集装点 | 星期三 收集路线 | 距离/点 | 集装点 | 星期四 收集路线 | 距离/点 | 集装点 | 星期五 收集路线 | 距离/点 |
|---|---|---|---|---|---|---|---|---|---|---|---|---|---|---|
| 1 | A至1 | 6 | 7 | A至7 | 1 | 3 | A至3 | 2 | 2 | A至3 | 4 | 13 | A至3 | 2 |
| 9 | 1至B | 11 | 10 | 7至B | 4 | 8 | 3至B | 7 | 6 | 3至B | 9 | 5 | 3至B | 5 |
| 11 | B至9至B | 18 | 14 | B至10至B | 16 | 4 | B至8至B | 20 | 18 | B至8至B | 12 | 11 | B至8至B | 16 |
| 20 | B至11至B | 14 | 17 | B至14至B | 14 | 11 | B至4至B | 16 | 15 | B至4至B | 6 | 17 | B至4至B | 14 |
| 22 | B至20至B | 10 | 26 | B至17至B | 8 | 12 | B至11至B | 14 | 16 | B至11至B | 8 | 20 | B至11至B | 8 |
| 30 | B至22至B | 4 | 27 | B至26至B | 12 | 20 | B至12至B | 8 | 24 | B至12至B | 8 | 27 | B至12至B | 10 |
| 19 | B至30至B | 6 | 28 | B至27至B | 10 | 21 | B至20至B | 10 | 25 | B至20至B | 16 | 28 | B至20至B | 10 |
| 23 | B至19至B | 6 | 29 | B至28至B | 8 | 31 | B至21至B | 4 | 32 | B至21至B | 16 | 29 | B至21至B | 8 |
|  | B至23至B | 4 |  | B至29至B | 8 |  | B至31至B | 0 |  | B至31至B | 2 |  | B至31至B | 8 |
|  | B至A | 5 |  | B至A | 5 |  | B至A | 5 |  | B至A | 5 |  | B至A | 5 |
| 总计 |  | 84 | 总计 |  | 86 | 总计 |  | 86 | 总计 |  | 86 | 总计 |  | 86 |

$$P_{hsc} = t_{pc} + t_{vc} = （0.033+0.033）\text{ h/次} = 0.066\text{h/次}$$

计算往返运距：

$$H = \frac{N_d(P_{hcs} + s + a + bx)}{1 - \omega}$$

$$= 8 \times （0.066+0.053+0.080+0.025x）/（1-0.15）$$

$$= 26\text{km/次}$$

确定从 B 点至处置场距离。因为运距 $x$ 包括收集路线距离，将其扣除后除以往返双程，便可确定从 B 点至处置场最远单程距离。

$$\frac{1}{2} \times （26 - \frac{86}{8}）\text{km} = 7.63\text{km}$$

2. 固定容器收集操作法的路线设计

（1）用相同方法可求得每天需要收集的垃圾量，列于表 2-6。

表 2-6  每日垃圾收集安排

| 收集次数<br>（次/周） | 垃圾量<br>（m³） | 每天倒空的容器数 | | | | |
|---|---|---|---|---|---|---|
| | | 星期一 | 星期二 | 星期三 | 星期四 | 星期五 |
| 1 | 1×178 | 53 | 45 | 52 | 0 | 28 |
| 2 | 2×24 | — | 24 | — | 0 | 24 |
| 3 | 3×17 | 17 | — | 17 | 0 | 17 |
| 总计 | 277 | 70 | 69 | 69 | 0 | 69 |

（2）根据所收集的垃圾量，经过反复试算制定均衡的收集路线，每日收集路线列于表 2-7，A 点和 B 点间的每日行驶的距离列于表 2-8。

表 2-7  固定容器收集操作法收集路线

| 星期一 | | 星期二 | | 星期三 | | 星期五 | |
|---|---|---|---|---|---|---|---|
| 集装次序 | 垃圾量<br>（m³） | 集装次序 | 垃圾量<br>（m³） | 集装次序 | 垃圾量<br>（m³） | 集装次序 | 垃圾量<br>（m³） |
| 13 | 5 | 2 | 6 | 18 | 8 | 3 | 4 |
| 7 | 7 | 1 | 8 | 12 | 4 | 10 | 10 |
| 6 | 10 | 8 | 9 | 11 | 9 | 11 | 9 |
| 4 | 8 | 9 | 9 | 20 | 8 | 14 | 10 |
| 5 | 8 | 15 | 6 | 24 | 9 | 17 | 7 |
| 11 | 9 | 16 | 6 | 25 | 4 | 20 | 8 |
| 20 | 8 | 17 | 7 | 26 | 8 | 27 | 7 |
| 19 | 4 | 27 | 7 | 30 | 5 | 28 | 5 |
| 23 | 6 | 28 | 5 | 21 | 7 | 29 | 5 |
| 32 | 5 | 29 | 5 | 22 | 7 | 31 | 5 |
| 总数 | 70 | 总数 | 68 | 总数 | 69 | 总数 | 70 |

表 2-8　$A$ 点到 $B$ 点的每日行驶距离

| 星期 | 一 | 二 | 三 | 五 |
|---|---|---|---|---|
| 行驶距离（km） | 26 | 28 | 26 | 22 |

从表 2-7 中可以得出，每天行程收集的容器数为 10 个，故容器间的平均行驶距离为：

$$\frac{26 + 28 + 26 + 22}{4 \times 10} = 2.55 \text{km}$$

则每次行程的集装时间为：

$$P_{scs} = c_t(t_{uc} + t_{dbc}) = c_t(t_{uc} + a + bx)$$
$$= 10 \times (0.05 + 0.06 + 0.067 \times 2.55)$$
$$= 2.81 \text{h/次}$$

$B$ 点到处置场的往返行程为：

$$H = \frac{N_d(P_{hcs} + s + a + bx)}{1 - \omega}$$
$$= \frac{1 \times (2.91 + 0.10 + 0.08 + 0.025x)}{1 - 0.015}$$
$$= 152.4 \text{km}$$

$B$ 点到处置场的最远距离为：

$$152.4 \div 2 = 762 \text{km}$$

# 第二节　危险废物的收集、存放及运输

危险废物是指列入国家危险废物名录或者根据国家规定的危险废物鉴别标准和鉴别方法认定的具有危险特性的废物。通常指对人类、动植物以及环境的现在及将来构成危害，具有一定的毒性（含有急性毒性、浸出毒性）、爆炸性（如含硝酸铵、氯化铵等易爆化学品）、易燃性（含易燃有机溶剂或油类）、腐蚀性（如含具有腐蚀性的废酸废碱）、传染性（医院所弃含病菌废物）、放射性（如核燃料废弃物）或其他化学反应特性等一种或几种以上的危害特性的固体废弃物。收集、运输、存放危险废物，必须按危险废物特性分类包装。在此类废物的收集、存放及转运过程当中必须采取一些特殊的管理措施，要严格避免对环境产生危害。因此，在危险废物的收集、运输和储存过程中，比一般废物的收集、运输和储存具有更加严格的要求。我国有关法律规定对于直接从事收集、存放以及运输危险废物的人员，应由环境保护行政主管部门组织进行专业培训，经培训合格后，持合格证书方可从事该项工作。典型的危险废物收集转运方案可示意为图 2-13，即危险废物产生者对暂存的桶装或袋装危险废物，可以自己直接送到危险废物的收集中心或中转站，也可以通过地方主管部门配备的专用运输车按规定的路线运送到指定的地点储存或做进一步处理。当危险废物进入转运站后，在站内部的典型转运方式可以示意为图 2-14。

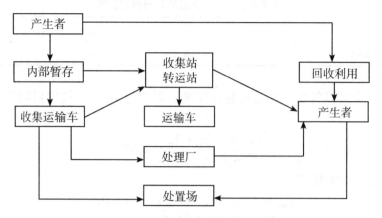

图 2-13 典型的危险废物收集转运方案

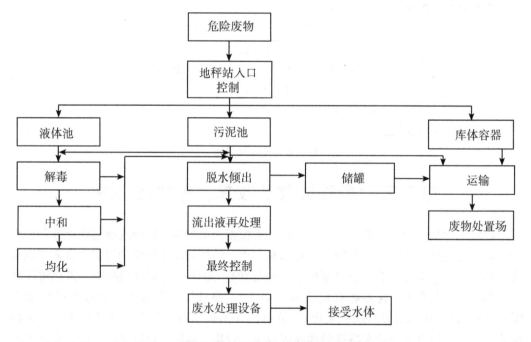

图 2-14 危险废物进入转运站内部的典型转运方式

## 一、危险废物的产生与收集

危险废物来源广泛，主要产生于工业、农业以及商业等生产部门。例如，金属冶炼、电镀、化肥制造等行业会产生重金属废物，核电站、核工业可以产生相应的具有放射性的固体废物。

危险废物一经产生，应立即将其妥善地放进专门保存该种危险废物的特种装置内，并加以保管，同时及时科学地做进一步存放、处理或处置。

存放危险废物的容器应根据其特性选择，特别要注意二者的相容性。常见的存放容器是钢制容器和特种塑料容器。此类容器都应清楚地标明内盛危险废物的名称、日期、类别、数量以及危害说明等项目。危险废物容器的包装应当安全可靠，包装时必须经过周密检查，严防在搬移、装载或运输途中出现渗漏、溢出、抛洒或挥发等情况，以免引发相应的环境污染问题。

根据危险废物的物化性质和形态，可采用不同材质的容器进行盛装。危险废物存放容器要求：①应当使用符合标准的容器盛装危险废物；②装载危险废物的容器及材质要满足相应的强度要求；③装载危险废物的容器必须完好无损；④盛装危险废物的容器材质和衬里要与危险废物相容；⑤液体危险废物可注入开孔直径不超过 70mm 并有放气孔的桶中。

## 二、危险废物的存放

危险废物的存放指危险废物再利用、或无害化处理和最终处置前的存放行为。放置在场内的桶或袋装危险废物可由产出者直接运往场外的收集中心或回收站，也可以通过地方相关部门配备的专用运输车辆按规定路线运往指定的地点存放或做进一步处理。典型的收集站由砌筑的防火墙及铺设有混凝土地面的若干库房式构筑物所组成，存放废物的库房室内应保证空气流通，以防具有毒性和爆炸性的气体积聚而产生危险。收进的危险废物应翔实登载其类型和数量，并应按不同性质分别妥善存放在安全装置内。另外，还要根据危险废物的种类和特征进行标记，以便识别管理。例如美国按照危险废物的成分、工艺加工过程和来源进行分类，对各种危险固体废物规定了相应的编码符号和专用的危险废物标签（图 2-15），同时规定了几种主要危险特性标记。这几种主要特性的标记如表 2-9 所示。

危险废物标签

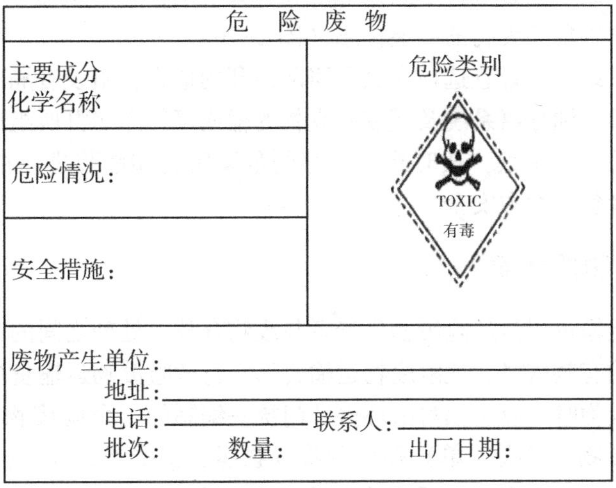
危　险　废　物

主要成分
化学名称

危险类别

危险情况：

安全措施：

废物产生单位：
地址：
电话：　　　　联系人：
批次：　　　数量：　　　　出厂日期：


**图 2-15　危险废物标签**

表 2-9　美国几种主要危险特性标记

| 危险特性 | 标识 | 危险特性 | 标识 |
| --- | --- | --- | --- |
| 毒　性 | (T) | 易燃性 | (I) |
| EP 毒性 | (E) | 腐蚀性 | (C) |
| 急性毒性 | (H) | 反应性 | (R) |

危险废物的存放一般要满足以下要求。

所有危险废物产生者和危险废物经营者应建造专用的危险废物存放设施，也可利用原有构筑物改建成危险废物存放设施。

在常温常压下易爆、易燃及排出有毒气体的危险废物必须进行预处理，使之稳定后存放，否则，按易爆、易燃危险品存放。

在常温常压下不水解、不挥发的固体危险废物可在存放设施内分别堆放。其他情况下，必须将危险废物装入容器内。

禁止将不相容（相互反应）的危险废物在同一容器内混装。

无法装入常用容器的危险废物可用防漏胶袋等盛装。

装载液体、半固体危险废物的容器内须留足够空间，容器顶部与液体表面之间保留100mm 以上的距离。

医院产生的临床废物，必须当日消毒，消毒后装入容器。常温下存放期不得超过一天，于5℃以下冷藏的，不得超过 7 天。

永久性的危险废物存放设施必须有防止污染地表水、地下水和其他环境的有效措施。

在本单位以外区域临时存放危险废物的，必须有防渗漏、防扬散、防雨淋、防流失的措施，并报经所在地的区、县环境保护部门批准。

危险废物的存放设施必须符合国家标准和有关规定，有防渗漏、防雨淋、防流失措施，并必须设置识别危险废物的明显标志（图 2-16）。

危险废物中转站的位置宜选择在交通路网便利的地方，由设有隔离带或埋于地下的液态危险废物贮罐、油分离系统及盛装有废物的桶或罐等库房群所组成。站内工作人员应负责办理废物的交接手续，按时将所收存的危险废物如数装进运往处理场的运输车厢，并责成运输者负责途中安全。

## 三、危险废物的运输

危险废物的运输过程是危险废物生产者与废物存放、处理之间的关键环节。为加强对危险废物转移的有效监督，危险废物运输转移实行危险废物运输货单制。危险废物产生者在运输危险废物时，应当填写由环保部门统一编制的《危险废物运输报告单》，由运输者将《危险废物运输报告单》随同危险废物运交接受者，并由接受者与转运输者验收签章。危险废物产生者、接受者在运出和收到危险废物后，应在特定的时间内将《危险废物运输报告单》（图 2-17）报送环保部门备案。

整个运输过程要严格按照一定的规章制度来进行运作，确保危险废物安全运输到达

**图 2-16 危险废物种类标志**

目的地。

　　危险废物同样可以通过陆路（包括公路和铁路）、水路以及空中运输工具进行运输。实际上，出于安全、经济、方便等方面的考虑，人们常常选取公路和铁路运输作为危险废物的主要运输方式，运输工具为专用公路槽车或铁路槽车。槽车设有特制防腐衬里，以防运输过程中发生腐蚀泄漏。

　　运输过程当中，控制危险废物发生泄漏、产生危害的有效控制措施有：运输车辆、船只和飞机等须经过主管单位严格查验审批，签发危险废物运输许可证，同时运输人员也应进行相关培训；运输车辆、船只和飞机须有特种危险物标志或危险符号，利于人们辨别，并引起注意。目前可以参照使用我国铁路部门制定的 12 种危险物品的标志方法；运输车辆、船只和飞机执行任务时，需持有运输许可证，其上应注明废物来源、性质和运往地点；为了保证危险废物运输的安全无误，必须事先规划科学合理的运输方案，并且必须做出万一危险废物发生泄漏、倾泻等情况，所应采取的各种应急措施（污染事故的应急措施）；危险废物运输过程应该采取周密的监督机制和制度。例如，配备专门的押运人员负责监督运输的全过程；运输过程中应有防泄漏、防散落、防破损的措施。如果在运输过程发生泄漏、倾泻等意外情况，应当迅速采取应急措施，并尽快通知当地环保、公安部门。

# 习题与思考题

1. 垃圾的收集主要有哪些方式？你所在的城市采用哪些方式收集垃圾？

2. 容器收集垃圾的方式有何优缺点？如何确定每个收集点的容器数量？

3. 确定城市生活垃圾收集线路时主要应考虑哪些因素？试在你们学校的地图上设

| 危险废物运输报告单 编号_____ | 第 联 产 生 单 位 |
|---|---|
| **第一部分：废物产生单位填写**<br>产生单位_____单位盖章 电话_____<br>通信地址 _____ 邮编_____<br>运输单位 _____ 电话_____<br>通信地址 _____ 邮编_____<br>接受单位 _____ 电话_____<br>通信地址 _____ 邮编_____<br>废物名称 _____ 类别编号_____ 数量_____<br>废物特性：_____ 形态_____ 包装方式_____<br>外运目的：中转贮存 利用 处理 处置<br>主要危险成分 _____禁忌与应急措施 _____<br>发运人 _____ 运达地 _____ 转移时间___年__月_日<br>**第二部分：废物运输单位填写**<br>运输者须知：你必须核对以上栏目事项，当与实际情况不符时，有权拒绝接受。<br>第一承运人 _____运输日期____年_月_日<br>车（船）型：_____牌号_____道路运输证号_____<br>运输起点_____经由地_____运输终点_____运输人签字_____<br>第二承运人 _____运输日期____年_月_日<br>车（船）型：_____牌号_____道路运输证号_____<br>运输起点_____经由地_____运输终点_____运输人签字_____<br>**第三部分：废物接受单位填写**<br>接受者须知：你必须核实以上栏目内容，当与实际情况不符时，有权拒绝接受。<br>经营许可证号_____接收人_____接收日期_____<br>废物处置方式：利用 贮存 焚烧 安全填埋 其他<br><br>单位负责人签字_____ 单位盖章 日期_____ | |

图 2-17 危险废物运输报告单

计条高效率的废物收集路线。

4. 转运站设计时应考虑哪些因素？转运站选址时应注意哪些事项？

5. 危险废物收集及运输过程中应注意哪些事项？

6. 论述收运线路的优化的目的、设计法则和一般步骤。

7. 如何进行城市垃圾收集路线的设计？

8. 对于运输时间的计算公式 $h=a+bx$ 中，确定时间常数 a 和 b 实测数据如下表所示，计算距离处置场 10km 处的时间常数和往返行驶时间。

| 每天运输距离 $x$（km） | 平均运输速度 $y$（km/h） | 时间 $h=x/y$（h） |
|---|---|---|
| 2 | 17 | 0.12 |
| 5 | 28 | 0.18 |
| 8 | 32 | 0.25 |

（续表）

| 每天运输距离 $x$（km） | 平均运输速度 $y$（km/h） | 时间 $h=x/y$（h） |
| --- | --- | --- |
| 12 | 36 | 0.33 |
| 16 | 40 | 0.40 |
| 20 | 42 | 0.48 |
| 25 | 45 | 0.56 |

9. 拖曳容器系统分析。从一新建工业园区收集垃圾，根据经验从车库到第一个容器放置点的时间（$t_1$）以及从最后一个容器到车库的时间（$t_2$）分别为15min和20min。假设容器放置点之间的平均驾驶时间为6min，装卸垃圾所需的平均时间为24min，工业园到垃圾处置场的单程距离为25km（垃圾收集车最高行驶速度为88km/h），试计算每天能清运的垃圾容器的数量（每天工作时间8h，非工作因子为0.15，处置场停留时间为0.133h，$a$为0.016h，$b$为0.02h/km）。

10. 某住宅区生活垃圾量约为每周250m³，拟用一垃圾车负责清运工作，实行改良操作法的拖曳容器系统清运。已知该车每次集装容积为7m³/次，容器利用系数为0.67，垃圾车采用8h工作制，试求为及时清运该住宅垃圾，每日和每周需出动清运多少次？累计工作多少小时？经调查已知：平均运输时间为0.512h/次，容器装车时间为0.033h/次，容器放回原处时间0.033h/次，卸车时间0.022h次，非生产时间占全部工时的25%。

11. 在垃圾收集工人和官员之间发生了一场纠纷，争执的中心是关于收集工人非工作时间的问题，收集工人说他每天的非工作时间不会超过8h工作的15%，而官员则认为收集工人每天的非工作时间超过8h工作的15%。请你作为仲裁者对这一纠纷做出公正的评判，下列数据供你评判时参考：①收集系统为拖曳收集系统；②从车库到第一个收集点以及从最后一个收集点返回车库的平均时间分别为20min和15min，行驶过程中不考虑非工作因素；③每个容器的平均装载时间为6min；④在容器之间的平均行驶时间为6min；⑤在处置场卸垃圾的平均时间为6min；⑥收集点到处置场的平均往返距离为16km，速度常数 $a$ 和 $b$ 分别为0.004h/km和0.0125h/km；⑦放置空容器的时间为6min；③每天清运的容器数量为10个。

12. 居民区垃圾收集系统设计。一高级别整住宅区拥有1 000户居民，请为该区设计垃圾收集系统。对两种不同的人工收集系统进行评价。第一种系统是侧面装运垃圾车配备一名工人；第二种系统是车尾装运垃圾车，配备两名工人，试计算垃圾收集车的大小，并比较不同收集系统所需要的工作量，以下参数供参考：每个垃圾桶容量服务居民数量为3.5人，人均垃圾产生量为1.2kg/（人·d），容器中垃圾密度为120kg/m³，每次服务容器数为两个0.25m³的容器和1.5个硬纸箱容器（平均0.15m³），收集频率为1次/周，收集车压缩系数为 $r=2.5$，往返运输距离为 $h=22$km，每天工作时间为 $H=8$h，每天运输次数为 $N_d=2$，始发站（车库）至第一收集点时间 $t_1=0.3$h，最后一个收集点至车库的时间 $t_2=0.4$h，非生产性因子 $\omega=0.15$，速度常数 $a=0.016$h，b =

0.01125h/km，处置场停留时间 $s=0.10h$。

13. 比较拖曳容器系统和固定容器系统。在一个商业区计划建一废物收集站，试比较废物收集站与商业区的距离不同时拖曳容器系统和固定容器系统的费用。假设每一系统只使用一名工人，行驶时间 $t_1$ 和 $t_2$ 包括在非工作因子中，废物量为 $229m^3$/周，容器大小为 $6.1m^3$，容器容积利用系数为 0.67，速度常数 $a$ 为 0.022h，$b$ 为 0.01375h/km，废物收集点之间的平均距离为 0.16km，两种系统在收集点之间的速度常数 $a_0$ 为 0.06h，$b_0$ 为 0.042h/km，非工作因子为 0.15。①拖曳容器系统：容器装载时间为 0.3h，容器卸载时间为 0.033，处置场停留时间为 0.053h，该系统间接费用为 400 元/周，运行费用为 15 元。②固定容器系统：废物收集车容积 $23m^3$，废物收集车压缩系数为 2，废物容器卸载时间为 0.5h，处置场停留时间为 0.10h，该系统间接费用为 750 元/周，运行费用为 20 元/h。

# 参考文献

北京市环卫科研所，1990. 国外城市垃圾收集与处理 [M]. 北京：中国环境科学出版社.

陈海滨，等，1992. 城市环境卫生管理 [M]. 武汉：武汉大学出版社.

戴维斯，康韦尔，2000. 环境工程导论 [M]. 王建龙. 北京：清华大学出版社.

《三废治理与利用》编委会，1995. 三废治理与利用 [M]. 北京：冶金工业出版社.

曾现来，等，2011. 固体废物处理处置与案例 [M]. 北京：中国环境科学出版社.

周立祥，2007. 固体废物处理处置与资源化 [M]. 北京：中国农业出版社.

庄伟强，2001. 固体废物处理与利用 [M]. 北京：化学工业出版社.

# 第三章　固体废物的预处理方法

固体废物预处理是指采用物理、化学或生物方法，将固体废物转变成便于运输、储存、回收利用和处置的形态。预处理常涉及固体废物中某些组分的分离与浓集，因此往往又是一种回收材料的过程。预处理技术主要有压实、破碎、分选、脱水和干燥等。

## 第一节　压实法

为了减少固体废物的体积，节约运输成本，对固体废物进行压实处理有明显的经济意义。在对固体废物进行资源化处理的过程中，需要将原来松散的废物进行压实、打包，然后从废物产生地运往废物回收处理地。在城市垃圾的收集运输过程中，许多纸张、塑料和包装物，具有较小的密度，较大的体积，必须经过压实，才能有效地增大运输量，减少运输费用。

### 一、压实的原理

固体废物可以设想为由各种固体颗粒以及颗粒之间充满空气的空隙所构成的集合体。由于废物中的空隙较大，而且许多颗粒有吸水能力，因此，废物中的水分都吸附在固体颗粒中而不是存在于空隙中。这样固体废物的总体积就等于固体颗粒的体积加上空隙的体积，即：

$$V_m = V_s + V_v \tag{3-1}$$

式中，$V_m$ 为固体废物总体积；$V_s$ 为固体颗粒体积（包括水分）；$V_v$ 为空隙体积。

固体废物的空隙大小常用空隙比和空隙率来表示。

$$空隙比\ e = V_v/V_s \tag{3-2}$$

$$空隙率\ n = V_v/V_m \tag{3-3}$$

固体废物的总质量等于固体颗粒质量加上水分质量，即 $W_m = W_s + W_w$

式中，$W_m$ 为固体废物总质量，包括水分质量；$W_s$ 为固体颗粒质量；$W_w$ 为固体中水分质量。

固体废物的湿密度为：

$$\rho_w = W_m/V_m \tag{3-4}$$

固体废物干密度为：

$$\rho_d = W_s/V_m \tag{3-5}$$

### 二、压实的表示方法

固体废物的密度多采用容重表示。容重即为单位体积固体废物的质量，因为容重易于测量，并可以用它来比较废物的压实程度。固体废物的压实程度可以用压缩比来表示。压缩比即固体废物压实前的体积与压实后的体积之比，用式（3-6）表示。

$$R = V_i/V_j \tag{3-6}$$

式中，$R$ 为固体废物体积压缩比；$V_i$ 为废物压缩前的原始体积；$V_j$ 为废物压缩后的最终体积。

当固体废物为均匀松散物料时，其压缩比可以达到 3~10 倍。

压实处理就是通过给固体废物施加一定的压力来提高废物的容重。对固体废物实施的压力，不同的物料有不同的压力范围。

## 三、压实设备

固体废物的压实设备类型较多，按其能否移动可以分为固定式压实器和移动式压实器；固定式压实器又可分为小型家用压缩机和工业大型压缩机，小型家用压缩机可以安装在厨房下面，工业大型压缩机每天可以压缩数千吨垃圾。移动式压实器常用的是压实卡车，此类卡车在接受固体废物后立即压实，然后驶往另一个地点继续接收废物。

压实器通常由一个压实单元和一个容器单元组成，容器单元接收废物原料并把他们送入压实单元，压实单元中有一个液压或气压操作的压头，利用高压把废物压成更致密的形式。

工业压缩机多为固定形式，分为水平压实器、竖式压实器、旋转式压实器。

水平压实器有一可沿水平方向的压头，如图 3-1 所示，废物被送进一个供料斗，然后压头在手动控制或光学装置控制下向前移动，把废物压进一个钢制容器。这个钢制容器一般是长方形或正方形的。当一个容器完全装满时，压实器的压头完全缩回。然后，将装满压实废物的容器运到处置场倒出其中的废物。

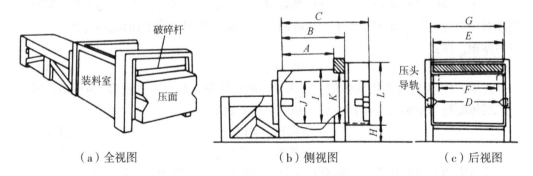

（a）全视图　　　　　（b）侧视图　　　　　（c）后视图

注：A—有效顶阜开口长度；B—装料室长度；C—压头行程；D—压头导轨长度；E—装料室宽度；F—有效顶部开口宽度；G—出料口宽度；H—压面高度；I—装料室高度；J—压头高度；K—破碎杆高度；L—出料口高度

**图 3-1　水平压实器**

适合于压实松散的金属类废物的三向垂直式压实器如图 3-2 所示。它具有互相垂直的压头，操作时，废物首先被置于容器单元中，而后依次启动压头 1、2、3，将固体废物压实成为一密实的块体，压实的体积尺寸可以为 200~1 000mm。

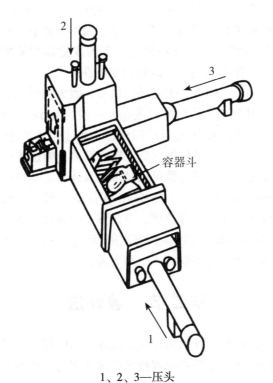

1、2、3—压头

**图3-2　三向垂直压实器**

　　旋转压头式压实器如图3-3所示，该装置的压头铰链在容器的一端，借助液压驱动。这种压实器适用于较小物料的压实。

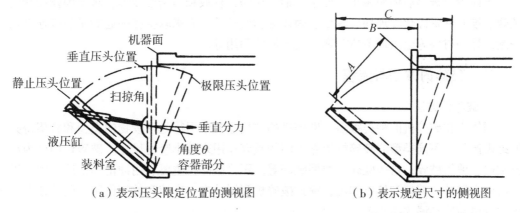

（a）表示压头限定位置的测视图　　　　（b）表示规定尺寸的侧视图

A—有效顶部开口长度；B—装料室长度；C—压头行程；C-B—压头进入深度

**图3-3　旋转压头式压实器**

## 四、影响压实的因素及压实器的选择

　　固体废物受压时，其中的各个个体在压力作用下被挤碎变形并重新组合，结果使其容重增大。压力越高，废物压实程度越好。有些物料的压实是不可逆的，当压力解除后，被压实的物料不能再恢复到初始体积。但是，固体废物中含有多种能够可逆压缩成分。在一般压力下，压力解除后的几秒钟内，有的废物体积能膨胀 20%；几分钟后，体积的膨胀能高达 50%。压力愈高，压成物的整体性愈大。

压实器的选择应考虑以下因素：①装载面尺寸。因为物料尺度差异较大，因此压实器装载面尺寸应能容纳用户产生的最大件废物，一般为 0.5~9.18m；②循环时间。指的是压头的压面从装料箱把废物压入容器回到原来静止位置所需的时间，分为快慢两种。快速压缩：体积小、轻便，但压缩比低、牢固性差；慢速压缩：能压大件，压缩比高，但浪费时间；③压力范围。该参数可通过求出具体压实器的额定作用力来确定，固定式压实器的压力范围一般为 0.1~0.35Mpa；④压头行程。在选择工业用压实器时，压面进入容器的深度或者压面的行程长度，也是重要的参数。各种压实器压面实际进入深度为 10~80cm；⑤体积排率。它由压头每次把废物推入压实器可压缩的体积与 1h 内压实器完成的循环次数确定，与废物的产生率无关。

# 第二节　破碎法

破碎是指通过人力或机械等外力的作用，破坏物体内部分子间的凝聚力而使物体破裂变碎的操作过程。破碎是固体废物处理技术中最常用的预处理工艺。

## 一、破碎的目的

破碎不是废物最终处理的作业，而是运输、生物处理、焚烧、热分解、压缩等作业的预处理作业。破碎的目的是为了使上述操作能够或容易进行，或者更加经济有效。

固体废物破碎后体积减小，便于运输、压缩、存放和高密度填埋，对于固体废物的焚烧、堆肥和资源化处理均有好处。固体废物破碎后，原来联生在一起的矿物或连接在一起的异种材料等会出现单体分离，便于回收利用等。

## 二、破碎的方法与流程

### 1. 破碎的方法

固体废物破碎机的种类很多，破碎机的选用主要依据待处理废物的类型和希望得到的终端产品，不同类型的破碎机依靠不同的破碎作用来减小废物尺寸。破碎作用分为冲击破碎、剪切破碎、挤压破碎、摩擦破碎等。颚式破碎机主要利用冲击和挤压作用，辊式破碎机靠冲击剪切和挤压作用，锤式破碎机利用冲击、摩擦和剪切作用。此外还有专用的低温破碎和湿式破碎等。

冲击作用有两种形式，即重力冲击和动冲击，重力冲击是使物体落到一个硬的表面上，就像玻璃落在石板上碎成碎块一样，动冲击是指供料碰到一个比它硬的快速旋转的表面时发生的作用，这种情况下，给料是无支承的，冲击力使破碎的颗粒向破碎板以及向另外的锤头和机器的出口加速。

摩擦作用是两个硬表面在其中间夹有较软材料时，彼此碾磨所产生的作用，锤式破碎机常常在锤头与出料筛之间间隙很小的状态下运行，以产生摩擦作用，使物料尺寸比单靠锤头传递的冲击作用能有进一步的减小。

挤压作用是将材料在挤压设备两个硬表面之间进行挤压，这两个表面或一个静止，一个移动；或两个都是移动的。这种作用当供料是硬的、脆性的和易磨碎的材料时最为适合。

剪切作用是指切开或割裂废物，特别适合于低 $SiO_2$ 含量的松软材料。

为减免机器的过度磨损，工业固体废物的尺寸减小往往分几步进行，一般采用三级破碎，第一级破碎可以把材料的尺寸减小到 7.62cm（3in），第二级破碎减小到 2.54cm（1in），第三级减小到 0.32cm（1/8in）。

2. 破碎比

在破碎过程中，原废物粒度与破碎产物粒度的比值称为破碎比。破碎比表示废物粒度在破碎过程中减少的倍数。破碎机的能量消耗和处理能力都与破碎比有关。破碎比的计算方法有以下两种。

（1）用废物破碎前的最大粒度（$D_{max}$）与破碎后的最大粒度（$d_{max}$）的比值来确定破碎比（$i$）：

$$i = D_{max}/d_{max} \tag{3-7}$$

用该法确定的破碎比称为极限破碎比，在工程设计中常被采用。根据最大物料直径来选择破碎机给料口的宽度。

（2）用废物破碎前的平均粒度（$D_{cp}$）与破碎后的平均粒度（$d_{cp}$）的比值来确定破碎比（$i$）：

$$i = D_{cp}/d_{cp} \tag{3-8}$$

用该法确定的破碎比称为真实破碎比，能较真实地反映破碎程度，在科研和理论研究中常被采用。

3. 破碎流程

根据固体废物的性质、粒度的大小、要求的破碎比和破碎机的类型，每段破碎流程可以有不同的组合方式，其基本的工艺流程如图 3-4 所示。

## 三、破碎机

处理固体废物的破碎机通常有辊式破碎机、颚式破碎机、冲击式破碎机和剪切式破碎机。

1. 辊式破碎机

辊式破碎机主要用来破碎脆性材料，如玻璃等废物。而对延性材料如金属罐等只起压平作用。经辊式破碎机破碎后的物料，可用分选机做进一步分选。在废物处理领域中，辊式破碎机最初用来从炉渣中回收原料，目前也用作对含有玻璃器皿、铝和铁皮罐头的废物进行分选。

辊式破碎机用两个相对旋转的辊子抓取并强制送入要破碎的废物。辊式破碎机的第一个目标是抓到要破碎的物块，这种抓取作用取决于该种物料颗粒的大小和特性以及各辊子的大小、间隙和特性。辊式破碎机原理如下：

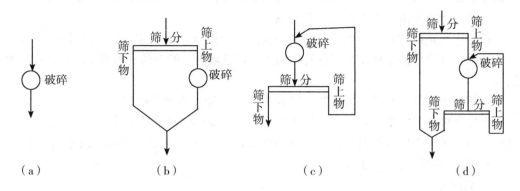

（a）　　　　　　　（b）　　　　　　　（c）　　　　　　　（d）

（a）单纯破碎；（b）带预先筛分破碎工艺；（c）带检查筛分破碎工艺；（d）带预先筛分和检查筛分破碎工艺

**图 3-4　　破碎的基本工艺流程**

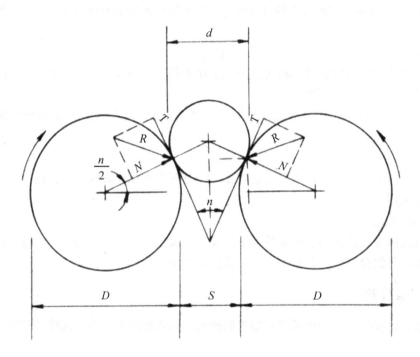

**图 3-5　辊式破碎机工作原理**

两个辊子的直径为 $D$，破碎的物料颗粒的直径为 $d$，辊子间距为 $S$，当发生破碎作用时，颗粒和辊子之间的法向力为 $N$，切向力 $T$，如果合力的方向向下，该颗粒就能被卷入和被破碎。辊式破碎机破碎示意图如图 3-5 所示。

如果合力方向向上，该颗粒将浮动在辊子上（重力可以不计），法向力 $N$ 的垂直分为 $N_v$：

$$N_v = N\sin(n/2) \tag{3-9}$$

式中，$n$ 为两个切向力之间的夹角，$n/2$ 为两辊中心连线与辊和颗粒中心连线的夹角。同样切向力的垂直分力为 $T_v$：

$$T_v = T\cos(n/2) \tag{3-10}$$

若 $N_v > T_v$，则物料上浮；若 $N_v < T_v$，则物料被挤进破碎机。

在可能发生破碎作用的位置时有：

$$N_v = T_v \text{ 或 } \text{tg}\frac{n}{2} = T/N$$

则：

$$N\sin(n/2) = T\cos(n/2) \tag{3-11}$$

这时 $n$ 称为"齿角"，$T/N$ 称为摩擦系数 $\varphi$，所以，发生破碎的必要条件是：

$$\text{tg}(n/2) \leqslant \varphi$$

由图 3-5 可知

$$\frac{S}{2} + \frac{D}{2} = \left(\frac{D}{2} + \frac{d}{2}\right)\cos\frac{n}{2} \tag{3-12}$$

式中，$S$ 为辊子间间隙。上式可变为：

$$\cos\frac{n}{2} = \frac{D+S}{D+d} \tag{3-13}$$

辊式破碎机的生产率可以用挤压通过辊子间隙的最大体积来计算：

$$Q = 60\eta LDS\gamma n\pi \tag{3-14}$$

式中，$Q$ 为辊式破碎机的生产率，t/h；$L$ 为辊子长度，m；$D$ 为辊子直径，m；$S$ 为辊子间隙，m；$\gamma$ 为物料的容重，g/m$^3$；$n$ 为转速，r/min；$\eta$ 为辊子利用系数，对中硬物料 $\eta = 0.2 \sim 0.3$，对黏性潮湿物料 $\eta = 0.4 \sim 0.6$。

2. 颚式破碎机

颚式破碎机广泛应用于选矿、建材和化学工业部门。它适用于坚硬和中硬物料的破碎。颚式破碎机按动颚摆动特性分为三类：简单摆动型、复杂摆动型和综合摆动型，以前两种应用较为广泛。

(1) 简单摆动型颚式破碎机。简单摆动型颚式破碎机如图 3-6 所示。该机由机架、工作机构、传动机构、保险装置等部分组成。其中固定颚和动颚构成破碎腔。送入破碎腔中的废料，由于动颚被转动的偏心轴带动呈往复摆动，而被挤压、破裂和弯曲破碎。当动颚离开固定颚时，破碎腔内下部已破碎到小于排料口的物料，靠物料重力从排料口排出，位于破碎腔上部的尚未充分压碎的料块当即下落一定距离，在动颚板的继续压碎下被破碎。

(2) 复杂摆动型颚式破碎机。复杂摆动型颚式破碎机的构造如图 3-7 所示。从构造上看，复杂摆动型颚式破碎机与简单摆动型颚式破碎机的区别是少了一根动颚悬挂的心轴，动颚与连杆合为一个部件，没有垂直连杆，轴板也只有一块，可见，复杂摆动型颚式破碎机构造简单。

复杂摆动型动颚上部行程较大，可以满足物料破碎时所需要的破碎量，动颚向下运动时有促进排料的作用，因而比简单摆动颚式破碎机的生产率高 30% 左右。但是动颚垂直行程大，使颚板磨损加快。简单摆动型给料口水平行程小，因此压缩量不够，生产率较低。

（3）颚式破碎机的规格和功率。颚式破碎机的规格用给料口宽度×长度来表示。国产系列为 PEF150×250，PEF250×400，PEJ900×1200，PEJ1200×1500 等。其中 P 代表破碎机，E 代表颚式，F 代表复杂摆动，J 代表简单摆动。

送入颚式破碎机中的料块，最大许可尺度 $D$ 应比宽度 $B$ 小 15%～20%。

颚式破碎机的生产率 $Q$（t/h）按式（3-15）计算：

$$Q = \frac{1}{1\,000} K q_0 L b \gamma_0 \qquad (3-15)$$

式中，$K$ 为破碎难易程度系数，$K = 1～1.5$，易破碎物料 $K = 1$，中硬度物料 $K = 1.25$，难度破碎物料 $K = 1.5$；$q_0$ 为单位生产率，$\mathrm{m^3/（m^2 \cdot h）}$；$L$ 为破碎腔长度，cm；$b$ 为排料口宽度，cm；$\gamma_0$ 为物料堆积密度，$\mathrm{t/m^3}$。

电动机的功率 $N$（kW）按式（3-16）计算：

$$N_{小} = BL/120 ～ BL/100 \qquad (3-16)$$

$$N_{大} = BL/80 ～ BL/60 \qquad (3-17)$$

式中，$B$、$L$ 为破碎机给料口长、宽，cm。

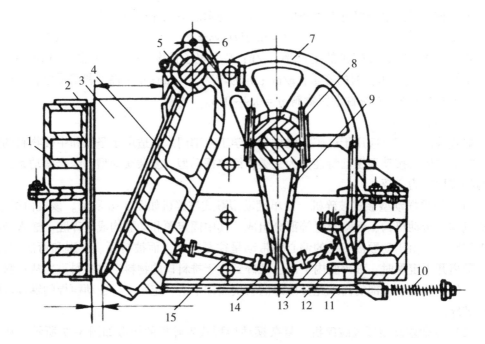

1. 机架；2. 破碎齿轮；3. 侧面衬板；4. 破碎齿轮；5. 可动颚板；6. 心轴；7. 飞轮；8. 偏心轴；9. 连杆；10. 弹簧；11. 拉杆；12. 砌块；13. 后推力板；14. 肘板支座；15. 前推力板

**图 3-6　简单摆动颚式破碎机**

**3. 冲击式破碎机**

冲击式破碎机一般都是利用旋转式冲击作用进行破碎的。其工作原理是：进入破碎

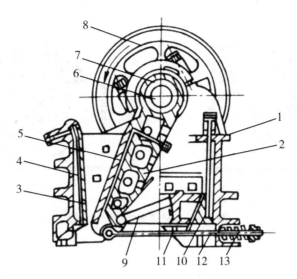

1. 机架；2. 可动颚板；3. 固定颚板；4，5. 破碎
齿轮；6. 偏心转动轴；7. 轴孔；8. 飞轮；9. 肘板；
10. 调节楔；11. 楔块；12. 水平拉杆；13. 弹簧

**图 3-7　复杂摆动颚式破碎机**

机空间的物料块，被绕中心轴高速旋转的转子猛烈冲撞后，受到第一次破碎；然后物料从转子获得能量高速飞向坚硬的机壁，受到第二次破碎；在冲击过程中弹回的物料再次被转子击碎。难于破碎的物料，被转子和固定板挟持而剪断，破碎产品由下部排出。

冲击式破碎机分锤式破碎机和反击式破碎机两类。

(1) 锤式破碎机。锤式破碎机是较普通的一种工业破碎设备，按转子数目可分为两类，一类为单转子锤式破碎机，它只有一个转子；另一类为双转子锤式破碎机，它有两个做相对回转的转子。单转子锤式破碎机根据转子的旋转方向，又分为可逆和不可逆两种。目前普遍采用可逆单转子锤碎机。

图 3-8 为单转子锤式破碎机。

锤式破碎机中常见的是卧轴锤式破碎机和立轴锤式破碎机。

卧轴锤式破碎机中，轴子由两端的轴承支持，原料借助重力或用输送机送入。转子下方装有算条筛，算条缝隙的大小决定破碎后颗粒的大小。有些锤式破碎机是对称的，转子的旋转方向可以改变，以变换锤头的磨损面，减少对锤头的检修。

立轴锤式破碎机有一立轴，物料靠重力进入破碎腔的侧面。这种破碎机，通常在破碎腔的上部间隙较大，越往下间隙逐渐减小。因此当物料通过破碎机时，就逐渐被破碎，破碎后的颗粒尺寸取决于下部锤头与机壳之间的间隙。

当破碎中硬物料时，锤式破碎机的生产率 $Q$ 和电机功率 $N$ 分别由下式计算：

$$Q = (30 \sim 45)DL\gamma_0 \tag{3-18}$$

$$N = (0.1 \sim 0.2)nD^2L \tag{3-19}$$

式中，$L$ 为转子长度，m；$D$ 为转子直径，m；$\gamma_0$ 为破碎产品堆积密度，$t/m^3$；$n$ 为转速，r/min。

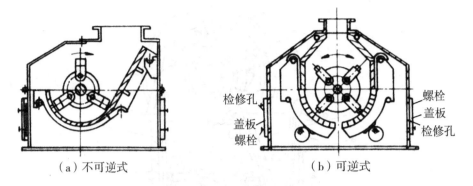

（a）不可逆式　　　　　　　　（b）可逆式

图 3-8　单转子锤式破碎机示意

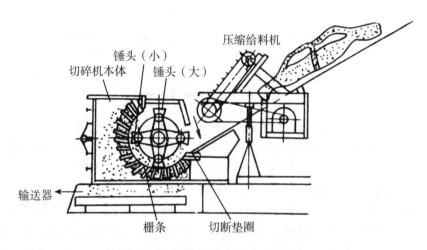

图 3-9　Hammer Mills 式锤式破碎机

　　Hammer Mills 式锤式破碎机。Hammer Mills 式锤式破碎机的构造如图 3-9 所示。机体分成两部分：压缩机部分和锤碎机部分。大型固体废物先经压缩机压缩，再给入锤式破碎机，转子由大小两种锤子组成，大锤子磨损后，改作小锤用，锤子铰接悬挂在绕中心旋转的转子上做高速旋转。转子下方半周安装有箅子筛板，筛板两端安装有固定反击板，起二次破碎和剪切作用。这种锤式破碎机用于破碎废汽车等粗大固体废物。

　　BJD 普通锤式破碎机。BJD 锤式破碎机如图 3-10 所示，转子转速 450r/min，处理量为 7~55t/h。它主要用于破碎家具、电视机、电冰箱、洗衣机、厨房用品等大型废物，破碎块最小可达到 50mm 左右。该机设有旁路，不能破碎的废物由旁路排出。

　　Novorotor 型双转子锤式破碎机。图 3-11 为 Novorotor 型双转子锤式破碎机。该破碎机具有两个旋转方向相同的转子，转子下方均装有研磨板。物料自右方给料口送入机腔内，经右方转子破碎后颗粒排至左方破碎腔。再沿左方研磨板运动 3/4 圆周后，借风力排至上部的旋转式风力分级板排出机外。该机破碎比可达 30。

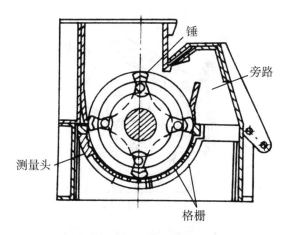

图 3-10 BJD 锤式破碎机

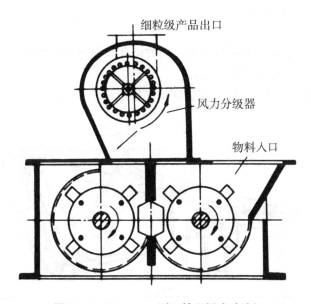

图 3-11 Novorotor 型双转子锤式破碎机

（2）反击式破碎机。反击式破碎机是一种高效破碎设备，它具有破碎比大、适应性广（可以破碎中硬、软、脆、韧性、纤维性物料）、构造简单、外形尺寸小、安全方便、易于维护等许多优点。主要用在建材、玻璃、化工、火电、冶金等部门。

图 3-12 为 Hazemag 型反击式破碎机。该机装有两块反击板，形成两个破碎腔。转子上安装有两个坚硬的板锤。机体内表面装有特殊钢衬板，用以保护机体不受损坏。

反击式破碎机生产率 $Q$（t/h）和电机功率 $N$（kW）用下式计算：

$$Q = 60K_1Z(h + \delta)Bd'n\gamma \qquad (3-20)$$

$$N = K_2Q \qquad (3-21)$$

式中，$K_1 = 0.1$；$Z$ 为转子上板锤数目；$h$ 为板锤高度，m；$\delta$ 为板锤与反击板之间

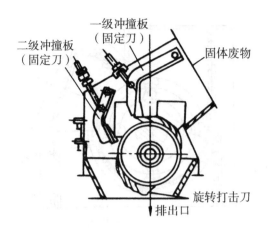

**图 3-12 Hazemag 型反击式破碎机**

的间隙，m；$B$ 为板锤宽度，m；$d'$ 为排料粒度，m；$n$ 为转子转速，r/min；$\gamma$ 为破碎产品堆密度，t/m$^3$；$K_2 = 0.5 \sim 1.4$。

4. 剪切式破碎机

剪切式破碎机是靠固定刀和可动刀之间的齿合作用剪切废物，将固体废料剪切成段或块。可动刀又可分为往复刀和回转刀。

（1）往复剪切破碎机。往复剪切破碎机的构造如图 3-13 所示。该破碎机由两边装

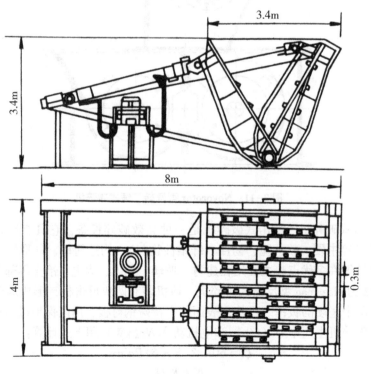

**图 3-13 往复剪切破碎机的构造示意**

刀的横杆组成耙状可动刀架，其上装有往复刀具12片，横杆6根，装有固定横杆7根，固定刀具12片。往复刀和固定刀交替平行布置。当处于打开状态时，从侧面看，往复刀和固定腔成V字形，固体废物从上面投入，通过液压装置缓缓将活动刀推向固定刀，废物受到挤压，并依靠往复刀和固定刀的齿合将废物剪切。往复刀和固定刀之间宽度为30cm，剪切尺寸为30cm。刀具由特殊钢制成，磨损后可以更换，液压油泵最高压力为13MPa/cm²，电机功率为374kW，处理量为80~150m³/h，可将厚度为220mm以下的普通型钢板剪切成30cm的碎块。

（2）旋转剪切破碎机。图3-14为旋转剪切破碎机示意图。该机装有1~2个固定刀和3~5个旋转刀，固体废物投入腔体后，在固定刀和高速旋转的旋转刀夹持下而被剪切破碎。

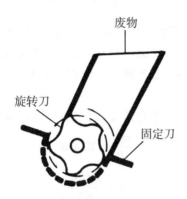

**图3-14 旋转剪切式破碎机**

5. 粉磨

粉磨在固体废物的处理与利用中有重要的作用。粉磨一般有三个目的：①对废物进行最后一段粉碎，使其中各种成分单体分离，为下一步分选创造条件；②对多种废物原料进行粉磨，同时起到把它们混合均匀的作用；③制造废物粉末，增加物料比表面积，加速物料化学反应的速度。

粉磨广泛应用于煤矸石生产水泥、制砖、矸石棉、提取化工原料等；电石渣和钢渣生产水泥、制砖、提取化工原料；铁硫矿烧渣炼铁制造球团、回收金属、制造铁粉和化工原料等作业。

常用的粉磨机主要有球磨机和自磨机，这里仅介绍应用较广的球磨机。

（1）球磨机结构。球磨机结构示意见图3-15。其由筒体1、筒体两端端盖2、端盖轴承3和齿轮4组成。在筒体内装有介质（如金属球、棒、砾石）和被磨物料。其总装物料为筒体有效容积的25%~45%。当筒体回转时，在摩擦力、离心力和突起于筒壁的衬板共同作用下，介质自由泻落和抛落，从而对筒内底脚区内的物料进行冲击、研磨和碾碎，当物料粒径达到粉磨要求后排出。

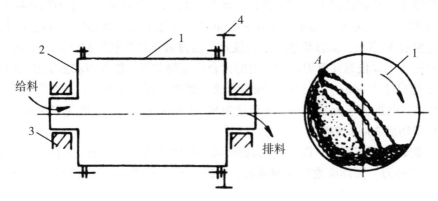

**图 3-15 球磨机结构示意**
1. 筒体；2. 端盖；3. 轴承；4. 大齿轮

（2）球磨机工作原理。当物料进入球磨机后，随着球磨机转速的增加，钢球开始抛落点也提高，当速度增大到一定时，离心力大于钢球重力，钢球即使升到顶点也不再落下，发生离心作用，此时达到临界速度。设离心力为 $C$，球重力为 $G$，则钢球运转的临界条件为：$C \geq G$。

当球磨机线速度为 $v$ 时，钢球升到 A 点，此时 $C = N$ 或

$$\frac{mv^2}{R} = G\cos\alpha \qquad (3-22)$$

因为

$$v = \frac{2\pi Rn}{60}$$

将上式和 $G = mg$、$g = 9.18\mathrm{m/s^2}$、$\pi = \sqrt{g}$ 代入式（3-22）得：

$$n = \frac{30}{\sqrt{R}}\sqrt{\cos\alpha} \qquad (3-23)$$

式中，$N$ 为钢球重力 $G$ 的法向分力；$R$ 为筒体半径；$v$ 为球磨机线速度；$n$ 为筒体转速，$\alpha$ 为离心力与垂线的夹角。

（3）球磨机功率。装球量和粉磨体总质量直接影响粉磨机的效率。装球少，效率低；装球多，内层球容易产生干扰，破坏了球的循环，也会降低效率。所以，合理的装球量通常为 40%~45%。

装球总质量 $G_{球}$：

$$G_{球} = \gamma\varphi L\frac{\pi D^2}{4} \qquad (3-24)$$

式中，$r$ 为介质容重，钢球 $r = 4.5 \sim 4.8\mathrm{t/m^3}$，铸铁球 $r = 4.3 \sim 4.6\ t/m^3$；$\varphi$ 为钢球充填系数；$D$、$L$ 分别为球磨机筒体直径和长度，m。

球磨机中所加物料质量一般为 $0.14G_{球}$。球磨机生产率一般可以按以下经验公式计算：

$$Q = (1.45 \sim 4.48)G^{0.5} \qquad (3-25)$$

球磨机功率 $N$ 一般可以按以下经验公式计算：

$$N = CG\sqrt{D} \qquad (3-26)$$

式中，$D$ 为球磨机内径，m；$C$ 为系数，当充填系数 $\varphi = 0.2$ 时，大钢球 $C = 11$，小钢球 $C = 10.6$；当填充系数 $\varphi = 0.3$ 时，大钢球 $C = 9.9$，小钢球 $C = 9.5$；当填充系数 $\varphi = 0.4$ 时，大钢球 $C = 8.5$，小钢球 $C = 8.2$。

### 四、低温破碎技术

常温破碎装置噪声大、振动强、产生粉尘多、动力消耗高，此外还具有爆炸性、污染环境等缺点。在选用不同类型的破碎机械设备时，应根据具体情况，尽量减少弊端，满足生产的需要。对于一些难以破碎的固体废物，如汽车轮胎、包覆电线等，则宜采用低温破碎技术，完成破碎作业。

1. 低温破碎的原理和流程

固体废物各组分物质在低温冷冻（-120~-60℃）条件下易脆化，且脆化温度不同，其中某些物质易冷脆，另一些物质则不易冷脆。利用低温变脆既可将一些废物有效地破碎，又可以利用不同材质脆化温度的差异进一步进行分选。

在低温破碎技术中，通常用液态氮作为制冷剂，因为液态氮无毒、无爆炸且来源充足。但是所需的液氮量较大，因而费用昂贵。例如以塑料加橡胶复合制品为例，每吨需300kg 液氮，所以在目前情况下，冷冻破碎只适用于常温难破碎处理的物料，如橡胶、塑料等。

冷冻破碎的工艺流程如图3-16。固体废物如内含金属的橡胶制品、汽车轮胎、塑料导线等先投入预冷装置，再进入浸冷装置，橡胶、塑料等易冷脆物质迅速脆化，由高速冲击式破碎机破碎，破碎产品再进入不同的分选设备。低温破碎所需动力为常温破碎的1/4，噪音约降低 7dB，振动减轻约 1/4~1/5。

2. 塑料的低温破碎

有关塑料低温破碎的研究结果可以归纳如下：①各种塑料的脆化点不同，如聚氯乙烯为-20~-5℃；聚乙烯为-135~-95℃；聚丙烯为-20~0℃；②采用拉伸、曲折、压缩等简单力的破碎机时，低温破碎所需动力比常温大；用冲击破碎机时，则低温破碎动力比常温时要小得多；③膜状塑料难于低温破碎；④冷冻装置结构为冷冻槽绝热壁厚300mm，从顶部喷射液氮雾，塑料置于槽内运输皮带上向前移动 4m，从喷雾开始后4min，槽内温度可达-75℃；62min 后可达-167℃，温度分布大体上均匀；⑤根据以上各点判断，低温破碎机应选择以冲击力为主，拉力和剪切力为次要考虑因素的破碎机较为合适。

3. 回收金属的低温破碎

利用低温破碎技术从有色金属混合物、包覆电线等固体废弃物中回收铜、铝、锌的结果表明，采用液氮冷冻后冲击破碎（-72℃，1min），破碎产物中 25mm 以上者，含铜97.2%，铝100%（锌0%）；25mm 以下者，锌100%（铜2.8%，铝0%）。而如果采用常温破碎，则锌因有延展性破碎（低温破碎时，Ca 和 Al 也有些延展性破碎），25mm 以上产物中锌残留率达到82.7%。说明低温破碎能进行选择性破碎分离。

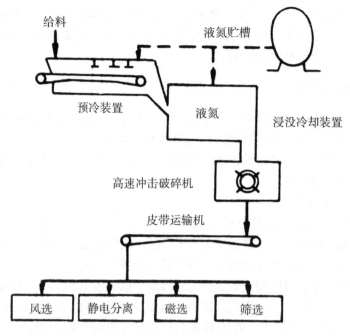

**图 3-16  低温冷冻破碎工艺流程**

### 4. 废轮胎低温破碎

废轮胎低温破碎装置如图 3-17 所示。欲破碎的废轮胎 T 置于传送带 1 上，经压孔机 2 压孔之后进入冷冻装置 3 预冷，然后再进入浸没冷冻槽 4 冷冻。接着进入冲击破碎机 5 破碎，"轮胎和内嵌线"和"撑轮圈"分离。然后"撑轮圈"送至磁选机 6 分选，"轮胎和内嵌线"送至锤式破碎机 7 进行二次破碎，再进入粒度分选机 8 分选成各种不

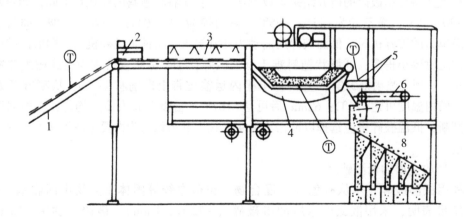

1. 传送带；2. 压孔机；3. 预冷室；4. 冷冻室；5. 冲击式破碎机；6. 磁选机；
7. 锤式破碎机；8. 粒度分选机

**图 3-17  废轮胎低温破碎装置**

同粒度级别的产品，最后送至再生利用工序。

## 五、湿式破碎技术

### 1. 破碎原理和设备

湿式破碎技术是以从废物中回收纸浆为目的而发展起来的。此种技术是基于纸类在水中发生浆化，因而将废物与制浆造纸结合起来。

图 3-18 是用于从垃圾中分离纸浆的一种湿式破碎机。该设备为一圆形立式转筒装置，底部有许多筛眼，转筒内装有六只破碎刀，当废纸投入转筒内，因受大水量的急流搅动和破碎转子的破碎形成浆状，浆体由底部筛孔流出。经固液分离器把其中的残渣分出，纸浆送到纤维回收工段，经过洗涤、过筛，将分离出纤维素后的有机残渣经脱水后送去焚烧。

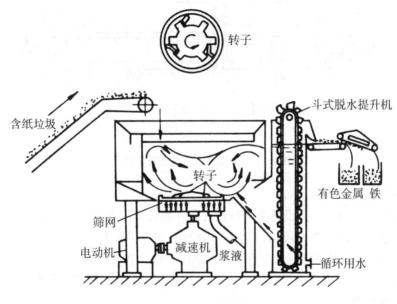

**图 3-18 湿式破碎机**

### 2. 湿式破碎特点

湿式破碎把垃圾变成泥浆状，物料均匀，呈液态化操作，具有以下特点：①垃圾变成均质浆状物，可按流体处理；②不会滋生蚊蝇和恶臭，符合卫生条件；③不会产生噪声、发热和爆炸的危险性；④脱水有机残渣，无论质量、粒度大小、水分等变化都小；⑤在化学物质、纸和纸浆、矿物等处理中均可使用，可以回收纸纤维、玻璃、铁和有色金属，剩余污泥等可做堆肥。

## 六、半湿式选择性破碎分选

### 1. 破碎分选原理和设备

半湿式选择性破碎分选是利用固体废物中不同物质的强度和脆性的差异，在一定湿度下破碎成不同粒度的碎块，然后通过不同筛孔加以分离的过程。由于该过程是在半湿状态下，通过兼有选择性破碎和筛分两种功能的装置中实现的，因此，该装置称为半湿式选择性破碎分选机。

图 3-19 是半湿式选择性破碎分选机结构示意图。该机由两段不同筛孔的外旋转圆筒筛和筛内与之反向旋转的破碎板构成。垃圾由圆筒筛首端给入，并随筒壁上升而后在重力作用下抛落，同时被反向旋转的破碎板撞击，垃圾中脆性物质被破碎成细粒碎片，通过第一段筛网排出。剩余颗粒进入第二段筒筛，此段喷射水分，中等强度的纸类被破碎板破碎，从第二段筛网排出。最后剩余的垃圾从第三段排出。

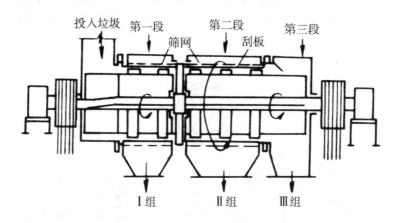

**图 3-19　半湿式选择性破碎分选机**

2. 破碎分选技术的特点

①能使城市垃圾在一台设备中同时进行破碎和分选作业；②可有效地回收垃圾中的有用物质，从第一组产物中可以得到纯度为 80% 的堆肥原料——厨房垃圾；从第二组产物中可以得到纯度为 85%~95% 的纸类；从第三组产物中可以得到纯度为 95% 的塑料类，回收废铁纯度为 98%；③对进料的适应性好，易破碎的废物首先破碎并及时排出，不会产生粉碎现象。

# 第三节　分选法

在固体废物处理、处置与回用之前应该进行分选，将有用的组分加以分选回收，将有害的成分分离出来，因此，对固体废物进行分选有很重要的意义。根据物料的物理性质或化学性质（这些性质包括粒度、密度、重力、磁性、电性、弹性等），可以采用不同的分选方法，包括人工手选、筛分、风力分选、跳汰分选、浮选、磁选、电选等分选技术，由于跳汰分选和浮选主要用于选矿，故在此不再赘述。

## 一、物料分选的一般原理

为了将各种纯净物质从混合物中分选出来，分选过程可以按两级识别（两个排料口）或按多级识别（两个以上排料口）来确定。例如，一台能够分选金属的电选机是两级分选装置；而一台具有一系列不同大小筛孔的筛分机，能够分选出若干种产品，因而是一种多级分选装置。

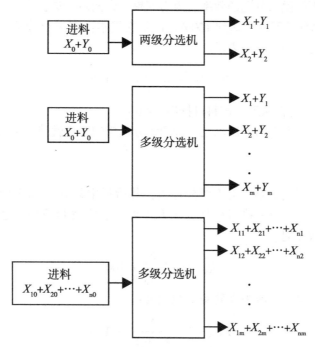

**图 3-20　两级和多级分选机流程**

### 1. 两级分选机

两级分选机和多机分选机的流程如图 3-20 所示。在两级分选机中，给入的物料是由 $X$ 和 $Y$ 组成的混合物，$X$、$Y$ 为待选别的物料。单位时间内进入分选机的 $X$ 物料和 $Y$ 物料分别为 $X_0$ 和 $Y_0$；单位时间内 $X$ 和 $Y$ 从第一排出口排出的量分别为 $X_1$ 和 $Y_1$；从第二排料口排出的量为 $X_2$ 和 $Y_2$。假定要求该二级分选机将 $X$ 物料选入第一排料口，将 $Y$ 物料选入第二排料口，如果该分选机效率足够高，那么 $X$ 物料都通过第一排料口，$Y$ 物料都通过第二排料口选出。实际上这很难达到，从第一出料口排出的物料中会含有部分 $Y$ 物料，而从第二出料口中排出的物料中也会含有部分 $X$ 物料，因此，分选效率可以用回收率来表示。

回收率是指单位时间内某一排料口中排出的某一组分的量与进入分选机的此组分量之比。$X$ 物料的回收率可用式（3-27）表示：

$$R_{X1}(\%) = \frac{X_1}{X_0} \times 100 \tag{3-27}$$

式中，$R_{X1}$ 为回收率。

同样在第二排料口的物流中，$Y$ 物料的回收率可用式（3-28）表示：

$$R_{Y2}(\%) = \frac{Y_2}{Y_0} \times 100 \tag{3-28}$$

由于物料流保持质量平衡：$X_0 = X_1 + X_2$　　　　　因此：

$$R_{X1}(\%) = \frac{X_0 - X_2}{X_1 + X_2} \times 100 \qquad (3-29)$$

仅用回收率不能说明分选的效率，因为如果一台两级分选机进行分选达到 $X_2 = Y_2 = 0$，虽然此时 $X$ 物料的回收率达到 100%，但是它根本没有进行分选。因此需要引入第二个工作参数，通常用纯度来表示。

$$P_{X1}(\%) = \frac{X_1}{X_1 + Y_1} \times 100 \qquad (3-30)$$

式中，$R_{X1}$ 是 $X$ 物料从第一排料口排出的纯度。

一般情况下，为了全面而准确地评价两级分选机的分选性能，需要用回收率和纯度这两个参数。

2. 多级分选机

多级分选机分两类。第一类多级分选机，其给料中只有 $X$ 和 $Y$ 两种物料，分选机有两个以上的排料口，每一排料口都有 $X$ 和 $Y$ 物料，但含量不同，这时第一排出口物流中 $X$ 物料的回收率是：

$$R_{X1}(\%) = \frac{X_1}{X_0} \times 100 \qquad (3-31)$$

同理在第一排出口物流中 $X$ 物料的纯度为：

$$P_{X1}(\%) = \frac{X_1}{X_1 + Y_1} \times 100 \qquad (3-32)$$

在第 $m$ 个出料口中，$X$ 的物料回收率为：

$$R_{Xm}(\%) = \frac{X_m}{X_0} \times 100 \qquad (3-33)$$

第二类多级分选机是最常用的，进料中含有几种成分（$X_{10}$，$X_{20}$，$X_{30}$，$\cdots$，$X_{n0}$），要分选出的 $m$ 种物料，在第一排出物流中，$X_{11}$ 是 $X_1$ 物料进入第一排出物流中的部分；$X_{21}$ 是第二物料 $X_2$ 进入第一排出物流中的部分。以此类推，因此 $X_1$ 在第一排出口物流中的回收率为 $R_{x11}$：

$$R_{X11}(\%) = \frac{X_{11}}{X_{10}} \times 100 \qquad (3-34)$$

在第一排出物流中 $X_1$ 的纯度为：

$$P_{X11}(\%) = \frac{X_{11}}{X_{11} + X_{21} + \cdots + X_{n1}} \times 100 \qquad (3-35)$$

3. 分选效率

由于用两参数（回收率和纯度）来评价一台分选机的工作性能在实用中不方便，因此，有人提出用一种单一的综合指标来表达。雷特曼提出了综合分选效率这一参数，对于给料含有 $X$ 和 $Y$ 两种物料的两级分选过程来说，雷特曼定义其综合分选效率为：

$$E_{(X, Y)}(\%) = \left| \frac{X_1}{X_0} - \frac{Y_1}{Y_0} \right| \times 100\% = \left| \frac{X_2}{X_0} - \frac{Y_2}{Y_0} \right| \times 100 \qquad (3-36)$$

互雷提出另一种方法，同样也能得出评价两级分选机性能的综合分选效率，即综合分选效率等于第一排出物流中 $X$ 的回收率与第二排出物流中 $Y$ 的回收率的乘积，其式如下。

$$E_{(X,\ Y)}(\%) = \left(\frac{X_1}{X_0}\right)\left(\frac{Y_2}{Y_0}\right) \times 100 \qquad (3-37)$$

## 二、筛分

1. 筛分原理

筛分是利用筛子将粒度范围较宽的颗粒群分成窄级别的作业。该分离过程可看作由物料分层和细粒透过筛子两个阶段组成的。物料分层是完成分离的条件，细粒透过筛子是分离的目的。

为了使粗细物料通过筛面分离，必须使物料和筛面之间具有适当的相对运动，使筛面上的物料层处于松散状态，即按颗粒大小分层，形成粗粒位于上层，细粒位于下层的规则排列，细粒到达筛面并透过筛孔。同时物料和筛面的相对运动还可以使堵在筛孔上的颗粒脱离筛孔，以利于细粒透过筛孔。细粒透筛时，尽管粒度都小于筛孔，但它们透筛的难易程度却不同。粒度小于筛孔 3/4 的颗粒，很容易通过粗粒形成的间隙到达筛面而透筛，称为"易筛粒"；粒度大于筛孔 3/4 的颗粒，很难通过粗粒形成的间隙到达筛面而透筛，而且粒度越接近筛孔尺寸就越难透筛，称为"难筛粒"。

2. 筛分分类

根据筛分在工艺过程中应完成的任务，筛分作业可分为以下六类：①独立筛分。目的在于获得符合用户要求的最终产品的筛分，称为独立筛分；②准备筛分。目的在于为下一步作业做准备的筛分，称为准备筛分；③预先筛分。在破碎之前进行筛分，称为预先筛分，目的在于预先筛出合格或无须破碎的产品，提高破碎作业的效率，防止过度破碎和节省能源；④检查筛分。对破碎产品进行筛分，又称为控制筛分；⑤选择筛分。利用物料中的有用成分在各粒级中的分布，或者性质上的显著差异所进行的筛分；⑥脱水筛分。脱出物料中水分的筛分，常用于废物脱水或脱泥。

3. 筛分的效率

从理论上讲，固体废物中凡是粒度小于筛孔尺寸的细粒都应该透过筛孔成为筛下产品，而大于筛孔尺寸的细粒应全部留在筛上排出成为筛上产品，筛分可以获得很高的筛分效率。但是实际上，由于筛分过程中受到多种因素的影响，总会有一些小于筛孔的细粒留在筛上随粗粒一起排出成为筛上产品。筛分与其他分选装置一样，也不可能达到 100% 的效率。为了评价筛分设备的分离效果，引入筛分效率这个概念。

筛分效率是指实际得到的筛下产品质量与入筛废物中所含小于筛孔尺寸的细粒物料的质量之比，用百分数表示，即：

$$E(\%) = \frac{\beta(\alpha - \theta)}{\alpha(\beta - \theta)} \times 100 \qquad (3-38)$$

式中，$E$ 为筛分效率，%；$\alpha$ 为入筛固体废物中小于筛孔的细粒含量，%；$\beta$ 为筛下物中所含有小于筛孔尺寸的细粒质量百分数，%；$\theta$ 为筛上产品中所含有小于筛孔尺寸的细粒质量百分数,%。

4. 筛分设备

在固体废物处理中最常用的筛分设备有固定筛、滚筒筛、振动筛。

（1）固定筛。筛面有许多平行排列的筛条组成，可以水平安装或倾斜安装。固定筛由于构造简单、不耗用动力、设备费用低和维修方便，在固体废物处理中广泛应用。固定筛又分为格筛和棒条筛。

格筛一般安装在粗破碎机之前，以保证入料块度适宜。棒条筛主要用于粗碎和中碎之前，为保证废物料沿筛面下滑，安装倾角应大于废物对筛面的摩擦角，一般为 30°~35°。棒条筛筛孔尺寸为筛下粒度的 1.1~1.2 倍，一般筛孔尺寸不小于 50mm。筛条宽度应大于固体废物中最大粒度的 2.5 倍。

（2）滚筒筛。滚筒筛也叫转筒筛，筛面为带孔的圆柱形筒体或截头圆锥筒体。在传动装置带动下，筛筒饶轴缓缓旋转。为使废物在筒内沿轴线方向前进，圆柱形筛筒的轴线应倾斜 3°~5°安装。如图 3-21 所示。截头圆锥形筛筒本身已有坡度，其轴线可水平安装。

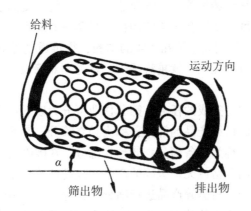

**图 3-21　滚筒筛示意**

滚筒以很慢的速度转动（10~15r/min），因此不需要很大动力，这种筛的优点是不会堵塞。

滚筒筛筛分时，固体废物在筛中不断滚翻。较小的物料颗粒最终进入筛孔筛出。物料在筛子中的运动有两种状态，如图 3-22 所示。①沉落状态。物料颗粒由于筛子的圆周运动被带起，然后滚落到向上运动的颗粒上面；②抛落状态。筛子运动速度足够时，颗粒飞入空中，然后沿抛物线轨落回筛底。

当筛分物料以抛落状态运动时，物料达到最大的紊流状态，此时筛子的筛分效率达到最高。如果滚筒筛的转速进一步提高，会达到某一临界速度，这时粒子呈离心状态运动，结果使物料颗粒附在筒壁上不会掉下，使筛分效率降低。

以一个物料颗粒运动为例，如图 3-23 所示，颗粒 $P$ 受到几个力的作用：重力 $W = mg$，向心力 $F_{向} = mg\cos\alpha$，离心力 $F_{离} = m(r\omega^2)$。其中，$\alpha$ 为 $OP$ 线与垂直方向的夹角；$\omega$ 为转速，rad/s；$\omega = 2\pi n$；$n$ 为转速；$r$ 为筒形筛的半径。

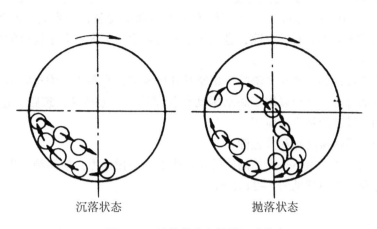

沉落状态　　　　　　　　抛落状态

**图 3-22　滚筒筛中颗粒的运动状态**

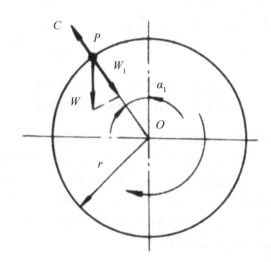

**图 3-23　滚筒筛分析**

当 $F_{离} = F_{向}$ 时，颗粒不会落下，此时 $mg\cos\alpha = mr\omega^2 = 4\pi^2 n^2 mr$，由此可得：

$$\cos\alpha = 4\pi^2 n^2 r/g \tag{3-39}$$

当 $r$ 和 $n$ 一定后，颗粒最终降落位置可以确定。

但当转速继续增大时：$\cos\alpha = 1$，$\alpha = 0$，此时颗粒不再落下，这时的转速称为临界转速：

$$N_e = \sqrt{\frac{g}{4\pi^2 r}} = \frac{1}{2\pi}\sqrt{\frac{g}{r}} \tag{3-40}$$

筛分效率与滚筒筛的转速和停留时间有关，一般认为物料在筒内滞留 25~30s，转速 5~6r/min 为最佳。另外，筒的直径和长度也对筛分效率有很大影响。

（3）振动筛。振动筛的特点是振动方向与筛面垂直或近似垂直，振动次数 600～3 600r/min，振幅 0.5~1.5mm。物料在筛面上发生离析现象，密度大而粒度小的颗粒钻过密度小而粒度大的颗粒的空隙，进入下层到达筛面，大大有利于筛分的进行。振动筛的倾角一般在 8°～40°。

振动筛由于筛面强烈振动，消除了堵塞筛孔的现象，有利于湿物料的筛分，可用于粗、中、细粒的筛分，还可以用于脱水振动和脱泥筛分。振动筛在筑路、建筑、化工、冶金和谷物加工等部门被广泛应用。

振动筛分为惯性振动筛和共振筛。

惯性振动筛。通过由不平衡体的旋转所产生的离心惯性力，使筛箱产生振动的一种筛子，其构造及工作原理见图 3-24 所示。

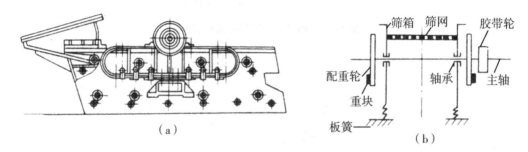

（a）振动筛构造图；（b）工作原理图

**图 3-24　惯性振动筛构造及工作原理**

当电动机带动皮带轮作高速旋转时，配重轮上的重块即产生离析惯性力，其水平分力使弹簧作横向变形，由于弹簧横向刚度大，所以水平分力被横向刚度所吸收。而垂直分力则垂直于筛面，通过筛箱作用于弹簧，强迫弹簧作拉伸及压缩运动。因此，筛箱的运动轨迹为椭圆或近似于圆，由于该种筛子激振力是离心惯性力，故称为惯性振动筛。

共振筛。利用连杆上装有弹簧的曲柄连杆机构驱动，使筛子在共振状态下进行筛分。其构造及工作原理见图 3-25 所示。

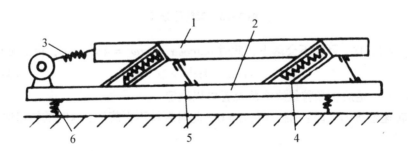

1. 上机体；2. 下机体；3. 传动装置；4. 共振弹簧；5. 板簧；6. 支撑弹簧

**图 3-25　共振筛构造及工作原理**

当电动机带动装在机体上的偏心轴转动时，轴上的偏心使连杆作往复运动。连杆通过其端头的弹簧将作用力传给筛箱，与此同时下机体也受到相反的作用力，使筛箱和下机体沿着倾斜方向振动。筛箱、弹簧及下机体组成一个弹性系统，该弹性系统固有的自振频率与传动装置的强迫振动频率接近或相同时，使筛子在共振状态下筛分，故称共振筛。

共振筛具有处理能力大、筛分效率高、耗电少及结构紧凑等优点，是一种有发展前景的筛分设备；但其制造工艺复杂，机体较重。

## 三、重力分选

重力分选是根据固体废物中不同物质颗粒间的密度差异，在运动介质中受到重力、介质动力和机械力的作用，使颗粒群产生松散分层和迁移分离，从而得到不同密度产品的分选过程。

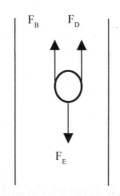

**图 3-26　悬浮在流体介质中的颗粒受力分析**

固体废物重力分选的方法很多，按作用原理可分为气流分选、惯性分选、重介质分选、摇床分选、跳汰分选等。由于重介质分选是在液相介质中进行，不适合于包含可溶性物质的分选，也不适合于成分复杂的城市垃圾分选。该法主要应用于矿业废物的分选过程。

### （一）重力分选原理

一个悬浮在流体介质中的颗粒，其运动速度受自身重力、介质阻力和介质的浮力三种作用。分别表示为 $F_E$（重力）、$F_B$（介质浮力）、$F_D$（介质摩擦阻力）。如图 3-26 所示。

重力：
$$F_E = \rho_S V g \tag{3-41}$$

式中，$\rho_S$ 为颗粒密度；$V$ 为颗粒体积，假定颗粒为球体，则：

$$V = \frac{\pi}{6} d^3$$

浮力：
$$F_B = \rho V g \tag{3-42}$$

式中，$\rho$ 为介质密度。

介质摩擦阻力：
$$F_D = \frac{1}{2} C_D v^2 \rho A \tag{3-43}$$

式中，$C_D$ 为阻力系数；$v$ 为颗粒相对介质速度；$A$ 为颗粒投影面积（在运动方向上）。

当 $F_E$、$F_B$、$F_D$ 三个力达到平衡时，且加速度为零时的速度为末速度，此时有：

$F_E = F_B + F_D$

$$\rho_S V g = \rho V g + \frac{C_D v^2 \rho A}{2}$$

$$v = \sqrt{\frac{4(\rho_s - \rho)gd}{3C_D \rho}} \qquad (3-44)$$

这就是牛顿公式。式（3-44）中，$C_D$ 是与颗粒的尺寸及运动状态有关，通常用雷诺数 Re 来表述：

$$\mathrm{Re} = \frac{vd\rho}{\mu} = \frac{vd}{\gamma} \qquad (3-45)$$

式中，$\mu$ 为流体介质的黏度系数；$\gamma$ 为流体介质的动黏度系数。

如果假定流体运动为层流，则 $C_D = 24/\mathrm{Re}$。可以进一步得出斯托克斯公式：

$$v = \frac{d^2 g(\rho_s - \rho)}{18\mu} \qquad (3-46)$$

分析上面公式可以看出，影响重力分选的因素很多，主要是颗粒的尺寸、颗粒与介质的密度差以及介质的黏度。

## （二）气流分选

气流分选亦叫风选，其作用是将轻物料从较重的物料中分离出来。气流分选的基本原理是气流将较轻的物料向上带走或在水平方向带向较远的地方，而重物料则由于向上气流不能支撑它而沉降，或是由于重物料的足够惯性而不被剧烈改变方向穿过气流沉降。被气流带走的轻物料再进一步用旋流器从气流中分离出来。

按气流吹入分选设备内的方向不同，气流分选可分为立式气流分选和水平气流分选。

### 1. 气流分选的原理

对于立式气流分选，颗粒在空气中的沉降末速如式（3-44）所示。由该式可知，当颗粒粒度一定时，密度大的颗粒沉降末速大；当颗粒密度相同时，直径大的颗粒沉降末速大。由于颗粒的沉降末速同时与颗粒的密度、粒度及形状有关，因而在同一介质中，密度、粒度和形状不同的颗粒在特定的条件下，可以具有相同的沉降速度。这样的相应颗粒称为等降颗粒，其中密度小的颗粒粒度（$d_{r1}$）与密度大的颗粒粒度（$d_{r2}$）之比，称为等降比，以 $e_0$ 表示，即：

$$e_0 = d_{r1}/d_{r2} \qquad (3-47)$$

等降比的大小可通过式（3-44）导出，即：

$$e_0 = \frac{d_{r1}}{d_{r2}} = \frac{\rho_{s2} - \rho}{\rho_{s1} - \rho} \cdot \frac{C_{D1}}{C_{D2}} \qquad (3-48)$$

式（3-48）为自由沉降比的通式。由该式可知，等降比将随两种颗粒密度差

（$\rho_{s2}-\rho_{s1}$）的增大而增大，且 $e_0$ 还是阻力系数 $C_D$ 的函数。理论与实践都表明，$e_0$ 将随颗粒粒度变细而减小，所以，为了提高分选效率，在分选之前需要将废物进行窄分级，或经破碎使粒度均匀后，使其按密度差异进行分级。

颗粒在空气中沉降时，所受到的阻力远小于在水中沉降时所受到的阻力。所以颗粒在静止空气中沉降到达末速所需时间和沉降距离都较长。颗粒在上升气流中达到沉降末速时，颗粒的沉降速度（$v'$）等于颗粒对介质的相对速度（$v$）和上升气流速度（$u$）之差，即：

$$v'=v-u \tag{3-49}$$

所以，上升气流可以缩短颗粒达到沉降末速的时间和距离。因此，在风选过程中常采用上升气流。

在水平气流分选器中，物料是在空气动压力及本身重力的作用下按粒度或密度进行分选的。由图 3-27 可以看出，如在风口处有一直径为 $d$ 的球形颗粒，并且通过风口的水平气流流速为 $u$ 时，那么，颗粒将受到以下两个力的作用：

空气的动压力（$F$）：

$$F = C_D d^2 u^2 \rho \tag{3-50}$$

式中，$\rho$ 为空气密度，其余符号意义同前。

颗粒本身的重力（$G$）：

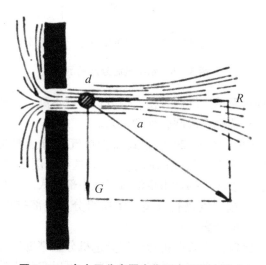

**图 3-27 在水平分离器中作用在颗粒上的力**

$$G = mg = \frac{\pi d^3 \rho_s}{6}g \tag{3-51}$$

式中，$m$ 为颗粒的质量，其余符号意义同前。

颗粒的运动方向将和两力的合力的方向一致，并且由合力与水平夹角（$\alpha$）的正切值来确定：

$$\mathrm{tg}\alpha = \frac{G}{F} = \frac{\pi d \rho_s g}{6 C_D u^2 \rho} \tag{3-52}$$

由式（3-52）可知，当水平气流速度一定，颗粒粒度相同时，密度大的颗粒沿与水平夹角较大的方向运动；密度较小的颗粒则沿交角较小的方向运动，从而达到按密度差异分选的目的。

2. 气流分选的设备

（1）水平气流分选机。图 3-28 是水平气流分选机示意图。该机从侧面水平送风，固体废物经破碎机破碎和滚筒筛筛分使其粒度均匀后，定量给入机内，当废物在机内下落时，被鼓风机鼓入的水平气流吹散，固体废物中各种组分沿着不同运动轨迹分别落入重质组分、中重质组分和轻质组分收集槽中。当分选城市生活垃圾时，水平气流分选机的最佳风速为 20m/s。

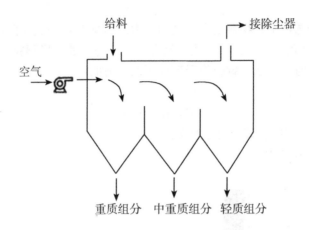

图 3-28　水平气流分选机示意

水平气流分选机构造简单、维修方便，但分选精度不高，一般很少单独使用，常与破碎、筛分、立式气流分选机组成联合处理工艺。

（2）立式气流分选机。图 3-29 是立式曲折形气流分选机的构造和工作原理图。图 3-29（a）是从底部通入上升气流的曲折风力分选机；图 3-29（b）是从顶部抽吸的曲折形风力分选机。经破碎后的城市生活垃圾从中部给入风力分选机，物料在上升气流作用下，垃圾中各组分按密度进行分离，重质组分从底部排出，轻质组分从顶部排出，经旋风分离器进行气固分离。

与水平气流分选机比较，立式曲折形气流分选机分选精度较高。由于沿曲折管路管壁下落的废物受到来自下方的高速上升气流的顶吹，可以避免直管路中管壁附近与管中心流速不同而降低分选精度的缺点，同时可以使结块垃圾因受到曲折处高速气流而被吹散，因此，能够提高分选精度。曲折风路形状为"Z"字形，其倾斜度为 60°，每段长度为 280mm。

气流分选的方法具有工艺简单的特点，作为一种传统的分选方式，被许多国家广泛地使用在城市垃圾的分选中。

## 四、磁力分选

磁力分选简称磁选，分两种形式，一种是普通的磁选法，另一种是磁流体分选法。

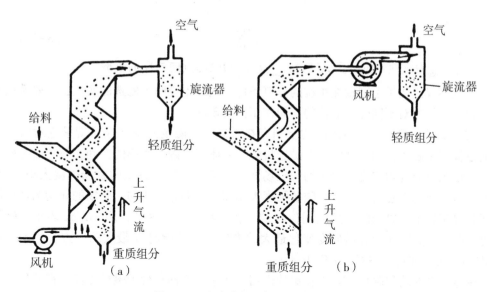

图 3-29　立式曲折形气流分选机示意

1. 磁选法

（1）磁选原理。磁选是利用固体废物中各种物质的磁性差异在不均匀磁场中进行分选的一种处理方法。磁选过程见图 3-30，是将固体废物输入磁选机后，磁性颗粒在不均匀磁场作用下被磁化，从而受磁场吸引力的作用，使磁性颗粒吸在圆筒上，并随圆筒进入排料端排出。非磁性颗粒由于所受的磁场作用力很小，仍留在废物中而被排出。

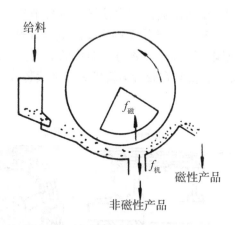

图 3-30　铁磁性物质在磁场中的分离

固体废物颗粒通过磁选机的磁场时，同时受到磁力和机械力（包括重力、离心力、介质阻力、摩擦力等）的作用。磁性强的颗粒所受的磁力大于其所受的机械力，而非磁性颗粒所受的磁力很小，则以机械力占优势。由于作用在各种颗粒上的磁力和机械力的合力不同，使它们的运动轨迹也不同，从而实现分离。

磁性颗粒分离的必要条件是磁性颗粒所受的磁力必须大于与其方向相反的机械力的

合力，即：

$$f_磁 > \sum f_机 \qquad (3-52)$$

式中，$f_磁$ 为磁性颗粒所受的磁力；$\sum f_机$ 为与磁力方向相反的机械力的合力。

该式不仅说明了不同磁性颗粒的分离条件，同时也说明了磁选的实质，即磁选是利用磁力与机械力对不同磁性颗粒的不同作用而实现的。

（2）磁选机磁场。磁体周围的空间存在着磁场。磁场的基本性质就是它对给入其中的磁体产生磁力作用。因此，在磁选机能使磁体产生磁力作用的空间，称为磁选机的磁场。磁场可分为均匀磁场和非均匀磁场两种，均匀磁场中各点的磁场强度大小相等，方向一致。非均匀磁场中各点的磁场强度大小和方向都是变化的。磁场的非均匀性可用磁场梯度来表示。磁场强度随空间位移的变化率称为磁场梯度，用 $dH/dx$ 表示。磁场梯度为矢量，其方向为磁场强度变化最大的方向，并且指向 $H$ 最大的一方。均匀磁场中 $dH/dx = 0$，非均匀磁场中 $dH/dx \neq 0$。

磁性颗粒在均匀磁场中只受转矩的作用，使它的长轴平行于磁场方向。在非均匀磁场中，颗粒不仅受到转矩的作用，还受磁力的作用，结果使它既发生转动，又向磁场梯度增大的方向移动，最后被吸在磁极外表面上，这样磁性不同的颗粒才能得以分离。因此，磁选只能在非均匀磁场中实现。

（3）磁性分类。根据固体废物比磁化系数（$x_0$）的大小，可将其中各种物质大致分为以下三类：①强磁性物质，$x_0 = (7.5 \sim 38) \times 10^{-6} \, m^3/kg$，在弱磁场磁选机中可分离出这类物质；②弱磁性物质，$x_0 = (0.19 \sim 7.5) \times 10^{-6} \, m^3/kg$，可在强磁场磁选机中回收；③非磁性物质，$x_0 < 0.19 \times 10^{-6} \, m^3/kg$，在磁选机中可以与磁性物质分离。

（4）磁选设备及应用。磁力滚筒。磁力滚筒又称磁滑轮，有永磁和电磁两种。应用较多的是永磁滚筒，见图3-31。该设备的主要组成部分是一个回转的多极磁系和套在磁系外面的用不锈钢或铜、铝等非导磁材料制作的圆筒。一般磁系包角为360°。磁系与圆筒固定在同一个轴上，安装在胶带运输机头部（代替传动滚筒）。

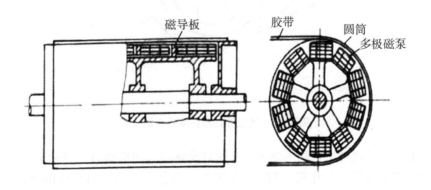

磁导板　　胶带　　圆筒　　多极磁泵

**图3-31　CT型永磁磁力滚筒**

当固体废物通过皮带输送机经过磁力滚筒时，非磁性或磁性很弱的物质在离心和重力作用下脱离皮带；而磁性较强的物质受磁力作用被吸在皮带上，并由皮带带到磁力滚筒的下部，当皮带离开磁力滚筒伸直时，由于磁场强度减弱而落入磁性物质收集槽中。

这种设备主要用于工业固体废物或城市生活垃圾的破碎或焚烧炉前，以除去废物中的铁磁性物质，防止损坏破碎设备或焚烧炉。

CTN 型永磁圆筒式磁选机。CTN 型永磁圆筒式磁选机的构造形式为逆流型（图 3-32）。它的给料方向和圆筒旋转方向或磁性物质移动方向相反。物料由给料箱直接进入圆筒的磁系下方，非磁性物质由磁系左边下方的底板上排出，磁性物质随圆筒逆流着给料方向移到磁性物质排料端，排入磁性物质收集槽中。

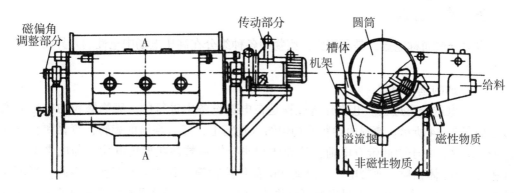

图 3-32　CTN 型永磁圆筒式磁选机

这种设备适用于粒度小于 0.6mm 的强磁性颗粒的回收及从钢铁冶炼排出的含铁尘泥和氧化铁皮中回收铁，以及回收重介质分选产品中的加重质。

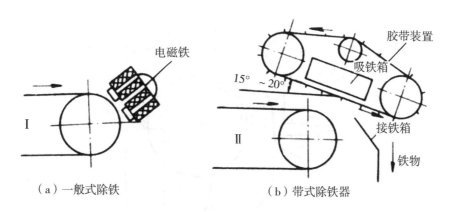

图 3-33　除铁器工作原理

悬吊磁铁器。悬吊磁铁器主要用来去除城市生活垃圾中的铁器，保护破碎设备及其他设备免受损坏。悬吊除铁器有一般式除铁器和带式除铁器两种，见图 3-33。当铁物数量少时采用一般式，当铁物数量多时采用带式。

一般式除铁器是通过切断电磁铁的电流排除铁物，而带式除铁器则是通过胶带装置排除铁物。

### 2. 磁流体分选

磁流体是指某种能够在磁场或磁场和电场联合作用下磁化，呈现似加重现象，对颗粒产生磁浮力作用的稳定分散液。磁流体通常采用强电解质溶液、顺磁性溶液和铁磁性胶体悬浮液。磁流体分选是利用磁流体作为分选介质，在磁场或磁场和电场的联合作用下产生"加重"作用，按固体废物各组分的磁性和密度的差异，或磁性、导电性和密度的差异，使不同组分分离。当固体废物中各组分间的磁性差异小，而密度或导电性差异较大时，采用磁流体可以有效地进行分离。由于磁流体分选在固体废物分选中应用较少，这里就不做进一步讨论。

## 五、电力分选

电力分选简称电选，是利用固体废物中各种组分在高压电场中电性的差异而实现分选的方法。

### 1. 电选的基本原理

（1）电选分离过程。电选分离过程是在电选设备中进行的。废物颗粒的电选分离过程如图 3-34 所示。废料由给料斗均匀给入辊筒上，随着辊筒的旋转，废物颗粒进入电晕电场区，由于空间带有电荷，使导体和非导体颗粒都获得负电荷（与电晕电极电性相反）。导体颗粒一面带电，一面又把电荷传给辊筒，其放电速度快，因此，当废物颗粒随着辊筒的旋转离开电晕电场区而进入静电场区时，导体颗粒的剩余电荷少，而非导体颗粒则因放电速度慢，致使剩余电荷多。导体颗粒进入静电场后不再继续获得负电荷，但仍继续放电，直至放完全部负电荷，并从辊筒上得到正电荷而被辊筒排斥，在电力、离心力和重力分力的综合作用下，其运动轨迹偏离辊筒，而在辊筒前方落下。偏向

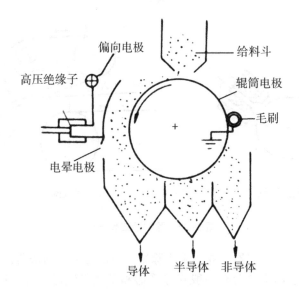

**图 3-34　电选分离过程示意**

电极的静电引力作用更增大了导体颗粒的偏离程度。非导体颗粒由于有较多的剩余负电荷，将与辊筒相吸，被吸附在辊筒上，带到辊筒后方，被毛刷强制刷下，半导体颗粒的运动轨迹则介于导体与非导体颗粒之间，成为半导体产品落下，从而完成电选分离过程。

（2）电选分离的基本条件。废物颗粒进入电选设备电场后，受到电力和机械力的作用。作用在颗粒上的电力有库仑力、非均匀电场吸引力和界面吸力等，机械力有重力和离心力等（图3-35）。

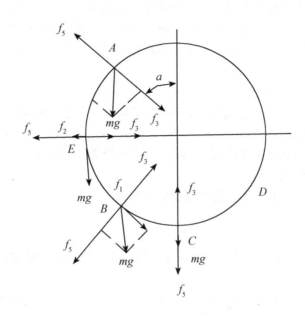

**图3-35 作用在颗粒上的力**

作用在颗粒上的电力。

a. **库仑力**（$f_1$） 根据库仑定律，一个带电荷的颗粒在电场中所受的库仑力为：

$$f_1 = QE \tag{3-53}$$

式中，$f_1$ 为作用在颗粒上的库仑力；$Q$ 为颗粒上的电荷；$E$ 为颗粒所在位置的电场强度。

实际上，颗粒在辊筒表面上不仅吸附离子而获得电荷，同时也放出电荷给辊筒。剩余电荷同颗粒的放电和荷电速度的比值有关。因此，作用在颗粒上的库仑力为：

$$f_1 = Q_r E \tag{3-54}$$

式中，$Q_r$ 为颗粒上的剩余电荷。对于导体颗粒 $Q_r$ 接近于零；对于非导体颗粒 $Q_r$ 接近于1。

库仑力的作用是促使颗粒被吸引在辊筒表面上。

b. **非均匀电场引起的作用力**（$f_2$） 这种力又称质动力，在电晕电场中，越靠近电晕电极 $f_2$ 越大；而靠近辊筒表面则电场近于均匀，$f_2$ 越小。所以，对颗粒来说 $f_2$ 很小，与库仑力相比要小数百倍（对1mm颗粒），因此，在电选中 $f_2$ 可忽略不计。

c. 界面吸力 ($f_3$)　　界面吸力 ($f_3$) 是荷电颗粒的剩余电荷和辊筒表面相应位值的感应电荷之间的吸引力（此感应电荷大小与剩余电荷相同，符号相反）。对导体颗粒来说，放电速度快，剩余电荷少，所以，其界面吸力也接近于零，而非导体颗粒则反之。界面吸力促使颗粒被吸向辊筒表面。

从以上作用在颗粒上的三种电力可以看出，库仑力和界面吸力的大小主要决定于颗粒的剩余电荷，而剩余电荷又决定于颗粒的界面电阻。界面电阻大时，剩余电荷多，所受的库仑力和界面吸力就大；反之则相反。对导体颗粒来说，由于它的界面电阻接近于零，放电速度快，剩余电荷很少，所以作用在它上面的库仑力和界面吸力也接近于零；而对非导体颗粒，它的界面电阻很大，放电速度很慢，剩余电荷很多，所以作用在它上面的库仑力和界面吸力较大；作用在半导体颗粒上的上述两种力的大小介于导体颗粒与非导体颗粒之间。

作用在颗粒上的机械力。

a. 重力 ($f_4$)　　颗粒在分选中所受的重力 $f_4 = mg$。在整个过程中其径向和切线方向的分力是变化的。如图 3-35 中，在 $A$、$B$ 两点的电场区内，重力 $f_4$ 从 $A$ 点开始起着使颗粒沿辊筒表面移动或脱离的作用。$f_4$ 除在 $E$ 点是沿着切线向下的力外，在 $AB$ 内其他各点仅是其分力起作用。

b. 离心力 ($f_5$)　　颗粒在分选中所受离心力为：

$$f_5 = m\frac{v^2}{R} \qquad (3-55)$$

式中，$f_5$ 为作用在颗粒上的离心力；$v$ 为颗粒在辊筒表面上的运动速度；$R$ 为辊筒的半径。

为保证不同电性颗粒的分离，应当具备下列条件：①在分选带 AB 段内分出导体颗粒的受力条件为：

$$(f_1 + f_3 + mg\cos\alpha < f_2 + f_5)$$

式中，$\alpha$ 为颗粒在辊筒表面所在的位置与辊筒半径的夹角；②在分选带 BC 段内分出半导体颗粒的受力条件为：$(f_1 + f_3 + mg\cos\alpha < f_2 + f_5)$ ③在分选段 CD 段内分出非导体颗粒的受力条件为：$(f_3 > mg\cos\alpha + f_5)$

2. 电选设备及应用

（1）静电分选机及应用。图 3-36 是辊筒式静电分选机的构造和原理示意图。将含有铝和玻璃的废物通过电振给料机均匀地给到带电辊筒上，铝为良导体，从辊筒电极获得相同符号的大量电荷，因而被辊筒电极排斥落入铝收集槽内；玻璃为非导体，与带电辊筒接触被极化，在靠近辊筒一端产生相反的束缚电荷，被辊筒吸住，随辊筒带至后面被毛刷强制刷落进入玻璃收集槽，从而实现铝与玻璃的分离。

（2）YD-4 型高压电选机及应用。图 3-37 为 YD-4 型高压电选机的构造示意图。该机的特点是具有较宽的电晕电场区、特殊的下料装置和防积灰漏电措施。整机密封性能好，采用双筒并列式，结构合理、紧凑，处理能力大，效率高。可作为粉煤灰专用设备。

该机的工作原理是将粉煤灰均匀给到旋转接地辊筒上，带入电晕电场后，炭粒由于

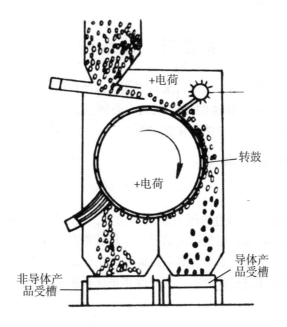

**图 3-36　辊筒式静电分选示意**

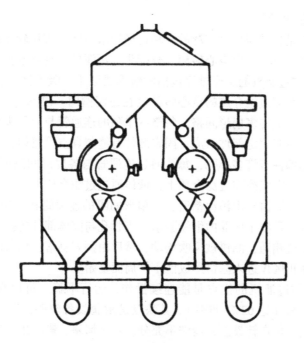

**图 3-37　YD-4 型高压电选机结构示意**

导电性好，很快失去电荷，进入静电场后从辊筒电极获得相同符号的电荷而被排斥，在离心力、重力及静电斥力综合作用下落入集炭槽成为精煤。而灰粒由于导电性较差，能保持电荷，与带符号相反的辊筒相吸，并牢固地吸附在辊筒上，最后被毛刷强制落入集灰槽，从而实现炭灰分离。

# 第四节　脱水法

固体废物的脱水问题常见于城市污水与工业废水处理厂产生的污泥处理以及其他含水固体废物。凡含水率超过90%的固体废物，必须先脱水减容，以便于包装与运输。脱水方法有机械脱水与固定床自然干化脱水两类。

## 一、固体废物机械脱水

### 机械脱水的原理

机械脱水是以过滤介质两边的压力差为推动力，使水分强制通过过滤介质成为滤液，固体颗粒被截留为滤饼，达到除水的目的。机械脱水的方法依压力差的不同有真空过滤脱水、压滤脱水、离心脱水等。真空过滤脱水是在过滤介质的一面造成负压；压滤脱水是通过加压将水分压过过滤介质；离心脱水是在高速旋转下，通过水的离心作用将其除去。

## 二、机械脱水设备

### 1. 真空过滤脱水设备

真空过滤脱水是目前应用最广泛的一种机械脱水方法。应用较多的设备是 GP 型转鼓真空过滤机（图 3-38），由空心转筒、分配头、污泥槽、真空系统和压缩空气系统组成。GP 型转鼓真空过滤机的工作过程包括滤饼形成区Ⅰ、吸干区Ⅱ、反吹区Ⅲ和休止区Ⅳ共四个过程。覆盖过滤介质的空心转鼓浸在污泥槽内，浸深一般在 1/3 转鼓直径。转鼓用径向隔板分隔成许多扇形间格，每格有单独的连通管与分配头相接。分配头由两片紧靠在一起的部件和固定部件组成，固定部件有缝与真空管路相连通，孔 8 与压缩空气管路相通。转动部件有许多小孔，每孔通过连通管与各扇形间隔相通。转鼓旋转时，由于真空的作用将污泥吸附在过滤介质上，液体通过过滤介质沿真空管路流到气水分离罐。吸附在转鼓上的滤饼转出污泥槽后，若扇形间隔的连通管在固定部件的缝范围内，则处于滤饼形成区Ⅰ及吸干区Ⅱ内继续脱水；当管孔与固体部件的孔 8 相同时，便进入反吹区Ⅲ与压缩空气相通，滤饼被反吹松动，然后由刮刀剥落，剥落的滤饼用胶带输送机运走，再转过休止区Ⅳ进入滤饼形成区Ⅰ，周而复始。

GP 型真空转鼓过滤机的优点是能连续操作，运行平稳，可以自动控制，处理量大，滤饼含水率较高（达 62%~80%）。其缺点是附属设备较多，工序复杂，运行费用较高，其过滤介质紧包在转鼓上，清洗不充分，容易堵塞，影响生产效率。主要用于初次沉淀污泥及消化污泥的脱水。

### 2. 压滤脱水

压滤脱水采用板框压滤机，其基本结构如图 3-39 所示。板与框相间排列而成，在滤板两侧覆有滤布，用压紧装置把板与框压紧，在板与框之间构成压滤室。在板与框的上端中间相同部位开有小孔，压紧后成为一条通道，加压到 0.2~0.4MPa 的污泥，由该

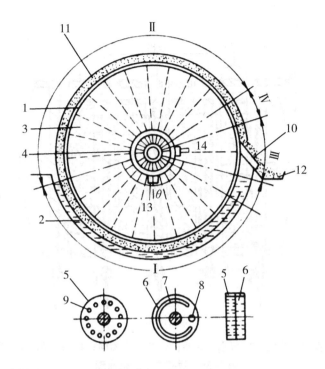

Ⅰ、滤饼形成区；Ⅱ、吸干区；Ⅲ、反吹区；Ⅳ、休止区

1. 空心转筒；2. 污泥槽；3. 扇形格；4. 分配头；5. 转动部件；6. 固定部
件；7. 与真空泵相通的缝；8. 与空压机相通的孔；9. 与各扇形间格相通的孔；
10. 刮刀；11. 泥饼；12. 胶带输送机；13. 真空管路；14. 压缩空气管路

**图3-38 GP型转鼓真空过滤机**

通道进入压滤室，滤板的表面刻有沟槽，下端钻有供滤液排出的孔道，滤液在压力下通过滤布、沿沟槽与孔道排出压滤机，从而使污泥脱水。目前常用的压滤机主要是自动板框压滤机。

自动板框压滤机由主梁、滤布、固定压板、滤板、滤框、活动压板、压紧机构、洗刷槽等组成。两根主梁把固定压板与压紧机构连在一起构成机架。在固定板和活动板之间依次交替排列着滤板和滤框，而环形滤布绕夹在板与框之间。

压紧机构驱使活动板带动滤板和滤框在主梁上行走，用以压紧和拉开板框。在滤板和滤框四周均有耳孔，板框压紧后形成暗通道，分别为进泥口、高压水进口、滤液出口以及压干、正吹、反吹和压缩空气通道。滤布在驱动装置作用下行走，通过洗刷槽进行清洗，使滤布得以再生。自动板框压滤机的工作过程见图3-40。滤布夹在滤框和滤板之间，用以排泄滤液和支承压干滤布。压滤机工作时，启动压紧机构，压紧板框，污泥通过进料口均匀进入滤框两侧，形成两块滤饼。然后用49~59kPa压力的压缩空气通过滤框内腔，吹鼓橡胶膜，挤出污泥水分，压干滤饼，使压紧电动板反转，自动拉开板框，此时橡胶膜恢复原状，使滤饼弹出滤腔，滤饼自动卸料。

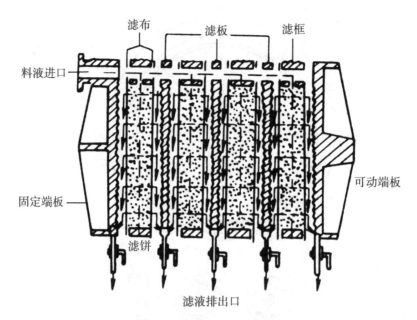

1. 真空过滤机；2. 气水分离器；3. 空气平衡筒；4. 真空泵；5. 鼓风机

**图 3-39　板框式压滤机原理**

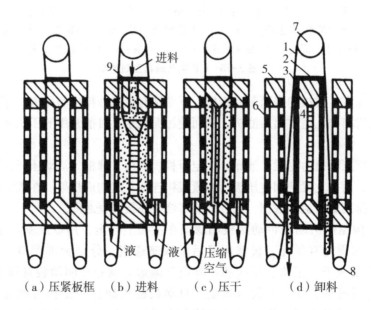

（a）压紧板框　（b）进料　（c）压干　（d）卸料

1. 滤布；2. 滤框；3. 橡胶膜；4. 隔板；5. 滤板；6. 多孔网板；

7. 上滚筒；8. 下滚筒；9. 进料口

**图 3-40　自动板框压滤机工作过程**

板框压滤机的优点是制造方便，适应性强，自动压滤机进料、卸料及滤饼均可自动操作，自动化程度较高，滤饼含水率低（45%～80%）。其缺点是间歇操作，处理量较低。该设备适用于各种污泥的脱水。

3. 滚压脱水

污泥滚压脱水采用滚压带式过滤机，这种脱水方式目前已广泛采用。其基本构造见图3-41，主要由滚压轴和滤布组成。其工作原理是先将污泥进行化学调理再送入浓缩段，依靠重力作用浓缩脱水，使污泥失去流动性，以免压榨时被挤出滤布带。

污泥在浓缩段停留时间一般为10～20s，然后进入压榨段，压榨时间为1～5min。滚压的方式由对置滚压和水平滚压两种。对置滚压的滚压轴处于上下垂直的相对位置，如图3-41（a）所示，压榨接触的时间短，但压力大，污泥所受压力等于滚压轴施加压力的2倍。而水平滚压式的滚压轴上下错开如图3-41（b）所示，依靠滚压轴施于滤布的张力压榨污泥，压榨的压力受张力限制，压力较小，压榨时间较长。由于滚压时两层滤布的旋转半径不同，其上下两层滤布的速度不同，从而在滚压过程中对污泥产生一种剪切力的作用，促使滤饼脱水。

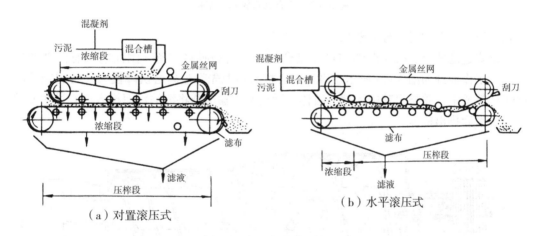

（a）对置滚压式　　　　　　　　（b）水平滚压式

**图3-41　滚压带式脱水机**

滚压带式压滤机的优点是设备构造简单，动力消耗少，能连续操作，是目前使用最广的方法。其缺点是处理量较低，滤饼含水率较高（达78%～86%），不适于黏性较大的污泥脱水。

4. 离心脱水

用于离心脱水的机械叫离心机。按离心因数的大小可分为高速离心机（$a>3\ 000$）、中速离心机（$a=1\ 500～3\ 000$）和低速离心机（$a=1\ 000～1\ 500$）三种。按离心脱水原理可分为离心过滤机、离心沉降脱水机和沉降过滤式脱水机三种。由于离心过滤机应用尚不普遍，因此，在这里主要介绍离心沉降脱水机和沉降过滤式离心机。

离心沉降脱水机的构造如图3-42所示，主要由螺旋输送器、转筒、空心转轴、罩盖及驱动装置组成。污泥从空心转轴的分配孔进入离心机，依靠转筒高速旋转产生的离心力分离固体。螺旋输送器与转筒由驱动装置传动，两者旋转方向相同，但螺旋输送器转速较慢，两者之间存在一个速度差。依靠速度差的作用，螺旋输送器能够缓慢地输送

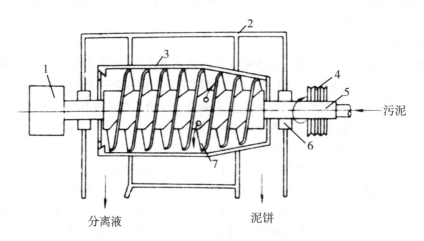

1. 变速箱；2. 罩盖；3. 转筒；4. 驱动轮；5. 空心轴；6. 轴承；7. 螺旋输送器

**图 3-42 离心沉降脱水机结构**

出污泥饼，与此同时，分离液从另一端排出。

沉降过滤式离心机是沉降与过滤结合的一种新型脱水设备，因而它兼有两者的优点，其工作原理如图 3-43 所示。进入离心机的污泥先经过离心沉降段，使污泥颗粒沉降于转筒壁上，并挤出其中大部分液体，随后螺旋输送器将浓缩污泥推入离心过滤段进一步脱水后排出机体。

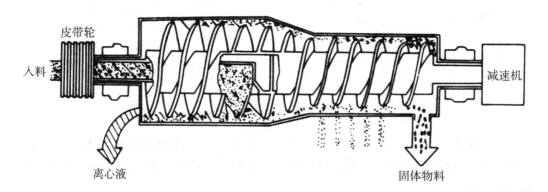

**图 3-43 沉降过滤式离心机工作原理**

离心脱水机的优点是能够连续生产，可自动化控制，占地面积小，卫生条件好。其缺点是污泥预处理要求高，电消耗较大，机械部件易磨损，分离液浑浊，滤饼含水率较高（达 80%~85%）。不适于含砂粒量较高的污泥脱水。

5. 造粒脱水

造粒脱水是近年来发展起来的一种新设备。它通过加入高分子混凝剂而使泥渣直接形成含水率较低的致密泥丸。图 3-44 为湿式造粒机构造示意图。它是由圆筒和圆锥组成，设备水平放置，分为造粒段、脱水段和压密段。造粒段的圆筒内壁上设有螺旋板形成螺旋输送器。经过化学调理后的污泥首先进入造粒段，随着机体的缓慢旋转，滚动着的污泥向前推进。在重力及高分子混凝剂的作用下，逐渐絮凝，形成泥丸。在污泥脱水段与造粒段之间有一隔板，隔板的中心位置设有溢流管。造粒段形成的泥粒从孔口进入污泥脱水段脱水，水分从泄水缝排出。泥丸在螺旋板提升作用下进入压密段。在压密段中，泥丸失去浮力，在重力的作用下进一步压密脱水，形成粒大体重的泥丸，最后经提升螺旋板由筒体末端送出筒外。溢流管正常情况下不出水，只有超载时多余的水才由溢流管溢出。

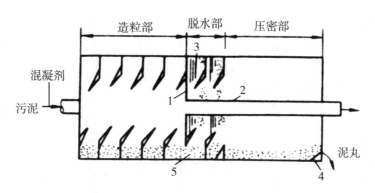

1. 隔板；2. 溢流管；3. 泄水缝；4. 提泥螺旋板；5. 孔口

**图 3-44 湿式造粒机的构造示意**

造粒脱水机的优点是设备简单，电耗低，管理方便，处理量大。其缺点是钢材消耗量大，混凝剂消耗量较高，污泥泥丸紧密性较差，适于含油污泥的脱水。

### 三、泥浆自然干化脱水

自然干化脱水是一种古老，并且被广泛采用的脱水方法，其原理是利用自然蒸发和底部滤料、土壤进行过滤脱水。其设施称为污泥干化场或晒泥场，其平面、立面图如图3-45 所示。

干化场四周建有土或板体围堤，中间用土堤或隔板隔成等面积的若干区段（一般不少于 3 块）。为了便于起运脱水污泥，一般每区段宽度不大于 10m，长 6~30m。渗滤水经排水管汇集排出。污泥分配装置的排泥口设有散泥板，使污泥能均匀地分布于整个选择的区段面积上，并防止冲刷滤层。

干化场运行时，一次集中放满一块区段面积，放泥厚度 30~50cm。污泥干化周期随季节而异，在良好的条件下需 10~15 天，脱水污泥含水率可降到 60%。

自然干化脱水设备简单，干化污泥含水率低，但占地面积大，环境卫生条件差，适用于小规模应用。

## 第五节　干燥法

机械脱水后，固体废物的含水率仍很高，不利于进行焚烧或进一步处理。为了进一

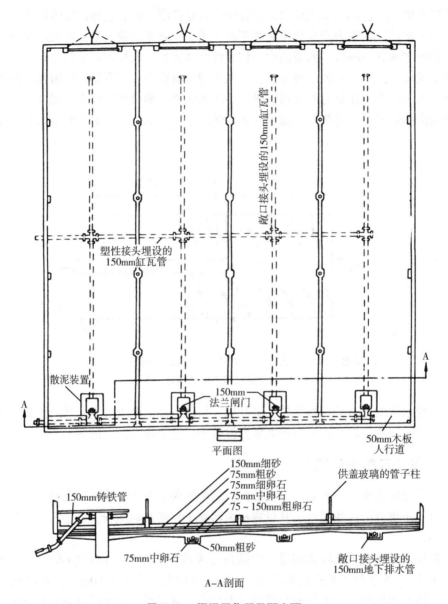

图 3-45 污泥干化厂平面立面

步脱水，可进行干燥处理，干燥处理后含水率可降至 20%～40%。

## 一、干燥原理

干燥是利用加热使物料中水分蒸发，即就是依据相变化，水分与固体物料分离。为了提高干燥速度，干燥器内一般采用下列措施：①将物料分解破碎以增大蒸发面积，加快蒸发速度；②使用尽可能高的热载体或通过减压增加物料和热载体间温度差，增加传热推动力；③通过搅拌，增大传热传质系数，以强化传热传质过程。

## 二、干燥设备

污泥干燥方法较多，目前常用的是回转筒式干燥器（图 3-46）和带式流化床干燥器（图 3-47）。

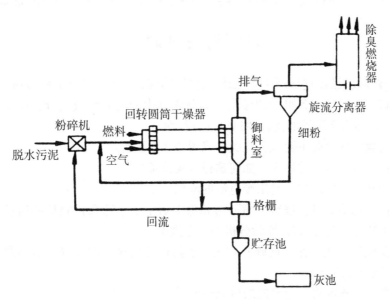

图 3-46　回转筒式干燥器流程

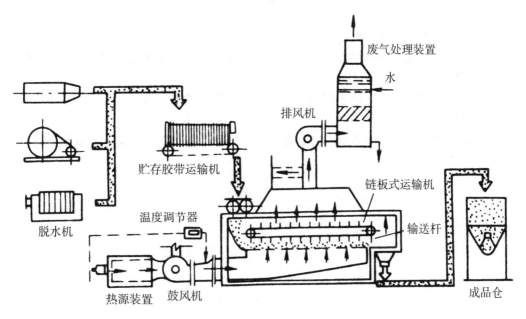

图 3-47　带式流化床干燥器

转筒干燥器主要部件是水平线稍有倾角安装的旋转圆筒，物料由上向下，高温气由下向上呈逆流操作，随圆筒的旋转，物料由筒内壁的螺旋板推动，并且起到分散作用，物料连续地从上端向下端传输，并由出口排出。一般情况下，物料在干燥器内停留时间为 30~40min，通过调节物料排出量控制物料或干燥气的停留时间。干燥器未端装有带排气口的外壳，尾气由排气口进入除尘器，净化后排放，已干燥的物料由底部排出。

# 习题与思考题

1. 影响破碎效果的因素有哪些？如何根据固体废物的性质选择破碎方法？

2. 根据城市生活垃圾各组分的性质，为分流其中的食品垃圾组分，应如何组合分选工艺系统？请给出你设计的流程并讨论其可行性。

3. 固体废物中的水分主要包含几类？采用什么方法脱除水分？

4. 简述固体废物压实的原理，如何选择压实设备？

5. 试设想从生活垃圾中分选出废电池的流程。

6. 某固体废物筛分机，进料、筛下物和筛上物中小于筛孔径颗粒的质量百分数分别为 60%、100% 和 30%，试计算筛分机的分选效率。

7. 什么是低温（或冷冻）破碎？它适合于何种性质物料的破碎？举出两个利用冷冻破碎法进行破碎的例子。

8. 如何判断固体废物重力分选的可能性？

# 参考文献

陈杰瑢，2008. 环境工程技术手册 [M]. 北京：科学出版社.

芈振明，高忠爱，祁梦兰，等，2002. 固体废物的处理与处置 [M]. 北京：高等教育出版社.

聂永丰，2000. 三废处理工程技术手册——固体废物卷 [M]. 北京：化学工业出版社.

赵由才，等，2019. 生活垃圾资源化原理与技术 [M]. 北京：化学工业出版社.

# 第四章 固体废物的生物处理

固体废物的生物处理就是依靠自然界广泛分布的微生物的作用。通过生物转化，将固体废物中易于生物降解的有机组分转化为腐殖质肥料、沼气或其他产品，从而达到固体废物无害化、资源化。目前固体废物生物转化方式及工艺主要包括好氧堆肥技术和厌氧发酵技术。

## 第一节 有机固体废物堆肥化技术

堆肥处理法是一种古老而又现代的有机固体废物的生物处理技术。早在 1 000 年前，中国和印度等东方国家的农民便将杂草落叶、作物秸秆和动物粪便等堆积发酵，其产品称为农家肥。这一方法在 19 世纪初才传到西方。20 世纪中期以来，人们发现它的作用原理也可适用于城市垃圾的无害化处理，便使用现代工业技术使这一方法操作机械化和自动化，20 世纪 50 年代后在美国开始进行机械化堆肥并用于处理城市固体废弃物（MSW）。现在已发展到世界各地，成了处理 MSW 的主要手段之一。

通过堆肥处理，不仅能将城市垃圾等有机废物中的可腐有机物进行生物转化，使之稳定下来，并消灭对人类有害的病原微生物和植物虫害、草籽、昆虫及其卵等，大大降低废物的恶臭味，保护自然环境和人体健康；而且可以产生大量有机肥，对于改善土壤结构和提高肥力、维持农作物长期的优质高产和农业可持续发展及自然界的良性物质循环十分有益。达到了以经济有效的手段使有机固体废物无害化、资源化的目的。随着各国有机固体废物数量逐年增加，需要对其处理的卫生要求也日益严格，从节省资源与能源角度出发，堆肥处理技术日益受到各国的重视。

### 一、有机废物堆肥化基本概念、原理和过程

有机固体废物在湿度、通风条件适宜的情况下，放置在任一场所都会自动产生热量。这是因为一般的有机固体废物中都存在一定量的微生物，在适宜的条件下，对有机废物进行了降解。长期以来，正是通过这种过程，地球表面残留的枯枝落叶、杂草、树皮和其他半固体的有机物才被分解后再进一步参与到物质和能量的循环中去。堆肥处理法便是根据这种现象，在人工控制条件下，供给适宜的水分、C/N 比和氧气，利用微生物的发酵作用，将有机物转变为稳定的腐殖质肥料的方法。

（一）堆肥化的定义

堆肥化（Composting）是在人工控制条件下，使来源于生物的有机废物发生生物稳

定作用（Biostablization）的过程。所谓稳定是相对的，是指堆肥产品对环境无害，并不是废物达到完全稳定。具体讲，堆肥化就是依靠自然界广泛分布的细菌、放线菌、真菌等微生物，在一定的人工条件下，有控制地促进可被生物降解的有机物向稳定的腐殖质转化的生物化学过程。

废物经过堆肥化处理，制得的成品叫作堆肥（compost）。它是一类棕色的、泥炭般的腐殖质含量很高的疏松物质，故也称为"腐殖土"。废物经过堆制，体积一般只有原体积的50%~70%。

### （二）堆肥化基本原理

根据堆肥化过程中氧气的供应情况可以把堆肥化过程分成好氧堆肥和厌氧堆肥两种。好氧堆肥是在通气条件好，氧气充足的条件下借助好氧微生物的生命活动降解有机物，通常好氧堆肥堆温高，一般在55~60℃时比较好，有时可高达80~90℃，堆制周期短，所以好氧堆肥也称为高温堆肥；厌氧堆肥则是在氧气不足的条件下借助厌氧微生物发酵堆肥。由于厌氧堆肥法系统中，空气与发酵原料隔绝，堆制温度低，工艺比较简单，成品堆肥中氮素保留比较多，但堆制周期过长，需3~12个月，异味浓烈，分解不够充分；而好氧堆肥化具有发酵周期短、无害化程度高、卫生条件好、易于机械化操作等特点，故国内外用垃圾、污泥、人畜粪尿等有机废物制造堆肥的工厂，绝大多数都采用好氧堆肥化。且现代堆肥化也专指好氧堆肥化，所以，这里主要介绍好氧堆肥化的原理。

在好氧堆肥过程中，有机废物中的可溶性小分子有机物质透过微生物的细胞壁和细胞膜而为微生物直接吸收利用；不溶性大分子有机物（主要是固体和胶体的有机物）则先附着在微生物的体外，依靠微生物所分泌的胞外酶分解为可溶性小分子物质，再渗入细胞内为微生物利用。微生物通过自身的生命活动——分解代谢（氧化还原）和合成代谢（生物合成）过程，把一部分被吸收的有机物氧化成简单的无机物，并释放出微生物生长、活动所需要的能量，把另一部分有机物转化合成新的细胞物质，使微生物生长繁殖，产生更多的生物体。这个过程见图4-1的原理示意说明。

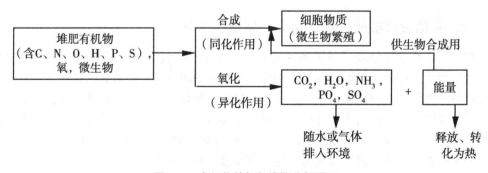

图4-1 有机物的好氧堆肥分解原理

## （三）好氧堆肥化过程

在堆肥化过程中，有机物生化降解会产生热量，如果这部分热量大于堆肥向环境的散热，堆肥物料的温度则会上升。根据堆肥的升温过程，好氧堆肥过程可大致分成 3 个阶段（图 4-2）。

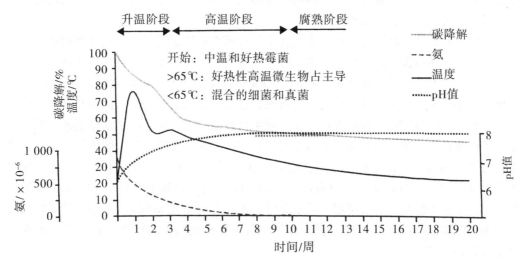

**图 4-2　堆肥的不同阶段及部分相关参数的变化示意**

**1. 中温阶段（亦称产热阶段或起始阶段）**

指堆肥化过程的初期，堆层基本呈 15~45℃的中温，嗜温性微生物较为活跃并利用堆肥中可溶性有机物进行旺盛繁殖。由于堆料有良好的保温作用，温度不断上升。此阶段微生物以中温、需氧型为主，通常是一些无芽孢细菌，另外还有真菌和放线菌。真菌菌丝体能够延伸到堆肥原料的所有部分，并会出现中温真菌的实体。同时螨虫、千足虫等将摄取有机废物。腐烂植物的纤维素将维持线虫和线蚁的生长，而更高一级的消费者中弹尾目昆虫以真菌为食，缨甲科昆虫以真菌孢子为食，线虫摄食细菌，原生动物以细菌为食。在目前的堆肥化设备中，此阶段一般在 12 小时以内。

**2. 高温阶段**

当堆温升至 45℃以上时，即进入高温阶段，在这一阶段，嗜温性微生物受到抑制甚至死亡，嗜热性微生物逐渐代替了嗜温性微生物的活动，堆肥中残留的和新形成的可溶性有机物质继续被氧化分解，堆肥中复杂的有机物如半纤维素、纤维素和蛋白质等开始被剧烈分解。在高温阶段中，各种嗜热性微生物的最适宜温度也是不同的。随着温度上升，嗜热微生物的类群和种群互相接替。通常在 50℃左右进行活动的主要是嗜热性真菌和放线菌；当温度上升到 60℃时，真菌则几乎完全停止活动，仅为嗜热性放线菌和细菌在活动；温度升到 70℃以上时，对大多数嗜热性微生物已不再适应，从而大批进入死亡和休眠状态。现代化堆肥生产的最佳温度一般为 55℃，因为大多数微生物在 45~65℃最活跃，最易分解有机物，其中的病原菌和寄生虫大多数可被杀死。

**3. 降温阶段（腐熟阶段）**

在内源呼吸后期，只剩下部分较难分解的有机物和新形成的腐殖质。此时微生物的活性下降，发热量减少，温度下降。在此阶段嗜温性微生物又占优势，对残余较难分解的有机物做进一步分解，腐殖质不断增多且稳定化，堆肥进入腐熟阶段。降温后，需氧量大大减少，含水率也降低。堆肥物料孔隙增大，氧气扩散能力增强，此时只需自然通风，最终使堆肥稳定，完成堆肥过程。

因此，可以认为堆肥过程就是微生物生长和死亡的繁衍过程；也是堆肥物料温度上升和下降的动态过程。总体而言，堆肥过程中微生物呼吸活动变化可示意为图 4-3。从图 4-3 显示的堆肥过程中微生物呼吸活动的变化可以反映堆肥过程微生物的正常繁衍。在堆肥初期，由于堆肥物料中有机物含量高，温度上升较快，微生物活动剧烈，导致呼吸活动加剧；随着物料中的有机物减少，微生物活动减弱，其呼吸活动也逐渐降低；当堆肥接近腐熟时，微生物呼吸活动基本保持恒定。此外，堆肥过程中微生物活动的变化也能通过气体成分的变化繁衍。堆肥过程中 $CO_2$、$O_2$、$CH_4$、$[CO_2+O_2]$ 等气体的变化如图 4-4 所示。从图 4-4 中可以看出，$[CO_2+O_2]$ 的体积基本维持在 20.8%，堆肥过程中，由于微生物开始活动剧烈，后来降低，因而 $CO_2$ 浓度呈现先上升后下降的趋势，$O_2$ 浓度的变化趋势呈现相反的过程。在堆肥有可能出现短时的厌氧消化，因而不排除产生 $CH_4$ 的可能。

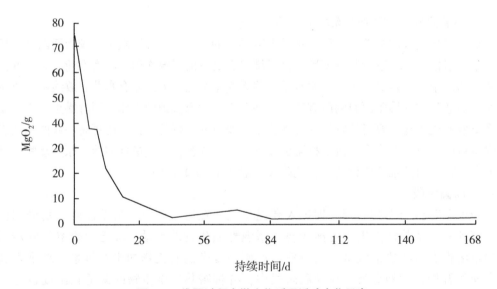

**图 4-3　堆肥过程中微生物呼吸活动变化示意**

**（四）堆肥无害化的机理**

好氧堆肥能提供杀灭病原体所需要的热量，（病原体）细胞的热死主要是由于酶的热灭活所致。其依据的理论主要是热灭活理论。

热灭活有关理论指出：①温度超过一定范围时，以活性型存在的酶将明显降低，大

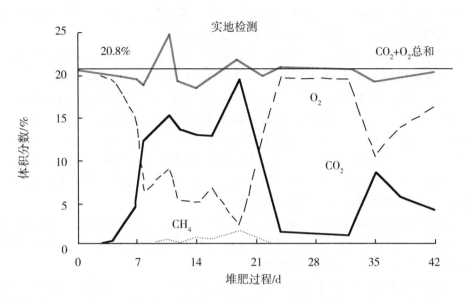

**图 4-4　堆肥过程中气体成分的变化示意**

部分将呈变性（灭活）型。如无酶的正常活动，细胞会失去功能而死亡。只有很少数酶能长时间地耐热。②热灭活有一种温度——时间效应关系。热灭活作用是温度与时间两者的函数，即经历高温短时间或者低温长时间是同样有效的，如表 4-1 所示。③在低温下，灭活是可逆的；而在高温下，则是不可逆的。一般认为杀灭蛔虫卵的条件也可杀灭原生动物、孢子等，故可把蛔虫卵作为灭菌程度的指示生物。实际操作中堆肥无害化温度——时间条件要比理论上更高一些。即在较高的温度维持较长时间，才能达到无害化要求。实际上好氧堆肥无害化工艺条件为：堆层温度 55℃ 以上需维持 5~7 天；堆层温度 70℃ 则需维持 3~5 天。

**表 4-1　消灭污泥中病原体的温度和时间表**

| 病原微生物 | 杀灭的时间、温度 | | 病原微生物 | 杀灭的时间、温度 | |
|---|---|---|---|---|---|
| | 温度/℃ | 时间/min | | 温度/℃ | 时间/min |
| 志贺氏（杆菌） | 55 | 60 | 链球菌属化脓菌 | 54 | 10 |
| 溶组织内阿米巴的孢子 | 45 | 很短 | 结核分枝杆菌 | 66 | 15~20 |
| 绦虫 | 55 | 很短 | 蛔虫卵 | 50 | 60 |
| 微球菌属化脓菌 | 50 | 10 | 埃希氏杆菌属大肠杆菌 | 55 | 60 |

**（五）堆肥微生物**

堆肥化是微生物作用于有机废物的生化降解过程，微生物是堆肥过程的主体。堆肥微生物的来源主要有两个：一是来自有机废物里面固有的大量的微生物种群，如在城市垃圾中一般的细菌数量在 $10^{14} \sim 10^{16}$ 个/kg；二是人工加入的特殊菌种，这些菌种在一定条件下对某些有机废物具有较强的分解能力，具有活性强、繁殖快、分解有机物迅速等特点，能加速堆肥反应的进程，缩短堆肥反应的时间。

堆肥化过程中起作用的微生物主要是细菌和放线菌，还有真菌和原生动物等。随着堆肥化过程有机物的逐步降解，堆肥微生物的种群和数量也随之发生变化。

细菌是堆肥中形体最小、数量最多的微生物，它们分解了大部分的有机物并产生热量。在堆肥初期温度低于40℃时，嗜温性的细菌占优势。当堆肥温度升至40℃以上时，嗜热性细菌逐步占优势，这阶段微生物多数是杆菌。杆菌种群的差异在 $50 \sim 55$ ℃时是相当大的，而在温度超过60℃时差异又变得很小。当环境改变不利于微生物生长时，杆菌通过形成孢子壁而幸存下来。厚壁孢子对热、冷、干燥及食物不足的条件都有很强的耐受力，一旦周围环境改善，它们又将恢复活性。

放线菌可使成品堆肥散发出泥土气息。在堆肥化的过程中放线菌在分解诸如纤维素、木质素、角质素和蛋白质这些复杂有机物时发挥着重要的作用。它们的酶能够帮助分解诸如树皮、报纸一类坚硬的有机物。

真菌在堆肥后期当水分逐步减少时发挥着重要的作用。它与细菌竞争食物，与细菌相比，它们更能够忍受低温的环境，并且部分真菌对氮的需求比细菌低，因此能够分解木质素，而细菌则不能。

微型生物在堆肥过程中也发挥着重要的作用。轮虫、线虫、跳虫、潮虫、甲虫和蚯蚓通过在堆肥中移动和吞食作用，不仅能消纳部分有机废物，而且还能增大表面积，促进微生物的生命活动。

## 二、堆肥系统工艺分类

不同堆肥技术的主要区别在于维持堆体物料均匀及通气条件所使用的技术手段的不同。堆肥化系统有多种分类方法。按堆制方式可分为间歇堆积法和连续堆积法；按需氧程度分，有好氧堆肥和厌氧堆肥；按温度分，有中温堆肥和高温堆肥；按技术分，有露天堆肥和机械密封堆肥；按原料发酵所处状态可分为静态发酵法和动态发酵法。也可根据反应器类型、固体流向、反应器床层和空气供给方式进行分类，其分类如表4-2所示。

表4-2　堆肥化系统分类

| 系　统 | 固体流向 | 供气方式或反应器类型 | 反应器床层、形状或固体流态 |
|---|---|---|---|
| 开放式系统 | 搅拌固体床（条垛式） | 自然通风式 | |
| | | 强制通风式 | |
| | 静态固体床 | 强制通风静态垛式 | |
| | | 自然通风式 | |

（续表）

| 系　统 | 固体流向 | 供气方式或反应器类型 | 反应器床层、形状或固体流态 |
|---|---|---|---|
| 反应器系统 | 垂直固体流 | 搅拌固体床 | 多床式 |
| | | | 多层式 |
| | | 筒仓式反应器 | 气固逆流式 |
| | | | 气固错流式 |
| | 水平和倾斜固体流 | 滚动固体床（转筒或转鼓） | 分散流式 |
| | | | 蜂窝式 |
| | | | 完全混合式 |
| | | 搅拌固体床（搅拌箱或开放槽） | 圆形 |
| | | | 长方形 |
| | | 静态固体床（管状） | 推进式 |
| | | | 输送带式 |
| | 静止式（堆肥箱） | | |

堆肥的主发酵和后发酵一起组成了堆肥化环节，这也是堆肥过程的核心环节。在实际工程实践中，一般可以按照堆肥过程中堆肥物料的发酵和供氧方式，将堆肥发酵方式分为条垛式、发酵槽式和反应仓式三种基本工艺。

（一）条垛式堆肥发酵工艺

条垛式发酵就是将物料铺开排成行，在露天或棚架下堆放成条梯形垛状，通过定期翻堆实现堆体供氧完成一次发酵。条垛一般呈梯形，底宽 1.5~2m，高 1~1.2m，长度可因地制宜。

实际堆肥中常见的操作形式有三种（图 4-5），其中以图 4-5（a）所示的露天条垛堆肥工艺最为常见，该工艺具有操作简单，成本低，填充剂易于筛分和回用，产品的稳定性较好的优点；但也存在堆腐时间较长，占地面积大，机械和人力投入较大，自动化程度低，臭味散失重，易受气候影响，可能会增加成本投入，所需填充剂较多以保证通气条件等缺点。为了防止因天气条件对堆肥的影响，并便于过程管理，露天条垛堆肥工艺逐渐转变为室内条垛堆肥工艺，见图 4-5（b），该工艺能有效减少天气影响（如淋雨导致堆体含水率较高、供氧不足、堆肥养分流失等），但同时也增加了一定的构筑物成本，且对臭味的控制仍较差。为此，近年来发展了一种新的条垛堆肥工艺——覆膜条垛堆肥工艺，见图 4-5（c），即将一种特殊的膜材料覆盖在堆肥条垛外面，并通过定期供氧实现物堆肥料好氧发酵，该工艺能有效提高堆肥效率、防止堆肥过程臭气的散发和减少养分的损失，具有良好的环境效应，但所需的覆膜材料成本较高。

（二）槽式堆肥发酵工艺

该工艺的特点是人工将堆肥物料成排转入发酵槽（池）中，通过通风管道机械通

（a）　　　　　　　　　（b）　　　　　　　　　（c）

（a）露天条垛堆肥，（b）室内条垛堆肥，（c）覆膜条垛堆肥

**图 4-5　条垛堆肥的基本类型示意**

风鼓气，也可以通过定期机械翻堆实现供氧并完成一次发酵（图 4-6）。发酵槽一般呈长方形，每排物料堆宽 4~6m，高 2m 左右，长度可因地制宜，堆体下面可装置有供气通气管道，也可不设通风装置。该工艺具有投资较低，自动化程度较高，温度及通气条件控制较好，产品稳定性好，能有效杀灭病原菌及控制臭味，堆腐时间相对较短，填充料的用量少，占地相对较少等优点。但该工艺需要增加构筑发酵槽的投入，会增加一定的投资成本，还要具足够大的操作，以满足合适的堆腐条件要求。

**图 4-6　槽式堆肥发酵示意**

### （三）反应仓式发酵工艺

该工艺的特点是将堆肥物料装入反应容器（仓、罐、塔、箱等）内进行好氧发酵（图 4-7）。堆肥物料在反应器内具有动态流向和供氧系统，机械化和自动化程度高，堆肥设备占地面积小，水、气和温度等过程控制较好，堆肥过程不会受气候条件的影响，可对废气进行收集处理，防止二次污染，解决了臭味问题，还可对热量进行回收利用。但该工艺存在前期投资成本高，运行费用及维护费用高，对机械设备依赖度高，堆肥产品的稳定性可能不好等问题。

## 三、堆肥化工艺流程及过程控制

### （一）堆肥化工艺流程

典型的堆肥工艺流程构成可如图 4-8 所示，主要包括前处理、主发酵（一次发

（a） （b）

（c） （d）

（a）发酵仓，（b）发酵罐，（c）发酵滚筒，（d）发酵箱

**图4-7 堆肥反应仓式发酵示意**

酵）、后发酵（二次发酵）、后处理及存放等基本环节。

1. 前处理

前处理的主要任务是调整堆肥物料的颗粒大小、水分和碳氮比，或者添加菌种和酶制剂，以促进发酵过程正常或快速进行。但不同的堆肥原料，在实际堆肥过程中对应的前处理过程不尽相同。例如，在以城市生活垃圾为堆肥原料时，由于其本身组成复杂，化学组成和物理性质差异较大，因而其前处理往往包括破碎、分选、筛分等工序。主要是去除粗大垃圾和不能堆肥的物质；使堆肥原料和含水率达到一定程度的均匀化；使原料的表面积增大，便于微生物繁殖，从而提高发酵速度。一般适宜的粒径范围是12～60mm。同样，在以家畜粪便、新鲜污泥等为堆肥原料时，由于其含水率高等原因，前处理的主要任务是调整水分和碳氮比或者添加菌种和酶制剂，以促进发酵过程正常或快速进行。

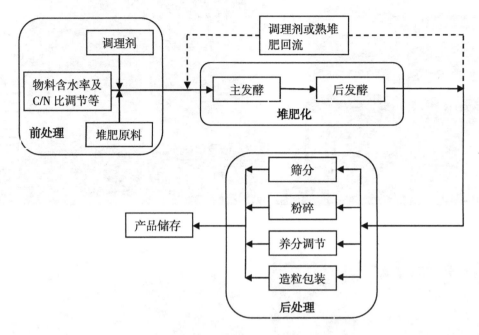

**图 4-8　典型堆肥过程的基本环节组成**

### 2. 主发酵（一次发酵）

主发酵，也叫一次发酵，是指堆体温度逐渐升高到开始降低的阶段。在这一阶段中，堆肥物料中所含的脂肪、蛋白质、碳水化合物等有机物质，逐渐矿化为较为稳定的物质。主发酵可在露天或发酵装置内进行，通过翻堆或强制通风向堆积层或发酵装置内供给氧气。在实际工程堆肥中，以生活垃圾为主体的城市垃圾和家畜粪便好氧堆肥过程，主发酵期 4~12d。一般而言，主发酵包括升温期和高温期，一般升温期很短，只需 4~12h 即可。这一阶段对堆肥过程至关重要，因为在堆体高温过程中，挥发性有机酸降解速率快，各种病原微生物均可被杀死，从而达到无害化；此阶段的特征是：耗氧速率高，温度高，挥发性有机酸降解速率快，并且还有很浓的臭味，现代堆肥技术在该阶段会进行必要的臭气控制处理，即进行脱臭处理。去除臭气的方法主要有化学除臭剂除臭，生物絮凝体、熟堆肥或活性炭、沸石等吸附过滤。在露天堆肥时，可在堆肥表面覆盖熟堆肥，以防止臭气逸散。较为多用的除臭装置是生物滤堆，当臭气通过该装置，恶臭成分被堆料吸附，进而被其中好氧微生物分解而脱臭，也可用特种土壤代替堆肥使用，这种过滤器叫土壤脱臭过滤器。另外，在堆肥中运用锯木屑、化学除臭剂等进行脱臭，也是行之有效的措施。

### 3. 后发酵（二次发酵）

后发酵，即二次发酵，该阶段主要是将主发酵阶段尚未分解有机质进一步分解，使之变成腐殖酸、氨基酸等比较稳定的有机物，堆肥含水率进一步降低，堆体温度逐渐趋于环境温度，得到完全腐熟的堆肥制品。此阶段也称为熟化阶段，其特征是：温度低，耗氧速率低和很淡的臭味。通常，把物料堆积到高1~2m进行后发酵，并要有防雨水流入的装置，有时还要进行翻堆或通风。后发酵时间通常在20~30d以上。主发酵和后发酵一起组成了堆肥化环节，这也是堆肥过程的核心环节。

**4. 后处理**

经过二次发酵后的堆肥虽然很稳定，基本上没有臭气，但大多形状不一，均匀度较差，出售时必须进行粒度调整或成分调整，以制作成堆肥产品；同时，为了保存和运输方便，也需要进行装袋储存。因而这些必需的粉碎、营养成分调节、造粒及包装等处理环节，称为后处理阶段。尤其是城市生活垃圾堆肥，在预分选工序没有去除的塑料、玻璃、陶瓷、金属、小石块等杂物依然存在。因此，还要经过一道分选工序以去除杂物，并根据需要进行再破碎，如生产精制堆肥。

**5. 存放**

堆肥一般在春秋两季使用，夏冬两季生产的堆肥只能存放，所以要建立可存放6个月生产量的库房。存放方式可直接堆存在二次发酵仓中或袋装，这时要求干燥和透气，如果密闭和受潮则会影响产品的质量。

**（二）堆肥化的过程控制**

堆肥过程进行的是否顺利，主要根据堆肥物料中有机物和堆肥工艺控制参数的变化来监测和控制。对于各种堆肥系统而言，其控制和监测堆肥过程的运行参数是一致的，主要有有机物含量、含水率、温度、通气量、pH值等，分述如下。

堆肥过程中有机物的控制。由于堆肥原料来源广泛，有机物的成分复杂、多样和可变，因此，有机物质含量的多少、成分的变化均对堆肥过程产生一定影响。

**1. 有机物含量的控制**

在高温好氧堆肥中，有机物含量的最适范围为20%~80%。当有机物含量低于20%时，因有机物量不足，不能产生足够的热量来提高和维持堆层温度，从而无法使堆肥达到无害化；同时，微生物活性很低，产生的堆肥肥效较低。当堆肥物料中的有机质含量过高（高于80%）时，常因供氧不足，达不到完全好氧而产生恶臭，也不能使好氧堆肥工艺顺利进行。实践证明，在堆肥中添加适量的无机组分（煤灰等）对于增大堆肥的孔隙率，提高通风供氧的效率大为有利。

调整和增加堆肥原料有机组分的具体做法如下：① 对堆肥原料进行预处理。通过破碎、筛分等工艺去掉部分无机成分，使城市垃圾有机物含量提高到50%以上；用含污泥的混合物堆肥时，堆料的挥发性固体含量应大于50%。② 发酵前在堆肥原料中掺入一定比例的粪稀、城市污水污泥、畜粪等调理剂。其中，城市垃圾以掺粪稀者为最多，农业秸秆以添加畜禽粪便较合适，城市污泥以添加草炭或锯末较为理想。③城市生活垃圾和污泥混合堆肥。通常把污泥作为调理剂，根据城市垃圾和污泥的固体物、挥发性物质的含量计算出所需回流堆肥和调理剂的用量以及混合物的挥发性物质含量。

城市垃圾堆肥过程中常用作调理剂的粪稀含挥发性物质2%~3%，水分97%~98%，城市污水污泥和畜禽粪便的含水率及营养成分见表4-3和表4-4。

表 4-3　城市下水污泥含水量和营养成分/% （干重）

| 污泥类型 | | 含水率（%） | N | $P_2O_5$ | $K_2O$ |
|---|---|---|---|---|---|
| 一级处理污泥 | 原污泥 | 95~98 | 3.0~4.0 | 1.0~3.0 | — |
| | 消化污泥 | 87~95 | 1.3~3.0 | 1.5~4.5 | 0.3~0.5 |
| 一级处理及滤池污泥 | 原污泥 | 95~98 | 3.5~5.0 | — | — |
| | 消化污泥 | 90~95 | 1.5~3.5 | 2.8~4.5 | — |
| 活性污泥 | 原污泥 | 98~99.5 | 4.3~6.4 | 4.6~7.0 | 0.3~0.7 |
| | 消化污泥 | 93~97 | 2.0~4.8 | 2.5~4.8 | 0.3~0.6 |

表 4-4　各种家畜粪便的肥分含量/%

| 畜粪 | 水分 | 有机质 | 氮（N） | 磷（$P_2O_5$） | 钾（$K_2O$） |
|---|---|---|---|---|---|
| 猪粪 | 81.5 | 15.0 | 0.60 | 0.40 | 0.44 |
| 马粪 | 75.8 | 21.0 | 0.58 | 0.30 | 0.24 |
| 牛粪 | 83.3 | 14.5 | 0.32 | 0.25 | 0.16 |
| 羊粪 | 65.5 | 31.4 | 0.65 | 0.47 | 0.23 |
| 鸡粪 | 73.5 | 25.5 | 1.63 | 1.54 | 0.85 |
| 鸭粪 | 56.6 | 26.2 | 1.10 | 1.40 | 0.62 |
| 鹅粪 | 77.1 | 23.4 | 0.55 | 1.50 | 0.95 |
| 鸽粪 | 51.0 | 30.8 | 1.76 | 1.78 | 1.00 |

### 2. 碳氮比的调整

堆肥物料碳氮比的变化在堆肥中有特殊的意义。根据微生物（主要是细菌和真菌）体质细胞的碳氮比和它们进行新陈代谢所需的碳量可知，堆肥过程最佳碳氮比为(25~35):1。若碳氮比过低（低于20:1），微生物的繁殖就会因能量不足而受到抑制，导致分解缓慢且不彻底；另外，由于可供消耗的碳素少，氮素养料相对过剩，则氮将变成氨态氮而挥发，导致氮素大量损失而降低肥效。而一旦碳氮比过高（超过40:1），则在堆肥施入土壤后，将会发生夺取土壤中氮素的现象，产生"氮饥饿"状态，对作物生长产生不良影响。

为保证成品堆肥中一定的碳氮比（一般为10~20:1）和在堆肥过程中使分解速度有序地进行，必须调整好堆肥原料的碳氮比。初始原料的碳氮比一般都高于最佳值，调整的方法是加入人粪尿、畜粪以及城市污泥等调节剂，使碳氮比调到最佳范围。当有机原料的碳氮比为已知时，可按式（4-1）计算所需添加的氮源物质的数量。

$$K= （C_1+C_2） / （N_1+N_2） \tag{4-1}$$

式中，$K$ 为混合原料的碳氮比，通常最佳范围值为（25~35):1。$C_1$、$C_2$、$N_1$、$N_2$ 分别为有机原料和添加物料的碳、氮含量。表 4-5 所示的有机废物可用来调整堆肥原料的碳氮比。

表 4-5　各种废物的氮含量和碳氮比（C/N）

| 物质 | N/% | C/N | 物质 | N/% | C/N |
|---|---|---|---|---|---|
| 大便 | 5.5~6.5 | (6~10)：1 | 厨房垃圾 | 2.15 | 25：1 |
| 小便 | 15~18 | 0.8：1 | 羊厩肥 | 8.75 | — |
| 家禽肥料 | 6.3 | — | 猪厩肥 | 3.75 | — |
| 混合的屠宰场废物 | 7~10 | 2：1 | 混合垃圾 | 1.05 | 34：1 |
| 活性污泥 | 5.0~6.0 | 6：1 | 农家庭院垃圾 | 2.15 | 14：1 |
| 马齿苋 | 4.5 | 8：1 | 牛厩肥 | 1.7 | 18：1 |
| 嫩草 | 4.0 | 12：1 | 干麦秸 | 0.53 | 87：1 |
| 杂草 | 2.4 | 19：1 | 干稻草 | 0.63 | 67：1 |
| 马厩肥 | 2.3 | 25：1 | 玉米秸 | 0.75 | 53：1 |

此外，磷也是非常重要的因素，磷的含量对发酵也会产生很大影响。有时，在垃圾发酵时，添加污泥的原因之一就是污泥含有丰富的磷。堆肥物料适宜的 C/P 比为 75~ 150：1。

## （二）堆肥过程的水分（含水率）控制

堆肥中水分的主要作用是溶解有机物，参与微生物的新陈代谢；水分蒸发时带走热量，起到调节堆肥温度的作用。水分是否适量直接影响堆肥发酵速度和腐熟度，所以含水率是好氧堆肥的关键因素之一。微生物的生长和对氧的要求均在含水率为 50%~60% 时达到峰值。因此，一般堆肥化含水率的适宜范围，按质量计是 45%~60%，以 55% 为最佳。水分过多时，易造成厌氧状态，而且会产生渗滤液的处理问题。水分低于 40% 时，微生物活性降低，堆肥温度随之下降。因此，对于条垛式系统和反应器系统，堆料的水分不应大于 65%；对于强制通风静态垛系统，水分不应大于 60%。无论什么堆肥系统，水分均应不小于 40%。

通常，生活垃圾的含水率均低于最佳值，可添加污水、污泥、人畜尿、粪便等进行调节。添加的调节剂与垃圾的重量比，可根据下式（4-2）求算。

$$M = (W_m - W_c) / (W_b - W_m) \qquad (4-2)$$

式中，$M$ 为调节剂与垃圾的质量（湿重）比，$W_m$、$W_c$、$W_b$ 分别为混合原料含水率、垃圾含水率、调节剂含水率。

也可用一定量的回流堆肥来进行调节。堆肥物料的水分调节可根据采用回流堆肥工艺的物料平衡进行。图 4-9 是好氧堆肥化物料平衡图。

图中：$X_c$：城市垃圾原料的湿重；$X_p$：堆肥产物的湿重；$X_r$：回流堆肥产物的湿重；$X_m$：进入发酵混合物料的总湿重；$S_c$：原料中固体含量（质量分数），%；$S_p$、$S_r$：堆肥产物和回流堆肥的固体含量（质量分数），%；$S_m$：进入发酵仓混合物料的固体含量（质量分数），%。

作物料平衡计算如下：

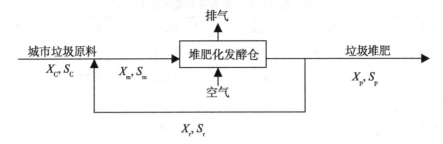

**图 4-9　好氧堆肥化物料平衡图**

湿物料平衡式 $\qquad\qquad X_c + X_r = X_m \qquad\qquad\qquad$ (4-3)

干物料平衡式 $\qquad\qquad S_c X_c + S_r X_r = S_m X_m \qquad\qquad$ (4-4)

代入式（4-4）中，得关系式

$$S_c X_c + S_r X_r = S_m (X_c + X_r) \qquad\qquad (4\text{-}5)$$

令 $R_w$ 为回流产物湿重与垃圾原料湿重之比，称为回流比率，则

$$R_w = X_r / X_c \qquad\qquad\qquad (4\text{-}6)$$

由式（4-5）变形得 $\qquad X_r (S_r - S_m) = X_c (S_m - S_c)$

即 $\qquad\qquad\qquad X_r / X_c = (S_m - S_c) / (X_r - S_m)$

故 $\qquad\qquad\qquad R_w = X_r / X_c = (S_m - S_c) / (S_r - S_m) \qquad (4\text{-}7)$

如令 $R_d$ 为回流产物的干重与垃圾原料干重之比，则

$$R_d = S_r X_r / (S_c X_c) \qquad\qquad\qquad (4\text{-}8)$$

将式（4-5）变形，方程两边各除以 $S_c X_c$，得

$$1 + R_d = S_m X_c / (S_c X_c) + S_m X_r / (S_c X_c) = S_m / S_c + (S_r / S_r) \times S_m X_r / (S_c X_c)$$
$$= S_m / S_c + S_m / S_r \times R_d$$

即 $\qquad\qquad\qquad R_d (1 - S_m / S_r) = S_m / S_c - 1$

可整理得关系式 $\qquad R_d = (S_m / S_c - 1) / (1 - S_m / S_r) \qquad (4\text{-}9)$

方程式（4-8）或式（4-9）能用来计算所需要的以干重或湿重为条件的回流比率。当以脱水污泥滤饼等湿度大的物料为主要原料时，回流堆肥调节水分是常用的方法。

如生活垃圾中水分过高时，则需采取有效的补救措施，包括：①若土地空间和时间允许，可将物料摊开进行搅拌，即通过翻堆促进水分蒸发；②在物料中添加松散或吸水物（常用的有稻草、谷壳、干叶、木屑和堆肥产品等），以辅助吸收水分，增加其空隙率。

（三）堆肥过程的温度控制

温度是微生物活动剧烈程度的最好参数。温度的作用主要是影响微生物的生长，一般认为高温菌对有机物的降解效率高于中温菌，现代的快速、高温好氧堆肥正是利用这一特点，在堆肥的初期，堆体温度一般与环境温度相近，经过中温菌 1~2d 的作用，堆肥温度便能达到高温菌的理想温度 45~65℃，按此温度，一般堆肥只要 5~6d，即可完成无害化过程。因此，在堆肥过程中，堆体温度应控制在 45~65℃，但在 55~60℃时比较好，不宜超过 60℃。温度超过 60℃，微生物的生长活动即开始受到抑制，且温度过高会过度消耗有机质，降低堆肥产品质量。为达到杀灭病原菌的效果，对于反应器系统和强制通风静态垛系统，堆体内部温度大于 55℃ 的时间必须达 3d。对于条垛式系统，堆体内部温度大于 55℃ 的时间至少为 7d，且在操作过程中至少翻堆 3 次。

根据绘制的常规堆肥温度变化曲线，可判断发酵过程的进展情况。如测出温度偏离常规温度曲线，就表明微生物的活动受到了某种因素的干扰或阻碍，而常规的影响因素主要是供氧情况和物料含水量。在生产实际中，往往通过温度—供气反馈系统来完成温度的自动控制。通过在堆体中安装温度监测装置，当堆体内部温度超过 60℃ 时，风机自动开始向堆体内送风，从而排出堆料中的热量和水汽，使堆体温度下降。而对于无通风系统的条垛式堆肥，则采用定期翻堆来实现通风控温。若运行正常，堆温却持续下降，即可判定堆肥已进入结束前的温降阶段。

### （四）通风的过程控制

通风的主要作用在于：为微生物的活动提供足够的氧气，同时将堆积层中因微生物呼吸作用释放的二氧化碳吹出；调节堆肥过程的温度，在堆肥后期，可降低温度和稀释臭味；去除过多的水分。从理论上讲，堆肥过程中的需氧量取决于被氧化的碳量，但由于有机物在堆肥化过程中分解的不确定性，难以根据垃圾的含碳量变化精确的确定需氧量。目前，研究人员往往通过测定堆层中的氧浓度和耗氧速度来了解堆层的生物活动过程和需氧量，从而达到控制供气量的目的。

首先必须注意供氧的浓度，堆肥过程中合适的氧浓度应大于 18%，最低氧浓度不能小于 8%，氧浓度一旦低于 8%，氧就成为好氧堆肥中微生物生命活动的限制因素，并易使堆肥产生恶臭。

根据不同堆肥对供氧要求的差异和堆肥反应器结构及工艺过程的不同，好氧堆肥的通风供氧方式有以下几种。

#### 1. 自然扩散

利用堆料表面与其内部氧气的浓度差产生扩散，使氧气与物料接触。在一次发酵阶段通过表面扩散供氧只能保证堆体内离表层约 22cm 厚的物料内有氧气，显然堆层内因供氧不足内部常呈厌氧状态。在二次发酵阶段，氧气可自堆层表面扩散至堆体内 1.5m 处，因此，在实际生产中，二次发酵堆高在 1.5m 以下时，可采用自然扩散的供氧方式以节省能源。但自然通风系统的升温和降温过程都较缓慢，需要较长的堆肥周期。

#### 2. 翻堆

利用固体物料的翻动或搅拌，把空气包裹到固体颗粒的间隙中以达到供氧的目的。翻堆还能使堆料混合均匀，促进水分蒸发，有利于堆肥的干燥。在堆肥的起始阶段，耗氧速率很大，理论上如果仅靠翻堆供氧，则固体颗粒间的氧约 30min 就被耗尽，即每 30min 左右就应翻堆一次。在实际生产中很难实施。若以温度作为翻堆指标则更为合理，当堆心温度达到 55℃ 或 60℃ 时就需要翻堆。堆肥初期需要较频繁地翻堆，运行费用较高。

#### 3. 被动通风

利用孔眼朝上的穿孔管铺于堆体底部，或用空心竹竿竖直插入堆体中，堆体中的热空气上升时形成的抽吸作用使外部空气进入堆体中，达到自然的通风效果。条垛式堆肥系统常用此通风方式，称为被动通风条垛系统。它不需要翻堆和强制通风，因此与条垛式和强制通风静态垛系统相比，大大地降低了投资和运行费用。但它不能有效地控制通风量的变化来满足不同堆肥阶段的需要。

4. 强制通风

通过机械通风系统对堆体强制通风供氧。强制通风系统由风机和通风管道组成。通风管道可采用穿孔管铺设在堆肥池地面下或设活动管道插在堆肥物料中等方式。铺设时应遵循的原则是：必须使各路气体通过堆层的路径大致相等，且通风管路的通风孔口要分布均匀。通风方式有正压鼓风和负压抽气以及正压鼓风和负压抽气组成的混合通风。鼓风有利于保持管道畅通，排除水蒸气，防止堆体边缘温度下降，有利于堆垛温度均衡。一般在堆肥化前期和中期采用鼓风，后期采用抽风，有利于臭气的排除及尽快降低堆垛的温度。过量通风会过度降低堆垛的温度，延长堆肥化过程；通风量过低则会造成局部厌氧环境。与其他方式相比，强制通风易于操作和控制，是为堆料供氧的最有效的通风方式。强制通风静态垛系统和发酵仓（反应器）系统常用这种通风方式。

5. 翻堆和强制通风结合的方式

强制通风条垛系统常用这种通风方式。强制通风的风量可根据不同目的计算出来。用于通风散热以控制适宜温度所需的通风量是有机物分解所需空气量的 9 倍，也就是说，为了维持堆体的适宜温度，必须以所需空气量的 9 倍供气。堆肥装置的强制通风流量常取 $0.1 \sim 0.2 m^3/(min \cdot m^3)$ 堆料左右。

强制通风的控制方式有以下四种：①时间控制法：可分为连续通风和间歇通风两种。其中，间歇通风更适宜于堆肥过程，它实际上是控制温度，使其处于堆肥的最佳温度范围并予以保持。而通风速率又可采用恒定和变化的两种。速率恒定就是在整个堆肥过程中，自始至终都采用相同的通风速率。此法必然会造成某些阶段通风过量或某些阶段风量不足。因此在堆肥过程中，最好采用变化的通风速率。时间控制法不能很好地保证堆肥过程对风量的要求，若通风时间过短，会造成局部厌氧，若通风时间过长，则会造成气量的浪费及引起堆体温度下降。②温度反馈控制法：通过温度—供气反馈系统来完成温度的自动控制。高温堆肥温度最好控制在 $55 \sim 60℃$，当温度达到 $60℃$ 时，通过温度-供气反馈装置启动鼓风机进行通风，以降低堆温；当温度低于 $60℃$ 时，停止鼓风，让堆温上升；如此反复，使堆温始终保持在 $60℃$ 左右。可较好地控制堆体温度。③耗氧速率控制法：耗氧速率可作为好氧微生物分解和转化有机物速率的标志。通过测定堆体内部耗氧速率的快慢来控制通风量的大小和时间是最为直接和有效的方法。可用测氧枪连续测定堆体空隙中氧浓度的变化，得到堆层中微生物的耗氧速率，并反馈控制鼓风机的通断。④综合控制法：将温度传感器及氧气传感器测得的数据连续输入计算机，经过程序加工处理后，来反馈控制鼓风机的通断。它可保持最佳的堆温和氧含量，并实现堆肥通风系统的自动化控制。只是，这要求在密闭式堆肥系统进行。强制通风静态垛系统宜采用通风速率变化的时间——温度反馈正压通风控制方式（控制堆体中心最高温度为 $60℃$）；密闭式反应器堆肥系统宜采用 $O_2$ 含量反馈的通风控制方式（保持堆料间 $O_2$ 体积分数为 $15\% \sim 20\%$）。

### （五）堆肥过程的 pH 值控制

pH 值是一项能对细菌环境做出评价的参数。适宜的 pH 值可使微生物有效地发挥其应有的作用，而过高或过低的 pH 值都会对堆肥的效率产生影响。一般认为 pH 值在 7.5~8.5 时，可获得最高堆肥速率。

在堆肥过程中，尽管 pH 值在不断变化，但能够通过自身得到调节。堆肥中如果没有特殊情况，一般不必调整 pH 值，因为微生物可在较大 pH 值范围内繁殖。若 pH 值降低，可通过逐步增强通风来补救。

## 四、堆肥的质量控制指标

堆肥化的目的是要达到无害化、稳定化和资源化的要求，生产出符合标准的堆肥产品。这就需要合理调控和正确评价。腐熟度在堆肥的质量控制中具有重要意义，是评价堆肥土地安全利用的重要指标。其中，发酵周期是指堆肥物料经好氧发酵过程由原料变成稳定无害的堆肥产品所需要的时间。堆肥发酵周期的长短是评价堆肥工艺好坏的一个重要指标。碳氮比、通风量、温度和水分等是否处于最佳条件均能使发酵周期受到直接影响。传统的静态堆肥法，依靠自然通风和翻堆来实现好氧堆肥的全过程，因此，发酵周期需 2~3 个月，有时甚至长达半年。而目前一些高效快速动态堆肥技术，可使堆肥发酵周期控制在 7d 以内，有的一次发酵时间仅需 2~3d。腐熟度是国际上公认的衡量堆肥反应进行程度的一个概念性指标，用于表述堆肥产品的稳定化程度。它的基本含义是：①通过微生物的作用，堆肥的产品要达到稳定化、无害化，亦即致病菌、寄生虫卵和草籽等都被杀灭；使有机物经微生物降解而转化为较稳定的腐殖质等，不再具有腐败性；微量有毒污染物减少，不再对环境产生不良影响；②堆肥施用于农田，不影响作物的生长和土壤的耕作力。

在实际堆肥工程中，常从物理指标、化学指标、生物学指标和卫生学指标四个方面对堆肥腐熟、稳定性及安全性的研究做以下概述。表 4-6 是一些评估堆肥腐熟度的指标及其参数或项目。标准所列出的指标和参数在堆肥初始和腐熟后的含量或数值都有显著的变化，定性的变化趋势很明显，如 C/N 降低，$NH_4^+$-N 减少和 $NO_3^-$-N 增加，阳离子交换量升高，可生物降解的有机物减少，腐殖质增加，呼吸作用减弱等。但这些指标和参数都不同程度地受到原材料和堆肥条件的影响，很难给出统一的普遍适用的定量关系。现仅就常用的方法、指标和参数的主要特点及在评估中所起的作用、存在的不足之处进行简要论述。

表 4-6　评估堆肥腐熟度的指标汇总

| 指标名称 | 参数或项目 |
|---|---|
| 物理指标 | ①温度；②颜色；③气味；④质地 |
| 化学指标 | ①碳氮比（C/N）；<br>②氮化合物（总氮、$NH_4^+$-N、$NO_3^-$-N、$NO_2^-$-N）；<br>③阳离子交换量（CEC）；<br>④有机化合物（水溶性或可浸提有机碳、还原糖、脂类等化合物、纤维素、半纤维素、淀粉等）；<br>⑤腐殖质（腐殖质指数、腐殖质总量和功能基团） |

（续表）

| 指标名称 | 参数或项目 |
| --- | --- |
| 生物学指标 | ①耗氧速率；②植物生长实验；③微生物种群和数量；④酶学分析 |
| 卫生学指标 | 致病微生物指标等 |

（一）物理指标

1. 温度

有机物被微生物降解时会放出热量，使料堆温度升高；有机质被基本降解完后，放出的热量减少，料堆温度与环境温度趋于一致，不再有明显变化。因此根据堆温的变化，可以判断堆肥化进行的程度、堆肥的腐熟状况。但料堆温度往往与通风量大小、热损失的多少有关，而且各个区域的温度分布不均衡，不能很好地反映堆肥化腐熟程度。由于温度测量方便，目前仍是堆肥化过程最常用的检测指标之一。

2. 气味

通常堆料具有令人不快的气味，运行良好的堆肥化过程中，这种气味逐渐减弱，腐熟度愈高，气味愈弱，完全腐熟的堆肥产品往往具有潮湿泥土的气味。

3. 颜色

堆肥过程中堆料会逐渐变黑，熟化后的堆肥产品呈黑褐色或黑色。因此用简单的技术检测堆肥产品的色度，结合其他物理指标，也可以综合判断堆肥的腐熟程度。

4. 质地

质地疏松，手捏之成团，松之即散；草茎树叶之类用手一拉即断。

物理指标的缺点是不能定量表征堆肥化过程堆料成分的变化。

（二）化学指标

化学指标的参数包括碳氮比、氮化合物、阳离子交换量、有机化合物和腐殖质五种。下面就常用的碳氮比、氮化合物和有机化合物参数以及近年来研究较多的腐殖质参数做简要介绍。

1. 碳氮比

固相 C/N 是最常用的堆肥腐熟评估方法之一。研究表明，堆肥的固相 C/N 值从初始的 $25\sim30:1$ 降低到 $15\sim20:1$ 以下时，认为堆肥达到腐熟。由于初始和最终的 C/N 值相差很大，使这一参数的广泛应用受到影响。

2. 氮化合物

氨态氮（$NH_4^+-N$）和硝态氮（$NO_3^--N$）的浓度变化，也是堆肥腐熟评估常用的参数。随着堆肥化过程进行，氨态氮减少，硝态氮逐渐增多，完全腐熟的堆肥，氮基本上以硝酸盐形式存在，未腐熟的堆肥则含氨态氮，而基本不含硝酸盐。因此通过检测堆肥中氨、硝酸盐是否存在及其比例，可以判断堆肥腐熟程度。

3. 阳离子交换量（CEC）

阳离子交换量（CEC）能反应有机质的降低程度，是堆肥的腐殖化程度及新形成的有机质的重要指标，可作为评价腐熟度的参数。对城市垃圾堆肥，建议 CEC >

60mmol/100g 样品时，作为堆肥腐熟的指标。因腐殖质各组分和原有机质的多少会影响腐熟时 CEC 的数值，因此 CEC 不能作为各类堆肥腐熟的绝对指标。

### 4. 有机化合物

堆肥中的纤维素、半纤维素、有机碳、还原糖、氨基酸和脂肪酸等都曾被检测过，并试图作为堆肥腐熟的指标。在堆肥过程中，糖类首先消失，其次是淀粉，最后是纤维素。据报道，纤维素、半纤维素、脂类等经过成功的堆肥过程，可降解 50%~80%，蔗糖和淀粉的利用接近 100%。一般认为，淀粉的消失是堆肥腐熟的标志，且它可用一个点状定性检测器来检测。由于淀粉点状检测器使用简单方便，因此，它作为现场应用的检测指标具有一定的吸引力。但是，堆肥物料中淀粉的存在并不多，被检测的也只是物料中可腐烂物质的一部分。所以完全腐熟的、稳定的堆肥产品以检不出淀粉为基本条件，但是检不出淀粉并不一定表示堆肥已腐熟。

### 5. 腐殖质

在堆肥过程中，原料中的有机物经微生物作用，在降解的同时还进行着腐殖化过程。用 NaOH 提取的腐殖质（HS）可分为胡敏酸（HA）、富里酸（FA）及未腐殖化的组分（NHF）。堆肥开始时一般含有较高的非腐殖质成分及 FA，较低的 HA。随着堆肥过程的进行，前者保持不变或稍有减少，而后者大量产生，成为腐殖质的主要部分。一些腐殖质参数相继被提出，如腐殖化指数（$HI$）：$HI = HA/FA$；腐殖化率（$HR$）：$HR = HA/(FA+NHF)$；胡敏酸的百分含量（$HP$）：$HP = HA \times 100/HS$。$HI$ 和 $HP$ 与 C/N 有很好的相关性。对城市固体废弃物堆肥的研究表明：$HI$ 呈下降趋势，反映了腐殖质的形成。当 $HI$ 值达到 3，HR 达到 1.35 时堆肥已腐熟。

### （三）生物学指标

反映堆肥腐熟和稳定情况的生物活性参数有呼吸作用、微生物种群和数量以及酶学分析等。其中较为普遍使用的是呼吸作用参数，即耗氧速率和 $CO_2$ 产生速率。另外，通过种子发芽和植物生长实验可直观地表明堆肥的腐熟情况，也较常用。

### 1. 耗氧速率

在堆肥中，好氧微生物在分解有机物的同时消耗 $O_2$ 产生 $CO_2$，$CO_2$ 生成速率与耗氧速率具有很好的相关性。一般而言，在堆肥化过程中，耗氧速率随着堆肥逐渐腐熟而减小，腐熟堆肥的耗氧速率基本稳定在（0.03~0.5）$mgO_2/gVS \cdot h$。

### 2. 植物生长试验

根据堆肥腐熟度的实用意义，植物生长试验是评价堆肥腐熟度最终和最具说服力的方法。未腐熟的堆肥含有植物毒性物质，许多植物种子在堆肥原料和未腐熟的堆肥中生长受到抑制，在腐熟的堆肥中生长得到促进。可用发芽指数 $GI$（*germination index*）来评价堆肥的腐熟程度，通过十字花科植物种子的发芽实验，根据发芽率及根长按下式计算发芽指数：

$GI$（%）=（堆肥处理的种子发芽率×种子根长）/（对照的种子发芽率×种子根长）×100

当 $GI > 50\%$ 时，认为堆肥基本腐熟并达到了可接受的程度；当 $GI$ 达到 80%~85% 时，堆肥完全腐熟。

3. 微生物数量及种群

特定微生物数量及种群的变化，也是反映堆肥代谢情况的依据。在堆肥初期的中温阶段，主要是蛋白质分解细菌，产氨细菌数量迅速增加；分解纤维素的细菌和真菌在高温期及降温期最多，并在整个过程中保持旺盛的活动；硝化细菌在堆肥初期受到抑制，在降温期数量达到峰值，活动最旺盛，直到堆肥结束也依然存在；在堆肥腐熟期主要以放线菌为主。当然堆肥中某种微生物的存在与否及其数量的多少并不能指示堆肥的腐熟程度，但在整个堆肥过程中微生物种群的演替可很好地指示堆肥的腐熟程度。嗜热及嗜温细菌、放线菌、真菌及生理性微生物，包括氨化细菌、硝化细菌、蛋白及果胶水解微生物、固氮微生物和纤维素分解微生物，是较为传统的分析对象。反映微生物数量的变化，通常采用生物量测定的方法。

4. 酶学分析

在堆肥过程中，多种氧化还原酶和水解酶与 C、N、P 等基础物质代谢密切相关，分析相关酶的活力，可间接反映微生物的代谢活性和酶特定底物的变化情况。

（四）卫生学指标

污泥和城市垃圾中含有大量致病细菌、霉菌、病毒及寄生虫和草种等，它们都会直接影响堆肥的安全性。根据生活垃圾的特点，我国明确了无害化堆肥的温度、蛔虫卵死亡率和粪大肠菌值的卫生学评价指标。标准 GB 7959—87 规定，堆肥温度应保持 50~55℃以上 5~7d，蛔虫卵死亡率达 95%~100%；粪大肠菌值为 $10^{-1}$~$10^{-2}$。以沙门氏菌、肠道链球菌等作为监测堆肥安全性的指标，腐熟堆肥应达到的卫生标准是：lg 堆肥干样中<1 个沙门氏菌和 0.1~0.25 个病毒噬菌斑。

综上所述，仅用某一个单一参数很难确定堆肥的化学及生物学的稳定性，应由几个或多个参数共同确定。通常，化学方法提供堆肥的基础数据，其中水溶性有机化合物的分析及 C/N 最为常用。生物活性测试可反映堆肥的稳定性，其中呼吸作用是较为成熟的评估堆肥稳定性的方法。植物毒性分析中发芽指数的测定较为快速、简便，一般只用于评估堆肥的腐熟性。与发芽实验相比，植物生长分析最直接地反映堆肥对植物的影响，其缺点是时间较长，劳动量大。

## 五、堆肥设备及辅助机械

作为一个完整的堆肥系统，所需的设备包括辅助设备和发酵设备。其中，堆肥发酵设备是整个工艺的重心，而必要的辅助机械设备和设施也是必不可少的重要组成。在堆肥工程中，堆肥工艺流程的确定及发酵装置和设备的选择，均会对最终堆肥产品的质量产生很重要的影响。堆肥发酵装置的种类很多，除了结构形式不同外，主要差别在于搅拌发酵物料的翻堆机械不同。实际应用时，应根据堆肥物料的具体状况以及当地的条件来确定装置的选择。

（一）堆肥发酵设备

堆肥发酵装置的种类很多，除了结构形式不同外，主要差别在于搅拌发酵物料的翻堆机不同，大多数翻堆机兼有运送物料的作用。实际应用时，应根据堆肥物料的具体状况以及当地的条件来确定装置的选择。发酵设备的分类如表4-7所示。

表4-7 发酵设备的分类

| 发酵设备 | 发酵装置 | 发酵设备 | 发酵装置 |
|---|---|---|---|
| 塔式发酵设备 | 多阶段立式发酵塔 | 水平式发酵滚筒 | 达诺式发酵滚筒 |
| | 多层立式发酵塔 | | 单元式发酵滚筒 |
| | 多层浆式发酵塔 | | 圆鼓形发酵滚筒 |
| | 活动层多阶段发酵塔 | 条垛式发酵设备 | 皮带式条垛翻堆机 |
| | 直落式发酵塔 | | 履带式条垛翻堆机 |
| 筒仓式发酵仓 | 筒仓式静态发酵仓 | 组合型发酵系统 | 达诺式滚筒, 多段立式发酵塔 |
| | 筒仓式动态发酵仓 | | 达诺式滚筒, 犁式翻堆机 |
| | | | 浆式翻堆机, 吊斗式翻堆机 |
| 箱式发酵池（仓） | 犁式翻堆机 | 熟化设备 | 带式熟化发酵仓 |
| | 搅拌式发酵装置 | | 板式熟化发酵仓 |
| | 吊斗式翻堆机 | | 其他熟化发酵设备 |
| | 浆式翻堆机 | | |

下面介绍几种发酵设备的结构与特点。

1. 条垛式堆肥发酵设备

在条垛堆肥工艺中，核心的发酵设备是自走式翻堆机（也称翻抛机）。常见的翻堆机分为轮式翻堆机和履带翻堆机两种，图4-10（a）图4-10（b）。

（a）轮式翻堆机　　　　　　　　　（b）履带翻堆机

图4-10 条垛堆肥自走式翻堆机

自走式翻堆机是生产生物有机肥专用成套设备中的发酵专用主要设备，翻堆机行走设计可前进、倒退、转弯，由一人操控驾驶。行驶中整车骑跨在堆置的长条形肥基上，由机架下挂装的旋转刀轴对堆肥原料实施破碎、翻拌、蓬松、曝气、移堆，车过之后堆成新的条形垛堆（图4-11）。操作可在开阔场地进行，也可在车间大棚中实施。该机的优势在于整合了堆肥物料发酵所需的破碎、搅拌、混合、通气供氧和条垛堆制及保温等过程。运行中，整机动力均衡适宜、条垛堆体适中、耗能较低、投入少产量大，降低了生物有机肥生产成本，按机器技术参数测算，小型机每小时可翻拌鲜牛粪 $400 \sim 500m^3$（相当于100个人同时不知疲倦的工作量），使成品肥形成明显的价格优势。常见的翻堆机还具有机器整体结构合理简单、结实耐用、性能安全可靠、易操控、对场地适用性强，使用维护方便等特点。

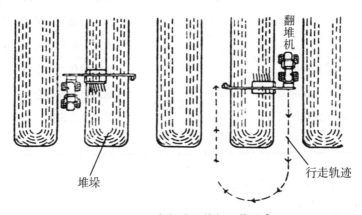

图4-11　条垛式翻堆机工作示意

### 2. 槽式堆肥发酵设备

槽式发酵就是将物料在露天或棚架下，堆入宽4~6m，高2m的发酵槽中，堆下面可装置有供风通气管道，也可不设通风装置。在槽式堆肥发酵过程中，需要将发酵设备安装于发酵槽上方，以便有效地对堆肥物料实施必要的破碎、搅拌、混合、供氧和翻堆。在实际工程实践中，根据实际情况可采用不同的翻堆发酵设备。如图4-12所示的实例。常见的槽式堆肥发酵设备主要有桨叶式翻堆机、犁式翻堆机、搅拌式发酵装置和吊斗式翻堆机等。

犁式翻堆机。在填装有堆肥物料的槽上部水平安设一种犁式搅拌设备（图4-13），搅拌设备沿着轨道行走，可以使物料保持通气状态，使物料翻堆成均匀状态，并将物料从进口处移向出口处。空气输送管道配有一种特殊的爪形散气口，通气装置安装在料仓的底部，通过强制通风提供所需的空气。

搅拌式发酵装置。属水平固定类型（图4-14），通过安装在槽两边的翻堆机对物料进行搅拌，目的是使物料水分均匀和均匀接触空气，并使堆肥物料迅速分解防止臭气的产生。

桨叶式翻堆机。如图4-15所示，可以根据发酵工艺的需要，定期对物料进行翻动、搅拌混合、破碎、输送物料，该装置的实际应用非常广泛。仓内地面为软地面，可

（a）犁式翻堆机　　　　　　　（b）吊斗式翻堆机

（c）搅拌式翻堆机　　　　　　　（d）桨叶式翻堆机

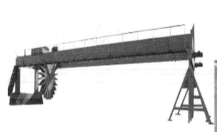

（e）轮盘式翻堆机　　　　　　　（f）链板式翻堆机

**图4-12　槽式发酵常见的翻堆机实物图**

安排供气系统，对发酵仓内物料中微生物的繁殖十分有利，可加快发酵速度，缩短堆肥化周期。翻堆机由两大部分组成，大车行走装置及小车螺旋桨装置。大车行走装置与桥式或龙门式吊车的大车结构相类似，只是前者工作速度较低。小车螺旋桨装置主要有可以移动的小车、立柱、螺旋桨及其传动系统几部分组成。工作时，小车及大车带动螺旋桨在发酵仓内不停地翻动，其纵横移动把物料定期地向出料端移动。发酵仓的面积决定了处理能力，一般物料发酵时间7~10d，完成一次发酵后，物料基本达到无害化。

　　其他形式翻堆机。随着有机固体废弃物资源化处理与利用工程的发展，用于槽式发酵过程的翻堆机除了常见的犁式、搅拌式和桨叶式外，目前还有一些包含轮盘式和链板式翻堆机在内的变形翻堆机。例如，轮盘式翻堆机和链板式翻堆机具有翻抛深度高（翻抛深度可以达到1.5~3m）、翻抛跨度大（最大翻抛宽度可达30m宽）、翻抛能耗低（在相同作业量下比传统翻抛设备能耗降低70%左右）、物料翻抛无死角（轮盘对称翻

图4-13　犁式翻堆机示意

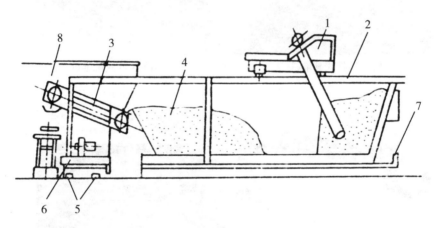

1. 翻堆机；2. 翻堆机行走轨道；3. 排料皮带机；4. 发酵仓；5. 活动轨道；
6. 活动小车；7. 空气管道；8. 叶片输料机

图4-14　搅拌式发酵装置

抛，链板宽度可和槽宽适应，能实现调速移位小车的位移下无死角翻抛）及自动化程
度高（配备全自动化电器控制系统，设备工作期间无须人员操作）的优点。在实际中
可以根据发酵工艺的需要，定期对物料进行翻动、搅拌混合、破碎、输送及一次发酵无
害化处理。

　　3. 反应仓式发酵设备

　　常见的有塔式、筒仓式和水平式发酵滚筒等类型。

　　多阶段立式发酵塔。一般称这种发酵塔为托马斯发酵塔（图4-16），共分为4~8
层，塔中的原料通过旋转臂上的犁形搅拌桨搅拌，并从上层往下层移动。每层的内壁往
塔中输入新鲜空气，在这种好氧条件下，原料被桨进行搅拌和翻动。塔是封闭型的，从
塔的上部到下部，分为高温区、中温区和低温区；一次发酵一般为3~7d。

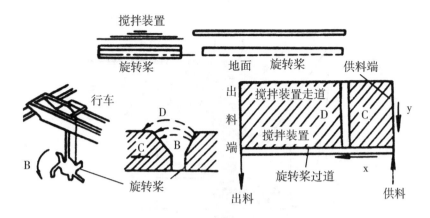

B. 螺旋桨的运动方向；C. 物料的移动方向；D. 物料的运动轨迹线；
X. 大车行走装置的运动方向；Y. 翻堆机的运动方向

**图 4-15　桨式翻堆机**

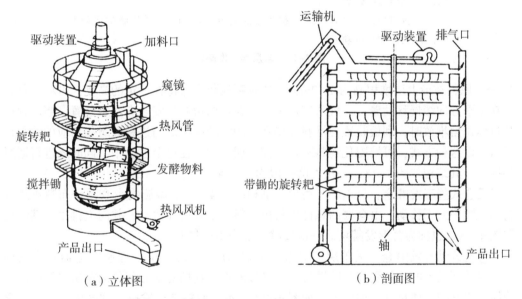

（a）立体图　　　　　　　　　　（b）剖面图

1. 驱动装置；2. 塔体；3. 梨；4. 进料口；5. 窥视口；6. 进风口；7. 风机；8. 出料

**图 4-16　多阶段立式发酵塔**

　　多层浆式发酵塔。即立式多层桨叶刮板式发酵塔，如图 4-17 所示，呈多层圆筒形，每层堆高 1~1.5m。塔内中心安有一圆柱形的旋转轴，上面支持着旋转桨。每层上都有旋转桨，并且每层都有排料口。桨叶通过其中心的轴和齿轮带动同时以相当慢的速度进行旋转。在运行期间，每层上的可堆肥化物质同时被搅拌，并被桨往后翻动，同时在与桨叶旋转相反的方向堆积起来，通过反复的作用，物料一层层地从上往下运行。一次发酵一般为 3~7d。

　　活动层多阶段发酵塔。也叫立式多层移动床式发酵塔，呈多层条形，每层堆高为

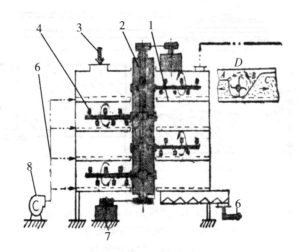

1. 空气管道；2. 旋转主轴；3. 进料口；4. 旋转桨；5. 空气；6. 堆肥；7. 电动机；8. 鼓风机

A. 搅拌轴的运动方向；B. 搅拌轴的旋转方向；C. 可堆肥物的运动方向；D. 可堆肥物的轨迹线

**图4-17　多层桨式发酵塔**

2.5m。原料在最上层堆积高为1~2m，并通过刮板装置保持在一定的高度。可堆肥化物料在水平方向缓慢移动着，空气从底部进入。在塔内边缘处安装有刮板装置，当原料以超过休止角堆放时，刮板装置使堆料保持在一固定的高度。与进料数量相对应的物料往下落。以这种方式，可堆肥化物料从顶部向下层运动。在这个过程中，同时还进行通风和搅拌。其结构如图4-18，一次发酵一般为8~10d。

筒仓式静态发酵仓。呈单层圆筒形，堆积高度4~5m。堆肥物由仓顶经布料机进入仓内，顺序向下移动，由仓底的螺杆出料机出料。由仓底部通气，并向上排出。其结构如图4-19，也称为窑形发酵塔。一次发酵一般为10~12d。

筒仓式动态发酵仓。呈单层圆筒形，堆积高度为1.5~2m，螺旋推进器在仓内旋转，自外围投入的原料受到不断翻动后，又接着输送到槽的中心部位的排出口排出。螺旋搅拌式发酵仓便是其一种形式。如图4-20所示，原料被运输机送到仓中心上方，靠设在发酵仓上部与天桥一起旋转的输送带向仓壁内侧均匀地加料，用吊装在天桥下部的多个螺旋钻头来旋转搅拌，使原料边混合边掺入到正在发酵的物料层内。由于这种混合、掺入，使原料迅速升到45℃而快速发酵。螺丝钻头自下而上提升物料"自转"的同时，还随天桥一起在仓内"公转"，使物料在被翻搅的同时，从仓壁内侧缓慢地向仓中央的出料斗移动。空气由设在仓底的几圈环状布气管供给。发酵仓内，发酵进行的程序在半径方向上有所不同。一次发酵5~7d。

水平式发酵滚筒式，也叫达诺式发酵滚筒。如图4-21所示，其主要优点是结构简单，可以采用较大粒度的物料，使预处理设备简单化。当物料从一端不断地进入滚筒时，随滚筒旋转而不断地升高、跌落，从而使物料每转一周，均能从空气流中穿过一

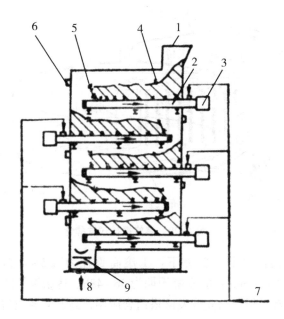

1. 进料口；2. 活动板；3. 活动驱动装置；4. 刮板装置；5. 落料装置；
6. 出气口；7. 风机；8. 出料口；9. 出料运输皮带

**图4-18 立式多层移动床式发酵塔**

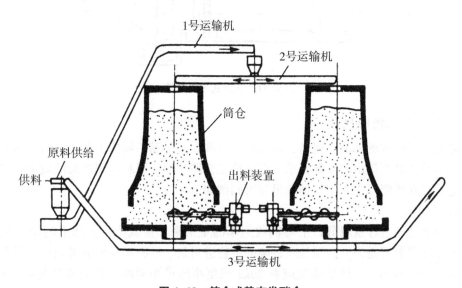

**图4-19 筒仓式静态发酵仓**

次，达到充分曝气的目的，新鲜空气不断进入，废气不断被抽走，充分保证了物料的温度、水分均匀化等微生物好氧分解的条件。物料随着滚筒的旋转在螺旋板的拨动下，不断向另一端推进，经过36或48h，移到出料端，经双层金属网筛的分选，得到预发酵

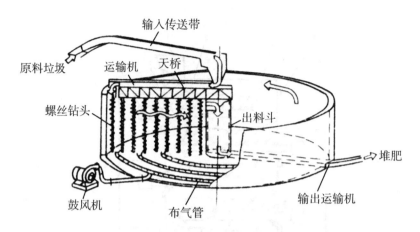

图 4-20　螺旋搅拌式发酵仓

的粗堆肥。达诺滚筒的主要参数如下：①滚筒直径为 2.5～4.5m，长度为 20～40m；②滚筒旋转速度为 1～3r/min；③发酵周期为 36～48h。达诺滚筒的生产效率相当高，世界上经济发达国家常采用它与立式发酵塔组合应用，高速完成发酵任务，实现自动化大生产。

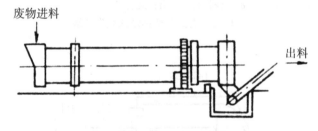

图 4-21　达诺式发酵滚筒

## （二）堆肥辅助机械

堆肥辅助机械的种类、规格、数量的选择和配置是随不同的工艺流程而变化的，其目的是满足工艺所提出的参数要求，以保证工艺路线的畅通和堆肥产品的质量。在一般的快速机械化堆肥厂中常用的辅助设施可归纳如下。

### 1. 计量装置

计量装置通过计量载荷台上每辆收运车的重量来计量载荷台上卸下的固体废物重量。安装计量装置是为了控制处理设施的废物进料量、堆肥场输出的堆肥量，以及回收的有用物和残渣的量。计量装置应有 20kg 或更小的最小刻度，并装备快速稳定机械；应安装在处理场内废物收运车的通道上（最好将其设置在高出防雨路面 50～100mm 处，并建造顶棚）并在容易检测进出车辆的开阔位置；为了便于检修计量装置，最好在计量装置前后约 10m 处建一条直通道。通常情况下，计量装置采用地磅秤。地磅秤旁还应建造副车道，供不须称量的车辆通过。地磅秤的选择要根据所用车辆载重量的大小而定。分选后的垃圾或分选物须称量时，可选用皮带秤或吊车秤计量。有关地磅秤的吨位与负荷尺寸可参见表4-8。

表4-8 地磅秤的吨位与负荷尺寸

| 项目 | 吨位与负荷尺寸 | | | |
|---|---|---|---|---|
| 最大质量/t | 30 | 20 | 15 | 10 |
| 最小刻度/kg | 20 | 20 | 20 | 10 |
| 称量台尺寸/m | 3×7 | 2.7×6.5 | 2.7×6.5 | 2.4×5.4 |

2. 贮料装置

在堆肥厂运行当中，为了临时储存送入处理设施的垃圾，保证均匀地将垃圾送入处理设施，同时防止当进料速度大于生产速度或因机械故障和短期停产而造成垃圾堆集，待处理的垃圾在处理前必须配备一个存放的场地，称贮料坑。一般的堆肥厂都必须设置。贮料坑必须建立在一个封闭的仓内，它由垃圾车卸料地台、封闭门、滑槽、垃圾贮料坑等组成。坑的容积一般要求能容纳日计划最大处理量的2倍以上，以适应各种临时变动情况。它一般设置在地下或半地下，用钢筋混凝土建造，要求耐压防水并能够承受起重机抓斗的冲击。它的底部必须有一定的坡度和集水沟，使垃圾堆积过程中产生的渗沥液能顺利排出。为了防止火灾和扬尘，必须配置洒水、喷雾装置，并配有通风装置以排除臭气以及在必要时工作人员可进入仓内清理或排除故障等。

3. 给料装置

待处理的有机废物由贮料坑送入处理设施，必须通过给料装置来完成。通常使用的给料装置有以下几种。

桥式抓斗起重机。结构如图4-22所示，它的抓斗容量大，不易出故障，运行费用低，能满足一般堆肥厂的要求，使用比较普遍。其主要规格如表4-9所示。

图4-22 桥式抓斗起重机

表4-9  桥式抓斗起重机的主要规格

| 起重量<br>（t） | 跨度<br>（m） | 起重总<br>量（t） | 起升高<br>度（m） | 速度（m/min） | | | 容积<br>（m³） | 抓斗特性 | | |
|---|---|---|---|---|---|---|---|---|---|---|
| | | | | 起重机<br>运行 | 小车运行 | 提升运行 | | 物料容重<br>（t/m³） | 抓取<br>量（t） | 抓斗质<br>量（t） |
| 5 | 10.5 | 17.3 | 6 | 87.5 | 44.6 | 38.8 | 2.5 | 0.5~1.0 | 1.25~2.5 | 2.493 |
| | 13.5 | 19.0 | 8 | | | | | | | |
| | 16.5 | 21.0 | 10 | | | | | | | |

板式给料机。结构如图4-23所示，它供料均匀，供料量可调节，一般在35～50m³/h，供料最大粒度为110mm，承受压力大，送料倾斜度可达12°，但是其供料仓容积有限，储料池不是很大，因此在贮料坑采用扳式给料机给料时，必须额外设置给料装置，如桥式抓斗起重机或前端斗式装载机。

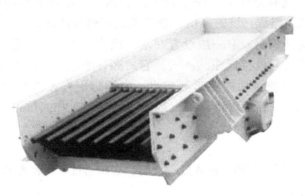

图4-23  板式给料机

前端斗式装载机。结构如图4-24所示，它不仅可以完成给料工作，还可用于造堆，翻堆，运输装车等多种用途，其生产力较高，但造价高、易出故障、运行费用高。

4. 堆肥厂内运输与传动装置

堆肥厂内物料的运输传动形式有许多，合理的选择是保证工艺流程的实施、提高处理效率、实现堆肥厂机械化、自动化的保障。同时也是降低工程造价和工厂运行费用的重要环节。堆肥厂常用的运输传动装置有链板输送机、皮带输送机、斗式提升机、螺旋输送机等（图4-25、图4-26、图4-27及图4-28）。

5. 分选及后处理设备

后处理设备的作用主要是提高经过一次发酵或二次发酵的可堆肥物料精度，即提高堆肥质量和调节堆肥的颗粒大小，去除堆肥中的玻璃、陶瓷、金属片、塑料及未腐解的物料等。有时后处理设备是在可堆肥物送至二次发酵池之前起预处理作用。后处理设备的组成大致如下：分选装置、选择性破碎分选装置、重力分选机、磁选机、风选机、弹性分选机、静电分选机、轧碎机等。与预处理设备相比较，后处理设备具有较小的筛孔和破碎动力。

**图 4-24 斗式装载机**

**图 4-25 链板输送机**

**图 4-26 皮带输送机**

**图 4-27 斗式提升机**

**图 4-28　螺旋输送机**

### 六、堆肥过程的污染防治

废物堆肥系统主要有臭气、污水、粉尘、振动和噪声等因素可能污染生活或自然环境。另外，有关设施布局及众多的进出车辆等问题也对周围地区有直接影响。因此，在规划堆肥化设施时，有必要预先充分调查，做出环境评价，并制定相应对策以防止环境污染。即使是设施建造后，也应调查必要的污染因素以保证良好环境。

**（一）粉尘**

必须采取措施防止处理设施中产生的粉尘，可安装粉尘去除设备。破碎设备应配备收尘装置，最好维持排气中的粉尘浓度小于 $0.1g/m^3$（标）。

**（二）振动**

在处理设施中，破碎机或失衡旋转机件的撞击可能引起振动。一般的防振措施是在设备和机座间安装防振装置，制造足够大的机座，以及在机座和构筑物基础间留伸缩缝。如果振动问题于设施安装完毕和运转后产生，再来设法解决是极为困难的。因此，最好预先采取充分措施，根据周围环境条件，采取有效对策防止由处理设施产生的振动。

**（三）噪声**

根据周围环境条件，必须采取有效措施防止由处理设施产生的噪声。

**（四）废水处理**

堆肥化废水主要来源于垃圾贮坑及类似的设施和来源于附属建筑物的生活污水。必须适当处理堆肥过程中产生的废水。与其他处理设施相比较，堆肥系统产生的废水量较少，所以最好利用粪便处理厂和污水处理厂处理垃圾贮坑产生的废水。对于某些处理设施产生的废水，可采用废水环流系统。

**（五）脱臭**

快速堆肥化系统中产生的臭气物质主要是氨、硫化氢、甲硫醇、胺等。主要的脱臭技术有如下几种：①气洗法。是将臭气通入水、海水、酸（各种酸、臭氧水、二氧化氯、高锰酸钾等）、碱（苛性碱、次氯酸钠）等液体，使臭气成分被吸收或转化为无味成分。②臭氧氧化法。是利用臭氧的强氧化能力，同时依靠臭氧气味起掩蔽作用。③直接燃烧法。是将臭气送入锅炉燃烧室、焚烧炉等设备燃烧可燃成分。④吸附法和中和法。是将臭气送入对气体具有强吸附能力的物质如活性炭、硅胶及活性黏土，臭气成分可被吸附除去。中和法可降低总臭气浓度，中和剂可对臭气成分进行反应及吸附。⑤氧化处理法。是用氯、次氯酸钠、次氯酸钙及二氧化氯等氧化剂进行氧化脱臭。⑥空气氧化法。是用水吸收臭气中硫化氢，硫化氢再经空气氧化成无臭无害的硫代硫酸钠。⑦土壤氧化法。是通过各种土壤细菌的生化作用分解和去除臭气物质。

## 七、堆肥工艺案例

以无锡 100t/d 生活垃圾处理厂为例，说明垃圾堆肥工艺过程。

**（一）工艺流程概述**

整个工艺由预处理、一次发酵、后处理（精分选）、二次发酵四部分组成，其工艺流程见图 4-29。

由居民区收集的生活垃圾在中转站装车后送至处理厂并倒入受料坑，经板式给料机和磁选机送至粗分选机，将大于 100mm 的粗大物、铁件及小于 5mm 的煤灰分选出去，然后经输送带装入长方形的一次发酵仓，再从储粪池用污泥泵将粪水按一次发酵含水率40%~50%要求，分 3 次喷洒，使之与垃圾充分混合。待装仓完毕后加盖密封，开始强制通风，温度控制在 65℃左右。10d 后完成是一次发酵。堆肥物由池底经螺杆出料机送至皮带输送机。经二次磁选分离铁件后送入高效复合筛分破碎机（立锤式），该机的筛分部分由双层滚筒筛和立锤式破碎机组成。通过该机的垃圾将分选出 3 类，大块无机物（石块、砖瓦、玻璃等）及高分子化合物（塑料等）被除去，作填埋或焚烧处理。将粒径大于 12mm 而小于 40mm 的可堆肥物送至破碎机，破碎机出料与筛分机堆肥物细料一起送至二次发酵仓进行二次堆肥。此时，将一次发酵池的废气，通过风机送入二次发酵仓底部的通风管道。这样，既起到一次发酵气体的脱臭，又使二次发酵仓得以继续通风。二次发酵经 10d 后即成腐熟堆肥。

为防止一次发酵池中渗出污水污染地面水源，在一次发酵仓底部设有排水系统，将渗沥水导入集水井后，经污水泵打回粪池回用。

**（二）工艺特点及主要参数**

1. 工艺特点

工艺设计采用中试鉴定的快速高温堆肥两次发酵技术，属静态堆肥工艺。具有周期短，占地少，工程投资省等优点。

在流程设计中增加了预处理工段，其目的是除去粗大物（>100mm）及筛去部分煤灰（<5mm），使垃圾中有机物比例相对增加，提高发酵仓的有效容积系数。

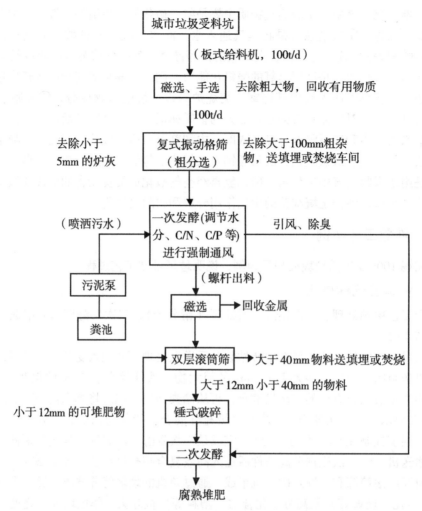

**图4-29　无锡100t/d垃圾处理实验厂工艺流程**

机械设计中，制作了适合我国垃圾组成的出料机，解决了中试装置中圆筒形发酵仓起拱及出料难的问题。在厂址的选择上，结合城市总体规划，与城市污水处理厂的厂址靠近，为今后污泥综合处理创造条件。整个厂区设计考虑到环境优美的要求。

2. 主要设计参数

设计规模为日处理100t。一次发酵主要参数：总含水率：40%~50%；碳氮比：25∶1；通风量：0.1~0.2m³/m³·堆层；风压：500mmH₂O；发酵周期：10d；温度控制：50℃以上（最高不超过75℃）维持7天。

一次发酵最终指标：无恶臭，发酵符合无害化标准；容积减量1/3左右；水分去除率8%左右；挥发性固体转化率15%左右；碳氮比20∶1。

二次发酵主要参数有发酵周期10d；温度回升至小于40℃。二次发酵最终指标：堆肥充分腐熟；含水率<20%；碳氮比小于20：1。

堆肥质量指标：符合无害化标准；含水率<20%；pH值为7.5~8.5；全氮为0.30%；速效氮为0.04%；全磷为0.1%；全钾为0.2%；无机物粒径<5mm。

3. 堆肥机械设备

堆肥机械设备共3个组成部分：①受料预分选机组，包括板式给料机、磁选带式输送机、振动筛；②发酵进出料机组，包括进料小车、螺杆出料机；③精分选机组，包括双层滚筒筛和立锤式破碎机。该工艺的机械设计流程见图4-30，所用的几种主要机械设计参数见表4-10。

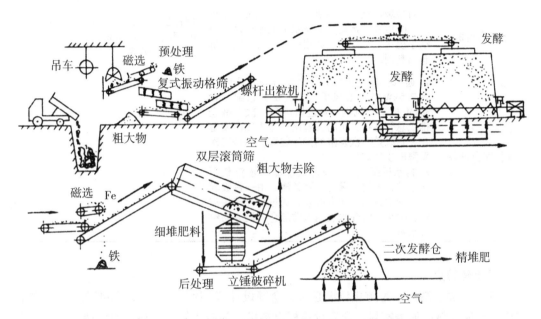

**图4-30 无锡100t/d快速堆肥实验工厂处理设备流程**

**表4-10 几种主要机械的设计参数**

| 设备名称 | 设备功能 | 设计参数 |
|---|---|---|
| 板式给料机 | 一种重型的受料装置，它以步进式的工作方式，将垃圾均匀送入处理设备 | 链板：长6m，宽1.2m；链板速度：0.0025~0.15m/s；生产能力：50m³/h 功率：7.5kW |
| 高效复合筛分破碎机 | 对一次发酵后的无害化堆肥物料进行筛分的机械，由双层筒筛和立锤式破碎机组成，可筛分出大于40mm的非堆肥杂物，小于12mm的细堆肥及小于40mm、大于12mm的粗堆肥物，由立锤式破碎机粉碎后，与细堆肥混合物进行二次发酵 | 双层滚动筛尺寸：（Φ1 420×Φ1 710×6 000）mm；内筒筛孔Φ40mm，外筒筛孔Φ13mm 筛筒转速：5~18r/min范围内无级转速 额定处理量：20~25t/h 功率：滚动筛7.5kW；破碎机30kW |

（续表）

| 设备名称 | 设备功能 | 设计参数 |
|---|---|---|
| 复式振动格筛 | 去除大于 60mm 的粗大物的分选机械，往复式运动，可筛分大粒径非堆肥物，对带状物无缠绕现象。可不停机清除悬挂物，操作安全 | 尺寸：2 500mm×1 200mm<br>功率：3kW<br>处理能力：16t/h |
| 进料桥式小车 | 将垃圾分送入各个发酵仓的专用机械。它与皮带机组合连接，能纵向移动，并可将皮带机上的垃圾分配至横向皮带机送入发酵仓 | 总功率：7.4kW |
| 螺旋出料机 | 针对垃圾特点的出料机械，可避免带状物缠绕，既做旋转运动，又做水平低速移动，驱动系统每 6 个发酵仓共用一套。为一次发酵仓出料用。 | 螺杆长度：4.5m，直径 0.3m<br>处理能力：100t/h<br>总功率：9kW |
| 其他配套设备 | 1. 通风、排风机组：一次发酵仓每座配一台 7.5kW 的离心风机；二次发酵仓配一台 30kW 的离心风机，其进风口与一次发酵仓排风总管连接，可将发酵尾气送入二次发酵仓，它既是一次发酵的排气装置，又是二次发酵的供气装置。<br>2. 排水机组：一次发酵的渗滤污水汇集至污水井，由混流泵打入蓄粪池。由一台吸粪泵将粪水打入一次发酵仓，通过水栓连接皮管、喷头，将粪水喷洒入发酵仓，调节物料含水量。 | |

4. 土建特点

（1）发酵仓结构。为防止垃圾起拱，仓壁设计成倒锥形（角度以>4°为宜），钢混结构。仓顶进料口加盖密封，仓底设螺杆出料机，为减小螺杆出料机的启动力矩，将螺杆置于仓内间隔墙的腔室内，间隔墙设计呈倒"Y"形。

（2）容积。10m×4m×4m＝160m³，可容纳经预分选的垃圾 96t（密度 0.6 t/m³）。

（3）通风道。在仓底纵长方向设置主通风道，宽 300mm，末端距池壁 1.2m，从主风道分出四个支风道，风道上覆盖打孔木板，孔径 14mm，间距 50mm，通风孔密度为 30%。

（4）排水道。与通风道共用，渗沥液经通风孔流入通风道，经排水污口流出仓外，汇集至污水检查井，再泵入蓄粪池，作调节垃圾含水量用。

# 第二节　有机废物厌氧发酵处理

在固体废物中，有相当大一部分是有机废物，特别是农牧渔业及其产品加工业产生的废弃物，以及生活垃圾、粪便、城市污泥等，含有大量的有机成分。有机废物进入环境，由于其夹带大量病菌，会传染疾病；产生含高浓度有机物的渗滤液，严重污染地下水和地表水；如堆积量过大，会因缺氧产生大量沼气，聚积而出，遇明火发生爆炸，引起火灾。

通过厌氧消化有机废物，可以加速有机物质的稳定，使有机废物无害化，更主要的目的是通过厌氧分解产生沼气，收集后作为能源利用。

## 一、厌氧发酵原理

有机废物的厌氧发酵过程就是有机物质在特定的厌氧条件下，微生物将有机物质进行分解，其中一部分碳素物质转化为甲烷和二氧化碳。在这个转化作用中，被分解的有机碳化物中的能量大部分转化储存在甲烷中，仅一小部分有机碳化物氧化成为二氧化碳，释放的能量作为微生物生命活动的需要，因此在这一分解过程中，仅积蓄少量的微生物细胞。

### （一）厌氧生物处理过程及其特征

1979年，布利安特（Bryant）等人提出了厌氧消化的三阶段理论，如图4-31所示。三阶段理论认为，厌氧消化过程是按以下步骤进行的：

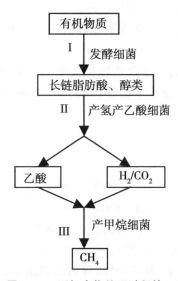

图 4-31  厌氧生物处理过程的三阶段

第一阶段，可称为水解、发酵阶段，复杂有机物在微生物作用下进行水解和发酵。例如，多糖先水解为单糖，再通过酵解途径进一步发酵成乙醇和脂肪酸，如丙酸、丁酸、乳酸等；蛋白质则先水解为氨基酸，再经脱氨基作用产生脂肪酸和氨。

第二阶段，称为产氢、产乙酸阶段，是由一类专门的细菌，称为产氢产乙酸菌，将丙酸、丁酸等脂肪酸和乙醇等转化为乙酸、$H_2$ 和 $CO_2$。

第三阶段，称为产甲烷阶段，由产甲烷细菌利用乙酸和 $H_2$、$CO_2$，产生 $CH_4$。研究表明，厌氧生物处理过程中约有 70%$CH_4$ 产自乙酸的分解，其余少量则产自 $H_2$ 和 $CO_2$ 的合成。

至今，三阶段理论已被公认为对厌氧生物处理过程较全面和较准确的描述。与好氧生物处理相比较，厌氧生物处理的主要特征如下。

（1）能量需求大大降低，还可产生能量。这是因为厌氧生物处理不要求供给氧气，相反却能生产出含有 50%～70% 甲烷（$CH_4$）的沼气，含有较高的热值（21 000～25 000kJ/m³），可以用作能源。为去除 lkgCOD，好氧生物处理需消耗 0.5～1.0kW·h 电能，而厌氧生物处理每去除 lkgCOD 约能产生 3.5kW·h 电能。

（2）污泥产量极低。这是因为厌氧微生物的增殖速率比好氧微生物低得多。一般厌氧消化中产酸细菌的产率（VSS/COD）为 0.15～0.34，产甲烷细菌为 0.03 左右，混合菌群的产率约 0.17；而好氧微生物的产率为 0.25～0.6。因此，好氧生物处理的污泥产量（以去除每千克 COD 计）为 250～600g VSS，而厌氧生物处理的污泥产量仅为 180～200gVSS。

（3）对温度、pH 值等环境因素更为敏感。厌氧细菌可分为高温菌和中温菌两大类，其适宜的温度范围分别为 55℃左右和 35℃左右。如温度降至 10℃以下，厌氧微生物的活动能力将非常低下。而好氧微生物对温度的适应能力较强，在 5℃以上的温度条件下均能较好地发挥作用，产甲烷菌的最适 pH 范围也较好氧菌为小。

（4）处理后废水有机物浓度高于好氧处理。

（5）厌氧微生物可对好氧微生物所不能降解的一些有机物进行降解（或部分降解）。

（6）处理过程的反应较复杂。如前所述，厌氧消化是由多种不同性质、不同功能的微生物协同工作的一个连续的微生物学过程，远比好氧生物处理中的微生物过程复杂。

**（二）厌氧消化微生物**

1. 发酵细菌（产酸细菌）

主要包括梭菌属（*Clostridium*）、拟杆菌属（*Bacteroides*）、丁酸弧菌属（*Butyrivibrio*）、真细菌属（*Eubacterium*）和双歧杆菌属（*Bifidobacterium*）等。

这类细菌的主要功能是先通过胞外酶的作用将不溶性有机物水解成可溶性有机物，再将可溶性的大分子有机物转化成脂肪酸、醇类等。研究表明，该类细菌对有机物的水解过程相当缓慢，pH 值和细胞平均停留时间等因素对水解速率的影响很大。不同有机物的水解速率也不同，如类脂的水解就很困难。因此，当处理的废水中含有大量类脂时，水解就会成为厌氧消化过程的限速步骤。但产酸的反应速率较快，并远高于产甲烷反应。

发酵细菌大多数为专性厌氧菌，但也有大量兼性厌氧菌。按照其代谢功能，发酵细菌可分为纤维素分解菌、半纤维素分解菌、淀粉分解菌、蛋白质分解菌和脂肪分解菌等。

除发酵细菌外，在厌氧消化的发酵阶段，也可发现真菌和为数不多的原生动物。

2. 产氢产乙酸菌

近年来的研究所发现的产氢产乙酸菌包括互营单胞菌属（*Syntrophomonas*）、互营杆菌属（*Syntrophobacter*）、梭菌属（*Clostridium*）、暗杆菌属（*Pelobacter*）等。

这类细菌能把各种挥发性脂肪酸降解为乙酸和 $H_2$。其反应如下：

降解乙醇      $CH_3CH_2OH+H_2O \rightarrow CH_3COOH+2H_2$

降解丙酸      $CH_3CH_2COOH+2H_2O \rightarrow CH_3COOH+3H_2+CO_2$

降解丁酸      $CH_3CH_2CH_2COOH+2H_2O \rightarrow 2CH_3COOH+2H_2$

上述反应只有在乙酸浓度低、液体中氢分压也很低时才能完成。

产氢产乙酸细菌可能是绝对厌氧菌或是兼性厌氧菌。

3. 产甲烷细菌

对绝对厌氧的产甲烷菌的分离和研究，是由于 20 世纪 60 年代末 Hungate 开创了绝对厌氧微生物培养技术而得到迅速发展的。产甲烷菌大致可分为两类，一类主要利用乙酸产生甲烷，另一类数量较少，利用氢和 $CO_2$ 的合成生成甲烷。也有极少量细菌，既能利用乙酸，也能利用氢。

以下是两个典型的产甲烷反应：

利用乙酸      $CH_3COOH \rightarrow CH_4+CO_2$

利用 $H_2$ 和 $CO_2$      $4H_2+CO_2 \rightarrow CH_4+2H_2O$

按照产甲烷细菌的形态和生理生态特征，可将产甲烷菌分类，见图 4-32。由图 4-32 可见，产甲烷菌有各种不同的形态。最常见的是产甲烷杆菌、产甲烷球菌、产甲烷八叠球菌、产甲烷螺菌和产甲烷丝菌等。产甲烷菌的大小虽与一般细菌相似，但其细胞壁结构不同，在生物学分类上属于古细菌，或称原始细菌（*Acrchebacteria*）。产甲烷菌都是绝对厌氧细菌，要求生活环境的氧化还原电位在 $-150 \sim -400$ mV。氧和氧化剂对产甲烷菌有很强的毒害作用。产甲烷菌的增殖速率慢，繁殖世代期长，甚至达 $4 \sim 6$ d，因此在一般情况下产甲烷反应是厌氧消化的控制阶段。

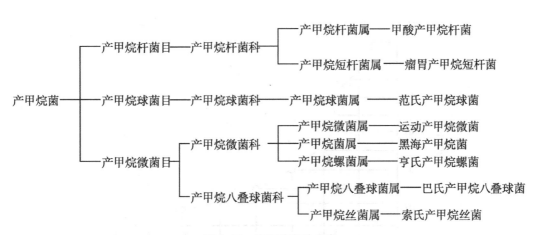

图 4-32 产甲烷菌的分类

4. 厌氧微生物群体间的关系

在厌氧生物处理反应器中，不产甲烷菌和产甲烷菌相互依赖，互为对方创造与维持生命活动所需要的良好环境和条件，但又相互制约。厌氧微生物群体间的相互关系表现在以下几个方面。

（1）不产甲烷细菌为产甲烷细菌提供生长和产甲烷所需要的基质。不产甲烷细菌把各种复杂的有机物质，如碳水化合物、脂肪、蛋白质等进行厌氧降解，生成游离氢、二氧化碳、氨、乙酸、甲酸、丙酸、丁酸、甲醇、乙醇等产物，其中丙酸、丁酸、乙醇等又可被产氢产乙酸细菌转化为氢、二氧化碳、乙酸等。这样，不产甲烷细菌通过其生命活动为产甲烷细菌提供了合成细胞物质和产甲烷所需的碳前体和电子供体、氢供体和氮源。产甲烷细菌充当厌氧环境有机物分解中微生物食物链的最后一个生物体。

（2）不产甲烷细菌为产甲烷细菌创造适宜的氧化还原条件。厌氧发酵初期，由于加料使空气进入发酵池，原料、水本身也携带有空气，这显然对于产甲烷细菌是有害的。它的去除需要依赖不产甲烷细菌类群中那些需氧和兼性厌氧微生物的活动。各种厌氧微生物对氧化还原电位的适应也不相同，通过它们有顺序地交替生长和代谢活动，使发酵液氧化还原电位不断下降，逐步为产甲烷细菌生长和产甲烷创造适宜的氧化还原条件。

（3）不产甲烷细菌为产甲烷细菌清除有毒物质。在以工业废水或废弃物为发酵原料时，其中可能含有酚类、苯甲酸、氰化物、长链脂肪酸、重金属等对于产甲烷细菌有毒害作用的物质。不产甲烷细菌中有许多种能裂解苯环、降解氰化物等并从中获得能源和碳源。这些作用不仅解除了对产甲烷细菌的毒害，而且给产甲烷细菌提供了养分。此外，不产甲烷细菌的产物硫化氢，可以与重金属离子作用生成不溶性的金属硫化物沉淀，从而解除一些重金属的毒害作用。

（4）产甲烷细菌为不产甲烷细菌的生化反应解除反馈抑制。不产甲烷细菌的发酵产物可以抑制其本身的不断形成。氢的积累可以抑制产氢细菌继续产氢，酸的积累可以抑制产酸细菌继续产酸。在正常的厌氧发酵中，产甲烷细菌连续利用由不产甲烷细菌产

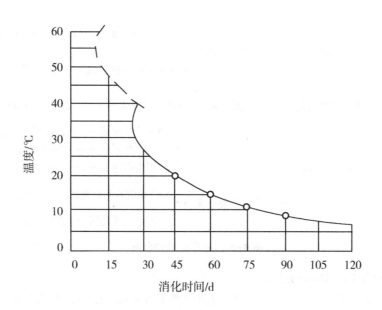

**图 4-33　温度对厌氧消化的影响**

生的氢、乙酸、二氧化碳等，使厌氧系统中不致有氢和酸的积累，就不会产生反馈抑制，不产甲烷细菌也就得以继续正常的生长和代谢。

（5）不产甲烷细菌和产甲烷细菌共同维持环境中适宜的 pH 值。在厌氧发酵初期，不产甲烷细菌首先降解原料中的糖类、淀粉等物质，产生大量的有机酸，产生的二氧化碳也部分溶于水，使发酵液的 pH 明显下降。而此时，一方面不产甲烷细菌类群中的氨化细菌迅速进行氨化作用，产生的氨中和部分酸；另一方面产甲烷细菌利用乙酸、甲酸、氢和二氧化碳形成甲烷，消耗酸和二氧化碳。两个类群的共同作用使 pH 稳定在一个适宜范围内。

### （三）厌氧生物处理的影响因素

由于产甲烷菌对环境因素的影响较非产甲烷菌（包括发酵细菌和产氢产乙酸细菌）敏感得多，产甲烷反应常是厌氧消化的控制阶段。有机物的厌氧消化过程影响因素较多，可以归纳为表 4-11。因此，以下主要讨论对产甲烷菌有影响的各种环境因素。

表 4-11　厌氧生物处理的影响因素

| 物理因素 | 化学因素 |
| --- | --- |
| 温度 | 有机负荷 |
| 水力停留时间 | pH 值、碱度、氧化还原电位、挥发性脂肪酸浓度 |
| 粒径 | 营养物质、碳氮比 |
| 固体含量 | 盐分 |
| 搅拌 | 重金属等有毒物质 |

#### 1. 温度

温度是影响微生物生命活动最重要的因素之一，其对厌氧微生物及厌氧消化的影响尤为显著。图 4-33 所示为温度对厌氧消化期的影响，由此可见，厌氧消化速率随温度的变化比较复杂，在厌氧消化过程中存在着两个不同的最佳温度范围，一为 55℃ 左右，另为 35℃ 左右。根据不同的最佳温度范围，厌氧微生物分为嗜热菌（高温细菌）和嗜温菌（中温细菌）两大类，相应的厌氧消化则被称为高温消化（55℃ 左右）和中温消化（35℃ 左右）。高温消化的反应速率约为中温消化的 1.5~1.9 倍，产气率也高，但气体中甲烷所占百分率却较中温消化为低。当处理含有病原菌和寄生虫卵的废水或污泥时，采用高温消化可取得较理想的卫生效果，消化后污泥的脱水性能也较好。在工程实践中，当然还应考虑经济因素，采用高温消化需要消耗较多的能量，当处理废水量很大时，往往不宜采用。随着各种新型厌氧反应器的开发，温度对厌氧消化的影响由于生物量的增加而变得不再显著，因此处理废水的厌氧消化反应常在常温条件（20~25℃）下进行，以节省能量的消耗和运行费用。

#### 2. 水力停留时间

水力停留时间对反应效果也有重要影响，特别是对于完全混合连续流反应器（Continuous-flow Stirred-tank Reactor，CSTR），这种反应器，固体与微生物流出，将会导致处理效果的降低。有人研究了停留时间对于采用城市生活垃圾的完全混合连续流反应器的影响，结果表明纤维素的显著降解仅仅发生在停留时间大于 20d 时。

3. 物料粒径

物料的粒径越小，则其输送难度降低，水解过程加快，但能耗增大；反之，则相反。所以应综合考虑上述各因素而决定物料粒度要求。通常粒径在 20~40mm 较好。破碎或研磨不仅减小了颗粒的大小，而且破坏了其内部组织结构，使其更容易降解。有研究指出，在进行厌氧消化有机废弃物时颗粒大小具有重要影响。对于纤维素含量高的固体废弃物，粉碎不仅能显著提高沼气产量和有机物的降解率以及缩短消化时间，而且更为重要的是通过粉碎使得原来不均匀的固体废弃物更均匀。

4. 固含率

固含率（Total Solid content，TS）对反应器，尤其是对于污水处理的设计、运行和操作有显著影响。例如，垃圾中的水分随季节变化且受不同操作条件的影响（如稀释等）。含水量高不仅增加了消化器容积，而且单位体积垃圾还需要很多热量，应用不经济。另外，固含率很高将会显著改变底质的流动性，经常会由于混合性差、固体沉降、堵塞和形成浮渣层而导致系统崩溃。根据经验，高效生物膜反应器（Attached-film digesters），包括上流厌氧污泥床（Upflow Anaerobic Sludge Blanket，UASB）、厌氧滤池（Anaerobic Filter）、厌氧流化床（Anaerobic Fluidzed Bed，AFB）等适用于固含率低于 2% 的物质，比如渗滤液、厌氧消化液等废水。对于完全混合反应器（CSTR）型的消化器而言，最佳总固含率 TS）在 6%~10%。机械混合消化器总固含率的技术限制值为 12%，因为超过 12% 时搅动困难。总固体含量值达到 20% 时，必须采用干式消化。低固含率厌氧消化（TS：2%~10%）的设计或者需要提高停留时间（>15d），或者需要进行悬浮固体的回流、浓缩。

5. 搅拌作用

在有机垃圾厌氧消化反应器中的应用随工艺的不同而不同，有完全混合反应器，也有不机械混合的。例如，Leach Bed 工艺仅是利用消化液回流来完成新料的接种和降解抑制性的有机酸。Rivard 等人研究发现，高固体含量厌氧反应器（TS：20%~30%）的搅拌能耗与低固体厌氧反应器（TS<10%）的类似，因为低固体反应器需要较高的搅拌速度来防止泥渣层的形成和固体物质的沉淀。搅拌作用能使消化物质均一化，避免抑制物质的浓度聚集，死区和泥渣形成；提高物质与细菌的接触，从而提高接触到可利用营养物质的容易程度，加速有机垃圾进料的分解；其他方面的作用，例如帮助去除与分散微生物产生的副产物。

6. 接种物量

接种的数量与质量对于厌氧消化中的产甲烷阶段的运行效果和稳定性非常重要。对于传统的 CSTR 反应器，接种液与底质的比值（以挥发性固体为基础）通常大于 10。对于序批式或者塞式流反应器，接种液必须和进料一起加入。例如 Chynoweth 等人通过试验发现，接种液与进料比应大于 2。同时，与好氧生物处理相似，厌氧生物处理过程中的食料微生物比对其进程影响很大，在实用中常以有机负荷（COD/VSS）表示，单位为 kg/（kg·d）。在有机负荷、处理程度和产气量三者之间，存在着密切的联系和平衡关系。一般而言，厌氧生物处理可采用较好氧生物处理高得多的有机负荷，一般 COD 浓度可达 5~10kg/（$m^3$·d），也有的甚至可高达 50kg/（$m^3$·d）。

### 7. 有机负荷

有机负荷（Organic Loading Rate，OLR）是描述进料的最有意义的参数，它准确地描述了对于特定的进料速率所需要的反应器的大小，单位是 kg VS/（$m^3$·d）或 kg COD/（$m^3$·d）。有机负荷是影响污泥增长、污泥活性和污泥降解的重要因素，提高负荷可以加快污泥增长和有机物的降解。进料和消化器内物质的堆积密度是与进料浓度相关的参数。它与反应器设计有很大关系，包括反应器大小、可浸出性。反应器 TS>10% 时将会大大降低反应器容积。假设 50% 的转化率，TS 超过 20% 时将不会有助于减小反应器大小。在滤床式反应器设计中，堆积密度大（> 600kg/$m^3$）将会将透水性限制在很低水平。

### 8. pH 值

产甲烷菌对 pH 值变化的适应性很差，其最适 pH 值范围为 6.8~7.2。在 pH 值 = 6.5 以下或 pH 值 = 8.2 以上的环境中，厌氧消化会受到严重的抑制，这主要是对产甲烷菌的抑制。水解细菌和产酸菌也不能承受低 pH 的环境。厌氧发酵体系中的 pH 值除受进水 pH 值的影响外，还取决于代谢过程中自然建立的缓冲平衡。影响酸碱平衡的主要参数为挥发性脂肪酸、碱度和 $CO_2$ 含量。系统中脂肪酸浓度的提高，将消耗 $HCO_3^-$ 并增加 $CO_2$ 浓度，使 pH 值下降。但产甲烷细菌的作用会产生 $HCO_3^-$，使系统的 pH 值回升。系统中没有足够的 $HCO_3^-$ 将使挥发酸积累，导致系统缓冲作用的破坏，即所谓的"酸化"。受破坏的厌氧消化体系需要很长的时间才能恢复。

### 9. 氧化还原电位

绝对的厌氧环境是产甲烷菌进行正常活动的基本条件，可以用氧化还原电位表示厌氧反应器中的含氧浓度。研究表明，不产甲烷菌可以在氧化还原电位为 +100 ~ −100mV 的环境下进行正常的生理活动，而产甲烷菌的最适氧化还原电位为 −150 ~ −400mV，培养产甲烷菌的初期，氧化还原电位不能高于 −320mV。

### 10. 营养及盐

厌氧微生物对碳、氮等营养物质的要求略低于好氧微生物，但大多数厌氧菌不具有合成某些必要的维生素或氨基酸的功能。为了保证细菌的增殖和活动，还需要补充某些专门的营养，如钾、钠、钙等金属盐类是形成细胞或非细胞的金属络合物所必需的，而镍、铝、钴、钼等微量金属，则可提高若干酶系统的活性，使产气量增加。此外，盐分也会产生重要影响。当厌氧消化反应器中的钠盐浓度小于 5g/L 时，有机垃圾厌氧消化并没有发现受到抑制。但是当钠盐浓度大于 5g/L 时，甲烷的产量逐渐降低无机盐对于微生物生存环境的影响。低浓度的无机盐对于微生物的生长具有促进作用，但高浓度的无机盐对于微生物有抑制。无机盐对于微生物的生长抑制主要表现在微生物外界中渗透压较高，造成微生物的代谢酶活性降低，严重时会引起细胞壁分离，甚至死亡。水中无机盐改变了氧在水中的溶解能力。对于一种无机盐，由于阴阳离子共存，所以阴阳离子中哪种离子对于生物处理的影响占主导作用仍然不清楚。例如，研究 $Cl^-$ 和 $SO_4^{2-}$ 对厌氧微生物处理的影响时发现，$SO_4^{2-}$ 中等抑制浓度为 500 ~ 1 000mg/L，$Cl^-$ 的中等抑制浓度为 3 500 ~ 4 260mg/L。影响有机垃圾厌氧消化过程的无机盐浓度范围见表4-12。

表 4-12　影响有机垃圾厌氧消化过程的无机盐浓度范围

| 无机盐 | 刺激浓度（mg/L） | 中等抑制浓度（mg/L） | 强抑制浓度（mg/L） |
|---|---|---|---|
| $Na^+$ | 100~200 | 3 500~5 500 | 8 000 |
| $K^+$ | 200~400 | 2 500~4 500 | 10 000 |
| $Ca^{2+}$ | 100~200 | 2 500~4 500 | 8 000 |
| $Mg^{2+}$ | 75~150 | 1 000~1 500 | 3 000 |
| $SO_4^{2-}$ | — | 500~1 000 | 2 000 |
| $Cl^-$ | — | 5 000~10 000 | 15 000 |

11. 有毒物质

有毒物质会对厌氧微生物产生不同程度的抑制，使厌氧消化过程受到影响甚至遭到破坏。基质（底物）为可生物降解的物质，能被有机生物用作养料，并通过呼吸从中汲取能量。最常见的抑制性物质有硫化物、氨氮、重金属、酚、氰化物以及某些人工合成的有机物，消化细菌对这些有毒有害物质很敏感，所以厌氧消化不适于含有对消化细菌有毒害作用重金属的有机垃圾处理。各种重金属影响程度排序为：Ni>Cu>Pb>Cr>Ca>Fe。

（四）厌氧发酵的有机物分解代谢过程

厌氧发酵是把碳水化合物、蛋白质和脂肪等在厌氧条件下，经过多种细菌的协同作用，首先分解成简单稳定的物质，继续作用最后生成甲烷和二氧化碳等沼气的主要成分。在排出的残渣中存在有环状化合物的聚合物——腐殖酸，可做肥料。

1. 碳水化合物的分解代谢

一般的碳水化合物包括纤维素、半纤维素、木质素、糖类、淀粉和果胶质等。厌氧发酵的原料如农业废物等主要含碳水化合物，其中纤维素的含量最大。所以，消化池中纤维素分解的快慢与厌氧发酵的速度密切相关。

（1）纤维素的分解。能够水解纤维素的酶有许多种，不同种类纤维素的水解消化速度也不同。纤维素酶可以把纤维素水解成葡萄糖，反应式为：

$$(C_6H_{10}O_5)_n（纤维素）+n\,H_2O = nC_6H_{12}O_6（葡萄糖）$$

葡萄糖经细菌的作用继续降解成丁酸、乙酸，最后生成甲烷和二氧化碳等气体。总的产气过程可用下述的综合表达式表达：

$$C_6H_{12}O_6 = 3CH_4 + 3CO_2$$

（2）糖类的分解。先由多糖分解为单糖，然后是葡萄糖的酵解过程，与上述相同。

2. 类脂化合物的分解代谢

类脂化合物一般是指脂肪、磷脂、游离脂肪酸、蜡酯、油脂，在厌氧发酵的原料中含量很低。这类化合物的主要水解产物是脂肪酸和甘油。然后，甘油转变为磷酸甘油酯，进而生成丙酮酸。在沼气菌的作用下，丙酮酸被分解成乙酸，然后形成甲烷和二氧化碳。

3. 蛋白质类的分解代谢

这类化合物主要是含氮的蛋白质化合物，在厌氧发酵原料中占有一定的比例。在农家污水和猪圈废物中，蛋白质的含量最高可达20%。它们的分解过程是在细菌的作用下水解成多肽和氨基酸。其中的一部分氨基酸继续水解成硫醇、胺、苯酚、硫化氢和氮；另一部分分解成有机酸、醇等其他化合物，最后生成甲烷和二氧化碳；还有一些氨基酸作为产沼细菌的养分形成菌体。

（五）沼气的性质

厌氧发酵过程中，在微生物的作用下有机质被分解，其中一部分物质转化为甲烷、二氧化碳等物质，以气体形成释放出来。这种混合气体因为在沼泽、池塘内首先被发现，因而被人们称为沼气。

1. 沼气的物理性质

沼气的主要成分是甲烷，其他伴生气体还有二氧化碳、氮气、一氧化碳、氢气、硫化氢和极少量的氧气。一般在沼气中甲烷的含量介于 50%～60%；二氧化碳在 30% 左右。由此可见，甲烷的性质决定了沼气的主要性质。

甲烷的分子式为 $CH_4$，相对分子质量为 16.04，是最简单而稳定的碳基化合物，是一种无色无味的气体。在通常的沼气中由于含有少量硫化氢气体，所以常会有臭鸡蛋的气味。另外，甲烷在水中的溶解度很少，只有 3% 左右。甲烷的熔点是 $-182.5℃$，沸点为 $-161.5℃$。甲烷的导热系数比空气大，在标准状态下是 $3.06×10^{-2}$ W/（m·K）。

2. 沼气的化学性质

甲烷的化学性质稳定，在一般条件下不易与其他物质发生化学反应，但在特定的条件下可能发生剧烈的反应。

（1）甲烷的燃烧。甲烷实际上是一种优质的气体燃料，在与适量的空气混合发生燃烧时，可产生一种淡蓝色的火焰，其火焰温度最高可达 1 400℃，同时放出大量的热。它与氧气在常压下进行反应的活化能是 83.7kJ/mol。甲烷燃烧的化学反应方程式为：

$$CH_4+2O_2=CO_2+2H_2O+881.3kJ/mol$$

在标准状况（101.325kPa、温度 25℃）下，$1m^3$ 甲烷燃烧后可放出大约 35 822.6kJ 的热量。通常在计算沼气的发热量时就是以这个数值乘以沼气中的甲烷含量，其计算公式为：

$$沼气发热量（kJ/m^3）= 35 822kJ/m^3×沼气中甲烷含量$$

考虑到沼气中含有二氧化碳，所以，一般情况下沼气的发热量在 23 000kJ/m³ 左右。由上述燃烧反应的方程可以得出，甲烷与氧气燃烧时的体积比是 1∶2，在空气中由于氧气含量大约是 20%，所以燃烧时甲烷与空气的体积比是 1∶10，同时考虑过剩空气系数为 1.2，甲烷与空气在体积比应当是 1∶12。沼气是一种很好的燃料，$1m^3$ 的沼气燃烧发热量相当于 1kg 煤或是 0.7kg 汽油，能发电 1.25kW·h。几种燃料的燃烧热值如表 4-13 所示。

表 4-13　几种燃料的燃烧热值

| 燃料名称 | 甲烷 | 沼气 | 煤气 | 汽油 | 柴油 | 原煤 |
|---|---|---|---|---|---|---|
| 燃料量 | $1m^3$ | $1m^3$ | $1m^3$ | 1kg | 1kg | 1kg |
| 发热量/kJ | 35 822 | 25 075 | 16 720 | 45 000 | 39 170 | 22 990 |
| 备注 | 纯 | 含甲烷70% | | | | |

甲烷与空气的混合物在甲烷浓度达 4.6% 时遇明火即可发生爆炸；而浓度超过 30% 以后就超过了可燃极限，很难发生燃烧，这在设计燃烧装置时应当注意。甲烷具有毒性，当空气中甲烷含量达到了 25% 以上时，对人体会有麻醉作用。因此，在使用沼气时既要防止爆炸又要防止中毒。

（2）甲烷的热分解。甲烷如果隔离空气被加热到 1 200℃ 时，就会裂解成炭黑和氢气，在特殊控制环境下还可能生成金刚石。

## 二、厌氧发酵的工艺

### （一）发酵工艺类型及其特点

按照厌氧发酵的温度、进料方式、装置类型和原料的物理状况、发酵装置，可将厌氧发酵划分为若干类型。

1. 发酵温度

根据发酵温度，可将厌氧发酵工艺分为常温发酵（自然发酵）、中温发酵和高温发酵。

常温发酵也称自然发酵、变温发酵，其主要特点为发酵温度随自然气温的四季变化而变化，但沼气产量不稳定，因而转化效率低。这一工艺主要用于粪便、污泥和中低浓度有机废水的处理，较适用于气温较高的南方地区。垃圾填埋场的厌氧产沼、农村的小型沼气发酵属于这一工艺。

中温发酵的温度控制恒定在 28~38℃，因而沼气产量稳定，转化效率较高，主要用于大中型产沼工程、高浓度有机废水的处理等。

高温发酵的温度控制在 48~60℃，因而分解速度快，处理时间短，产气量高，能有效杀死寄生虫卵，但需加温和保温设备。主要适用于高浓度有机废水、城市生活垃圾和粪便的无害化处理及农作物秸秆的处理等。

2. 进料方式

厌氧发酵的进料方式有批量进料、半连续进料和连续进料。

批量进料是一批原料经发酵后，全部重新换入新的发酵原料，可以观察到厌氧发酵的全过程，但产气不均衡。这一工艺主要用于农村多池沼气发酵，特别是北方农村。另外用于测定产气量、观察发酵产气规律的研究实验。

半连续进料是在正常发酵情况下，当产气量下降时，开始投入少量原料，以后定期补料和出料，以使产气均衡，具有较强的适应性。主要适用于有机污泥、粪便、有机废水的厌氧处理和大中型沼气工程。

连续进料是在厌氧发酵正常运行后，便按一定的负荷量连续进料，或以很短的间隔进料，可以使产气均衡，提高运行效率。这一工艺主要用于高浓度有机废水的处理。

3. 发酵方式

按发酵阶段划分，厌氧发酵可分为二步（相）发酵和混合（一步）发酵。

二步（相）发酵，就是把厌氧发酵的产酸阶段与产甲烷阶段分别放在两个装置内进行，有利于高分子有机废水的处理，有机转化率高，但单位有机质的沼气产量较低。主要用于含高分子有机物和固形物含量高的废水、垃圾、农业废物的处理，如禽畜粪便的厌氧发酵、印染废水的处理等。

混合发酵是将厌氧发酵的两个阶段在同一装置内完成，设备简单，但条件控制较困难。主要用于粪便、下水污泥、高浓度有机废水的处理以及以秸秆为原料的沼气发酵。

**4. 原料的物理状况**

根据原料的性状，厌氧发酵可分为液体发酵、固体发酵和高浓度发酵。

液体发酵是指固体含量在 10% 以下，发酵物料呈流动态的液体物质的厌氧发酵，如有机废水的厌氧处理、农村水压式沼气池的发酵等。

固体发酵又称干发酵，其原料总固体含量在 20% 左右，物料中不存在可流动的液体而呈固态，发酵过程中所产沼气甲烷含量较低，气体转化效率较差，适用于垃圾发酵和农村部分地区特别是缺水的北方地区的禽畜粪便处理。

高浓度发酵介于液体发酵和固体发酵之间，发酵物料的总固体含量一般为 15% ~ 20%，适用于农村的沼气发酵、粪便的厌氧发酵等。

**（二）常用厌氧发酵工艺流程**

**1. 水压式沼气池工艺**

水压式沼气池常适用于农村家庭产沼，属于半连续式进出料。家用水压式常温发酵工艺流程如图 4-34 所示。

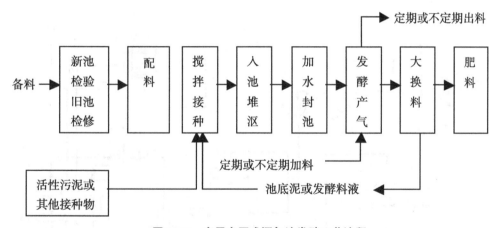

**图 4-34　家用水压式沼气池发酵工艺流程**

在这一流程中，对各个工艺步骤要求如下。① 备料：做好原料准备，要求数量充足、种类搭配合理，尽量铡碎；② 新池检验或旧池检修：做到确保不漏水、不漏气；③ 配料：满足工艺对料液总固体浓度（TS%）和 C/N 的要求配比；④ 拌料接种：要求拌和均匀；⑤ 入池堆沤：将拌好的原料放入池内，踩紧压实，进行堆沤；⑥ 加水封池：堆沤原料温度上升至 40~60℃ 时，从进出料口加水，然后用 pH 精密试纸检查发酵液酸碱度，pH 值在 6~7 时，即可盖上活动盖，封闭沼气池，若 pH 值低于 6，可加草木灰、氨水或澄清石灰水调整至 7 左右，再加水封盖，封盖后应及时安装好输气管、开关和灯、炉具，并关闭输气管上的开关；⑦ 点火试气：封池 2~3d 后，在炉具上点火试气，如能点燃，即可使用，若点不燃，则放掉池内气体，次日再点火试气，直至点燃使用为止；⑧ 日常管理：按工艺规定加新料，进行搅拌，冬季防寒，检查有无漏气现象；⑨ 大换料：发酵周期完成以后，除去旧料，按工艺开始第二个流程。

在该工艺条件下，沼气池均衡产气量：北方地区为 $0.10 \sim 0.15 \mathrm{m}^3 /$（$\mathrm{m}^3$ 池容·d）或 $0.15 \sim 0.2 \mathrm{m}^3 /$（$\mathrm{m}^3$ 料液·d）；南方地区为 $0.15 \sim 0.25 \mathrm{m}^3 /$（$\mathrm{m}^3$ 池容·d）或 $0.2 \sim 0.3 \mathrm{m}^3 /$（$\mathrm{m}^3$ 料液·d）。北方一般在春季大换料一次，气温、地温 $<10 \text{℃}$ 时不宜大换料，换料前 10d 不进料。而南方可在 11 月和 4 月或 5 月大出料，完成两个流程。沼气池在启动运转 30d 左右、产气量明显下降时，应添加新料，$5 \sim 6d$ 加料 1 次，加料量为发酵池的 $3\% \sim 5\%$。

2. 大中型沼气工程的厌氧发酵工艺

大中型沼气工程大多为利用工厂产生的废料，如有机污泥、粪便、酒糟或糟液、高浓度有机废水等，进行厌氧消化，一方面可以去除废物中的有机物，另一方面可以加快废物的稳定化过程，同时可利用其产生的沼气作为能源。

图 4-35 所示是一个大型工业化沼气发酵工艺流程。有机废物经过分选、破碎等预处理工艺，再经预热后进入发酵罐充分发酵。为了缩短发酵时间，发酵罐的底部设有加热系统。产生的沼气经气体处理站处理后存放于沼气存放罐中。一部分沼气可进入加气站作为汽车燃料或进入天然气供应网；另一部分沼气可用于发电。所发电能除满足自身

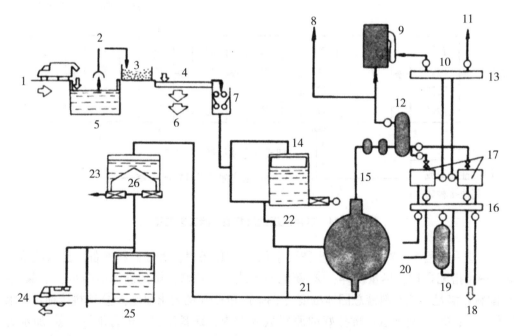

1. 有机废物；2. 进料；3. 进料口；4. 分选；5. 料槽；6. 废物；7. 破碎机；8. 天然气供应站；9. 加气站；10. 内消耗；11. 电网；12. 沼气罐；13. 主变电站；14. 临时储存仓；15. 气体处理站；16. 热交换；17. 发电；18. 区域供热系统；19. 热储存罐；20. 发酵热；21. 发酵仓；22. 热交换；23. 废液肥料脱水；24. 堆肥产品；25. 堆肥精制车间；26. 脱水

**图 4-35 典型的大型工业化沼气发酵工艺流程**

系统运行所需电力外，还可并入电网或用于区域供热系统。另外，发酵产物——稳定的发酵污泥经脱水后在堆肥车间经过好氧堆肥处理可制成有机肥料。

以下介绍国内一些典型的大中型工业化沼气发酵工艺。

（1）酒厂糟液处理。这类工艺流程大多采用连续进料的单级（一步）定温工艺，其消化温度根据条件而定。表4-14为各个酒厂糟液厌氧发酵情况，图4-36为酒厂糟液的厌氧发酵典型流程。

表4-14　厌氧发酵情况

| 厂　名 | 发酵温度/℃ | pH 值 | | 滞留期/d | 负荷量 kgCOD/ (m³·d) | 产气率 m³/ (m³·d) | COD 去除率/% |
|---|---|---|---|---|---|---|---|
| | | 进 | 出 | | | | |
| 南阳酒精厂 | 53~55 | 4.3~4.5 | 7.5~7.8 | 8 | 6.25 | 2.5 | 85 |
| 东至酒厂 | 53~55 | 3~4 | 7.2~7.3 | 14~15 | 1 | 1.1~1.6 | 96.1 |
| 蓬莱酒厂 | 55 | 4.4 | 7.5 | 11~13 | 1 | 2 | 79 |
| 通城酒厂 | 55 | 6.0 | 7.2 | 8 | 5.4 | 2.5 | 75 |
| 龙泉酒厂 | 37 | 5 | 7.0 | 15 | 10 | 5 | 82 |

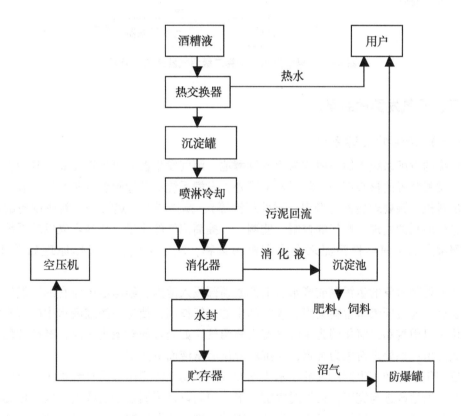

图4-36　酒糟液厌氧发酵的典型流程

南阳酒精总厂 1967 年建立了两座 2 000m³ 隧道式沼气消化器，1986 年又新建两座 5 000m³ 的新型消化器。沼气工程日产沼气 40 000m³，所产沼气除供给南阳市 2 万户家庭用外，还供本单位一职工食堂、锅炉使用。南阳是我国实现民用沼气的第一城市。

（2）屠宰污水和畜粪处理。屠宰厂和畜栏内粪便的厌氧发酵工艺流程，按发酵步骤和发酵后处理方式不同可分成单纯二级厌氧发酵和厌氧—好氧联合处理工艺等。屠宰污水与猪粪单纯二级沼气发酵工艺流程见图 4-37。屠宰污水与猪粪先在第一级消化器发酵后又进入第二级消化器再发酵，使其有机物更好地被微生物代谢分解，减少对环境的污染。屠宰污水与猪栏的粪便在预处理池通过格栅除去杂物后，用计量泵从计量池送入消化器。经发酵后的污水通过滤池里的细砂石滤层，可进一步减少寄生虫卵与 COD 值，达到较好的卫生环境效果。

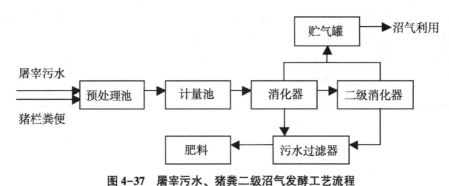

图 4-37　屠宰污水、猪粪二级沼气发酵工艺流程

## 三、厌氧发酵的装置

### （一）传统的发酵系统

传统的发酵系统人们一般称为沼气发酵池、沼气发生器或厌氧消化器。其中发酵罐是整套发酵装置的核心部分。除了发酵罐外，发酵系统的其他附属设备有气压表、导气管、出料机、预处理装置（升温、预处理池等）、搅拌器、加热管等。附属设备的作用在于进行原料的处理，产气的控制、监测，以提高沼气的质量。普通厌氧发酵系统借助于发酵罐内的厌氧活性污泥来净化有机污染物，产生沼气。其工作原理如图 4-38 所示。

作为处理对象的生污泥或废水从上部或顶部投入池内，经与池中原有的厌氧活性污泥接触后，通过厌氧微生物吸附、吸收和生物降解作用，使生污泥或废水中的有机污染物转化为以甲烷和二氧化碳为主的气态产物沼气。如处理的对象为污泥，经搅拌均匀后从池底排出；如处理对象为废水，经沉淀分层后从液面下排出。

近些年来，随着生产沼气的技术不断发展，生物能源应用范围日趋扩大，沼气发酵池也在逐渐地改进与完善，通过对发酵池形、填料以及附属设备的改进，极大地提高了沼气的产量和质量，既解决了人们生活所需的一部分能源问题，同时又达到了固体废弃物的资源化处理，可谓一举两得。

传统发酵系统中发酵池的建造材料通常有：炉渣、碎石、卵石、石灰、砖、水泥、

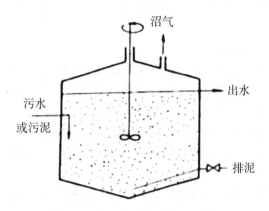

**图4-38 厌氧发酵罐工作原理**

混凝土、三合土、钢板、镀锌管件等。发酵池的种类很多，按发酵间的结构形式有圆形池、长方形池、镡形池和扁球池等多种；按贮气方式有气袋式、水压式和浮罩式；按埋没方式有地下式、半埋式和地上式。以下是几种常用的沼气发酵池。

1. 立式圆形水压式沼气池

我国农村多采用立式圆形水压式沼气池，在埋没方式与贮气方式方面多采用地下埋没和水压式贮气。该发酵池的发酵间为圆形，两侧带有进出料口，容积有 $6m^3$、$8m^3$、$10m^3$、$12m^3$ 等；池顶有活动盖板，便于出池检修以防中毒。池盖和池底是具有一定曲率半径的壳体，主要结构包括加料管、发酵间、出料管、水压间、导气管几个部分。图4-39 是水压式沼气池工作原理示意。

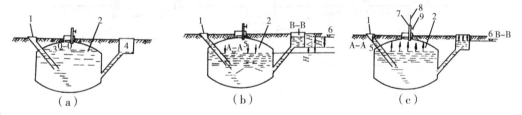

（a）启动前状态；（b）启动后状态；（c）使用状态
1—加料管；2—发酵间（贮气部分）；3—池内液面 O-O；4—出料间液面；5—池内料液面 A-A；6—出料间液面 B-B；7—导气管；8—沼气输气管；9—控制阀

**图4-39 水压式沼气池工作原理示意**

圆形结构的沼气池受力性能好，比相同容积的长方形池表面积小 20% 左右，池内无死角，容易密闭，有利于甲烷菌的活动，以发挥产气作用。

水压式贮气池的优点是：结构比较简单，造价低，施工方便。缺点是：气压不稳定，对产气不利；池温低，不能保持升温，严重影响产气量，原料利用率低（仅 10%～20%）；大换料和密封都不方便；产气率低，平均 $0.1～0.15m^3/（m^3·d）$，而且这种沼气池对防渗措施的要求较高，给燃烧器的设计带来了一定困难。

通常建这种池主要考虑以下因素：①在选择池基时要靠近厕所、牲畜圈，使粪便自动流入池内，便于进料，方便管理；②有利于保持池温，提高产气率；③有利于改善环境卫生。

## 2. 立式圆形浮罩式沼气池

图4-40是浮罩式沼气池示意，这种沼气池也多采用地下埋没方式，它把发酵间和贮气间分开，因而具有压力低、发酵好、产气多等优点。产生的沼气由浮沉式的气罩存放起来，气罩可直接安装在沼气发酵池顶，如图4-40（a）；也可安装在沼气发酵池侧，如图4-40（b）。浮沉式气罩由水封池和气罩两部分组成，当沼气压力大于气罩重量时，气罩便沿水池内壁的导向轨道上升，直至平衡为止。当用气时，罩内气压下降，气罩也随之下沉。

顶浮罩式沼气贮气池造价比较低，但气压不够稳定。侧浮置式沼气贮气池气压稳定，比较适合沼气发酵工艺的要求，但对材料要求比较高，造价昂贵。

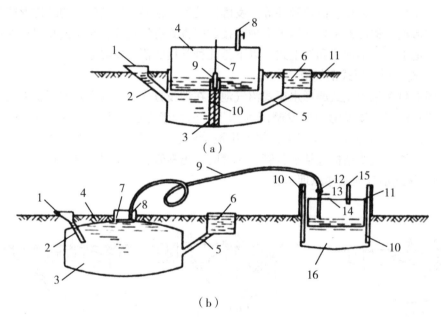

（a）顶浮罩式：1. 进料口；2. 进料管；3. 发酵间；4. 浮罩；5. 出料联通管；
6. 出料间；7. 导向轨；8. 导气管；9. 导向槽；10. 隔墙；11. 地面
（b）侧浮罩式：1. 进料口；2. 进料管；3. 发酵间；4. 地面；5. 出料联通管；
6. 出料间；7. 活动盖；8. 导气管；9. 输气管；10. 导向柱；11. 卡具；12. 进气管；
13. 开关；14. 浮罩；15. 排气管；16. 水池

**图4-40　立式浮罩式沼气池示意**

## 3. 立式圆形半埋式沼气池发酵池组

我国城市粪便沼气发酵多采用发酵池组。图4-41是用于处理粪便的一组圆形、半埋式组合沼气池的平面图。该池采用浮罩式贮气，单池深度4m，直径5m，为钢筋混凝土构筑物，埋入土内1.3m，发酵池上安装薄钢浮罩，内面用玻璃纤维和环氧树脂作防腐处理，外涂防锈漆。发酵池内密封性好，总储粪容积为340m³，进粪量控制在

290m³，储气空间为156m³。运转过程中，池内气压为2.35~3.14kPa，温度维持在32~38℃。1m³池容积每天产气0.35m³，按1m³沼气相当于0.7L汽油价值折算，一年可节省汽油费24 000元，节约原煤76t。发酵池工艺操作简便造价低廉，当气源不足时，可从投料孔，添进一些发酵辅助物，如树叶、稻草、生活垃圾、工业废水等，以帮助提高产气量。

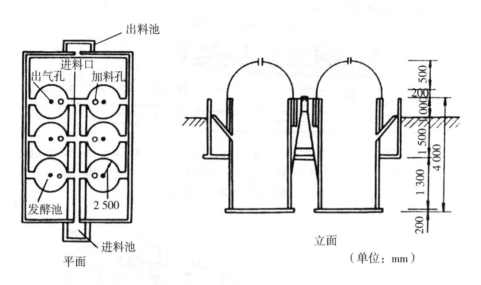

**图4-41　粪便发酵池组平面示意**

4. 长方形（或方形）发酵池

这种发酵池的结构由发酵室、气体储藏室、储水库、进料口和出料口、搅拌器、导气喇叭口等部分组成（图4-42）。

发酵室主要是储藏供发酵的废料。气体储藏室与发酵室相通，位于发酵室的上部空间，用于储藏产生的气体。物料从进料口进入，废物由出料口排出。储水库的主要作用是调节气体储藏室的压力。若室内气压很高时，就可将发酵室内经发酵的废液通过进料间的通水穴，压入储水库内。相反，若气体储藏室内压力不足时，储水库中的水由于自重便流入发酵室，就这样通过水量调节气体储藏的空间，使气压相对稳定，保证供气。通过搅拌器使发酵物不至沉到底部。产生的气体通过导气喇叭口输到外面导气管。

5. 联合沼气池

若需要产气量较大，可将数个发酵池串联在一起，就是所谓联合沼气池，可以示意为图4-43。

6. 上流式污泥床反应器

早在20世纪60年代，美国斯坦福大学麦卡蒂教授就提出了厌氧过滤器的装置，内部装有可固定菌种的卵石之类的填料，为新型装置的研究开辟了道路。但是，这种填料极易引起堵塞，影响反应过程的运行。到了20世纪70年代，荷兰农业大学列亭格教授，对装置的设施进行了改革，在其上部装上气、液、固三相分离器，能有效地做到气液分离和截留活性污泥，保证工程的高效运行，这就是目前在国内外应用极为普遍的上

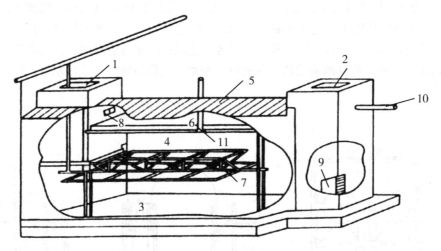

1—进料口；2—出料口；3—发酵间；4—气体储藏室；5—木板盖；6—储水库；
7—搅拌器；8—通水穴；9—出料门洞；10—粪水溢水管；11—导气喇叭口

**图4-42  长方形发酵池**

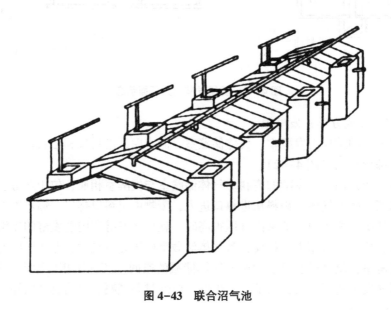

**图4-43  联合沼气池**

流式污泥床反应器。

### (二) 沼气发酵池的管理

为了使发酵池产气量稳定，必须对发酵池加强管理。为了加速沼气池的发酵过程，在加料之前，预先在池底铺置一层经过发酵的熟污泥，然后逐步加入配好的新鲜原料，最后搅拌均匀。每日必须搅拌三四次以上，不使物料下沉。必须使池内保持一定的温度。如在冬季下料时，需先可用热水将混合物的温度提高到 50~60℃，方可加入。加入后立即搅拌，以使池内溶液的温度上下均匀，并在池盖处用保温材料（如稻草）等进行保温。每日必须加入适当数量的原料。发酵池内的水分应相对稳定。若经过发酵池内水分增多而过量时，可适当排出一些水分。若经过较长时间的发酵，应取样分析池中溶液 pH 值，若发现酸性增大，可加入适量苏打或熟石灰。新造好的沼气发酵池最初几天所产生的气体，大部分是沼气与池内原存的空气混合物，不易燃烧，有时容易爆炸。所以，在池建成后前几天，每日开放两次，放出混合气，直到所排出的气体燃烧不熄时为止。

现代大型工业化沼气发酵设备及工艺。在整个沼气发酵系统中，发酵罐是重要的核心部分。发酵罐的大小、结构类型直接影响到整个发酵系统的应用范围、工业化程度、沼气的产量和质量、回收能源的利用途径以及堆肥产品的市场前景等。传统的小型沼气发酵系统由于结构简单、造价低、施工方便、管理技术要求不高等优点得到大量普及。但是其发酵罐体积小，不能容纳大量有机废物；产生的沼气量小、质量低、利用效率不高、途径单一；发酵过程一般在自然条件下进行，发酵周期较长。这些缺点影响了它的进一步发展。

为了能够利用发酵技术处理大量污泥和有机废物，满足城市污水处理厂污泥以及城市垃圾的处理与处置要求，提高沼气的产量和质量，扩大沼气利用途径和效率，缩短发酵周期，实现沼气发酵的系统化、自动化管理，近年来国内外逐步开发了现代大型工业化沼气发酵技术。

在厌氧发酵中，发酵罐中的厌氧生物反应过程能否顺利进行是该技术的关键所在，要获得一个比较完善的厌氧反应过程必须具备以下条件：要有一个完全密闭的反应空间，使之处于完全厌氧状态；反应器反应空间的大小要保证反应物质有足够的反应停留时间；要有可控的污泥（或有机废物）、营养物添加系统；要具备一定的反应温度；反应器中反应所需的物理条件要均衡稳定。特别需要强调的是，充分的循环条件是非常必要的，只有这样才能保证确切的物料运输和热量交换过程。这两个因素直接关系到有机废物的稳定程度和时间以及整个污泥体系内热量的均匀分布。同时循环过程还有助于防止污泥在底部沉积和表面浮渣层的形成。

如今，配备有完全循环装置的发酵罐是一个比较完美的设计，得到了认同。这种设计具有发酵时间短、厌氧微生物与有机废物接触充分、反应温度均衡、发酵空间利用率高等优点。在设计一个发酵罐时，应充分考虑到上述这几个关键因素，选择合适的发酵罐类型和安装技术。

（1）常见的几种类型的发酵罐。选择最佳的发酵罐类型是非常必要的，这样有助于发酵罐内反应污泥的完全混合，防止底部污泥的沉积，防止或减少表面浮渣层的形成，有利于沼气的产生。另外，在整个反应系统内，能量的分布状况随着发酵罐类型的不同而不同，好的发酵罐有助于降低能耗、节约能源以及能量在整个发酵罐内的合理分配。图 4-44 是目前最常用的几种类型的发酵罐。

欧美型（Anglo-American shape）。这种结构的发酵罐，其直径与高度的比一般大于1，顶部具有浮罩，顶部和底部都有小的坡度，由四周向内凹陷，形成一个小锥体。在运行过程中，发酵罐底部沉积以及表面形成浮渣层的问题可以通过向罐中加气形成强烈的循环对流来消除。按照发酵运行标准，发酵罐应每隔 2~5 年清空一次，但对欧美型发酵来说不做这样的要求。

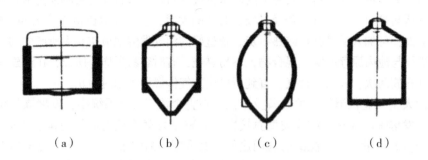

（a）欧美型；（b）古典型；（c）蛋型；（d）欧洲平底型

**图 4-44　各种形状的污泥和有机物发酵罐**

古典型（Classical shape）。此类发酵罐在结构上主要有三部分，中间是一个直径与高度比为 1 的圆桶，上下两头分别有一个圆锥体。底部锥体的倾斜度为 1.0~1.7，顶部为 0.6~1.0。古典型的这种结构有助于发酵污泥处于均匀的、完全循环的状态。

蛋型（Egg shape digester）。蛋型发酵罐是在古典型发酵罐的基础上加以改进而形成的。由于混凝土施工技术的进步，使得这种类型发酵罐的建造得以实现并迅速发展起来。蛋型发酵罐有两个特点：一是发酵罐两端的锥体与中部罐体结合时，不像古典型发酵罐那样形成一个角度，而是光滑的逐步过渡，这样有利于发酵污泥彻底地循环，不会形成死角；二是底部锥体比较陡峭，反应污泥与罐壁的接触面积比较小。这二者为发酵罐内污泥形成循环及均一的反应提供了最佳条件。

欧洲平底型（European plain shape）。此类发酵罐介于欧美型与古典型之间。同古典型相比，它的施工费用较低，同欧美型相比它的直径与高度的比值更为合理。但是这种结构的发酵罐在其内部安装污泥循环设备种类方面，选择的余地比较小。

（2）发酵罐的施工建设。目前在德国所有大型或中型的发酵罐都采用蛋型发酵罐。它们是利用预应力混凝土技术建筑而成，现有 50 多个容量在 1 600~ 12 800m³ 的这类发酵罐在运行，其中许多位于地震区。

（3）发酵罐的规模与费用。通常情况下，规模越大费用越低。因此大的发酵罐比小的发酵罐更经济。在中型或大型沼气发酵厂为了使整个系统得到充分利用至少要有两个发酵罐。

## 四、厌氧发酵实例

案例为荷兰蒂尔堡 Valorga 生活垃圾厌氧发酵工厂。荷兰蒂尔堡 Valorga 工厂于 1994 年投入使用，采用厌氧发酵工艺处理城市垃圾，处理的垃圾中含有 60% 以上的有机垃圾，这得益于荷兰实施的垃圾分类投放政策，确保了有机垃圾的收集。工厂年处理量为 52 000t，处理约 300 000 居民日常生活产生的垃圾。首先，垃圾经过分拣、破碎，颗粒直径小于 80mm，稀释到总固体含量大约为 30%，充入热蒸气，加热至 40 ℃。Valorga 工厂采用两座厌氧消化器，每座容积 3 300m³，两座消化器相同负荷运转。该工艺为一步工艺，全部的厌氧过程都发生在消化器中。消化器为椭圆形结构，侧面附有塞孔。内壁位于消化器内部2/3处，上面的洞孔用于混合物的导入导出。消化残渣由重力作用沉降至底部，产生的沼气由高压转换管压至消化器底部的容器。由于工艺流程中，消化器中不需要任何机械设备，使物质在消化器的循环没有任何障碍。产生的气体与垃圾填埋场的沼气混合，经纯化后，沼气发电。重力沉降后的消化残渣直接采用螺旋压榨机脱水。泥浆经泥浆除沙器去除较大的颗粒，并用离心过滤机去除悬浮固体。过滤的污水排至附近的污水处理厂处理，固体颗粒经过大约四周的好氧发酵稳定，最终形成有机化肥（表4-15）。

**表4-15 荷兰蒂尔堡 Valorga 工厂工艺参数**

| 参　数 | 数　值 | 参　数 | 数　值 |
| --- | --- | --- | --- |
| 处理能力（t/a） | 52 000 | 甲烷产量（标态）（m³/t VS） | 220~250 |
| 处理能力消化池容积（m³） | 2×3 300 | 水力停留时废料应用（d） | 20 |
| 总固体% | 37~55 | pH | 7.8 |
| 挥发性固体VS% | 32~65 | 废料应用 | 肥料 |
| 沼气产量（标态）/（m/） | 80~85 | — | — |

该工艺参数见表4-15，流程图见图4-45。参照表4-15中荷兰蒂尔堡 Valorga 工厂的工艺参数以及图4-45的工艺流程图，该工艺是个一步工艺。全部的厌氧过程都发生

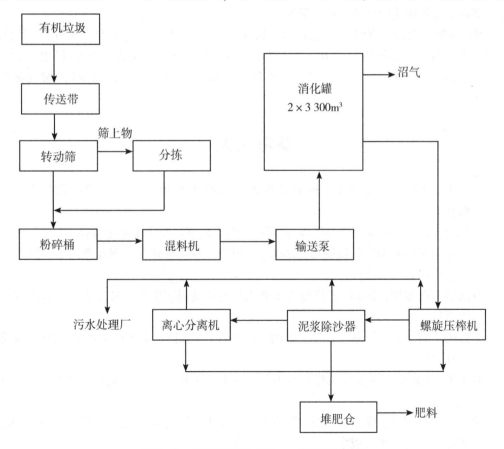

**图4-45 荷兰蒂尔堡 Valorga 工厂工艺流程**

在消化器中。由于消化器内没有任何机械设备，易于工艺完全运转。工厂运行多年效果良好，实践证明厌氧发酵处理城市垃圾是切实可行的工业处理方法。

# 思考题

1. 简述固体废物堆肥化的定义，并分析固体废物堆肥化的意义和作用。
2. 分析好氧堆肥的基本原理，好氧堆肥化的微生物生化过程是什么？
3. 简述好氧堆肥的基本工艺过程，探讨影响固体废物堆肥化的主要因素。
4. 如何评价堆肥的腐熟程度？
5. 何谓厌氧发酵？简述厌氧发酵的生物化学过程。
6. 分析厌氧发酵的三阶段理论和两阶段理论的异同点。
7. 影响厌氧发酵的因素有哪些？在进行厌氧发酵工艺设计时应考虑哪些问题？
8. 厌氧发酵装置有哪些类型？试比较它们的优缺点。
9. 用一种成分为 $C_{31}H_{50}NO_{26}$ 的堆肥物料进行实验室规模的好氧堆肥试验。实验结果为：每 1 000kg 物料在完成堆肥化后仅剩 200kg，测定产品成分为 $C_{11}H_{14}NO_4$，试求每 1 000kg 物料的化学计算理论需氧量。
10. 废物混合最适宜的 C/N 比计算。树叶的 C/N 比为 50，与来自污水处理厂的性污泥混合，活性污泥的 C/N 为 6.3。分别计算各组分的比例使混合 C/N 达到 25。设定条件为：污泥含水率为 75%，树叶含水率为 50%，污泥含氮率为 5.6%，树叶氮率为 0.7%。

# 参考文献

卞有生，2001. 生态农业中废弃物的处理与再生利用 [M]. 北京：化学工业出版社.

董保澍，1999. 固体废物的处理与利用 [M]. 北京：冶金工业出版社.

国家环境保护总局污染控制司，2000. 城市固体废物管理与处理处置技术 [M]. 北京：中国石化出版社.

李国学，张福锁，2000. 固体废物堆肥化与有机复混肥生产 [M]. 北京：化学工业出版社.

芈振明，高忠爱，祁梦兰，等，2002. 固体废物的处理与处置 [M]. 北京：高等教育出版社.

聂永丰，2000. 三废处理工程技术手册——固体废物卷 [M]. 北京：化学工业出版社.

徐亚同，史家梁，张明，2001. 污染控制微生物工程 [M]. 北京：化学工业出版社环境科学与工程出版中心.

杨国清，等，2000. 固体废物处理工程 [M]. 北京：科学出版社.

曾现来，等，2011. 固体废物处理处置与案例 [M]. 北京：中国环境科学出版社.

张益，陶华，2002. 垃圾处理处置技术及工程实例 [M]. 北京：化学工业出版社环境科学与工程出版中心.

赵由才，等，2002. 生活垃圾资源化原理与技术 [M]. 北京：化学工业出版社环境科学与工程出版中心.

庄伟强，2001. 固体废物处理与利用 [M]. 北京：化学工业出版社.

# 第五章　固体废物的热解与焚烧处理

## 第一节　固体废物的热解处理

### 一、概述

热解技术的应用已经有很长的历史，其主要应用于木材、煤炭、重油等燃料的加工处理。例如，将木材进行热解干馏得到木炭；以焦煤为主要成分的煤进行热解碳化得到焦炭；气煤进行热解气化得到煤气；油母页岩低温热解干馏得到液体燃料产品。在以上诸多工艺中，将焦炉热解碳化制造焦炭的技术最为成熟，应用最为广泛。

随着生产力的发展，人口进一步向城市集中，消费水平迅速提高，固体废物排出量急剧增加，成为严重的环境问题。20 世纪 70 年代中期，许多国家为了加强固体废物的管理，解决废物放置场地紧张，处理费用巨大等问题，为了实现资源的再利用，设立了专门的科学研究机构，用来研究固体废物的处置、回收、利用的技术。此时，热解技术凭借其工艺的优点，开始用于固体废物的资源化处理，并逐渐成为固废处理的主流技术。

固体废物经热解处理后可得到便于存放和运输的燃料及化学产品，在高温条件下所得到的炭渣还会与物料中某些无机物和金属成分构成硬而脆的惰性固态产物，使其后续的填埋处置作业可以更为安全和便利地进行。实践证明，热解技术是一种很有发展前景的固体废物处理方法。其工艺适宜于处理包括城市生活垃圾、污泥、废塑料、废树脂、废橡胶、人畜粪便等工业和农业废物在内的具有一定能量的有机固体废物。

### 二、固体废物热解的原理及方法

#### （一）热解定义

热解是指物质受热发生化学分解的过程。一般是在无氧或缺氧条件下对有机物进行加热蒸馏，使其产生热裂解，经冷凝后形成各种新的气体、液体和固体。因此，也可定义为破坏性蒸馏、干馏或炭化过程。热解反应通常可以用以下简式表示：

有机固体废弃物 $\xrightarrow{\Delta}$ 气体+有机液体+固体残渣

式中：气体包括 $H_2$、$CH_4$、$CO$、$CO_2$、$NH_3$、$H_2S$、$HCN$、$SO_2$ 等；有机液体包括有机酸、芳烃、焦油、煤油、醇、醛类等；固体残渣包括炭黑、炉渣等。

## （二）热解原理

热解过程并不是一个简单的反应过程，其包含着一系列复杂的物理化学过程。

（1）对于不同成分的物质，其热解温度各不相同。如，纤维类物质热解温度为180~200℃，煤的热解温度，随煤质的不同，其温度在200~400℃不等。

（2）在热解过程中，不同的温度区段所进行的反应过程不同，产生物的组成也不同。低温通常会产生较多的液体产物，例如，碳化过程在较低温度下以较慢的反应速度进行，从而使焦类物质产量最大化。高温则会使气态物质增多。

（3）物料粒度较大时，由于达到热解温度所需传热时间长，扩散传质时间也长，则整个过程更易发生许多二次反应，使产物组成及性能发生改变。

（4）固体废物热解能否得到高能量产物，取决于原料中氢转化为可燃气体与水的比例。

## （三）热解特点

（1）可以将固体废物中的有机物转化为燃料气、燃料油和炭黑为主的存放性能源，经济性好。

（2）由于是缺氧分解，排气量少，有利于减轻对大气环境的二次污染。

（3）废物中的硫、重金属等有害成分大部分被固定在炭黑中，可从中回收重金属。

（4）由于保持还原性条件，$Cr^{3+}$不会转化为$Cr^{6+}$。

（5）能处理不适合焚烧和填埋的难处理废物。

## （四）热解产物

热解产物因热解工艺的不同而不同，相同的热解工艺也因热解工艺参数的不同，其热解产物也不完全相同，此外，热解产物的组成也会随热解温度的不同有很大波动。不同热解工艺及其产物见表5-1所示。

表5-1 不同热解工艺产物

| 工 艺 | 停留时间 | 加热速率 | 温度/℃ | 主要产物 |
| --- | --- | --- | --- | --- |
| 碳化 | 几小时至几天 | 极低 | 300~500 | 焦炭 |
| 加压碳化 | 15min 至 2h | 中速 | 450 | 焦炭 |
| 常规热解 | 几小时 | 低速 | 400~600 | 焦炭、液体和气体 |
| | 5~30min | 中速 | 700~900 | 焦炭和气体 |
| 真空热解 | 2~30s | 中速 | 350~450 | 液体 |
| | 1~2s | 高速 | 400~650 | 液体 |
| 快速热解 | 小于1s | 高速 | 650~900 | 液体和气体 |
| | 小于1s | 极速 | 1 000~3 000 | 气体 |

## （五）热解工艺

热解过程由于热解温度、供热方式、热解炉结构以及产品状态等方面的不同，热解工艺也各不相同。按热解的温度不同,分为高温热解、中温热解和低温热解;按供热方式可分为直接加热和间接加热;按热解炉的结构可分为固定床、移动床、流化床和旋转炉等;按热解产物的聚集状态可分为气化方式、液化方式和炭化方式。

1. 按供热方式分类

(1) 直接加热法。固体废物热解所需要的热量来自部分固体废物直接燃烧或者向热解反应器中补充燃料所产生的热。

由于燃烧需提供氧气,因而就会产生 $CO_2$、$H_2O$ 等惰性气体混在热解可燃气中,稀释了可燃气,结果降低了热解产气的热值。如果采用空气作氧化剂,热解气体中不仅有 $CO_2$、$H_2O$,而且含有大量的 $N_2$,更稀释了可燃气,使热解气的热值大大降低。因此,采用的氧化剂不同,其热解气的热值不同。

直接加热法的设备简单,可采用高温热解,其处理量大,产气率高,但所产气体的热值并不高,不适合作为单一燃料直接使用;另外,高温热解,要对 $NO_x$ 的控制进一步考虑。

(2) 间接加热法。将固体废物与直接加热介质在热解反应器中分离开来的一种方法。可利用干墙式导热或一种中间介质来传热(热砂料或融化的某种金属床层)。干墙式导热方式由于热阻大,熔渣可能会出现包覆传热壁面或者腐蚀等问题,以及不能采用更高的热解温度等而受限;采用中间介质加热,虽然可能出现固体传热或物料与中间介质的分离等问题,但综合比较起来,中间介质传热要比干墙式导热方式好一些。

间接加热法的主要优点在于其产品的品位较高,完全可以作为燃气直接燃烧利用,但其产气量和产气率大大低于直接加热法。

2. 按热解温度分类

(1) 低温热解。热解温度一般在 600℃ 以下。可用这种方法将农业、林业和农业产品加工后的废物用来生产低硫、低灰的炭,生产出的炭视其原料和加工的深度不同,可作不同等级的活性炭和水煤气原料。

(2) 中温热解。热解温度一般在 600~700℃,主要用在比较单一的物料作能源和资源回收的工艺上,像废轮胎、废塑料转换成类重油物质的工艺。所得到的类重油物质既可作能源,亦可作化工初级原料。

(3) 高温热解。热解温度一般都在 1 000℃ 以上,固体废物的高温热解,主要为获得可燃气。高温热解采用的加热方式几乎都是直接加热法。如果采用高温纯氧热解工艺,反应器中的氧化—炉渣区段的温度可高达 1 500℃,从而将热解残留的惰性固体(金属盐及其氧化物和氧化硅等)熔化,以液态渣的形式排出反应器,清水淬冷后粒化。这样可大大减少固态残余物的处理困难,而且这种粒化的玻璃态渣可作建筑材料的骨料。

(六) 热解技术的主要影响因素

1. 温度

热解温度与气体产量成正比,但随着热解温度的增加,液体物质和固体物质的产量却逐渐减少。固体废物热解产物收率 $m$ (%) 如表 5-2 所示。此外,热解温度在影响气体产量的同时,也会对气体组分产生影响,如表 5-3 所示。所以,应根据预期的回收目标确定控制适宜的热解温度。

表 5-2　固体废物热解产物收率 $m$（%）

| 产物成分 | 生活垃圾 | | 工业垃圾 | |
|---|---|---|---|---|
| | 热解温度 750℃ | 热解温度 900℃ | 热解温度 750℃ | 热解温度 900℃ |
| 残留物 | 11.5 | 7.7 | 37.5 | 37.8 |
| 气体 | 23.7 | 39.5 | 22.8 | 29.5 |
| 焦油与油 | 2.1 | 0.2 | 1.6 | 0.8 |
| 氨 | 0.3 | 0.3 | 0.3 | 0.4 |
| 水溶液 | 55 | 47.8 | 30.6 | 21.8 |

表 5-3　温度对气体成分的影响（%）

| 气体成分 | 温度/℃ | | | |
|---|---|---|---|---|
| | 480 | 650 | 815 | 925 |
| $H_2$ | 5.56 | 16.58 | 27.55 | 32.48 |
| $CH_4$ | 12.43 | 15.91 | 13.73 | 10.45 |
| CO | 33.5 | 30.49 | 34.12 | 35.25 |
| $CO_2$ | 44.77 | 31.78 | 20.59 | 17.31 |
| $C_2H_4$ | 0.45 | 2.18 | 2.24 | 2.43 |
| $C_2H_6$ | 3.03 | 3.06 | 0.77 | 1.07 |

2. 湿度

热解过程中湿度的影响是多方面的，主要表现为影响气体产量、气体组成成分、热解的内部化学过程以及整个系统的能量平衡。通常，湿度越低，加热到工作温度所需时间越短，干燥和热解过程的能耗就越少，物料加热速度越快，越有利于得到较高产率的可燃性气体。

热解过程中水分来自两方面，物料自身含的水和外加的高温水蒸气。反应过程中生成的水分其作用更接近于外加的高温水蒸气。

对不同物料来讲，物料中的含水率 $W_y$ 变化非常大，对单一物料而言 $W_y$ 就比较稳定。我国城市生活垃圾的含水率一般可达 40% 左右，有的超过 60%。这部分水在热解过程前期的干燥阶段（105℃以前）失去，最后凝结在冷却系统中或随热解气一同排出。如果它以水蒸气的形式与可燃的热解气共存，则会严重降低热解气的热值和可用性。因此，在热解系统中要求将水分凝结下来，以提高热解气的可用性。

3. 物料组成及其大小

物料的成分和尺寸大小对热解过程也有重要影响。不同物料的成分不同，其可热解性也不一样。若物料中有机物成分比例大、热值高，则其可热解性好，产品热值高，可回收性好，残渣也少。

若物料颗粒大，则传热速度及传质速度较慢，使高温热解反应不容易进行。因此，有必要对热解原料进行适当破碎预处理，使其粒度既细小又均匀。

4. 加热速率

加热速率的快慢直接影响固体废物的热解历程，从而也影响热解的产物。在低温、低速条件下，有机物分子有足够时间在其最薄弱的接点处分解，重新结合为热稳定性固体，从而难以进一步分解，固体产率增加；在高温、高速条件下，热解速度快，有机物分子结构发生全面裂解，生成大范围的低分子有机物，产物中气体组分增加。

5. 物料停留时间

物料停留时间是指反应物料完成反应在炉内停留的时间。它与物料的尺寸、物料分子结构特性、反应器内的温度水平、热解方式等因素有关。一般情况下，物料尺寸越小，停留时间越短；物料分子结构越复杂，停留时间越长。反应温度越高，停留时间就越短。

物料停留时间还决定了物料分解转化率，故而影响热解产物的成分和总量。为了充分利用原料中的有机质，应尽量排除其中的挥发成分，延长物料在反应器中的停留时间。物料的停留时间与热解过程的处理量成反比例。停留时间长，则热解充分，但处理量少；停留时间短，则热解不完全，但处理量大。

6. 其他因素

此外，影响热解的因素还包括物料的预处理程度、反应器类型、供气供氧量、催化剂等。

## 三、典型固体废物的热解

### (一) 废塑料的热解

废旧塑料的污染是全球污染治理的难题。近年来废旧塑料的热解处理技术受到了广泛关注和肯定，它通过转换可以有效地回收燃料油、可燃气、固态燃料，实现能源的最大回收和废塑料的充分再利用，具有较高的经济效益和环境效益。

1. 废塑料的热解特性

塑料可以分为热塑性塑料和热固性塑料两类。热塑性塑料种类繁多、应用广泛、产生废塑料的量也较多，此类塑料主要有聚乙烯（PE）、聚苯乙烯（PS）、聚丙烯（PP）、聚氯乙烯（PVC）、聚苯乙烯泡沫（PSF）、聚四氟乙烯（PTEF）等。这些塑料加热到300~500℃时，大部分分解成低分子碳氢化合物，最后得到的热解主要产物是燃料油或化工原料等。

2. 热解温度和催化剂

塑料种类繁多，其热解过程和生成物因塑料种类的不同而有较大差异。图5-1为不同塑料的热解情况。可以看出，当塑料种类不同时，其热解反应温度也不相同。

可以看到聚氯乙烯（PVC）的热解温度在100~300℃，热解速率较慢，且热解不完全，会有将近40%的残渣剩余；而聚乙烯（PE）热解温度在390~550℃，热解速率较快，反应较完全，基本没有残渣剩余。

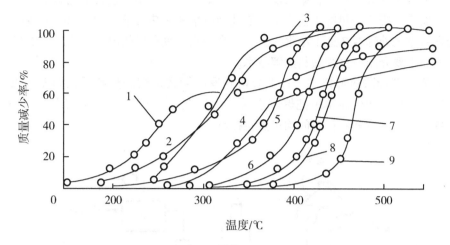

1—聚氯乙烯；2—尿素树脂；3—聚氨酯；4—酚醛树脂；5—聚甲基丙烯酸甲酯；6—聚苯乙烯；7—ABS树脂；8—聚丙烯；9—聚乙烯

**图 5-1  不同塑料的热解情况**

催化剂也是影响热解的关键因素，绝大多数废塑料的热解过程均加入了催化剂。目前使用的催化剂种类主要有硅铝类化合物和 H-Y、ZSM-5、REY、Ni/REY 等各种沸石催化剂。

3. 热解设备

目前国内外废塑料热解反应器种类较多，主要有槽式（聚合浴、分解槽）、管式（管式蒸馏、螺旋式）、流化床等。

槽式反应器的特点是在槽内的分解过程中进行混合搅拌，物料混合均匀，采用外部加热，靠温度来控制成油形状。该法物料的停留时间较长，加热管表面析出炭后会造成传热不良，需定期清理排出。

管式反应器也采用外加热方式。管式蒸馏先用重油溶解或分解废塑料，然后再进入分解炉；螺旋式反应器则采用螺旋搅拌，传热均匀，分解速率快，但对分解速率较慢的聚合物不能完全实现轻质化。

流化床反应器一般是通过螺旋加料器定量加入废塑料，使其与固体小颗粒热载体（如石英砂）和下部进入的流化气体（如空气）混合在一起形成流态化，分解成分与上升气流一起导出反应器，经除尘冷却后制成燃料油。此类反应器采用部分塑料的内部加热方式，具有原料不需熔融、热效率高、分解速率快等优点。

4. 废塑料的热解工艺

废塑料热解的基本工艺分为两种。

一种是将废塑料加热熔融，通过热解生成简单的碳氢化合物，然后在催化剂的作用下生成可燃油品。这种工艺经济性较好，产物量较大，但是建设费用较高，塑料作为唯一的生产原料，收集和运输费用也较高。

另一种则是将热解与催化热解分为两步。这种工艺的特点是第一步将塑料热解得到重油，达到减容增效的目的，第二步将重油收集在一起，集中进行催化裂解。

一般而言，废塑料热解工艺主要由前处理—熔融—热分解—油品回收—残渣处理—中和处理—排气处理这7道工序组成，其中合理确定废塑料热解温度范围是工艺设计的关键。下面主要介绍一些废塑料热解技术。

（1）管式蒸馏法热解技术。日本公司开发的管式蒸馏法热解系统如图5-2所示，用蒸馏法不仅可以比较简单地把聚苯乙烯（PS）制成液状单体，而且用于回收单体的分解设备、反应温度和停留时间均可随意控制。

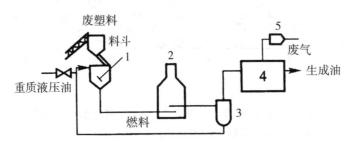

1. 溶解槽；2. 管式分解炉；3. 分离槽；4. 油品回收系统；5. 补燃器
**图5-2 管式蒸馏法热解工艺流程**

（2）螺旋式热解系统。日本三洋电机研究所开发的螺旋式热解系统的工艺流程如图5-3所示。其处理量为100kg/h，其塑料加热分为两段，先以微波加热熔融，然后送入温度更高的螺旋式反应器中进行分解，最后分别回收油品。

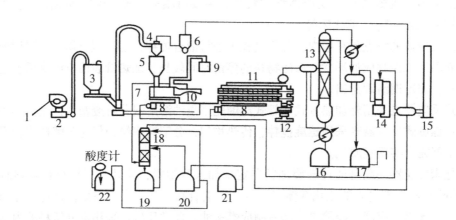

1. 传送机；2. 破碎机；3. 筒仓；4. 气流干燥机；5. 料斗；6. 袋滤机；7. 熔融炉；8. 热风炉；9. 微波电源；10. 贮液槽；11. 螺旋式反应器；12. 残渣排出机；13. 蒸馏塔；14. 煤气洗涤器；15. 废气燃烧炉；16. 重油贮槽；17. 轻重油贮槽；18. 盐酸回收塔；19. 盐酸槽；20. 中和槽；21. 碱槽；22. 中和废液贮槽
**图5-3 螺旋式热解系统工艺**

该系统存在的主要问题是：①由于抽料泵会造成减压，物料在分解管内停留时间不稳定；②高温分解时气化率高；③分解速率低的聚合物不能完全实现轻质化；④由于是外部加热，所以耗能比较大。

（3）流化床热解系统。废塑料在流化床内加热熔融成液体，分散于呈流态化的热载体颗粒表面进行传热和分解。分解温度在450℃以上，与加热面接触的部分塑料产生炭化现象，并附于热载体表面。这些炭化物质与从流化床下部进入的空气接触后发生燃烧反应，被加热的颗粒与气体使塑料分解，被上升气体带出反应器，经过冷却、分离、精制而成为优质油品。如果回收的废塑料是较纯的聚苯乙烯塑料，可以得到高达76%的回收率。如果是混合废塑料，生成的将不是轻质油，而是蜡状或润滑油状的黏糊物质，需进一步进行提炼。

### （二）城市生活垃圾的热解

#### 1. 城市垃圾热解技术的主要类型

城市生活垃圾热解可以根据装置特性分为移动床熔融热解炉方式、回转窑炉方式、流化床方式、多段炉方式和闪解方式（Flush Pyrolysis）等。在这些热解方式中，回转窑方式和闪解方式是最早开发的城市垃圾热解技术，代表性系统有Landgard系统和Occidental系统。多段炉主要用于含水率较高的有机污染的处理。流化床方式分为单塔式和双塔式两种，其中双塔式流化床已经达到了工业化生产的规模。移动床熔融炉方式是城市垃圾热解技术中最成熟的方法，其代表性系统有新日铁系统、Purox系统、Landgard系统和Occidental系统。

#### 2. 城市生活垃圾主要热解系统介绍

（1）新日铁垃圾热解熔融系统。该系统是将热解和熔融一体化的复合处理工艺，通过控制炉温及供氧条件，使垃圾在同一炉体内完成干燥、热解、燃烧和熔融。炉内干燥段温度约为300℃，热解段温度为300~1 000℃，熔融段温度为1 700~1 800℃，其工艺流程见图5-4所示。

当系统工作时，垃圾由炉顶投料进入炉内，为了防止空气的混入和热解气体的泄漏，投料口采用双重密封阀结构。垃圾在竖式炉内，依靠自重由上向下移动，与上升的高温气体进行热交换，其水分受热蒸发。垃圾逐渐下移至热解段后，其中的有机物在控制的缺氧状态下发生热解，生成可燃气和灰渣。可燃性气体导入二燃室进一步燃烧，并利用尾气的余热发电；灰渣则进一步下移进入燃烧区。在燃烧区灰渣中的炭黑与炉下部通入的空气发生燃烧反应，其产生的热量不足以满足灰渣熔融的需要，通过添加焦炭来提供碳源。

灰渣熔融后形成玻璃体和铁，体积大大减小，重金属等有害物质也被完全固定在固相中。玻璃体可以直接填埋处置或作为建材加以利用，磁分选出的铁也有足够的利用价值。热解得到的可燃性气体的热值为6 276~10 460kJ/$m^3$。

（2）Purox系统。Purox系统又称纯氧高温热分解法，是由美国联合碳化公司开发的城市垃圾热解工艺，见图5-5。

该系统采用竖式热解炉。其工作原理与新日铁系统类似。破碎后的垃圾从塔顶投料口进入并在炉内缓慢下移。纯氧由炉底送入，首先到达燃烧区，参与垃圾燃烧。垃圾燃烧产生的高温烟气与向下移动的垃圾在炉体中部相互作用，有机物在高温烟气作用下发生热解，热解气体向上运动将上层垃圾干燥，最终以90℃的温度从炉顶排出，经洗涤

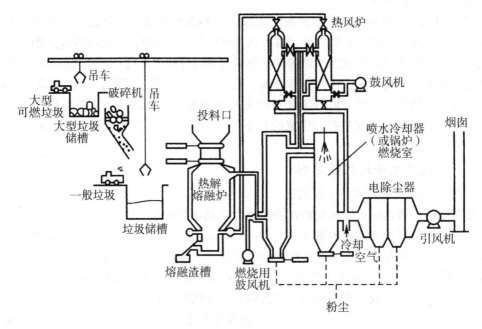

**图 5-4　新日铁系统垃圾热解熔融处理工艺流程**

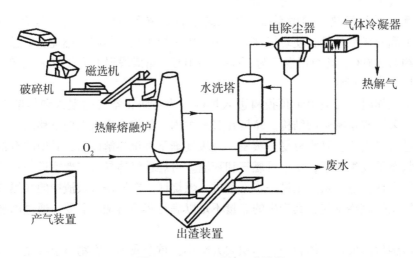

**图 5-5　Purox 系统工艺流程**

去除其中的灰分和焦油后回收利用。净化后的热解气体含有约 75% 的 CO 和 $H_2$，其体积比为 2∶1。气体的热值约为 11 168kJ/$m^3$。

　　而热解残渣在炉的下部与氧气在 1 650℃ 的高温下反应，生成金属块和其他无机物熔融的玻璃体。熔融渣由炉底部连续排出，经水冷却后形成坚硬的颗粒状物质。

　　Purox 系统的能量主要消耗在垃圾破碎和垃圾热解所需助燃氧气的制造上。该系统每处理 1kg 垃圾可产生上述气体 0.712$m^3$，该气体以 90% 的效率在锅炉中燃烧回收热量，系统总体的热效率为 58%。

（3）流化床系统。将垃圾破碎至50mm以下的粒径，经定量输送带传至螺杆进料器，由此投入热解炉内。在流化床内，作为载体的石英砂在热解生成气和助燃空气的作用下产生流动，从投料口进入的垃圾在流化床内接受热量，在大约500℃时发生热分解，热解过程产生的炭黑在此过程中发生部分燃烧。热解产生的可燃性气体经旋风除尘器去除风尘后，再经分离塔分出气、油和水。分离出的热解气一部分用于燃烧，用来加热辅助流化气回流到热解塔中，当热解气不足时，由热解油提供所需的那部分热量。

### （三）污泥的热解

#### 1. 污泥的热解特性

污泥热解的主要优点是操作系统封闭，污泥减容率高，无污染气体排放，几乎所有的重金属颗粒都残留在固体剩余物中，在热解的同时还可实现能量的自给和资源的回收，因而是一种非常有前途的污泥处理方法和资源化技术。

将干燥的污泥放在保持一定温度的反应管中，最终可得到可燃气体、常温下为液态的燃料油、焦油及包括炭黑在内的残渣等。污泥热解温度与产物生成率的关系见图5-6。

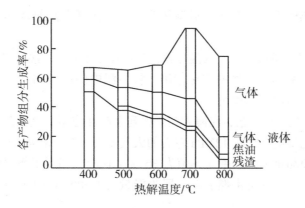

**图5-6 污泥热解温度与产物生成率的关系**

从图中可以看出，随着热解温度的提高，污泥转化为气态物质的比率在上升，而固态残渣则相应降低。实验表明，在无氧的状态下将污泥加热至完全分解气化，这对于污泥的能量回收和减量化非常有利。

#### 2. 污泥热解工艺

污泥热解的工艺流程主要包括：污泥脱水—干燥—热解—炭灰分离—油气冷凝—热量回收—二次污染防治等过程。图5-7为污泥干燥—热解系统示意图。

污泥热解的炉型通常采用竖式多段炉，为了提高热解炉的效率，在能够控制二次污染物产生的范围内尽可能采用较高的燃烧率（空燃比0.6~0.8）。此外，热解产生的可燃气体及 $NH_3$、HCN 等有害气体组分必须经过二次燃烧以实现无害化。

在该系统中，泥饼首先通过蒸汽干燥装置将含水率降至30%，然后直接投入竖式多段热解炉内，通过控制助燃空气量（部分采用燃烧方式），使污泥发生热解反应。将热解产生的可燃气体和干燥器排气混合后进入二燃室高温燃烧，使二燃室后部的余热锅炉产生蒸气，作为泥饼干燥的热源。

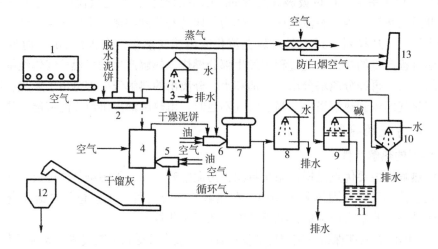

**图 5-7 污泥干燥—热解系统示意**

常用的污泥热解工艺分为污泥低温热解法、污泥高温热解法和污泥—垃圾联合热解法。

（1）污泥低温热解法。污泥低温热解，是在小于500℃、常压和缺氧条件下，借助污泥中所含的硅酸铝和重金属的催化作用，将污泥中的脂类和蛋白质转变成碳氢化合物，最终产物为燃料油、气和炭。

EnerSludge低温热解工艺，在澳大利亚得到生产性应用。该工艺采用热解与挥发相催化改性两段转化反应器，在12MPa左右的大气压力、缺氧和450℃条件下，使可燃油品质提高，达到商品重油的水平（热值为35 000kJ/L）。污泥干燥过程主要由转化的其他含能产物供能，全过程可由燃油发电回收能量（1 200kW·h）/t。其生产性流程如图5-8所示。

其优点在于：①设备较简单，不需要耐高温、高压设备；②能量回收率高，污泥中的炭约有67%以油的形式回收，炭和油的总收率占80%以上；③对环境造成二次污染的可能性小；④其运行成本仅为焚烧法的30%左右。

（2）污泥高温热解法。是在隔绝空气的条件下加热，温度控制在600～1 000℃使组成成分发生大分子断裂，产生小分子气体、热解溶液和炭渣的过程。目前，微波技术被用于高温热解污泥，用多状态的微波炉使污泥的干化和热解在单一过程中完成，并在整个过程中通入氩气以保证惰性环境。

其优点在于：①能处理各种各样的污水污泥，不受污泥内含物的影响；②污泥热解产物中的污泥炭和油类可作为燃料回收使用。

（3）污泥—垃圾联合热解法。将污泥与城市和工业废物混合起来进行热解，充分利用其热能，是固体废物热处理的另外一个发展方向。

20世纪70年代以来，西欧各国相继建成一些联合处理装置。在德国建设的两套工业规模的综合废水处理厂联合热解处理设施，其处理规模已分别达到了3 170t/d和1 680t/d。该系统采用水墙式焚烧炉，脱水污泥用焚烧炉烟道气吹入焚烧炉进行焚烧，

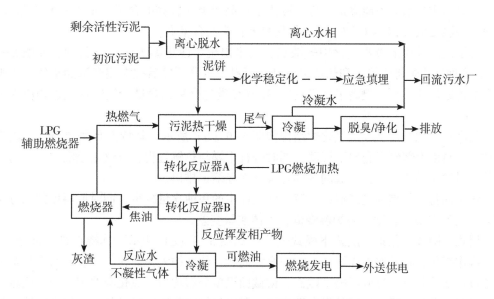

**图 5-8 EnerSludge 生产性工艺流程**

产生的蒸汽除用于污泥处理外，还可供局部加热处理。

### （四）农作物秸秆的热解

农作物秸秆是农业废弃物的主要来源之一。我国每年仅秸秆的产生量就有 9 亿吨。对于废弃农作物秸秆的处理，有传统的生物质液化、堆肥填埋及直接焚烧等处理方法，也有新兴的秸秆栽培食用菌、压块燃料、生物柴油、饲料木质素降解等技术。对于生物质的热解技术，当前受到了普遍关注，也最具有发展潜力。

**1. 农作物秸秆热解特性**

秸秆热解的整个过程分为预加热及干燥阶段、预热解阶段、固体分解阶段以及残炭分解阶段。第一阶段预加热和干燥阶段是从室温开始升高到 100℃ 左右，此阶段是物料初始升温和表面水脱出的过程。第二阶段进入预热解阶段，温度为 120~250℃，物料的结合水脱除，同时发生少量聚合化学反应。第三阶段从 260℃ 开始，温度一直升高到 400℃ 左右，是热解的主要反应阶段，热解反应激烈，大部分热解产物逸出，物料失重明显。第四阶段在 400℃ 以上，此阶段是木质素和残留物分解和碳化的过程，随着温度继续升高，剩余残炭重量趋于稳定，热解反应结束。

**2. 农作物秸秆热解工艺**

常用热解装置有固定床、循环流化床、旋转锥反应器等。

（1）固定床反应器。包括上吸式气化炉、下吸式气化炉、层式下吸式气化炉等。

上吸式气化炉。上吸式气化炉在运行过程中，湿物料从顶部加入后，被上升热气流干燥并将水蒸汽排出，干燥后的物料下降时被热气流加热并热解，释放出挥发成分。剩余的炭继续下降，并与上升的 $CO_2$ 和水蒸气反应，还原成 $CO/H_2$ 及有机可燃气体，剩余的炭继续下行，在炉底被进入的空气氧化，产生的燃烧热为整个汽化过程提供热量。

上吸式气化炉的优点有炭转换率高、原料适应性强、炉体结构简单、制造容易等。

缺点是原料中的水分不能参加反应，减少了产品烃类化合物的含量；由于 $CO_2$ 含量高，原料热解温度低（250~400℃），气体质量差；焦油含量高。

为了改进普通上吸式气化炉的缺点，后来出现了改进型上吸式气化炉，如图 5-9 （a）。这种气化炉将干燥区和热解区分开，原料中水分蒸发后被专用管道随空气引入炉内参加还原反应，从而提高了产品气中 $H_2$ 和烃类化合物的含量，气体热值也相应提高了约 25%。

下吸式气化炉。下吸式气化炉结构如图 5-9 （b）所示，其特点是物料与气体同向流动。物料由上部储料仓向下移动，同时进行干燥与热解过程；空气由喷嘴进入，与下移的物料发生燃烧反应；生成的气体与炭一起经缩口排出。

该炉的特点是焦油经高温区裂解，使气体中的焦油含量减少，同时原料中的水分含量应不大于 20%，否则会使炉温降低，气体质量变差。

层式下吸式气化炉。层式下吸式气化炉如图 5-9 （c）所示，其特点是上部敞口，加料操作简单，容易实现连续加料；炉身为筒状，使结构大为简化。其性能特点是空气从敞口顶部均匀流过反应区整个截面，使截面温度分布均匀，氧化与热解在同一区域内同时进行，是整个反应过程的最高温度区，所以气体中焦油含量较低。该炉在固体床气化炉中生产强度高。

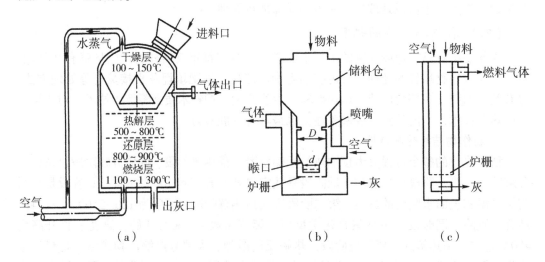

**图 5-9　固定床气化炉结构**

（2）循环流化床反应器。循环流化床气化炉其气化过程由燃烧、还原和热解三个过程组成，而热解是其中最主要的一个反应过程。70%~75% 的物料在热解过程中转换为气体燃料，剩余 25%~30% 的炭，其中 15% 左右的炭在燃烧过程中被烧掉，放出的燃烧热为气化过程供热，10% 左右的炭在还原过程中被气化。在三个反应过程中，热解过程最快，燃烧过程其次，而还原过程最慢。

图 5-10 为循环流化床系统示意图。该炉采用较细粒度的物料，较高的流化速度，使炭在气化炉中不断循环，从而强化了颗粒的传热和传质，提高了气化炉的生产能力，延长了炭在炉内的停留时间，满足了物料还原反应速率低的需要。

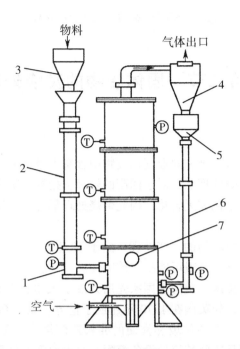

1. L阀；2. 下料直管；3. 物料缓冲罐；4. 旋风分离器；5. 炭
受槽；6. 循环管；7. 气化炉；P. 测压点；T. 测温点

**图5-10 循环流化床系统**

（3）旋转锥反应器。此反应器为作物秸秆颗粒与过量的惰性热载体一道喂入反应器转锥的底部，当秸秆颗粒和热载体构成的混合物沿着炽热的锥壁螺旋向上传送时，秸秆与热载体充分混合并快速热解。热解后产生的热解蒸汽经分离器进入冷凝器进行冷凝，得到生物燃油。图5-11为旋转锥工作原理。反应器中的载气需要量比流化床和传输系统要少，但需要增加用于炭燃烧和沙子输送的气体量；旋转锥热解反应器、鼓泡床

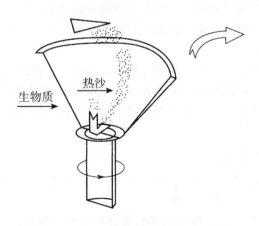

**图5-11 旋转锥反应器工作原理**

炭燃烧器和沙子再循环管道三个子系统同时操作比较复杂，典型液体产物的收率为60%~70%（干燥基）。

# 第二节 固体废物的焚烧处理

## 一、概述

工业固体废物、城市垃圾和农业固体废物中含有大量可燃组分，可以作为一种潜在的能源来开发利用。焚烧处理法，对于固废的处理、处置，则是一个很重要的方法，能够同时实现资源化、减量化和无害化，因此焚烧处理早已在固废的处理中得到了广泛的应用。

现代生活垃圾和危险废物的焚烧处理，始于19世纪中后期的英国和美国。当时主要是为了公共卫生和安全，焚毁可能携有传染性病毒和病菌的垃圾，以控制传染性疾病的扩散和传播。随后，英国、美国等国家先后开展了大量关于垃圾焚烧的研究和试验，并相继建成一些焚烧炉。如英国在1870年建成了世界上第一台垃圾焚烧炉，后来又建成了双层垃圾焚烧炉、可混烧垃圾和粪便的弗赖斯焚烧炉；美国则建成了安德森焚烧炉、纳依焚烧炉等。但是这些焚烧炉设备简陋，由于垃圾水分和灰分都很大，造成焚烧效率低、残渣量大；没有烟气净化设施去处理在焚烧过程中产生的浓烟和恶臭，对环境造成的二次污染严重。因此这种方法曾一度受到人们质疑。

进入20世纪以来，人们在焚烧技术上不断地总结和探索，垃圾焚烧技术有了新的发展。例如将空气污染控制系统引入焚烧系统，以确保烟气的净化，防止造成空气二次污染；废热和副产品回收技术也逐渐引入焚烧体系，以减少能量和能源的浪费；焚烧炉从固定炉排到机械炉排，从自然通风到机械通风，逐步得到发展。20世纪60年代，各种先进技术在垃圾焚烧炉上的应用，使垃圾焚烧得到了进一步的完善，垃圾焚烧技术已初具现代化。

20世纪70至90年代，由于不断出现能源危机、土地价格上涨和越来越严格的环境保护污染排放限制，以及计算机自动化控制等技术的飞速发展，使固体废物焚烧技术日趋完善。移动式机械炉排焚烧炉、流化床焚烧炉、旋转窑式焚烧炉等多种类型的焚烧炉成为这一时期的代表。

近些年来，随着科技的进步以及环境保护要求的进一步提高，固体废物焚烧处理技术向资源化、智能化、多功能化等方向全面发展。焚烧处理已从过去单纯的废物处理，发展为集焚烧、发电、供热、环境美化等功能于一体的自动化控制、全天候运行的综合性系统工程。

（一）焚烧处理的目的

（1）无害化。垃圾经焚烧处理后，垃圾中的病原体被彻底消灭，燃烧过程中产生的有害气体和烟尘经处理后达到排放要求。

（2）减量化。经过焚烧，垃圾中的可燃成分被高温分解后，一般可减重80%、减容90%以上，能节约大量填埋场占地。

（3）资源化。垃圾焚烧所产生的高温烟气，其热能被废锅炉吸收转变为蒸汽，用来供热或发电，剩余残渣还可回收铁磁性金属等资源。

### （二）焚烧处理的废物类型

#### 1. 城市生活垃圾

城市生活垃圾是指在城市日常生活中或者为城市日常生活提供服务的活动中产生的固体废物以及法律、行政法规规定视为城市生活垃圾的固体废物。主要包括厨余、果皮、毛骨、皮革、塑料、纤维、纸张等类型。

我国的城市垃圾由于采用混合收集的方式，因此垃圾成分复杂；再由于社会、区域、人口数量、季节变化、地区经济差异、社会结构和收集系统等因素不同，其地域性差异显著；垃圾中存在大量蔬果皮，因而含水率高，为 30%~50%。

垃圾焚烧是一种传统的垃圾处理方法，已成为城市垃圾处理的主要方法之一。将垃圾用焚烧法处理后，垃圾能减量化，减量可达 80%~90%，节省垃圾占用地，还可消灭各种病原体。

#### 2. 污泥

污泥是污水处理后的产物，是一种由有机残片、细菌菌体、无机颗粒、胶体等组成的极其复杂的非均质体。污泥是污水厂不可避免的副产品，其产量庞大，产地相对固定，有利于集中处理。

焚烧法是一种常见的污泥处置方法，它可破坏全部有机质，杀死一切病原体，并最大限度地减少污泥体积。当污泥自身的燃烧热值较高，城市卫生要求较高，或污泥有毒物质含量高，不能被综合利用时可采用污泥焚烧处理处置。污泥在焚烧前，一般应先进行脱水处理和热干化，以减少负荷和能耗，还应同步建设相应的烟气处理设施，保证烟气的达标排放。

#### 3. 农业废弃物

农业废弃物是农业生产、农产品加工、畜禽养殖业和农村居民生活排放的废弃物的总称。主要包括秸秆、杂草、果实外壳、家禽粪便、农产品加工废弃物等。

将农业废弃物在高温下直接燃烧，利用窑炉或锅炉将存放的化学能转化为热能，其产生的热气体温度为 800~1 000℃，进而用于发电或者集中供热等用途。各种农业废气物都可以燃烧，但是要将一些进行预干燥，将其水分含量降低到 50% 以下，才能进行燃烧，同时能减少运行成本，提高燃烧效率。

#### 4. 医疗垃圾

医疗废物是指在为人或动物提供诊断、治疗和免疫服务等医疗服务，以及医疗研究、生物实验和生物制品生产过程中产生的各种固体废物。主要包括棉签、纱布、医用针头、玻璃试管、一次性医疗器具、术后的废弃品、过期的药品、废弃化学试剂等。由于医疗废物中含有不同程度的细菌、病毒和有害物质，因此对其处理和处置较为严格。

医疗垃圾中占总重量 92% 的组分为可燃性成分，不可燃成分仅为 8%，在一定温度和充足的氧气条件下，可以完全燃烧成灰烬。焚烧处理是一个深度氧化的化学过程，在高温火焰作用下，焚烧设备内的医疗垃圾经过烘干、引燃、焚烧三个阶段将其转化成残渣和气体，病原微生物和有害物质在焚烧过程中也因高温而被有效破坏，还能有效实现减容和减重。焚烧法适用于各种传染性医疗垃圾的处理，是医疗垃圾处理领域的主流技术。

### 5. 电子废弃物

电子废弃物又称"电子垃圾"，是指被废弃不再使用的电器或电子设备，主要包括电冰箱、空调、洗衣机、电视机等家用电器和计算机等通信电子产品等电子科技的淘汰品。

电子类废物中包含了多种不同物质，其性质具有显著的差异性，结构也具有高度的复杂性。大致组成包括：30%的塑料等高分子聚合物，30%的难熔氧化物以及40%的金属。

采用高温焚烧可以去除废弃电子产品中塑料成分和其他有机物成分，留下金属熔渣，再将这些熔渣熔炼后得到掺杂合金，最后通过电解和高温冶金的方法进一步提炼金属物质。

### （三）焚烧处理的方式

#### 1. 层状燃烧技术

层状燃烧是一种最基本的焚烧技术。层状燃烧过程稳定，技术较为成熟，应用非常广泛，许多焚烧系统都采用了层状燃烧技术。应用层状燃烧技术的系统包括固定炉排焚烧炉、水平机械焚烧炉、倾斜机械焚烧炉等。垃圾在炉排上着火燃烧，热量来自上方的辐射、烟气的对流以及垃圾层内部。在炉排上已经着火的垃圾在炉排和气流的翻动或搅动作用下，使垃圾层松动，不断地推动下落，引起垃圾底部也开始着火。连续翻转和搅动，明显改善了物料的透气性，促进了垃圾的着火和燃烧。合理的炉型设计和配风设计，能有效地利用火焰下空气、火焰上空气的机械作用和高温烟气的热辐射，确保炉排上垃圾的预热、干燥、燃烧和燃尽有效进行。

#### 2. 流化燃烧技术

流化燃烧技术也是一种较为成熟的固体废物焚烧技术，它是利用空气流和烟气流的快速运动，使媒介料和固体废物在焚烧过程中处于流态化状态，并在流态化状态下进行固体废物的干燥、燃烧和燃尽。采用流化燃烧技术的设备为流化床焚烧炉。为了使物料能够实现流态化，该技术对入炉固体废物的尺寸有较为严格的要求，需要对固体废物进行一系列筛分及粉碎等处理，使固体废物均匀化、细小化。流化燃烧技术由于具有热强度高的特点，较适宜焚烧处理低热值、高水分的固体废物。

#### 3. 旋转燃烧技术

采用旋转燃烧技术的主要设备是回转窑焚烧炉。回转窑焚烧炉是一种可旋转的倾斜钢制圆筒，筒内加装耐火衬里或由冷却水管和有孔钢板焊接成的内筒。在进行固体废物焚烧时，固体废物从加料端送入，随着炉体滚筒缓慢转动，内壁耐高温抄板将固体废物由筒体下部带到筒体上部，然后靠固体废物自重落下，使固体废物由加料端向出料口翻滚、向下移动，同时进行固体废物热烟干燥、燃烧和燃尽过程。

### （四）固体废物焚烧处理的指标、标准与要求

固体废物焚烧会产生许多有害物质，对于如何监督和控制这些有害物质，减少乃至消除其对周围环境的影响，各国都制定了相应的污染控制指标和标准。这些指标和标准对评判焚烧效果具有重要的意义。

1. 焚烧处理技术指标

（1）目测法。通过直接观测固体废物焚烧烟气的颜色，如黑度等，来判断固体废物的焚烧效果。通常如果固体废物焚烧炉烟气越黑、气量越大，则说明固体废物焚烧效果越差。

（2）减量比法。减量比是用于衡量焚烧处理废物减量化效果的指标。用以下公式计算：

$$MRC(\%) = \frac{m - m_a}{m - m_b} \times 100$$

式中：$MRC$ 为减量比，%；$m$ 为投加废物的质量，kg；$m_a$ 为焚烧残渣的质量，kg；$m_b$ 为残渣中不可燃物的质量，kg。

（3）热灼减量法。指焚烧残渣在 $600\pm25$℃经 3h 灼热后减少的质量占原焚烧残渣质量的百分数，其计算方法如下：

$$Q_R(\%) = \frac{m_a - m_d}{m_a} \times 100$$

式中，$Q_R$ 为热灼减量，%；$m_a$ 为焚烧残渣在室温时的质量，kg；$m_d$ 为焚烧残渣在 $(600\pm25)$℃经 3h 灼热后减少的质量，kg。

（4）二氧化碳法。在固体废物焚烧烟气中，物料中的炭会转化为一氧化碳或二氧化碳。固体废物焚烧得越完全，二氧化碳的相对浓度就越高，即焚烧效率就越高。因此，可以利用一氧化碳和二氧化碳浓度或分压的相对比例，反映固体废物中可燃物质在焚烧过程中的氧化、焚毁程度。

$$E(\%) = \frac{[CO_2]}{[CO_2] + [CO]} \times 100$$

式中，$E$ 为焚烧效率，$[CO_2]$ 和 $[CO]$ 分别为焚烧烟气中 $CO_2$、$CO$ 气体含量。

（5）有害物质破坏去除效率。在危险固体废物的处理过程中，常常还要求对某些主要有害物质进行评价，其评价可以用破坏去除率（DRE）来表示，定义为从废物中去除有害物质的质量百分比。

$$DRE(\%) = \frac{m_{in} - m_{out}}{m_{in}} \times 100$$

式中，$DRE$ 为有害有机物破坏去除率，%；$m_{in}$ 为固体废物中某种有害有机物的质量，kg；$m_{out}$ 为焚烧灰渣中某种有害有机物的质量，kg。

2. 焚烧处理技术标准

废物在焚烧过程中会产生一系列的新污染物，有可能造成二次污染。对焚烧设施排放的大气污染物控制项目大致包括四个方面。①烟尘：常将颗粒物、黑度、总碳量作为控制指标；②有害气体：包括 $SO_2$、$HCl$、$HF$、$CO$ 和 $NO_x$；③重金属元素单质或其化合物，如 $Hg$、$Cd$、$Pb$、$Ni$、$Cr$、$As$ 等；④有机污染物，如二噁英。

我国于 2000 年发布了《生活垃圾焚烧污染控制标准》（GB 18485-2001），于 2014 年对该标准进行第二次修订。并规定新建生活垃圾焚烧炉自 2014 年 7 月 1 日、现有生活垃圾焚烧炉自 2016 年 1 月 1 日起执行《生活垃圾焚烧污染控制标准》（GB18485-

2014)，原标准同时废止。新标准对生活垃圾焚烧炉排放烟气中的污染物限值和一般工业废物专用焚烧炉排放烟气中的二噁英限值进行了规定，分别见表5-4和表5-5。

《危险废物焚烧污染控制标准》（GB18484-2001），于2002年1月1日正式实施。规定了危险废物焚烧炉排放烟气中污染物的排放限值，见表5-6。

表5-4　生活垃圾焚烧炉排放烟气中污染物限值

| 序　号 | 污染物项目 | 限　值 | 取值时间 |
|---|---|---|---|
| 1 | 颗粒物（mg/m³） | 30 | 1小时均值 |
| | | 20 | 24小时均值 |
| 2 | 氮氧化物（NOx）（mg/m³） | 300 | 1小时均值 |
| | | 250 | 24小时均值 |
| 3 | 二氧化硫（$SO_2$）（mg/m³） | 100 | 1小时均值 |
| | | 80 | 24小时均值 |
| 4 | 氯化氢（HCl）（mg/m³） | 60 | 1小时均值 |
| | | 50 | 24小时均值 |
| 5 | 汞及其化合物（以Hg计）（mg/m³） | 0.05 | 测定均值 |
| 6 | 镉、铊及其化合物（以Cd+Tl计）（mg/m³） | 0.1 | 测定均值 |
| 7 | 锑、砷、铅、铬、钴、铜、锰、镍及其化合物（以Sb+As+Pb+Cr+Co+Cu+Mn+Ni计）（mg/m³） | 1.0 | 测定均值 |
| 8 | 二噁英类（ng TEQ/m³） | 0.1 | 测定均值 |
| 9 | 一氧化碳（CO）（mg/m³） | 100 | 1小时均值 |
| | | 80 | 24小时均值 |

表5-5　生活污水处理设施产生的污泥、一般工业固体废物专用
焚烧炉排放烟气中二噁英类限值

| 焚烧处理能力（t/d） | 二噁英类排放限值（ng TEQ/m³） | 取值时间 |
|---|---|---|
| >100 | 0.1 | 测定均值 |
| 50~100 | 0.5 | 测定均值 |
| <50 | 1.0 | 测定均值 |

表5-6　危险废物焚烧炉大气污染物排放限值

| 序号 | 污染物 | 不同焚烧容量时的最高允许排放浓度限值（mg/m³） | | |
|---|---|---|---|---|
| | | ≤300（kg/h） | 300~2 500（kg/h） | ≥2 500（kg/h） |
| 1 | 烟气黑度 | 格林曼Ⅰ级 | | |

（续表）

| 序号 | 污染物 | 不同焚烧容量时的最高允许排放浓度限值（mg/m³） | | |
|---|---|---|---|---|
| | | ≤300 (kg/h) | 300~2 500 (kg/h) | ≥2 500 (kg/h) |
| 2 | 烟尘 | 100 | 80 | 65 |
| 3 | 一氧化碳（CO） | 100 | 80 | 80 |
| 4 | 二氧化硫（SO₂） | 400 | 300 | 200 |
| 5 | 氟化氢（HF） | 9.0 | 7.0 | 5.0 |
| 6 | 氯化氢（HCl） | 100 | 70 | 60 |
| 7 | 氮氧化物（以 NO₂ 计） | | 500 | |
| 8 | 汞及其化合物（以 Hg 计） | | 0.1 | |
| 9 | 镉及其化合物（以 Cd 计） | | 0.1 | |
| 10 | 砷、镍及其化合物（以 As+Ni 计） | | 1.0 | |
| 11 | 铅及其化合物（以 Pb 计） | | 1.0 | |
| 12 | 铬、锡、锑、铜、锰及其化合物（以 Cr+Sn+Sb+Cu+Mn 计） | | 4.0 | |
| 13 | 二噁英类 | | 0.5 TEQ ng/m³ | |

## 二、焚烧处理的原理和特点

### （一）焚烧原理

1. 固体废物的可焚烧性分析

城市固体废物能否采用热力焚烧法处理的最基本条件，就是看它的发热量能否支付它自身干燥，并维持较高的焚烧温度。一种简便的判断方法就是用固体废物焚烧组成三元图来做定性的判别（图5-12）。图中，斜线覆盖的部分为可燃区，边界上或边界外为不可燃区。

可以看出，可燃区的界限值为 $C_水 \leq 50\%$、$C_灰 \leq 60\%$、$C_{可燃} \geq 25\%$。可燃区表明固体废物的自身热值可提供焚烧过程所需的干燥热量、热解过程热量，并使焚烧产生的烟气有足够高的温度，不可燃区表明必须外加辅助燃料焚烧固体废物才能正常进行焚烧。

应该指出的是，实际工作中常常误将有机固体废物成分当成可燃成分，这是概念上的错误。准确地讲，可燃成分就是物料去除水分和灰分后的成分，而生活垃圾中的有机物还包括了大量的水分。

根据三元图只能进行粗略的判断，对于焚烧工艺和焚烧炉的设计，必须进行详细的物质平衡和热量平衡计算。

2. 固体废物焚烧过程

固体废物的焚烧是一系列复杂的物理和化学反应过程。通常可将该过程划分为三个阶段：干燥、燃烧和燃尽过程。图5-13为以机械炉排焚烧炉为例的燃烧概念图。

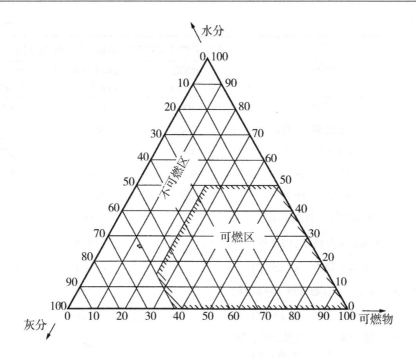

**图 5-12　固体废物焚烧组分三元图示意**

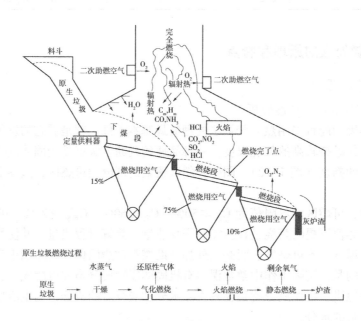

**图 5-13　燃烧概念**

（1）干燥阶段。干燥是利用焚烧系统热能，使入炉固体废物水分汽化、蒸发的过程。进入焚烧炉的固体废物，通过高温烟气、火焰、高温炉料的热辐射和热传导，首先进行加温蒸发和干燥脱水过程，以改善固体废物的着火点和燃烧效果，从而提高后续焚烧的效率。物料所含水分越大，干燥时间就越长，吸收的热量越多，容易造成炉膛内温度的降低，进而影响焚烧过程。因此，对于高水分的固体废物，需要投入辅助燃料以保证焚烧的正常进行。

（2）燃烧阶段。当物料完成干燥后，如果炉膛内的温度足够高，又有足够多的氧化剂，物料就会顺利进入燃烧阶段。燃烧阶段一般包括三个同时发生的化学反应模式。

强氧化反应。物料的强氧化反应是包括了产热和发光的快速氧化过程。在强氧化过程中，由于很难实现物料的完全燃烧，不仅会出现理论条件下的氧化产物，还会出现许多中间产物。

热解。固体废物中的有机可燃物质，在高温、缺氧条件下进行化学分解和聚合反应。由于物料组分的复杂性和其他因素的影响，即使炉膛内具有过剩的空气量，在燃烧过程中，仍有部分物料不能与氧气充分接触，从而出现热解反应。热解过程中，会产生大量的可燃气体，如 $CO$、$CH_4$、$H_2$ 或分子量较小的 $C_mH_n$ 等。

原子基团碰撞。焚烧过程中出现的火焰，实质是高温下富含原子基团的气流造成的。由于原子基团电子能量的跃迁、分子的旋转和振动等产生量子辐射，包括红外热辐射、可见光和紫外线等，从而导致火焰的出现。火焰的形状取决于温度和气流组成。通常在 1 000℃左右就能形成火焰。原子基团气流包括了原子态的 H、O、Cl 等元素，双原子的 CH、CN、OH、$Cl_2$ 等，以及多原子的基团 HCO、NH、$CH_3$ 等，这些原子基团的碰撞进一步促进了废物的热分解过程。

（3）燃尽阶段。物料在发生充分燃烧之后进入燃尽阶段。此时反应物质的量大大减少，而反应生成的惰性物质、气态的 $CO_2$ 和 $H_2O$ 及固态的灰渣则增加了，也由此使得剩余氧化剂无法与物料内部未燃尽的可燃成分接触和发生氧化反应，同时周围温度的降低等都使燃烧过程减弱。因此要使可燃成分燃烧充分，必须延长停留时间并通过翻动、拨火等机械方式使之与氧化剂充分混合接触，这就是设置燃尽阶段的主要目的。

## （二）废物焚烧的主要控制参数

影响固体废物焚烧的因素很多，其中焚烧温度（Temperature）、停留时间（Time）、混合程度（Turbulence）和过剩空气率（Excess air rate）合称为焚烧四大要素，也就是人们常说的"3T+1E"。它们既是影响固体废物焚烧效果的主要因素，也是反映焚烧炉工况的重要技术指标。

### 1. 焚烧温度

固体废物的焚烧温度指废物中有害物质在高温下氧化、分解直至破坏所需达到的温度，它比废物的着火温度高得多。

一般来说，提高焚烧温度有利于废物中有机污染物的分解和破坏，而且焚烧速率也越快。但过高的焚烧温度不仅增加了燃料消耗量，而且会增加废物中金属物质的挥发量及氮氧化物的量，引起二次污染；过高的焚烧温度还会降低炉子耐火材料、锅炉管道的使用寿命。

因此，目前一般要求生活垃圾焚烧温度控制在 850~950℃，医疗垃圾、危险固体废物的焚烧温度要达到 1150℃。

2. 停留时间

固体废物的有害组分在焚烧炉内处于焚烧条件下发生氧化、燃烧，使有害物质变成无害物质所需的时间称为焚烧停留时间。停留时间的长短直接影响焚烧完善的程度，停留时间也是决定炉体容积尺寸的重要依据。

废物在炉内焚烧所需停留时间是由许多因素决定的，如废物进入炉内的形态（固体废物颗粒大小、液体雾化后液滴的大小以及黏度等）对焚烧所需停留时间影响甚大。当废物的颗粒粒径较小时，与空气接触表面积大，则氧化、燃烧条件就好，停留时间就短些。对于垃圾焚烧，如温度维持在 $850 \sim 1\,000\,°C$，有良好搅拌与混合，使垃圾的水汽易于蒸发，燃烧气体在燃烧室的停留时间为 $1 \sim 2s$。

3. 混合程度

在焚烧中，物料与助燃空气、燃烧气体的充分混合，可以促进废物燃烧完全，减少污染物形成。

焚烧炉所采用的扰动方式有空气流扰动、机械炉排扰动、流态化扰动及旋转扰动等，其中以流态化扰动方式效果最好。中小型焚烧炉多数为固定炉式床，扰动多由空气流动产生，包括以下两种类型。

（1）炉床下送风。助燃空气自炉床下送风，由废物层空隙中窜出，这种扰动方式易将不可燃的底灰或未燃炭颗粒随气流带出，形成颗粒物污染。废物与空气接触机会大，废物燃烧较完全，焚烧残渣热灼减量较小。

（2）炉床上送风。助燃空气由炉床上方送风，废物进入炉内时从表面开始燃烧。优点是形成的粒状物较少，缺点是焚烧残渣热灼减量较高。

4. 过剩空气率

在实际的燃烧系统中，氧气与可燃物质无法完全达到理想程度的混合及反应。为使燃烧完全，仅供给理论空气量很难使其完全燃烧，需要加上比理论空气量更多的助燃空气量，以使废物与空气能完全混合燃烧。

过剩空气系数（Excess Air Coefficient）是实际空气量与理论空气量的比值。增大过剩空气系数既可以提供过量的氧气，又可以增加焚烧炉内湍流度，有利于生活垃圾的燃烧。但过剩空气系数太高，会因为吸收过多的热量而使炉膛内温度降低，增加排烟热损失，影响固体废物的焚烧效果，同时还增大了烟气的排放量。通常情况下，过剩空气系数一般在 $1.5 \sim 1.9$，但在某些特殊情况下，过剩空气系数可能在 2 以上，才能达到较好的完全焚烧效果。

（三）主要焚烧参数的计算

1. 理论空气量

理论空气量是指燃料完全燃烧时所需要的最低空气量。计算理论空气量和实际空气量有很多公式，如先利用可燃物料中碳（C）、氢（H）、硫（S）、氧（O）、氮（N）等元素的含量来计算焚烧需要的理论空气量，然后再通过空气过剩系数计算出实际空气量，即空气量。

在理论空气量的计算过程中包含了几点假设，即：物料中所有的 C 都氧化成 $CO_2$，所有的 S 都氧化成 $SO_2$，所有的 N 均以 $N_2$ 的形式存在于烟气中。

设 1kg 燃料中含有碳、氢、硫、氧、氮和水分的质量分别为，$C_w$（kg）、$H_w$（kg）、$S_w$（kg）、$O_w$（kg）、$N_w$（kg）、$W_w$（kg）。在标准状态下，该燃料完全燃烧可以由下列主要反应进行描述：

（1）碳燃烧 $C+O_2 \longrightarrow CO_2$

在标况下，1mol 气体体积约为 $22.4 \times 10^{-3}$ $m^3$。1kg C 完全燃烧消耗 $O_2$ 的体积为 $22.4m^3/12 = 1.867m^3$。$C_w$（kg）的 C 燃烧需要的 $O_2$ 的体积为 $1.867C_w m^3$。

（2）氢燃烧 $H_2+1/2O_2 \longrightarrow H_2O$

同理，1kg $H_2$ 在标况下完全燃烧消耗 $O_2$ 的体积为 $22.4m^3/2 = 11.2m^3$，则 $H_w$（kg）消耗的 $O_2$ 的体积为 $H/2 \times 22.4m^3/2 = 5.6H_w m^3$。

（3）硫燃烧 $S+O_2 \longrightarrow SO_2$

同理，1kg S 在标况下完全燃烧消耗 $O_2$ 的体积为 $22.4m^3/32 = 0.7m^3$，则 $S_w$（kg）消耗的 $O_2$ 的体积为 $0.7S_w m^3$。

（4）燃料中的氧 $O \longrightarrow 1/2O_2$

同理，1kg O 在标况下完全氧化变成 $O_2$ 的体积为 $22.4m^3/2 = 11.2m^3$

则 $O_w$（kg）氧化成 $O_2$ 的体积为 $O_w/16 \times 22.4m^3/2 = 0.7O_w m^3$。

通过上述过程，可计算出 1kg 物料完全燃烧需要的理论氧气量为：

$$V_{理氧} = 1.867C_w + 5.6H_w + 0.7S_w + 0.7O_w$$

空气中氧气的体积分数为 21%，则 1kg 固体废物完全燃烧所需要的理论空气量如下。

用体积（$m^3/kg$）表示为：

$$V_{理空}(m^3/kg) = \frac{1}{0.21}\left[1.867C_w + 5.6\left(H_w - \frac{O_w}{8}\right) + 0.7S_w\right]$$

式中，$V_{理氧}$ 为焚烧理论需氧量，$m^3/kg$；$V_{理空}$ 为焚烧理论空气量，$m^3/kg$；$C_w$、$H_w$、$O_w$、$S_w$ 分别为 C、H、O、S 元素在物料中的质量。

2. 实际空气量

在实际燃烧过程中，由于各种原因，垃圾难以与空气实现完全混合。为了保证垃圾中的可燃组分完全燃烧，要在理论空气量的基础上加入一定量的过剩空气，而实际空气需求量（$V_空$）就是理论空气量与过剩空气系数 $\alpha$ 的乘积，即

$$V_空 = \alpha \times V_{理空}$$

3. 烟气量

假定废物以理论空气量完全燃烧时的燃烧烟气量称为理论烟气产生量。如果废物组成已知，以 $C_w$（kg）、$H_w$（kg）、$S_w$（kg）、$O_w$（kg）、$N_w$（kg）、$W_w$（kg）表示单位废物中碳、氢、硫、氧、氮和水分的质量，则理论燃烧湿烟气量为：

$$V_{理烟}(m^3/kg) = 0.79V_{理空} + 1.867C_w + 0.7S_w + 0.8N_w + 11.2H_w + 1.24W_w$$

而理论燃烧干烟气量为：

$$V_{烟}(m^3/kg) = 0.79V_{理空} + 1.867C_w + 0.7S_w + 0.8N_w$$

式中，$V_{理空}$：为理论空气量，$m^3/kg$；$V_{理烟}$：为理论湿烟气量，$m^3/kg$；$V_{烟}$为理论干烟气量，$m^3/kg$。$C_w$、$H_w$、$O_w$、$S_w$、$N_w$、$W_w$ 分别为 C、H、O、S、N 元素和水分在物料中的质量。

4. 热值计算

热值是指单位质量的固体废物完全燃烧释放出来的热量，以 kJ/kg 计。热值的大小可用来判断固体废物的可燃性和能量回收潜力。

热值分为高位热值和低位热值。高位热值（higher heating value，HHV）指固废完全燃烧后，焚烧产物中的水蒸气全部凝结为水时释放的热量；低位热值（lower heating value，LHV）指固废完全燃烧后，焚烧产物中的水蒸气保持气态时释放的热量。

高位热值和低位热值的关系式如下：

$$LHV = HHV - 2420 \left[ H_2O + 9 \left( H - Cl/35.5 - F/19 \right) \right]$$

式中：LHV 为低位热值，kJ/kg；HHV 为高位热值，kJ/kg；$H_2O$ 为焚烧产物中水的质量分数，%；H、Cl、F 分别为废物中氢、氯、氟的质量分数，%。

若废物的元素已知，则利用 Dulong 方程式近似计算出低位热值（LHV）：

$$LHV = 2.32 \left[ 14\,000 m_c + 45\,000 \left( m_H - 1/8 m_o \right) - 760 m_{Cl} + 4\,500 m_s \right]$$

式中，LHV 为低位热值，kJ/kg；$m_c$、$m_H$、$m_o$、$m_{Cl}$、$m_s$ 分别代表碳、氢、氧、氯和硫的质量分数，%。

## 三、固体废物焚烧系统的组成

固体废物焚烧系统主要由前处理及进料系统、焚烧系统、助燃空气系统、灰渣处理系统、余热利用系统、烟气净化系统、自动控制系统等组成。其典型的工艺流程见图5-14。

### （一）前处理及供料系统

前处理系统包括废物的储存、分选、破碎、干燥等环节。前处理设备、设施和构筑物，主要包括垃圾称量设施、垃圾卸料平台、垃圾池、吊车、抓斗、破碎和筛分设备、磁选机以及臭气和渗滤液收集、处理设施等。

城市生活垃圾由收集车从垃圾收集点或垃圾转运站装车后送到垃圾焚烧厂，所有进出厂的垃圾车都必须经过地磅称重计量并记录各车的重量及空车重量。垃圾车经称量后，驶向垃圾卸料区。卸料区一般为室内布置，进出口设置气幕机，以防止卸料区臭气外逸以及苍蝇飞虫进入。

进厂生活垃圾并不是直接送入垃圾焚烧炉，而是必须经过垃圾储存这样一道工序。垃圾储坑的设置：一是存储存放进厂垃圾，起到对垃圾数量的调节作用；二是对垃圾进行搅拌、混合、脱水等处理，起到对垃圾性质的调节作用；三是垃圾在储坑内停留一定的时间，通过自然压缩及部分发酵等作用，可以降低垃圾的含水率，以提高进炉垃圾的热值，改善垃圾的焚烧效果；四是一般垃圾坑需容纳 7d 左右的垃圾处理量。

进料系统的主要作用是向焚烧炉定量给料，同时要将垃圾池中的垃圾与焚烧炉的高温火焰和高温烟气隔开、密封，以防止焚烧炉火焰通过进料口向垃圾池垃圾反烧和高温

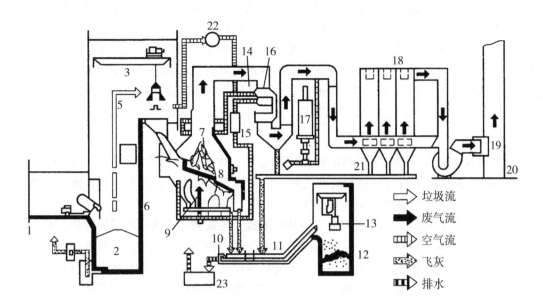

1. 倾卸平台；2. 垃圾贮坑；3. 抓斗；4. 操作室；5. 进料口；6. 炉床；7. 燃烧炉床；8. 后燃烧炉床；9. 燃烧机；10. 灰渣；11. 出灰输送带；12. 灰渣贮坑；13. 出灰抓斗；14. 废气冷却室；15. 热交换器；16. 空气预热器；17. 酸性气体去除设备；18. 滤袋集尘器；19. 引风机；20. 烟囱；21. 飞灰输送带；22. 抽风机；23. 废水处理设备

**图 5-14　固废焚烧系统流程**

烟气反窜。目前应用较广的进料方法有炉排进料、螺旋给料、推进器给料等几种形式。

## （二）焚烧系统

焚烧炉是焚烧系统的主体设备，包括炉床及燃烧室，燃烧室一般位于炉床的正上方。焚烧炉为燃料提供了焚烧场所。

现在焚烧炉都有两个燃烧室，焚烧过程包括初级燃烧和二级燃烧两个阶段。初级燃烧室是物料干燥、挥发、点燃和进行初步燃烧的阶段。废物被点燃并平稳地进行燃烧后，只需向炉内送入空气并使之与废物良好混合。二级燃烧室可以是一个独立的燃烧室，也可以是初级燃烧室的一个附加空间。初级燃烧室排出的炉气在这里很容易与空气混合，只要通入少量的过量空气即可达到足够高的温度。二次燃烧为气体的燃烧，一般为均相燃烧。二次燃烧是否完全可以根据 CO 浓度来判断，二次燃烧对于抑制二噁英产生非常重要。

## （三）助燃空气系统

助燃空气系统是固体废物在焚烧炉内充分燃烧的保障。助燃空气可分为一次助燃空气、二次助燃空气、辅助燃油所需的空气以及炉墙密封冷却空气等。一次助燃空气是指由炉排下送入焚烧炉的助燃空气，即火焰下空气，占助燃空气总量的 60%～80%，主要起助燃、冷却炉排及搅动炉料的作用。二次助燃空气包括火焰上空气和二次燃烧室喷入的空气，主要是为了助燃和控制气量的湍流程度，占助燃空气总量的 20%～40%。由于辅助燃油只用于焚烧炉的启动、停炉和进炉垃圾热值过低等情况，一般在垃圾焚烧炉的正常运行中并不增加空气消耗量，所以在设计送风机风量时可不予考虑。

助燃空气系统中最主要的设备是送风机，其目的是将助燃空气送入垃圾焚烧炉内。另外，根据垃圾焚烧炉构造不同及空气利用的目的不同，可以分为冷却用送风机和主燃烧用送风机，冷却用送风机主要提供炉壁冷却以防止灰渣熔融结垢所需要的冷空气。主燃烧用送风机提供燃料燃烧所需的空气，是燃料正常燃烧的保证。

### （四）灰渣处理系统

经过焚烧处理后的垃圾虽然能够达到稳定化、减量化的目的，但是从质量比来看，仍有10%~20%的灰渣（包括炉渣和飞灰）以固体形式存在。这些残渣需要通过排渣系统及时排出，才能保证焚烧炉正常操作。

一般而言，焚烧灰渣由底灰及飞灰共同组成。飞灰和底灰具有不同的特性，对它们的处理方法也不尽相同。各种灰渣中都含有重金属，特别是焚烧飞灰，其重金属含量特别高，在对其进行最终处置之前必须先经过稳定化处理。焚烧灰渣与除尘设备收集的焚烧飞灰应分别收集、储存和运输；焚烧灰渣按一般固体废物处理，焚烧飞灰应按危险废物处理。

灰渣处理系统主要包括灰渣收集、冷却、加湿处理、储运、处理处置和资源化。灰渣系统的主要设备和设施有灰渣漏斗、渣池、排渣机械、滑槽、水池、抓提设备、输送机械、磁选机等。

### （五）余热利用系统

生活垃圾焚烧过程中释放出大量废热—焚烧余热。由于余热温度过高，不能向外界直接排放，所以将其回收利用既能够达到规定要求，又能够充分利用热能和动力，满足环境和经济效益的需求。

焚烧处理垃圾的热利用形式有直接热能利用、余热发电及热电联供三大类型。

1. 直接热能利用

将垃圾焚烧产生的烟气余热转换为蒸汽、热水和热空气是典型的直接热能利用形式。其通过余热锅炉或其他热交换器，在对流换热、导热、辐射等方式下，将焚烧炉产生的烟气热量转换为一定压力和温度的蒸汽，热水或者预热助燃空气，进而向外界直接提供使用。

这种形式热利用率高、设备投资省，尤其适合小规模（日处理量<100t/d）垃圾焚烧设备和垃圾热值较低的小型垃圾焚烧厂。

2. 余热发电

将余热转化为电能也是余热利用的有效途径之一。将热能转换为高品位的电能，不仅能远距离传输，而且提供量基本不受用户需求量的限制，垃圾焚烧厂建设也可以相对集中，向大规模、大型化方面发展。垃圾焚烧炉和余热锅多数为一个组合体，这个组合体总称为余热锅炉。余热锅炉的第一烟道就是垃圾焚烧炉炉膛，在余热锅炉中，主要燃料是生活垃圾，转换能量的中间介质为水。垃圾焚烧产生的热量被介质吸收，未饱和水吸收烟气热量成为具有一定压力和温度的过热蒸汽，过热蒸汽驱动汽轮发电机组，热能被转化为电能。

### 3. 热电联供

在热能转变为电能的过程中，热能损失较大，它取决于垃圾热值、余热锅炉热效率及汽轮发电机组的热效率。一般情况下，垃圾焚烧厂热效率仅有13%～23%，甚至更低。如果能够采用热电联供，将发电、区域性供热、工业供热和农业供热等结合起来，这样可以减少蒸汽发电过程中的热能损耗，进而使得垃圾焚烧厂的热利用率大大提高。

### （六）烟气净化系统

焚烧炉烟气是固体废物焚烧炉系统的主要污染源。烟气成分复杂，含有颗粒物、酸性气体、重金属和有机剧毒性污染物（二噁英、呋喃等），必须要对其进行净化处理，使之达到排放标准，才能排放到大气中。

典型的烟气净化工艺可分为湿法、半干法和干法三种。每种工艺都有多种组合形式，这三种工艺对一般的酸性气体具有较好的祛除效果，但对于氮氧化物的净化效果较差，还需要加入单独的氮氧化物净化装置。

常用的烟气净化除尘设备有沉降室、袋式除尘器、旋风除尘器、湿式除尘器、静电除尘器等。

### （七）自动控制系统

垃圾焚烧厂内自动控制系统的正常运行是整个焚烧厂安全、稳定、高效运行的重要保证，同时自控系统可减轻操作人员的劳动强度，最大限度地发挥工厂性能。通过监视整个厂区各设备的运行，将各操作过程的信息迅速集中，并做出在线反馈，为工厂提供最佳的运行管理信息。

近年来，以计算机为基础的集散型控制系统（Distributed Control System，DCS）是大型垃圾焚烧厂的主流控制系统。可以对车辆管制自动控制、炉渣吊车运行、自动燃烧系统、焚烧炉的启动、送风控制、炉温控制、炉压控制、冷却控制等各个方面进行有序控制。

## 四、固体废物焚烧设备

### （一）固定炉排炉

固定炉排炉是指炉排是固定的，将废物放置在炉排上，从炉排下方通入空气，使废物燃烧。主要分为固定炉排自然引风炉和固定炉机械引风炉。固定炉排自然引风炉工作时，物料从炉顶上部的加料口间歇性地加入，在固定炉排上形成一定厚度的燃烧层。一般料层厚度都大于500mm，燃烧所需要空气主要从炉排下部靠自然引风补给。图5-15所示为采用固定炉排、人工加料的串联型同轴式多室焚烧炉，只能用于间歇式或半连续处理废物。

固定炉排机械引风炉将燃烧过程分为两段进行，即干燥段和燃烧段。固体废物首先进入干燥段干燥，然后进入燃烧段燃烧。燃烧段的空间很低小，因此该区段温度很高，有利于强化燃烧。垃圾焚烧所需空气量大小由引风机和调节分门控制。

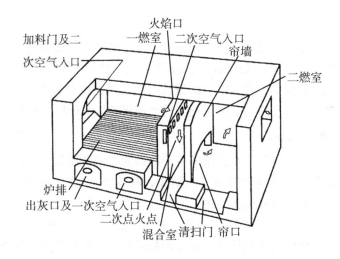

**图 5-15　固定炉排同轴多室焚烧炉结构**

### (二) 机械炉排焚烧炉

机械炉排焚烧炉是以机械炉排构成炉床，靠炉排的运动使垃圾不断翻动、搅拌并向前或逆向推行。当垃圾进入炉膛后，随着炉排的运行向前移动，并与从炉排底部进入的热空气进行混合、翻动，使垃圾得以干燥、点火、燃烧至燃尽。它正常运行的炉温大于850℃，且烟气温度在大于850℃的高温下停留超过 2s，以保证烟气中有机成分的分解。其代表性炉排有台阶式、往复移动式、倾斜履带式、滚筒式等（图 5-16）。

机械炉排焚烧炉的特点是它对垃圾的使用范围广，对进炉的垃圾颗粒度和湿度没有特别的要求，一般由收集车送来的生活垃圾无须经过破碎即可直接进行焚烧，且燃烧效率较高。

### (三) 回转窑焚烧炉

回转窑焚烧炉是目前使用最多、适应性最强、用途最广的垃圾焚烧炉之一，其结构图如图 5-17 所示。这种焚烧炉广泛用于销毁工业废物和焚烧干湿混合的固体废物，特别是焚烧污泥。回转窑焚烧炉主体是一个钢制的滚筒，其内壁可采用耐火砖砌筑，也可采用管式水冷壁，以保护滚筒。它是通过炉体滚筒连续、缓慢转动，利用内壁耐高温抄板将垃圾由筒体下部在筒体滚动时带到滚筒上部，然后靠垃圾自重落下。筒体内上半部为燃烧空间，下半部为物料层。物料由筒体一端送入，随着筒体的转动，物料在筒体内翻动前进、燃烧，直到燃尽成灰渣，灰渣从筒体另一端落出至灰斗。回转窑焚烧炉在筒体的一端常设有辅助燃烧器以维持窑内的较高炉温，这对焚烧污泥类的废物时必不可少的。送风和烟气流向与物料的走向可以是逆流亦可是顺流。

这种焚烧炉具有对固体废物适应性广、故障少、可连续运行等特点，但存在窑身较长、占地面积较大、热效率低、成本高等缺点。

### (四) 流化床焚烧炉

流化床焚烧炉的构造很简单（图 5-18），主体设备是一个圆形塔体，塔内壁衬耐火

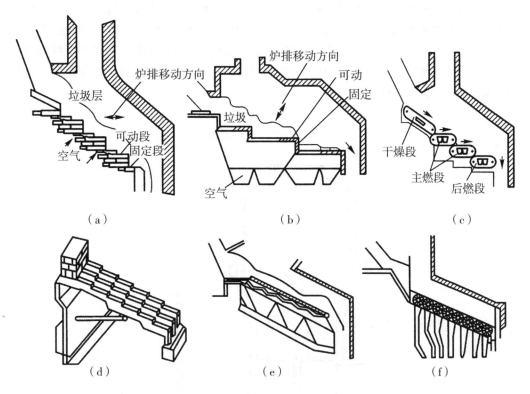

（a）台阶式炉排；（b）台阶往复式炉排；（c）履带往复式炉排；（d）摇动式炉排；（e）逆动式炉排；（f）滚筒式炉排

**图 5-16 机械炉排示意**

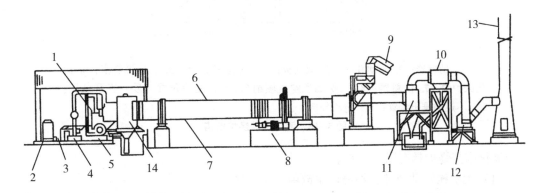

1. 燃烧喷嘴；2. 重油贮槽；3. 油泵；4. 三次空气风机；5. 一次及二次空气风机；6. 回转窑焚烧炉；7. 取样口；8. 驱动装置；9. 投料传送带；10. 除尘器；11. 旋风分离器；12. 排风机；13. 烟囱；14. 二次燃烧室

**图 5-17 回转窑焚烧炉**

材料，下部设有分配气体的布风板，板上装有载热的惰性颗粒。布风板通常设计为倒锥体结构,一次风经由风帽通过布风板送入流化层,二次风由流化层上部送入。生活垃圾由炉顶或炉侧进入炉内,与高温载热体及气流交换热量而被干燥、破碎并燃烧,产生的热量被存放在载热体中,并将气流的温度提高。焚烧温度不可太高,否则床层材料出现粘连现象。焚烧残渣可以再焚烧炉的上部与焚烧废气分离,也可以另设置分离器,分离出载热体在回炉内循环使用。

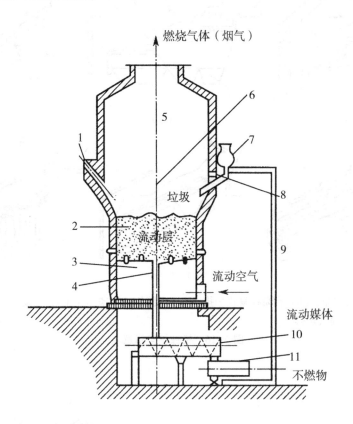

1. 助燃器;2. 流动介质;3. 散气板;4. 不燃物排出管;5. 二次燃烧室;6. 流化床炉内;7. 供料器;8. 二次助燃空气喷射口;9. 流动介质(砂)循环装置;10. 不燃物排出装置;11. 振动分选

**图 5-18　流化床焚烧炉结构**

流化床焚烧炉具有以下特点。

(1)无机械转动部件,不易产生故障。

(2)炉床单位面积处理能力大,炉子体积小,且床料热容量大,启停容易,垃圾热值波动对燃烧的影响较小。

(3)炉内床层的温度均衡,避免了局部过热。

(4)对进料粒度要求很高,为了保证入炉垃圾的充分流化,要求垃圾在入炉前进行一系列的筛选及粉碎处理,使其颗粒尺寸均一化,一般要破碎到颗粒尺寸为 15cm 以下,同时要进料均匀,而且在预处理过程中容易造成臭气外逸。

(5)燃烧速度快,燃烧空气平衡较难,容易产生 CO,为使燃烧各种不同垃圾时都保持较合适的温度，必须随时调节空气量和空气温度。

（6）废气中粉尘较其他类型的焚烧炉要多，后期处理加重。

（7）对操作运行及维护的要求高，操作运行及维护费用也高，垃圾预处理设备的投资成本较高。

# 习题与思考题

1. 什么是热解，热解的原理是什么？
2. 热解工艺的分类有哪些？
3. 影响热解的因素是什么？
4. 简述几种热解工艺和特点。
5. 简述固体废物焚烧系统的组成。
6. 简述固体废物的三种焚烧方式。
7. 简述固体废物的焚烧过程。
8. 试比较各种焚烧炉的优缺点。

# 参考文献

李培生，孙路石，向军，等，2006. 固体废物的焚烧和热解 [M]. 北京：中国环境科学出版社.

廖利，冯华，王松林，2010. 固体废物处理与处置 [M]. 武汉：华中科技大学出版社.

宁平，2007. 固体废物处理与处置 [M]. 北京：高等教育出版社.

沈伯雄，唐雪娇，2010. 固体废物处理与处置 [M]. 北京：化学工业出版社.

徐晓军，管锡君，羊依金，2007. 固体废物污染控制原理与资源化技术 [M]. 北京：冶金工业出版社.

杨国清，2000. 固体废物处理工程 [M]. 北京：科学出版社.

张弛，柴晓利，赵由才，2017. 固体废物焚烧技术 [M]. 北京：化学工业出版社.

赵由才，牛冬杰，柴晓利，2006. 固体废物处理与资源化 [M]. 北京：化学工业出版社.

# 第六章　固体废物的填埋处置

无论对固体废物采用何种减量化和资源化处理方法，如焚烧、热解、堆肥等处理后，剩余下来的无再利用价值的残渣，都需要对其进行最终处置。固体废物处置的基本方法是通过多重屏障（如天然屏障或人工屏障）实现有害物质同生物圈的隔离。

概括来说，固体废物的处置可分为海洋处置和陆地处置两大类。海洋处置是利用海洋具有的巨大稀释能力，在海洋上选择适宜的洋面作为固体废物处置场所的处理方法，主要包括传统的海洋倾倒和近年发展起来的远洋焚烧。而陆地处置根据废物的种类及其处置底层位置（地上、地表、地下和深底层），可分为土地耕作、工程库或贮留池存放、土地填埋（卫生土地填埋和安全土地填埋）、浅地层埋藏以及深井灌注处置等。

土地填埋处置具有工艺简单、成本较低、适于处理多种类型固体废物的优点。目前，土地填埋处置已经成为固体废物最终处置的主要方法之一。

## 第一节　填埋场的选址

### 一、填埋场的选址

填埋场址选择是其设计和建设的第一步。它涉及诸如政策、法规、经济、环境、工程和社会等因素，必须慎之又慎。废物填埋场的选址通常要满足以下基本条件。

（一）应服从城市发展总体规划

现代填埋场是城市环卫基础设施的重要组成部分，其建设规模应与城市化的进程和经济发展水平相符。只有在填埋场场址选择服从城市发展总体规划的前提下，才不会影响城市总体布局和城市用地性质，真正发挥填埋场为城市服务的基本功能，使其获得良好的社会效益和环境效益。

（二）场址应有足够的库容量

现代填埋场建设必须满足一定的服务年限，否则其单位库容的投资将大大增高，造成经济上的不合理。通常填埋场的合理使用年限应在 10 年以上，特殊情况下也不应低于 8 年。

（三）场址应具有良好的自然条件

填埋场应具有的自然条件包括如下。

（1）场地的地质条件要稳定，应尽量避开构造断裂带、塌陷带、地下岩溶发育带、滑坡、泥石流、崩塌等不良地质地带，同时场地地基要有一定承载力（通常不低于0.15MPa）。

（2）场址的竖向标高应不低于城市防排洪标准，使其免受洪涝灾害的威胁。

（3）场区周围500m范围内应无（村）民居住点，以避免因填埋场诱发的安全事故和传染疾病。

（4）场址宜位于城市常年主导风的下风向和城市取水水源的下游，以减少可能出现的大气污染危害及减轻危害程度，避免对城市给水系统造成的潜在威胁。

（5）场址就近应有相当数量的覆土土源，以用作填埋场的日覆土、中间覆土和最终覆土。

（四）场址运距应尽量缩短

尽量缩短废物的运输距离对降低其处置费用有举足轻重的作用。通常认为较经济的废物运输距离不宜超过20km。然而由于城市化进程的加快，大城市的废物运输距离越来越远，为避免废物运输中的"虚载"问题，应增设废物压缩转运站或提倡使用压缩废物运输车，以提高单位车辆的运输效率，降低运输成本。

（五）场址应具有较好的外部建设条件

在选择的场址附近拥有方便的外部交通，可靠的供电电源，充足的供水条件，将会对降低填埋场辅助工程的投资，加快填埋场的建设进程对提高填埋场的建设进程对提高填埋场的环境效益和经济效益十分有利。

选择一个自然条件优越的场址将会大大减少填埋场的工程建设投资，因此在填埋场的建设周期内，应高度重视场址选择工作。填埋场场址的科学确定应遵循以下几个步骤。

首先根据有效的运输距离确定选址区域，然后与当地有关主管部门（国土规划、环保部门等）讨论可能的场址名单，进而排除掉那些不适宜建场的场址，提出初选场址名单（3~5个）；对场址进行勘探，并通过对场地自然环境、地质和水文地质、交通运输、覆土来源、人口分布等的分析对比，确定两个以上的备选场址；在对备选场址进行初步勘探的基础上，对其进行技术、经济和环境方面的综合比较，提出首选方案定成选址报告，提交政府主管部门决策。根据这一报告，有关决策部门在专家论证的基础上，最终确定填埋场场址。

## 二、填埋场的环境影响评价

填埋场作为城市建设中环境保护的基础设施，在其可行性研究阶段需进行环境影响评价。主要内容是根据调查和收集的资料，对填埋场建设期、运行期和封场后场地维护期间的环境影响进行预测评价，并将预测结果与环境保护标准进行对比，最终从环保角度判断拟建工程的可行性，为填埋场建设的行政主管部提供决策参考。

（一）评价程序

环境影响评价是填埋场地全面规划的重要组成部分，只有在进行全面细致的环境影响评价之后，才能使填埋场场址选择合理，填埋工艺技术可行。开展环境影响评价时，应结合场地的适宜性进行深入的现场调查，在此基础上，确定环境要素及施工和运行时的影响因素，按环保要求和标准逐一进行评价。

## （二）评价目的与内容

填埋场环境影响评价旨在论述填埋场建设的环境可行性，重点应回答与项目决策相关的如下问题。

（1）填埋场选址的合理性。

（2）填埋场设计与清洁生产的符合性。

（3）拟定的污染控制方案的经济合理性和技术可行性。

（4）填埋场的总量控制指标。

对拟建填埋场的环境影响评价除应包括《建设项目环境保护设计规定》所涉及的项目外，还应包括场地选择是否合理、渗滤液来源、数量及影响、噪声及振动、恶臭及填埋气体的扩散范围等问题的评述和意见，具体应包括以下内容。

（1）填埋场四周的自然环境和社会环境状况的调查与评价。

（2）填埋场潜在影响区内的公众意见调查。

（3）填埋场的工程分析。主要有场址分析、废物进场路线分析、填埋工艺分析、污染源分析和污染防治措施分析。

（4）填埋场环境影响预测与分析。应根据环境条件和污染源特征，采用适当的模型，重点预测废物渗滤液和填埋气体对周围地表水、地下水和大气等环境要素可能产生的污染程度及范围。水环境的预测因子为 COD、$BOD_5$、$NH_3-N$；大气环境影响的预测因子为 $NH_3-N$ 和 $H_2S$。对于 $CH_4$，可作为安全性评价因子加以考虑。

（5）结合环境影响预测与分析结果，给出填埋场污染物的允许排放量，即总量控制指标。

此外，施工期和维护监管期的生态变化、土地利用性质的变化和水土流失的防治等也是环境影响评价应加以分析的内容。

## 三、经济评估

在对可选择的场地审查候选过程中，经济评估是其中的首要原则。各场地不同方案费用需进行估算，要估出所需资金的数量，其中，包括征地及场地准备工作、填埋操作、场地的完成与修复的费用。对填埋场使用期限的经济性应事先做出评估，并与管理待处理垃圾的预期收入相比较。市场也可能对收入起到调节作用。在任何情况下，从财政预算都可得出相对场地寿命而言处置单位垃圾所需的费用。

垃圾处理的总费用是由垃圾处理工作中每一项要素构成的成本总和，是填埋成本与垃圾处理的总费用。由垃圾处理工作的每一项要素构成的总成本为其资本和运营成本的总和与总的卫生填埋成本有关的具体要素有开发前成本、初期建设成本、年运营成本、封闭和后封闭成本。

由于与卫生填埋有关的设备费用很高，所以发展中国家往往并不为填埋场购置足够的有关设备以确保场地的有效运行。在一个工业化国家，维护重型填埋设备的年成本（润滑剂、车胎修理、零部件等）为设备原始资本成本的 16%~18%。发展中国家的实际成本在相当程度上取决于设备的年限、种类、维护程序及发展中国家固有的各种不同因素。

# 第二节 填埋场中固体废物的降解和稳定化

## 一、固体废物的降解

填埋场中固体废物的降解实质上是一种由多种微生物参与的多阶段复杂的生物化学过程，主要可以分为以下五个阶段：

### （一）初始调整阶段

垃圾一旦被填入填埋场中就进入初始调整阶段。在此阶段内垃圾中易降解组分迅速与填埋垃圾所夹带的氧气发生好氧生物降解反应，生产 $CO_2$ 和 $H_2O$，同时释放一定的热量，垃圾温度明显升高。在这一阶段的主要化学反应如下：

碳水化合物 $\quad C_xH_yO_z + (x + \frac{1}{4}y - \frac{1}{2}z)O_2 \rightarrow xCO_2 + \frac{1}{2}yH_2O + 热量$

含氮有机物 $\quad C_sH_tN_uO_v \cdot aH_2O + bO_2 \rightarrow C_wH_xN_yO_z \cdot cH_2O + dH_2O_{(气)} + eH_2O_{(液)} +$
$fCO_2 + gNH_3 + 能量$

在此阶段的初期，除微生物生化反应外，还包括许多昆虫和无脊椎动物（螨、倍足纲节肢动物、等足类动物、线虫）对易降解组分的分解作用。

### （二）过渡阶段

在这一阶段，填埋场内氧气被耗尽，开始形成厌氧条件，垃圾降解由好氧降解过渡到兼性厌氧降解，此时起主要作用的微生物是兼性厌氧菌和真菌。

此阶段垃圾中的硝酸盐和硫酸盐分别被还原为 $N_2$ 和 $H_2S$，填埋场内氧气还原电位逐渐降低，渗滤液 pH 值开始下降。

### （三）酸化阶段

当填埋场填埋气中含量达到最大值，意味着填埋场稳定化已进入酸化阶段。在此阶段对垃圾降解起主要作用的微生物是兼性和专性厌氧菌，填埋气的主要成分是 $CO_2$，渗滤液 COD、VFA 和金属离子浓度继续上升，至中期达到最大值。此后逐渐下降，同时 pH 值继续下降至中期达到最大值（5.0 甚至更低），此后又慢慢上升。

此阶段可分为以下 6 个步骤进行。

（1）将有机单体转化为氢、重碳酸盐以及乙酸、丙酸、丁酸等小分子酸类。

（2）专性产氢产乙酸菌将还原的有机产物氧化成氢、重碳酸盐和乙酸。

（3）同源产乙酸菌将重碳酸盐还原为乙酸。

（4）硝酸盐还原菌和硫酸盐还原菌将还原的有机产物氧化成重碳酸盐和乙酸盐。

（5）硝酸盐还原菌和硫酸盐还原菌将乙酸氧化成重碳酸盐。

（6）硝酸盐还原菌和硫酸盐还原菌氧化氢原子。

### （四）甲烷发酵阶段

当填埋气中 $H_2$ 含量下降到很低时，填埋场稳定化即进入甲烷发酵阶段，此时产甲烷菌将醋酸和其他有机酸以及 $H_2$ 转化为 $CH_4$。

此阶段专性厌氧细菌缓慢地，却很有效地分解所有可降解垃圾至稳定的矿化物或简单的无机物，这一过程的主要生化反应如下。

$$5 \, nCH_3COOH \rightarrow 2 \, (CH_2O)_n + 4nCH_4 + 4nCO_2 + 热量$$

在此阶段前期，填埋气 $CH_4$ 含量上升至 50% 左右，渗滤液 COD 浓度、$BOD_5$ 浓度、金属离子浓度和电导率迅速下降，渗滤液 pH 值上升至 6.8~8.0；此后，填埋气 COD 浓度、$BOD_5$ 浓度、金属离子浓度和电导率慢慢下降。

（五）成熟阶段

当垃圾中生物易降解组分基本被分解时，填埋场稳定化进入了成熟阶段，此阶段，由于大量的营养物质已随渗滤液排出或生物降解，只有少量的微生物分解垃圾中的难生物降解物质，填埋气的主要组分依然是 $CO_2$ 和 $CH_4$，但其产率显著降低，渗滤液常常含有一定量的难以降解的腐殖酸和富里酸。

## 二、填埋场中的气体

垃圾填埋气又称填埋气（Land Fill Gas，LFG）。垃圾填埋气的产生过程是一个复杂的生物、化学、物理的综合过程，其中生物降解是最重要的。

（一）填埋场气体的产生及组成

填埋气体的产生是个非常复杂的过程，国内外研究一致认为将填埋气产生过程划分为 5 个阶段，即上面提到的填埋物生物降解的 5 个阶段（图 6-1）。

另外，由于填埋方式的不同所造成废物分解作用也并不相同，其所产生的废弃特性也各不相同，表 6-1 表示某垃圾填埋场的填埋气体主要组成在不同时期的变化。因此填埋场可以产生填埋气体的量及特性，依废物成分及填埋操作方式的不同而有所变化。

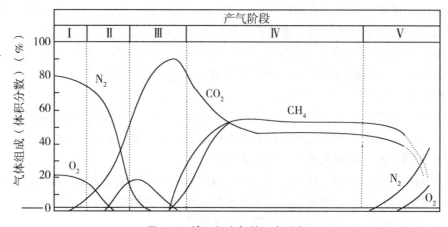

**图 6-1　填埋场产气的 5 个阶段**

表6-1　填埋气体组成在不同时期的变化

| 填埋后 时间/月 | 体积分数% | | | 填埋后 时间/月 | 填埋后时间/月 | | |
|---|---|---|---|---|---|---|---|
| | $CH_4$ | $CO_2$ | $N_2$ | | $CH_4$ | $CO_2$ | $N_2$ |
| 0~3 | 5 | 88 | 5.2 | 24~30 | 48 | 52 | 0.2 |
| 3~6 | 21 | 76 | 3.8 | 30~36 | 51 | 46 | 1.3 |
| 6~12 | 29 | 65 | 0.4 | 36~42 | 47 | 50 | 0.9 |
| 12~18 | 40 | 52 | 1.1 | 42~48 | 48 | 51 | 0.4 |
| 18~24 | 47 | 53 | 0.4 | | | | |

如前所述，填埋场气体主要有两类：一类是填埋场主要气体；另一类是填埋场微量气体。填埋场微量气体虽然含量很小，但其毒性大，对公众健康具有危害性。

1. 主要填埋气体组成

填埋场的主要气体是填埋废物中的有机组分通过生化分解所产生，其中主要含有氨、二氧化碳、一氧化碳、氢、硫化氢、甲烷、氮和氧等。它的典型特征为：温度达43~49℃，相对密度为1.02~1.06，为水蒸气所饱和，高位热值在15 630~19 537kJ/m³。表6-2为干填埋气体的典型组分。表6-3为主要气体组分的物理参数。

表6-2　干填埋气组成（体积分数）/%

| $CH_4$ | $CO_2$ | $N_2$ | $O_2$ | 硫化物 | $NH_3$ | $H_2$ | CO | 微量组分 |
|---|---|---|---|---|---|---|---|---|
| 45~50 | 40~50 | 0~10 | 0~2 | 0~1 | 0.1~1.0 | 0~0.2 | 0~0.2 | 0.01~0.6 |

甲烷和二氧化碳是填埋场气体中的主要气体。当甲烷在空气中的浓度在5%~15%时，会发生爆炸。因为甲烷浓度达到这个临界水平时，只有有限量的气体存在于填埋场内故在填埋场内几乎没有发生爆炸的危险。不过，假如LFG迁移扩散到远离场址处并与空气混合，则会形成浓度在爆炸范围内的甲烷混合气体。这些气体的浓度及与渗滤液相接触的气相的浓度，可用亨利定律来估算。因为二氧化碳会影响渗滤液的pH值，故还可用碳酸盐平衡常数来估算渗滤的pH值。

表6-3　主要气体组分的物理参数

| 气体 | 分子式 | 相对分子 质量 | 密度/ (g/L) | 气体 | 分子式 | 相对分子 质量 | 密度/ (g/L) |
|---|---|---|---|---|---|---|---|
| 空气 | | 28.97 | 1.292 8 | 硫化氢 | $H_2S$ | 34.08 | 1.539 2 |
| 氨 | $NH_3$ | 17.03 | 0.770 8 | 甲烷 | $CH_4$ | 16.03 | 0.716 7 |
| 二氧化碳 | $CO_2$ | 44.00 | 0.976 8 | 氮 | $N_2$ | 28.02 | 1.250 7 |
| 一氧化碳 | CO | 28.00 | 1.250 1 | 氧 | $O_2$ | 32.00 | 1.428 9 |
| 氢 | $H_2$ | 2.016 | 0.089 8 | | | | |

注：标准状态（0℃，1atm）下的物理参数

## 2. 微量填埋气体组成

表 6-4 是美国研究者从 66 个填埋场取得的气体样品分析得出的典型微量组分的浓度。从三个不同填埋场采集的气体样品中发现了 116 种有机化合物存在，其中许多化合物是挥发性有机化合物（VOCs）。这些微量有机化合物是否存在于填埋场渗滤液中，取决于填埋场内与渗滤液接触的气体中浓度，可以用亨利定律来进行估算，国外所发现的 LFG 中挥发性有机化合物浓度较高的填埋场，往往是接受含有挥发性有机物的工业废物的老填埋场。在一些新填埋场，其 LFG 中的挥发性有机物的浓度均较低。

### （二）填埋场气体产生的速率及产气量

#### 1. LFG 产生速率

在通常条件下，LEG 产生速率在 2 年内达到高峰，然后开始缓慢下降，在多数情况下可以延续 25 年成更长的时间。确定 LFG 产生速率的方法有下述 3 种。

（1）试验井。实验井抽气测量 LFG 流量和 LFG 质量，是估计 LFG 产生量的最可行的方法，但只有设置在有代表性位置处的实验井，其测定结果才有代表性，对于填埋废物压实不好的填埋场，由于存在 LFG 迁移问题，可持续回收的 LFG 数量一般是试验井测定产气速率的一半。

（2）粗估。利用已运行的不同项目中观察到的废物量和 LFG 产生速率的关系，估计 LFG 产量的最简单的方法是假设每吨废物每年产生 $6m^3$ 的 LFG，生产速率持续 5~15 年，再根据填埋场处置的废物量便可估算出填埋气体产气速率。

表 6-4　填埋气体中典型微量组分的浓度（$\mu l/L$）

| 化合物 | | 浓　度 | |
| --- | --- | --- | --- |
| 英文名称 | 中文名称 | 最大值 | 平均值 |
| Acotone | 丙酮 | 240 000 | 6 838 |
| Benzene | 苯 | 39 000 | 2 057 |
| Chlorobenzen | 氯苯 | 1 640 | 82 |
| Chloroform | 氯仿 | 12 000 | 245 |
| 1，1-Dichloroethane | 1，1-二氯乙烷 | 36 000 | 2 801 |
| Dichloromethane | 二氯甲烷 | 620 000 | 25 694 |
| 1，1-Dichloroethene | 1，1-二氯乙烯 | 4 000 | 130 |
| Diethylene chloride | 二氯乙烯 | 20 000 | 2 835 |
| trans-1，2-Dichloroethane | 反-1，2-二氯乙烷 | 850 | 36 |
| 2，3-Dichlorop | 2，3-二氯丙烷 | 0 | 0 |
| 1，2-Dichloropropane | 1，2-二氯丙烷 | 0 | 0 |
| Ethylene bromide | 溴乙烯 | 0 | 0 |
| Ethylene dichloride | 二氯乙烷 | 2 100 | 59 |

（续表）

| 化合物 | | 浓　度 | |
|---|---|---|---|
| 英文名称 | 中文名称 | 最大值 | 平均值 |
| Ethylene oxide | 环氧乙烯 | 87 500 | 0 |
| Ethyl benzene | 乙基苯 | 130 000 | 7 334 |
| Methyl ethyl ketone | 甲基乙基酮 | 0 | 3 092 |
| 1，1，2-Trichloroethane | 1，1，2-三氯乙烷 | 0 | 0 |
| 1，1，1-Trichloroethane | 1，1，1-三氯乙烷 | 14 500 | 615 |
| Trichloroethylene | 三氯乙烯 | 32 000 | 2 079 |
| Toluene | 甲苯 | 280 000 | 34 907 |
| 1，1，2，2-Tetrachloroethane | 1，1，2，2-四氯乙烷 | 16 000 | 246 |
| Tetrachloroethylene | 四氯乙烯 | 180 000 | 5 244 |
| Vinyl chloride | 氯乙烯 | 32 000 | 3 508 |
| Styrenes | 苯乙烯 | 87 000 | 1 517 |
| Vinyl chloride | 乙酸乙烯酯 | 240 000 | 5 663 |
| Xylenes | 二甲苯 | 38 000 | 2 651 |

（3）斯库尔-卡扬（Scholl Canyon）模型。试验井法只能提供在特定时间内特定地点 LFG 生产速率的真实数据，要准确估算填埋场的产气速率是很难的。实验表明，典型的城市垃圾在填埋后 0.7～1.0 年达到产气速率最大值，然后按指数衰减规律降低。实际填埋场产气量数据显示，填埋废物在填埋 160 年后有机物降解率达到 99.1%。由此可见，达到产气速率最大值所用时间一般小于整个填埋场产气时间的 1/100。因此，从填埋开始至达到产气速率最大值这段时间在整个填埋产气阶段是可以忽略的。目前在填埋场设计中，使用最为广泛的填埋场产气速率模型是 Scholl Canyon 一阶动力学模型。该模型假设填埋场建立厌氧条件，微生物积累并稳定化造成的产气滞后阶段是可以忽略的，即从计算起点产气速率就已达到最大值，在整个计算过程中产气速率随着填埋场废物中有机组分（用产甲烷潜能 L 表示）的减少而递减。即可描述为：

$$- \mathrm{d}L/\mathrm{d}t = kL \tag{6-1}$$

式中　　$k$——产气速率常数，$\mathrm{a}^{-1}$；

　　$t$——垃圾填埋后的时间，a。

对于同一时间填埋的垃圾，若假设其潜在产气总量为 $L_0$，从填埋到 $t$ 时刻的产气量为 $L_0$，则剩余产气量为：

$$G = L_0 - L = L_0[1 - \exp(-kt)] \tag{6-2}$$

由此得到填埋场的产气速率 $Q$ 为

$$Q = \mathrm{d}G/\mathrm{d}t = kL = kL_0 \mathrm{e}^{-kt} \tag{6-3}$$

对于垃圾填埋运行期为 $n$ 年的城市垃圾填埋场，产气速率表达式如下：

$$Q = \sum_{i=1}^{n} R_i k_i L_0, i \exp(-k_i t_i) \qquad (6-4)$$

式中　$Q$——填埋场气体产生速率，$m^3/a$；

$R_i$——第 i 年填埋处置的废物量，t；

$t_i$——第 i 年填埋的废物从填埋至计算时的时间，$t_i \geqslant 0$；

$L_{0,i}$——第 i 年填埋废物的潜在产气量，$m^3$；

$k_i$——第 i 年填埋废物的产气速率常数，$a^{-1}$。

假如每年填埋处置的垃圾数量和成分相同，则上式可简化为：

$$Q = 2L_0 R[\exp(-kt) - \exp(-kc)] \qquad (6-5)$$

式中　$L_0$——垃圾的潜在甲烷产生量，$m^3/t$；

$R$——填埋场运行期接收垃圾的年平均速率，$t/a$；

$k$——甲烷产生速率常数，$1/a$；

$c$——填埋场封场后的时间，a；

$t$——自废物放入填埋场后的时间，a。

Scholl Canyon 模型的优点是模型简单，需要的参数少。但是应该指出，由于该模型忽略了废物自填埋开始至产气速率达到最大这段时间及这段时间的产气量，只能大体反映产气速率变化趋势。不过在实用中，该模型能为项目的经济评价、气体收集工艺设计、设备选用提供支持。

2. LFG 产量

由于影响填埋场释放气体产生量的因素比较复杂，填埋气体产生量的精确值很难计算得出。为此，国外从 20 世纪 70 年代初就发展了许多不同的理论或实际估算垃圾填埋场产甲烷量的方法，包括①评价填埋场物理特征和操作背景；②利用废物量、堆放历史和分解过程建立的数学模型；③现场测试。本章将主要介绍利用化学计量法和 COD 法估算填埋废物的潜在产气量（即理论产气量），利用产气速率模型确定填埋气体的实际产生速率和产生量。

（1）化学计量法。

理论上，由废物的有机组分可以进一步推论出各种废物在厌氧条件下完全分解的反应方程式计算理论甲烷产气量。

$$CH_a O_b N_c + \frac{1}{4}(4-a-2b+3c)H_2O \rightarrow \frac{1}{8}(4-a+2b+2c)CO_2 + \frac{1}{8}(4+a-2b-2c)CH_4 + cNH_3$$

式中，a、b、c 与废物的元素组成有关。

【例 6-1】设某废物的有机组成部分［占 65%（质量分数）］可以 $C_5H_{10}O_2N_2$ 表示，试估计每千克该废物可生成多少甲烷与氨气（另 35% 为无机物与水分）？

解：设取 1.0kg 的废物，其分子量为

$C_5H_{10}O_2N_2$ 分子量 $= 5\times2+10+16\times2+14\times2=130g/mol$

即每千克之摩尔数 $= 1\,000/130\times0.65=5g/mol$

利用

$$CH_aO_bN_c + \frac{1}{4}(4 - a - 2b + 3c)H_2O \rightarrow \frac{1}{8}(4 - a + 2b + 2c)CO_2 + \frac{1}{8}(4 + a - 2b - 2c)CH_4 + cNH_3$$

已知 a=2，b=0.4，c=0.4，故每一个分子的 $CH_2O_{0.4}N_{0.4}$ 可产生（4+2-2×0.4-2×0.4）/8 个分子的甲烷与 0.4 个分子的氨气，而每一分子废物相当于 5 个分子的 $CH_2O_{0.4}N_{0.4}$（实为废物的化学简式），因此每千克废物可产生

甲烷：5×5×（4+2-2×0.4-2×0.4）/8=13.75g/mol

氨气：5×5×0.4=10g/mol

换算成标准状态的体积为：

甲烷：13.75×22.4×10$^{-3}$=0.308m³/kg

氨气：10×22.4×10$^{-3}$=0.224m³/kg

（2）COD 法。

假设：填埋释放气体产生过程中无能量损失；有机物全部分解，生成 $CH_4$ 和 $CO_2$。则据能量守恒定理，有机物所含能量均转化为 $CH_4$ 所含能量，这样，如果知道单位质量城市垃圾的 COD 以及总填埋废物量，就可以估算出填埋场理论产气量。

$$V = W(1-\eta)\eta_{有机物}C_{COD}V_{COD}\beta_{有机物}\xi_{有机物} \qquad (6-6)$$

式中，$V$ 为填埋废物的理论产气量，m³；$W$ 为废物质量，kg；$\eta$ 为垃圾的含水率（质量分数），%；$C_{COD}$ 为单位质量废物的 COD，kg/kg；厨余含量高的垃圾可取 1.2kg/kg；$V_{COD}$ 为单位 COD 相当的填埋场产气量，m³/kg；$\eta_{有机物}$ 为垃圾中的有机物含量（质量分数），%（干基）；$\beta_{有机物}$ 为有机废物中可生物降解部分所占比例；$\xi_{有机物}$ 为在填埋场内因随渗滤液等而损失的可溶性有机物所占比例。

用化学需氧量法计算我国城市垃圾中厨渣、纸和果皮的单位质量干废物的产气量分别为 0.43m³/kg、0.46m³/kg 和 0.5m³/kg。

（3）产气速率模型计算法。在实际的填埋场中，垃圾是分批填埋的，一般按照填埋的年份来区分这些垃圾。填埋场中的实际产气速率是填埋场中所有垃圾（历年填埋垃圾）的总产气速率。在同一时刻，不同年份填埋的混合垃圾中，所含各垃圾成分的生物降解性不同，各种垃圾的降解速率不同，产气规律有较大差异：有的垃圾很快就达到最大产气率，并在较短时间内完全降解；有的垃圾则要经过较长时间才能达到最大产气速率、完全降解。因此，用个简单模型很难描述出这种不同。

为此，可以将填埋场一年填埋的垃圾定义为单堆垃圾，将填埋混合垃圾中具有相似生物降解特性的一类垃圾有机组分定义为单类垃圾，分为易降解、中等程度降解和难降解三类。首先研究确定单类单堆垃圾的产气速率模型进行叠加得到单堆混合垃圾的产气速率模型；然后，再按填埋年份及每年的填埋量对单堆混合垃圾的填埋产气速率模型进行叠加，就可得到填埋场的填埋产气速率模型。图 6-2 给出了本计算模型建立思路的示意。

单堆单类垃圾填埋产气速率模型。

对于降解特性相同、一次填埋的单位质量的垃圾（即单堆单类垃圾），假设：垃圾

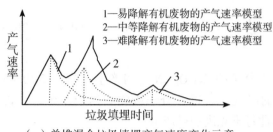
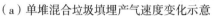
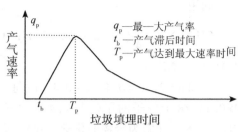

（a）单堆混合垃圾填埋产气速度变化示意　　（b）单类垃圾填埋气体产生过程示意

**图 6-2　垃圾产气速率示意**

从产气到达到产气速率峰值之间的产气速率符合线性规律；垃圾产气达到峰值后的产气规律符合一级反应速率表达式。则描述其产气规律的微分方程可写为如下形式。

第一阶段采用直线关系进行描述，产生速率与时间成正比

$$q = \frac{dG}{dt} = k_1(t - t_b) \tag{6-7}$$

第二阶段采用指数衰减模型描述，但此处总潜在产气量应变为第二阶段总产气量 $Y_2$，时间 $t$ 应变为产气速率达最大以后的产气时间 $t - t_p$。

$$q = \frac{dG}{dt} = k_2 Y_2 e - k_2(t - t_p) \tag{6-8}$$

式中，$q$ 为产气速率，$m^3/h$；$G$ 为 $t$ 时刻的总产气量，$m^3$；$t$ 为填埋时间，$a$；$t_b$ 为开始产气之前的停滞时间，$a$；$t_p$ 为产气速率达到最大的时间，$a$；$k_1$ 为第一阶段产气速率常数，$a^{-1}$；$k_2$ 为第二阶段产气速率常数，$a^{-1}$。

由于 $t = t_b$ 时 $q = 0$，$t = t_p$ 时 $q = q_p$，故可由式（6-7）得到。

$$k_1 = \frac{q_p}{t_p - t_b} \tag{6-9}$$

同时，可由式（6-8）求出第二阶段总产气量 $Y_2$ 与产气速率常数 $k_2$ 和峰值产气速率 $q_p$ 的关系：

$$Y_2 = q_p/k_2 \tag{6-10}$$

将式（6-9）和式（6-10）代入式（6-7）和式（6-8），得到单堆单类垃圾填埋产气速率的基本模型为

$$q = \begin{cases} 0 & t < t_b \\ [(t - t_b)/(t_p - t_b)]q_p & t_b < t < t_p \\ q_p \exp[-k_2(t - t_p)] & t \geq t_p \end{cases} \tag{6-11}$$

式中，$q_p$ 为产气峰值速率，$m^3/(t \cdot a)$。

峰值产气速率，$q_p$ 可用所填埋垃圾的潜在产气量来表示，根据质量守恒定律，填埋产气二阶段产气量之和等于所填埋垃圾的潜在产气量，即为

$$Y_0 = Y_1 + Y_2 \tag{6-12}$$

其中，$Y_1$ 和 $Y_2$ 可分别为产气第一阶段和第二阶段产气量。$Y_1$ 可表示为

$$Y_1 = 0.5 \ (t_p - t_b) \ q_p \tag{6-13}$$

将式（6-10）和式（6-13）代入式（6-12）并解方程得到

$$q_p = \frac{Y_0}{\dfrac{(t_p - t_b)}{2} + \dfrac{1}{k_2}} \tag{6-14}$$

代入式（6-11），可得单堆单类垃圾填埋产气速率基本表达式为

$$q = \begin{cases} 0 & t < t_b \\[2mm] \dfrac{2k_2(t_p - t_b)Y_0}{k_2(t - t_b)^2 + 2(t_p - t_b)} & t_b < t < t_p \\[2mm] \dfrac{2k_2 Y_0}{k_2(t_p - t_b) + 2}\exp\left[-k_2(t - t_p)\right] & t \geqslant t_p \end{cases} \tag{6-15}$$

因此模型中只有一个速率常数 $k_2$，改用 $k$ 代替，并将此模型简化为

$$q = f(t_b, \ t_p, \ Y, \ k_0) \tag{6-16}$$

单堆垃圾填埋产气速率模型

式（6-16）表达的填埋产气速率模型既适用于单类单堆垃圾产气速率的模拟，也适用于单堆混合垃圾的模拟。如果将单堆垃圾分为 i 类，则单堆垃圾产气速率由单类单堆模型按比例叠加而成。

$$q_r = \sum_{i=1}^{n} q_i r_i \tag{6-17}$$

式中，$q_r$ 为第 r 年混合垃圾产气速率，$m^3/$（$t \cdot a$）；$q_i$ 为第 i 类垃圾的产气速率，$m^3/$（$t \cdot a$）；$n$ 为垃圾分类数目；$r_i$ 为第 i 类垃圾所占比例。

填埋场气体总产气速率

对于一个实际填埋场，每年均有垃圾入场填埋，假设每年进入填埋场填埋处置的垃圾量相同，其质量为 $M$（t/a），则填埋场气体产生速率的表达式应为：

$$Q = \sum_{r=1}^{i} M(r) q_r \tag{6-18}$$

填埋场产气速率模型参数典型值列于表6-5。

**表6-5 填埋场产气速率模型参数典型值**

| 垃圾种类 | $t_b/a$ | $t_p/a$ | $t_{1/2}/a$ | $k/a$ | $Y_0/$（$m^3/t$） | $r/\%$ |
|---|---|---|---|---|---|---|
| 易降解垃圾 | 0.5 | 1 | 3 | 0.231 | | |
| 中等降解垃圾 | 1 | 5 | 10 | 0.069 | | |
| 难降解垃圾 | 5 | 20 | 25 | 0.028 | | |
| 混合垃圾 | 1.25 | 4.61 | 7.70 | 0.09 | 170.2 | 100 |

## 三、填埋场中的渗滤液

废物渗滤液是指废物在填埋或堆放过程中因其有机物分解产生的水或废物中的游离

水、降水、径流及地下水入渗而淋滤废物形成的成分复杂的高浓度有机废水。大量资料表明，降水、地表径流和地下水入渗是废物渗滤液产生的主要原因。渗滤液的水质取决于废物组分、气候条件、水文地质、填埋时间及填埋方式等因素。表6-6给出了深圳和上海的垃圾填埋场渗滤液主要污染指标浓度范围。

由该表结合其他资料可知，渗滤液具有以下基本特征：①有机污染物浓度高，特别是5年内的"年轻"填埋场的渗滤液。②氨氮含量较高，在"中老年"填埋场渗滤液中尤为突出。③磷含量普遍偏低，尤其是溶解性的磷酸盐含量更低。④金属离子含量较高，其含量与所填埋的废物组分及填埋时间密切相关。⑤溶解性固体含量较高，在填埋初期（0.5~2.5年）呈上升趋势，直至达到峰值，然后随填埋时间增加逐年下降直至最终稳定。⑥色度高，以淡茶色、暗褐色或黑色为主，具较浓的腐败臭味。⑦水质历时变化大，废物填埋初期，其渗滤液的pH值较低，而COD、$BOD_3$、TOC、SS、硬度、金属离子含量较高；而后期，上述组分的浓度则明显下降。

表6-6  深圳和上海的垃圾填埋场渗滤液主要污染指标浓度

| 项 目 | 深 圳 | | 上 海 | |
|---|---|---|---|---|
| | 建场最初5年 | 建场5年后 | 建场初期 | 建场10年后 |
| $COD_{Cr}$ （$g \cdot L^{-1}$） | 20~60 | 3~20 | 10~32 | 0.5~1.5 |
| $BOD_5$ （$g \cdot L^{-1}$） | 10~36 | 1~10 | 3~1.6 | 0.1~0.2 |
| $NH_3-N$ （$mg \cdot L^{-1}$） | 400~1 500 | 500~1 000 | 400~2 000 | 700~2 200 |
| TP （$mg \cdot L^{-1}$） | 10~70 | 10~30 | — | — |
| SS （$mg \cdot L^{-1}$） | 1 000~6 000 | 100~3 000 | 750~3 500 | 150~2 000 |
| pH 值 | 5.6~7 | 6.5~7.5 | 6.8~7.7 | 7.3~8.2 |
| $BOD_5/COD_{Cr}$（典型值之比） | 0.43 | 0.04 | 0.40 | 0.15 |

# 第三节  填埋场的工艺设计

## 一、填埋场的构造类型及填埋方式

到目前为止，土地填埋仍然是应用最广泛的固体废物的最终处置方法。现行的土地填埋技术有不同的分类方法，例如，根据废物填埋的深度可以划分为浅地层填埋和深地层填埋；根据处置对象的性质和填埋场的结构形式可以分为惰性填埋、卫生填埋和安全填埋等。但目前被普遍承认的分类法是将其分为卫生填埋和安全填埋两种。前者主要处置城市垃圾等一般固体废物，而后者则主要以危险废物为处置对象。这两种处置方式的基本原则是相同的，事实上安全填埋在技术上完全可以包含卫生填埋的内容。

（一）惰性填埋法

惰性填埋法指将原本已稳定的废物，如玻璃、陶瓷及建筑废料等，置于填埋场，表面覆以土的处理方法。本质上惰性填埋法着重其对废物的存放功能，而不在于污染的防治（或阻断）功能。

由于惰性填埋场所处置的废物都是性质已稳定的废物，因此该填埋方法极为简单。图 6-3 为惰性填埋场的构造示意，其填埋所需遵循的基本原则如下。

（1）根据估算的废物处理量，构筑适当大小的填埋空间，并须筑有挡土墙。

（2）于入口处竖立标示牌，标示废物种类、使用期限及管理人。

（3）于填埋场周围设有围篱或障碍物。

（4）填埋场终止使用时，应覆盖至少 0.5m 的土壤。

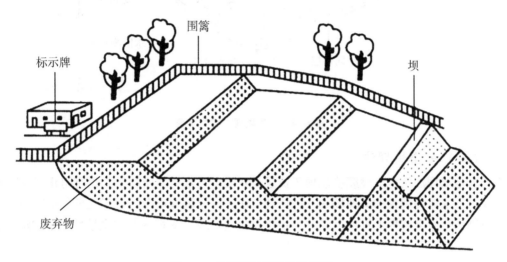

**图 6-3　惰性填埋场的构造示意**

## （二）卫生填埋法

卫生填埋法指将一般废物（如城市垃圾）填埋于不透水材质或低渗水性土壤内，并设有渗滤液、填埋气体收集或处理设施及地下水监测装置的填埋场的处理方法，即为填埋处置无须稳定化预处理的非稳定性的废物，最常用于城市垃圾填埋。此法也是最普遍的填埋处理法。图 6-4 是卫生填埋场构造示意。

从不同的角度，可将卫生填埋场分为不同的种类。如根据结构可将其分为衰竭型和封闭型填埋场；按不同的填埋地形特征，又可分为山谷型、坑洼型和平原型填埋场；根据填埋场中废物的降解机理，还可将其分为好氧型、准好氧型和厌氧型填埋场等。目前我国普遍采用的是厌氧型填埋场，现代填埋场的基本构成是填埋单元，它是由一定空间范围内的固体废物和土层共同组成的单元。具有类似高度的一系列相互衔接的填埋单元构成一个层，填埋场通常就是由若干填埋层所组成。由于填埋场为城市化的社会发展提供了城市固体废物的重要出路，同时还为开发利用其生物能源带来相当的经济效益，故无论是从社会、环境还是从经济角度，现代填埋场的兴建都是必要的。与其他处理方法相比，它的主要优点：①其一次性投资较低，运行也较为经济；②适应性广，对生活废物的种类、性质和数量均无苛刻的要求；③是一种相对完全、彻底的最终处理方式；④运行管理相对简单。

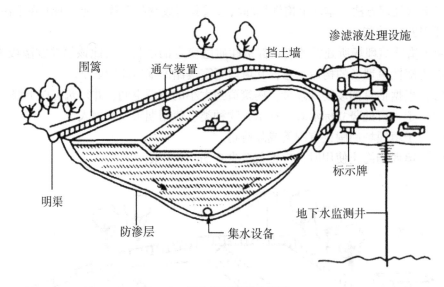

图 6-4　卫生填埋场结构示意

## （三）安全填埋法

安全填埋法指将危险废物填埋于抗压及双层不透水材质所构筑并设有阻止污染物外泄及地下水监测装置的填埋场的一种处理方法。安全填埋场专门用于处理危险废物，危险废物进行安全填埋处置前需经过稳定化固化预处理。图 6-5 是安全填埋场结构示意。

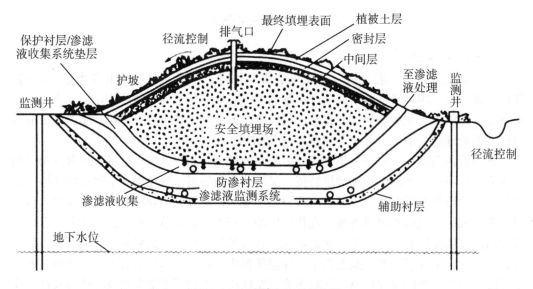

图 6-5　安全填埋场结构示意

## 二、填埋工艺的确定

不同的填埋场类型和不同的填埋方式，其作业工艺流程基本相同，如图 6-6 所示。

了解待处理废弃物的性质（如成分、含水率等），对确定填埋场的整体计划以及填埋场的作业工艺是非常重要的。在确定填埋工艺原则前要确定填埋场的计划填埋量和填埋年限。

在填埋场服务年限中拟填埋的废物总量与使用的覆土量之和即为计划填埋量。对城市固体废物（MSW）而言，填埋量既受填埋场库容条件和具体设施容量的制约，也受到因城市经济发展和民生水平而造成城市固体物成分变化的影响。通常计划填埋量是填埋场的理论容量，比实际填埋量要大 10% 以上。填埋场的理论容量可根据各个填埋层（即每个填埋层的水平面积与该填埋层高度之乘积）进行估算。填埋场的总填埋容量（$V_t$，单位 $m^3$）可按填埋场服务区域内的预测人口（$P$）、人均每天废物量（$m$，单位 kg）和填埋年限（$t$，单位 a）的乘积除以废物最终压实密度（$\rho$，单位 $kg/m^3$）再加上覆土量（$V_s$）来计算确定，即

$$V_t = 365 \frac{mPt}{\rho} + V_s \qquad (6-19)$$

通常我国人均每天城市固体废物产量可按 0.8~1.2kg/（人·d）考虑。

计划填埋场的填埋年限在受到场址特性、服务区域的城市固体废物产量和组分以及覆盖材料数量和性质制约的时候，对废物填埋场单位投资效率和建设规模也有明显的影响。若填埋场年限过短，将增大单位废物的填埋投资，减小投资效率；而填埋年限过长，势必导致一次性投资高，设施维护和保养费用加大。一般情况下，填埋年限以 10~20 年为宜。

覆土是卫生填埋场填埋作业的必要步骤，虽不可避免地会占用有效的填埋容积，但有助于改善景观、减少气味和风扬碎片、防止疾病传播等。覆土可分为日覆土、中间覆土和最终覆土，其中日覆土的用土量最多。通常填埋场的覆土量占填埋总容积的 10%~25%，因而在考虑填埋总容积时不能忽略覆土所占的体积。近年来，为增大填埋场有效容积，国内外已开始尝试采用可重复利用的塑料膜来替代日覆土。

【例6-2】一个有 100 000 人口的城市，平均每人每天产生垃圾 2.0kg，如果采用卫生土地填埋处置，覆土与垃圾体积之比为 1:4，填埋后废物压实密度为 600kg/$m^3$，试求 1 年填埋废物的体积。如果填埋高度为 7.5m，一个服务期为 20 年的填埋场占地面积为多少？总容量为多少？

解：1 年填埋废物的体积为

$$V_t = (\frac{365 \times 2.0 \times 100\,000}{600} + \frac{365 \times 2.0 \times 100\,000}{600 \times 4})m^3 = 152\,083m^3$$

如果不考虑该城市垃圾产生量随时间的变化，则运营 20 年所需库容为

$$V_{20} = 20 \times V_t = 20 \times 152\,083m^3 \approx 3.0 \times 10^6 m^3$$

如果填埋高度为 7.5m，则填埋场面积为

$$A_{20} = \frac{3.0 \times 10^6}{7.5}m^2 = 4 \times 10^5 m^2$$

（一）填埋工艺确定的原则

（1）分区作业，减少垃圾裸露面，降低作业成本按计划进行填埋作业。

根据每天的垃圾处理量，确定填埋区域和每天的作业层面，尽量控制垃圾裸露面的范围，这样既可以减少对环境的污染，又可以减少因治理环境污染而所需的费用。

（2）压实多填，延长填埋场使用年限，确定合理的填埋高度。

选择专用的填埋压实机械提高垃圾填埋的压实密度，增加填埋场的使用年限，使有效的填埋面积得到最充分的利用。

（3）控制源头，落实环保措施，防止二次污染。

制定有效的环境保护对策，从填埋场地基的防渗、垃圾渗滤水的收集与处理、填埋气体的导排或回收利用以及填埋场的虫害防治等方面，采取及时的预防和治理措施，将垃圾对周围环境的污染降到最低限度。

（4）超前规划，采取合理的填埋方式，缩短稳定期，有利于填埋场的复原利用。

在填埋场启用前，对填埋场的终场利用必须有一个综合规划。根据制定的规划，并以有利于填埋场的稳定和提高填埋场的终场利用率为前提确定填埋方式，从而使填埋场的复原利用规划得到最有效的实施。

## （二）填埋场的规划和设计

在对填埋场进行规划与设计时，首先应该考虑以下基本问题。

（1）相关的环境法规。必须满足所有相关的环境法规。

（2）城市总体规划。填埋场的规划与设计必须注意与城市的总体规划保持一致，以保证城市社会经济与环境的协调发展。

（3）场址周围环境。应对选定场址周围的环境进行充分的调查，其中包括场址及周围地区的地形、周围地区的土地处置情况、现有的排水系统及今后的布局、植被生长情况、建筑和道路情况等。

（4）水文和气象条件。要全面了解当地详细的水文和气象条件，如地表水及地下水的流向和流速、地下水埋深及补给情况、地下水水质、现有排水系统的容量、对附近水源保护区的影响降水量、蒸发量、风向及风速等。这些条件直接影响渗滤液的产生，进而影响填埋场构造的选择与设计。

（5）入场废物性质。应充分掌握入场废物的性质，以在设计过程中确定必要的环境保护措施对于进入安全填埋场的危险废物必须经过一定的预处理程序，以达到所要求的控制限值后才能进入填埋场处置，经处理后的废物不再具有反应性和易燃性，其含水率不得高于85%，浸出液 pH 值应在 7.0~12.0，浸出液中任何一种有害成分的浓度不应超过如表6-7所示的限值（表列各项目的控制限值仅适用于采用 GB 5086-1997 的浸出试验方法测得的浸出浓度）。

（6）工程地质条件。应对选定场址的层位置与特性、现场土壤的土质及分布情况、周围可能的土源分布等工程地质条件进行详细的调查，为填埋场的构造设计提供依据。

（7）封场后景观恢复及土地利用规划。应在设计之前对填埋场封场后的景观恢复和土地利情况进行规划，提出合理的土地利用方案，实现环境设施与城市发展的协调。

表 6-7 危险废物允许进入填埋区的控制限值

| 序 号 | 项 目 | 稳定化控制限值（mg/L） | 序 号 | 项 目 | 稳定化控制限值（mg/L） |
|---|---|---|---|---|---|
| 1 | 有机汞 | 0.001 | 8 | 锌及其化合物（以总锌计） | 75 |
| 2 | 汞及其化合物（以总汞计） | 0.25 | 9 | 铍及其化合物（以铍总计） | 0.20 |
| 3 | 铅（以总铅计） | 5 | 10 | 钡及其化合物（以总钡计） | 150 |
| 4 | 镉（以总镉计） | 0.05 | 11 | 镍及其化合物（以总镍计） | 15 |
| 5 | 总铬 | 12 | 12 | 砷及其化合物（以总砷计） | 2.5 |
| 6 | 六价铬 | 2.50 | 13 | 无机氟化物（不包括氟化钙） | 100 |
| 7 | 铜及其化合物（以总铜计） | 75 | 14 | 氰化物（以 $CN^-$ 计） | 5 |

### 三、填埋场的主体工程

垃圾填埋场的主体工程主要包含以下几个部分。

（1）地基处理工程。填埋场场地需要经过平整、碾压和夯实，并且根据渗滤液导排要求形成一定的纵横坡度。

（2）基底防渗工程。防止垃圾渗滤液从填埋位置通过地基渗漏，继而通过下层土壤进一步侵入地下水。

（3）渗滤液导排与处理系统。位于底部防渗层上的、由砂或砾石构成的排水层，包括导流沟、穿孔收集管、集水槽、提升多孔管等。

（4）填埋气体的收集和利用工程。

（5）雨水导排系统。填埋场必须设置独立的雨水导排系统，根据当地降水情况和场区地质条件设置明沟或者地下排水管道系统。

（6）最后覆盖系统工程。减少水分渗入，并对填埋物进行封闭。

（7）填埋终场后的生态修复系统。植被保护与恢复、水土保持、景观工程。

（8）场区道路。

（9）垃圾坝。阻拦垃圾外溢，稳固垃圾堆体，作为埋填场与进场道路的通道。

（10）监测设施。

#### （一）填埋场场地准备

为避免填埋场库区地基在垃圾堆积后产生不均匀沉降，保护复合防渗层中的防渗膜，在设防渗膜前必须对场底、山坡等区域进行处理包括场地平整和石块等坚硬物质的清除等。

为防止水土流失和避免二次清基、平整，填埋场的场底平基（主要是山坡开挖与平整）不一次性完成，而是应与膜的分期铺设同步，采用分层实施的方式，因为在离方地区，裸露的土层会自然长出杂草，且容易受山洪水的冲刷，造成水土流失。

1. 场底平基

平整原则为清除所有植被及表层耕植土，确保所有软土、有机土和其他所有可能降低防渗性能和强度的异物被去除，所有裂缝和坑洞被堵塞，并配合场底渗滤液收集系统的布设，使场底形成相对整体坡度，以≥2%的坡度坡向垃圾坝；同时，还要求对场底进行压实，压实度不小于90%。为了使衬垫层与土质基础之间的紧密接触，场底表面要用滚筒式碾压机进行碾压，使压实处理后的地基表面密度分布均匀，最大限度地减少场底的不均匀沉降。平整顺序最好从垃圾主坝处向库区后端延伸。

2. 边坡的平基

大部分填埋场边坡为含碎石、砂的杂填土和残积土，坡面植被丰富，山坡较陡，边坡稳定性较差。平整原则：为避免地基基础层内有植物生长，必要时可均匀施放化学除莠剂；边坡坡度一般取 1:3，局部陡坡应缓于 1:2，否则做削坡处理；极少部位低洼处采用黏性土回填夯实，夯实密实度大于 0.85；锚固沟回填土基础必须夯实；应尽量减少开挖量。平整开挖顺序为先上后下。

## （二）填埋场衬层铺设

填埋场防渗是现代填埋场区别于简易填埋场和堆放场的重要标志之一，也是选址、设计、施工、运行管理和终场维护中至关重要的内容。

1. 衬层系统的构成

填埋场基础防渗屏障主要通过在填埋场的底部和周边建立衬层系统来达到防渗屏障的目的。填埋场衬层系统通常包括渗滤液收排系统、防渗系统（层）和保护，地下水位较高时应设地下水收排系统等，如果渗滤液收排系统中没有渗滤液收集管道等设施而仅为一层排水层时，又称为排水层。防渗系统有时也称为防渗层。

防渗系统的功能是通过在填埋场中铺设低渗透性材料来阻隔渗滤液于填埋场中，防止其迁移到填埋场之外的环境中；防渗层还可以阻隔地表水和地下水进入填埋场中。防渗层的主要材料有天然黏土矿物如改性黏土、膨润土，人工合成材料如柔性膜，天然与有机复合材料如钠基膨润土防水毯（GCL）、聚合物水泥混凝土（PCC）等。

必须对防渗层提供合适的保护。黏土等矿物质衬层容易受侵蚀，以及受到天气变化、干涸和渗滤液收集系统砾料对其上表面的刺穿等因素的影响。柔性膜容易被刺穿，同时，其他点状集中应力也会造成膜的破损，工程上一般采用土工布或黏土对其进行保护，对于个别安全要求较高的，可以考虑加设一层复合土工排水网垫。另外，必须对排水系统提供保护，过滤渗滤液中的悬浮物、其他固态和半固态物质，否则，这些物质将在排水层中累积，造成排水系统的堵塞，使排水系统效率降低或者完全失效。目前工程上一般使用有纺土工布或土工滤网。

2. 填埋场防渗材料

大量资料表明，绝大多数国家和地区对填埋场衬里材料的防渗性能要求基本一致。我国批准颁布的《城市生活垃圾卫生填埋技术规范》（CJJ17-2004）中规定，天然黏土类防渗衬里，其场底及四壁衬里厚度要大于 2m，渗透系数小于 $1×10^{-7}$cm/s；改良土衬里的防渗性能应达到黏土类防渗性能。

（1）天然防渗。天然防渗材料主要有黏土、亚黏土、膨润土等。因其渗透性低且较为经济，过去曾被视为填埋场唯一可供选择的防渗材料，目前仍为一些国家或地区所广泛采用。天然防渗材料是岩石风化后产生的次生矿物，颗粒极小，多由蒙脱石、伊利石和高岭石组成。

天然防渗材料一般应满足以下条件。

①分布均匀，厚度至少大于 2m，其渗透系数小于 $1×10^{-7}$cm/s。②要求 30%的颗粒能通过 200 目的筛子，液限大于 30%，塑性大于 1.5，pH 值大于 7。③能抵抗渗滤液的侵蚀，不因与渗滤液的接触而使其渗透性增加。

在天然防渗中，黏土使用最多，可分自然黏土衬里和人工压实黏土衬里。但不论哪种类型，都必须满足渗透系数小于 $1×10^{-7}$cm/s 的基本要求。

部分国家或地区对填埋场黏土衬里的有关规定如表 6-8 所示。从该表中可知，各国家或地区对黏土衬里的渗透率的要求基本相同，但是对厚度要求不尽一致。

天然防渗衬里的主要优点是造价低廉，施工简单。我国目前相当一部分城市的垃圾填埋场和部分工业固体废物填埋场仍采用当地天然土成改性土作为防渗衬里。由于土地资源的日益紧缺和防渗要求的不断提高，天然衬里的使用受到了很大限制。

表 6-8　部分国家或地区对填埋场采用黏土衬里的有关规定

| 国家或地区 | 渗透系数（cm·$s^{-1}$） | 衬里厚度（m） |
| --- | --- | --- |
| 美国 | $1×10^{-7}$ | 0.6 |
| 加拿大不列颠哥伦比亚省 | $1×10^{-7}$ | 1 |
| 澳大利亚 | $1×10^{-7}$ | 0.9 |
| 新西兰 | $1×10^{-7}$ | 0.6 |
| 德国 | $5×10^{-7}$ | 1.5 |
| 法国 | $1×10^{-7}$ | 5 |
| 丹麦 | $1×10^{-7}$ | 0.5 |
| 意大利 | $1×10^{-7}$ | 2 |
| 奥地利 | $1×10^{-7}$ | 0.5~0.7 |
| 俄罗斯 | $1×10^{-7}$~$1×10^{-8}$ | 0.5~0.8 |
| 克罗地亚 | $1×10^{-7}$~$1×10^{-8}$ | 1 |
| 发展中国家（世界银行建议）或地区 | $1×10^{-7}$ | 0.6 |
| 中国 | $1×10^{-7}$ | 2 |
| 中国香港 | $1×10^{-7}$ | — |
| 中国台湾 | $5×10^{-7}$ | 0.6 |

（2）改良型衬里。改良型衬里是指将性能不达标的亚黏土亚砂土等天然地质材料通过人工物质改善其性质，以达到防渗要求的衬里。人工改性的添加剂分为有机无两种。无机添加剂相对费用较低效果好，比较适合发展中国家推广应用。

常用的两种改良型衬里如下。

黏土—膨润土改良型衬里：在天然黏土中添加适量（如 3% ~ 15%）膨润土矿物，使改良后的黏土达到防渗材料的要求。已有的研究成果和工程应用实践表明，膨润土因其具有吸水膨胀特性和巨大的阳离子交换容量，加在能土中不仅可以减少黏土的孔隙，降低其渗透性，而且增强衬里吸附污物的能力同时还可以大幅度提高衬里的力学强度，因此，在填埋场防渗工程中具有广阔的推广前景。

黏土—石灰、水泥改良型衬里：在天然土中添加适量的石灰，水泥以改善黏土性质，从而大大提高黏土的吸附能力和酸碱缓冲能力。添加剂再经压实，黏土的孔隙明显减小，抗渗能力增强改良后土的渗透系数可以达到 $1 \times 10^{-9}$ cm/s，完全符合填埋场衬里对防渗性能的要求。

（3）人工合成膜防渗。严格地说，黏土型防渗衬里并不能完全阻止渗滤液向地下渗透，除非黏土的渗透性极低且厚度足够大。此外优质黏土的形成有一定的地质要求，不是每个场址都具有这种得天独厚的条件。因此，开发出可以替代甚至优于黏土型衬里的人工合成有机材料是十分必要的。

人工衬里材料通常要满足以下要求：①必须与渗滤液相容，不因与渗滤液的接触而使其结构完整性和渗透性发生变化；②渗透系数小于 $1 \times 10^{-7}$ cm/s；③具有适宜的强度和厚度，可铺设在稳定的基础之上；④抗臭氧、紫外线、土壤细菌及真菌的侵蚀；⑤具有适当的耐候性，能承受急剧的冷热变化；⑥具有足够的抗拉强度，能够经得起填埋体的压力和填埋机械与设备的压力；⑦有一定的抗尖锐物质的刺破、刺划和磨损力；⑧厚薄均匀，无薄点、气泡及裂痕；⑨便于施工及维护。

常见人工合成防渗膜性能如表6-9所示。其中高密度聚乙烯（HDPE）因其耐化学腐蚀能力强，制造工艺成熟，易于现场焊接，工程施工经验比较成熟，而被广泛应用于填埋场的水平防渗中。

表6-9　常用人工合成防渗膜的性能

| 材料名称 | 合成方法及价格 | 优　点 | 缺　点 |
|---|---|---|---|
| 高密度聚乙烯（HDPE） | 聚乙烯脂聚合而成，价格中等 | 良好的防渗性能；<br>对大部分化学物质具有抗腐蚀能力；<br>良好的机械和焊接性能；<br>低温下具有良好的工作特性；<br>可制成 0.5 ~ 3mm 不等的各种厚度；<br>不易老化 | 耐不均匀沉降能力较差；<br>穿刺性能力较差 |

（续表）

| 材料名称 | 合成方法及价格 | 优 点 | 缺 点 |
|---|---|---|---|
| 聚氯乙烯 (PVC) | 聚乙烯单体聚合物，热塑性塑料，价格低 | 耐无机物腐蚀；良好可塑性；高强度尤其抗穿刺能力强；易焊接 | 易被许多有机物腐蚀；耐紫外辐射能力差；气候适应性不强；易受微生物腐蚀 |
| 氯化聚乙烯 (CPE) | 由氯气与高密度聚乙烯经化学反应而成，热塑性合成橡胶，价格中等 | 良好的强度特性；易焊接；对紫外线和气候因素有较强的适应性；低温下工作特性良好；耐渗性能好 | 耐有机物腐蚀能力差；焊接质量不高；易老化 |
| 异丁橡胶 (EDPM) | 异丁烯与少量的异戊烯经化学反应而成，合成橡胶，价格中等 | 耐高低温；耐紫外辐射能力强；氧化性溶剂和极性溶剂对其影响不大；胀缩性强 | 对碳氢化合物抵抗能力差；接缝难；强度不高 |
| 氯磺化聚乙烯 (CSPE) | 由聚乙烯、氯气、二氧化硫反应生成的聚合物，热塑性合成橡胶，价格中等 | 防渗性能好；耐化学腐蚀能力强；耐紫外辐射及适应气候变化能力强；耐细菌能力强；易焊接 | 易受油污染；强度较低 |
| 乙丙橡胶 (EPDM) | 乙烯、丙烯和二烯烃的三元聚合物，合成橡胶，价格中等 | 防渗性能好；耐紫外辐射；气候适应能力强 | 强度较低；耐油、耐卤代溶剂腐蚀能力差；焊接质量不高 |
| 氯丁橡胶 (CDR) | 以氯丁二烯为基础的合成橡胶，价格较高 | 防渗性能好；耐紫外辐射；耐油腐蚀、耐老化；耐磨损、不易穿孔 | 难焊接和修补 |
| 热塑性合成橡胶 | 极性范围从极性到无极性的新型聚合物，价格中等 | 防渗性能好；耐紫外辐射；耐油腐蚀、耐老化；拉伸强度高 | 焊接质量仍需提高 |
| 氯醇橡胶 | 饱和的强极性聚醚型橡胶，价格中等 | 耐拉伸强度高；热稳定性好；耐老化；不受烃类溶剂、燃料、油类等影响 | 难于现场焊接和修补 |

【例6-3】 某埋场底部黏土衬层厚度为 1.0m，渗透系数 $k_s = 1 \times 10^{-7} \text{cm/s}$。计算滤液穿透防渗层所需的时间。设防渗层的有效孔隙率 $\eta_e = 6\%$。

解：渗滤液排水系统有效作用时， $-\text{d}H/\text{d}Z = 1$

$$Q = K_s = 1 \times 10^{-7} \text{cm/s}$$

$$v_p = Q/\eta_e$$

穿透时间 $t = L/v_p = 100 \times 0.06/(1 \times 10^{-7}) \text{s} = 6 \times 10^{-7} \text{s} = 1.9\text{a}$

3. 衬层系统结构

根据填埋场渗滤液收排系统、防渗系统和保护层、过滤层、地下水收排系统的不同组合形成不同的衬层系统结构，有单层衬层系统，复合衬层系统、双层衬层系统和多层材层系统等，如图6-6所示。

（1）单层衬层系统。单层衬层系统有一个防渗层，见图6-6（a），其上是渗滤液收集系统和保护层。必要时其下有一个地下水收集系统和一个保护层。这种类型的衬层系统只能用在抗损性低的条件下。某些场址的填埋场，填埋场场地低于地下水水位。对于这样的填埋场，只要地下水流入速率不致造成渗滤液量过多，只要地下水的上升压力不致破坏衬层系统，单层也同样适用。

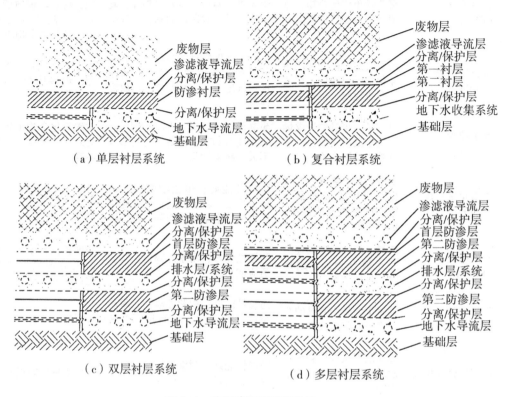

**图 6-6　典型填埋场衬层系统**

（2）复合衬层系统。复合衬层系统的防渗层是复合防渗层见图 6-6（b）。所谓复合防渗层意指由两种防渗材料相贴而形成的防渗层。它们相互紧密地排列，提供综合效力。比较典型复合结构是，上层为柔性膜，其下为 GCL 或渗透性低的黏土矿物层。与单层衬层系统相似，复合防渗层的上方为渗滤液收集系统，下方为地下水收集系统。

复合衬层系统综合了物理、水力特点不同的两种材料的优点，因此具有很好的防渗效果。HDPE 的防渗能力很强，在不发生破损的情况下，渗滤液穿过 HDPE 防渗层的量非常小，而一旦复合衬层系统膜出现局部破损渗漏时，GCL 或黏土遇水膨胀，使膜与 GCL 或黏土表面紧密连接，具有一定的密封作用。

复合衬层的关键是使柔性膜紧密接触黏土矿物层，以保证柔性膜的缺陷都不会引起沿两者结合面的移动。

（3）双层衬层系统。双层衬层系统包含两层防渗层，见图 6-6（c），两层之间是排水层，以控制和收集防渗层之间的液体或气体。同样，衬层上方为渗滤液收集系统，下方可有地下水收集系统，膜下保护层可以是压实黏土或者是 GCL+压实黏土。双层衬层系统有其独特的优点。透过上部防渗层的渗滤液或者气体受到下部防渗层的阻挡而在中间的排水层中得到控制和收集。

双层衬层系统的主要使用条件如下：①要求在安全设施特别严格的地区建设危险废物安全填埋场；②基础天然土层很差（$K > 10^{-5}$ cm/s）、地下水位又较高（距基础底 < 2m）时宜用双层衬层；③建设混合型填埋场，即生活垃圾与危险废物共同处置的填埋场；④土方工程费用很高，相比之下，HDPE 膜费用低于土方工程费用。

（4）多层衬层系统。多层衬层系统是以上的一个综合，见图 6-6（d）。其原理与双层衬层系统类似，在两个防渗层之间设排水层，用于控制和收集从填埋场中渗出的液体，不同点在于，上部的防渗层采用的是复合防渗层。防渗层之上为渗滤液收集系统，下方为地下水收集系统，多层衬层系统综合了复合衬层系统和双层衬层系统优点，具有抗损坏能力强、坚固性好、防渗效果好等优点。但多层衬层系统往往造价也高。

图 6-7 和图 6-8 给出了填埋场基础衬层系统结构的两个典型示例；其中，图 6-7 为复合衬层系统，图 6-8 为双层衬层系统。

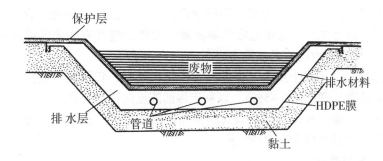

**图 6-7 填埋场基础衬层系统的典型示例-复合衬层**

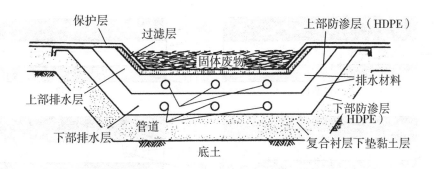

**图 6-8 填埋场基础衬层系统的典型示例-双层衬层**

## 四、渗滤液的集排水设施

渗滤液收排系统应保证在填埋场预设寿命期限内正常运行，收集并将填埋场内渗滤液至场外指定地点，避免渗滤液在填埋场底部蓄积。渗滤液的蓄积会引起下列问题：①填埋场内的水位升高导致更强烈的浸出，从而使渗滤液的污染物浓度增大；②底部衬层之上的静水压增加，导致渗滤液更多地泄漏到地下水-土壤系统中；③填埋场的稳定性受到影响；④渗滤液有可能扩散到填埋场外。

## （一）渗滤液收排系统的构造和类型

### 1. 收排系统的构造

渗滤液收排系统由收集系统和输送系统组成。收集系统的主要部分是一个位于底部防渗层上面的、由砂或砾石构成的排水层。在排水层内设有穿孔管网，以及为防止阻塞铺设在排水层表面和包在管外的无纺布。在大多数情况下渗滤液的输送系统由渗滤液存放罐、泵和输送管道组成，有条件时可利用地形以重力流形式让渗滤液自流到处理设施，此时可省掉渗滤液存放罐。典型的填埋场液体收排系统由以下几个部分组成。

（1）排水层。排水层通常由粗砂砾铺设厚 30cm 以上构成，要求必须覆盖整个填埋场底部衬层上，其水平渗透系数应大于 $10^{-2}$cm/s，坡度不小于 2%。但也可使用人工排水网格排水层和废物之间通常应设置天然或人工过滤层，以免小颗粒土壤和其他物质堵塞排水层占而可使渗滤液快速流入排水管，降低衬层上的饱和水深度。

（2）管道系统。一般在填埋场内平行铺设，位于衬层的最低处。管道上开有许多小间距要合适，以便能及时迅速地收集渗滤液。此外，应具有一定的纵向坡度（通常在千分之几），使管道内的流动呈重力流态。

（3）隔水衬层。由黏土或人工合成材料构筑，具有一定厚度，能阻碍渗滤液的下渗并具有一定坡度（通常 2%~5%），以利于渗滤液流向排水管道。

（4）集水井、泵、检修设施，以及监测和控制装置等。接纳存放排水管道所排出的渗滤液，测量并记录积水坑中的液量。

### 2. 收集系统的类型

填埋场渗滤液收排系统的常见类型如图 6-9 所示。

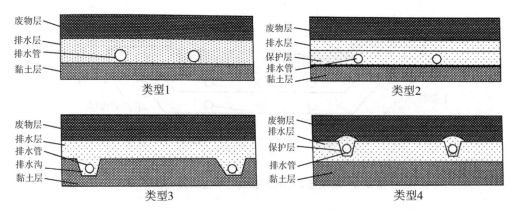

**图 6-9　渗滤液收排系统的常见类型**

在类型 1 和类型 2 中，衬层做成屋顶型，具有一定的坡度，排水管道设在衬层的最低点。

在类型 1 中，排水层直接铺设在黏土衬层上。在类型 2 中，排水层上加设一层细颗粒物质（或废物）组成的保护层以防止大块废物刺破人工合成衬层。类型 3 是把排水管设在排水沟中，考虑到衬层厚度尽可能小的要求，这种类型只在特定条件下才使用。类型4把保护层排水管周围包上一层高渗透性物质，这时的保护兼排水层可使用渗透性与排水层合二为一。排水管周围包上一层高渗透性物质，这时的保护兼排水层可使用渗透性稍差一点（但仍属高渗透性）的材料。

### （二）渗滤液收排系统数学模型

流到衬层排水层的渗滤液的收排和积聚可用图6-10所示的收集模型表示。

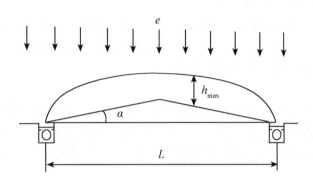

**图 6-10　渗滤液收集模型图解**

1. 衬层上最大积水深度 $h_{max}$

$$h_{max} = L\sqrt{C}\left[\frac{\tan^2\alpha}{C} + 1 - \frac{\tan}{C}\sqrt{\tan^2\alpha + C}\right] \tag{6-20}$$

式中 $C \equiv e/K_s$，故 $h_{max}$ 是 $e/K_s$ 的函数；

$e$——进入填埋场废物层的水通量，m/s；

$K_s$——横向排水层（沙砾石层）的水平方向的渗透系数，m。

2. 渗滤液通过底部衬层的运移速度和穿透时间

渗水通量：
$$q = K_s\frac{d+h}{d} \tag{6-21}$$

渗滤液泄漏量
$$Q = qA = AK_s\frac{d+h}{d} \tag{6-22}$$

运移速度
$$v = \frac{q}{\eta_e} = \frac{K_s(d^2+h)}{\eta_e d} \tag{6-23}$$

穿透时间：
$$t = \frac{d}{v} = \frac{d^2\eta_e}{K_s(d+h)} \tag{6-24}$$

式中　$h$——滤液在衬层上的积水高度，m；

$d$——衬层的厚度，m；

$K_s$——衬层的渗透系数，m/d；

$A$——填埋场底部衬层的面积，m²；

$\eta_e$——衬层的有效空隙率。

为使透过衬层的渗漏速率降低，提高收排效率，可结合实际条件采取下述措施：

①增大排水层的横向饱和导水系数 $K_{s1}$；②降低衬层的饱和导水系数 $K_{s2}$；③适当增大衬层的坡度 $\tan\alpha$；④减小衬层水平排水距离 $L$；⑤适当增大衬层的厚度 $d$。

这里的第一项可通过选用更粗大颗粒的排水材料达到，选择改变这一项可能是较为合适的，因为衬层的饱和导水系数通过压实降低得有限，而通过改换衬层材料，则可能会大大增大费用投资，对于衬层坡度及衬层水平排水距离，通常都有一定的设计要求，很少大衬层厚度只能在一定范围内降低渗漏速度，且衬层厚度增大，相应费用也上升。

（三）渗滤液收排系统设计

各个填埋场的渗滤液收排系统的布置均不相同，主要取决于填埋废物类型、场地地形条件、填埋场大小、气候条件、设计者的偏好和技术法规的要求等。但最重要的是必须能够检查和清洗整个收集管道网络和落水井。

1. 渗滤液收集系统

渗滤液收集系统应设计成能加速渗滤液在衬层上流动和自系统流出。自废物层流出的渗滤液，通过收集管道汇集于落水井，然后用泵送往渗滤液处理系统。渗滤液收集系统的布局应能提供渗滤液有不同路线流至落水井，并设有检查和排水层发生沉陷的维修条件。

2. 可供选择的渗滤液流动路线

图 6-11 是一个能够为渗滤液的流动提供不同流动路线的例子。系统设计成可维持渗滤液水位小于 30cm，即使发生堵塞使排水层渗透性能变差或使多数收集管道堵塞。收集管道之管间距为 6m 时，即使排水层的渗透系数减少两个数量级或有一根管道发生堵塞，也可有效维持渗滤液水位小于 30cm。但是，假如收集管道管间距设计成 24m，即使排水层渗透系数降低一个数量级，渗滤液水位也会超过 30cm。

## 五、填埋气体的导排

### （一）气体导排设施的方式

填埋场气体导排系统的作用是减少填埋场气体向大气的排放量和在地下的横向移动，并回收利用甲烷气体。填埋场气体的导排方式一般有两种，即主动导排和被动导排。

1. 主动导排

主动导排是在填埋场内铺设一些垂直的导气井或水平的盲沟，用管道将这些导气井和盲沟连接至抽气设备，利用抽气设备对导气井和盲沟抽气，将填埋场内的填埋气体抽出来，主动导排系统示意见图 6-12。

主动导排系统主要有以下特点：①抽气流量和负压可以随产气速率的变化进行调整，可最大限度地将填埋气体导排出来，因此气体导排效果好；②抽出的气体可直接利用，因此通常与气体利用系统连用，具有一定的经济效益；③由于利用机械抽气，因此运行成本较大。

主动气体导排系统主要由抽气井集气管、冷凝水收集井和泵站、真空源、气体处理站（回收或焚烧）以及气体监测设备等组成。

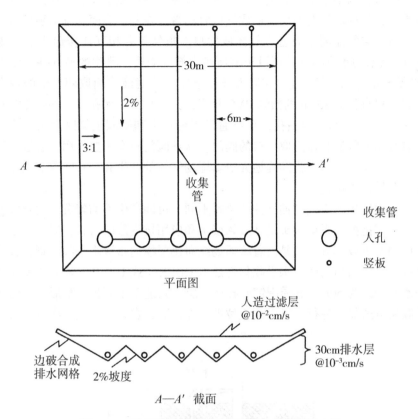

**图 6-11　渗滤液流动路线可供选择的收集系统布置**

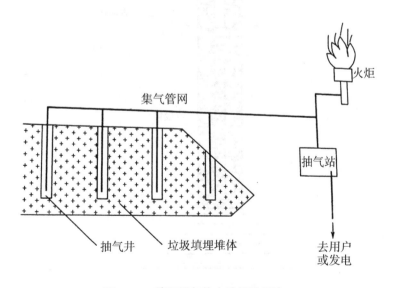

**图 6-12　填埋场气体主动导排系统**

（1）抽气井。填埋废气可用竖井或水平沟从填埋场中抽出，竖井应先在填埋场中打孔（图6-13），水平暗沟则必须与填埋场的垃圾层一样成层布置。在井或槽中放置部分有孔的管子，然后用砾石回填，形成气体收集带，在井口表面套管的顶部应装上气流控制阀，也可以装气流测量设备和气体取样口。集气管井相互连接形成填埋场抽气系统。图6-13所示的垂直抽气井可设于填埋场内部或周边，典型的抽气井，使用直径为1m的勺钻钻至填埋场底部以上3m以内或钻至碰到渗滤液液面取两者中的较高者。井内通常设有一根直径为15cm的预制PVC套管，其上部1/3无孔，下部的2/3有孔。再用直径2.5~5cm的砾石回填钻孔，孔口通常用细粒土和膨润土加以封闭。井及管路系统上均应装有调节气流和作为取样口的阀门。这种阀门具有重要作用。通过测量气体产出量及气压，操作员可以更为准确地弄清填埋场气体的产生和分布随季节变化和长期变化的情况，并做适当调整。

由于建造填埋场的年代和抽气井的位置不同，可能产生不均匀沉降而导致抽气井受到损坏，应尝试把抽气系统接头设计成软接头和应用抗变形的材料，以保持系统的整体完整性。横向水平收集方式就是沿着填埋场纵向逐层横向布置水平收集管，直至两端设立的导气井将气体引出场面。水平收集管是由HDPE（或UPVC）制成的多孔管，多孔管布设的水平间距为50m，其周围铺砾石透气层。它适于小面积、窄形、平地建造的填埋场，此收集方式简单易行，可以适应垃圾填埋作业，在垃圾填埋过程直至封顶时使用都方便。

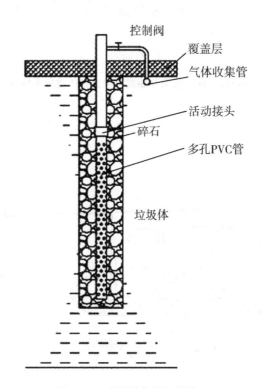

**图6-13 典型抽气竖井构造**

水平抽气沟（图6-14）一般由带孔管道或不同直径管道相互连接而成，沟宽0.6~

0.9m，深 1.2m。管道直径为 10cm，15cm，20m，长度为 1.2m 和 1.8m。沟壁一般要铺设无纺布，有时无纺布只放在沟顶。水平抽气沟常用于仍在填埋阶段的垃圾场，有多种建造方法，通常先在填埋场下层铺设一排气体收集管道系统，然后在填埋 2~3 个废物单元层后再铺设一水平排气沟。做法是先在所填垃圾上开挖水平管沟，用砾石回填到一半高度后，放入穿孔开放式连接管道，再回填砾石并用垃圾填满。这种方法的优点是即使填埋场出现不均匀沉降，水平抽气沟仍能发挥其功效。开凿水平沟时，如果预期到后期垃圾层的填埋，在设计沟位置时必须考虑填埋过程中如何保护水平沟和水平沟的实际最大承载力的影响。由于管道必然与道路发生交叉，因此安装时必须考虑动态和静态载荷、埋藏深度、管道密封的需要和方法，以及冷凝水的外排等。

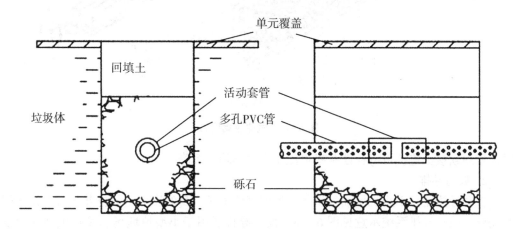

**图 6-14　横管收集系统（水平抽气沟）**

　　水平沟的水平和垂直方向间距随着填埋场设计、地形、覆盖层以及现场其他具体因素而变。水平间距范围是 30~120m，垂直间距范围是 2.4~18m 或每 1~2 层垃圾的高度。

　　但水平收集方式也存在许多问题：①工程量大、材料用量多、投资高，因为气体收集管需要布满垃圾填埋场各分层，管间距只有 40~50m；②水平多孔管很容易因垃圾不均匀沉陷而遭到破坏；③水平多孔管经受不住各种重型运输机械碾压和垂直静压；④水平多孔管与导气井或输气管接点很难适应场地的沉陷；⑤在垃圾填埋加高过程难以避免吸进空气、漏出气体；⑥填埋场内积水会影响气体的流动。

　　（2）气体收集管（输送管）。抽气需要的真空压力和气流均通过预埋管网输送至抽气井，主要的气体收集管应设计成环状网络，如图 6-15 所示，这样可以调节气流的分配和降低整个系统的压差。预埋管要有一定的坡度，使冷凝水在重力作用下被收集，并尽量避免因不均匀沉降引起堵塞，坡度至少为 3%，对于短管可以为 6%~12%。管径应略大一些，通常为 100~450mm，以减少因摩擦而造成压力损失。管子埋在填以沙子的管沟内，管身用 PVC 管或 HDPE 管，管壁不能有孔，管道的连接采用熔融焊接。沿管线不同位置应设置阀门，以便在系统维修和扩大时可以将不同部位隔开。

　　在预埋管系统中，PVC 管的接缝和结点常因不能经受填埋废物的不均匀沉降而频繁发生破裂，因此，通常用软管连接。由于软管的管壁硬度大于压碎应力，因此预埋管

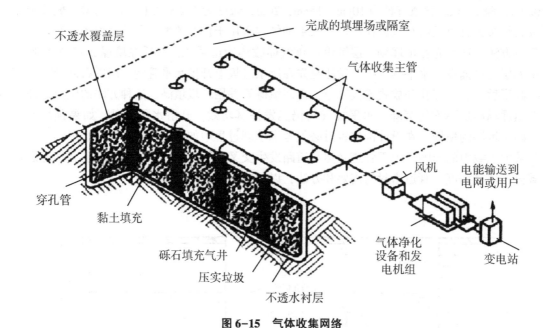

图 6-15　气体收集网络

时，采用软接头连接可以补偿某些可能发生的不均匀沉降。

2. 被动导排

被动导排就是不用机械抽气设备，填埋气体依靠自身的压力沿导排井和盲沟排向填埋场外。被动导排系统示意见图 6-16。被动导排适用于小型填埋场和垃圾填埋深度较小的填埋场。被动导排系统的特点：①不使用机械抽气设备，因此无运行费用；②由于无机械抽气设备，只靠气体本身的压力排气，因此排气效率低，有一部分气体仍可能无序迁移；③被动导排系统排出的气体无法利用，也不利于火炬排放，只能直接排放，因此对环境的污染较大。

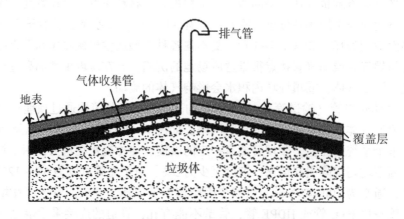

图 6-16　填埋场气体被动导排系统示意

被动气体导排系统让气体直接排出而不使用气泵和水泵等机械手段。这个系统可以用于填埋场外部或内部。填埋场周边的排气沟和管路作为被动收集系统阻止气体通过土体侧向流动,如果地下水位较浅,排气沟可以挖至地下水位深度,然后回填透水的砾石或埋设多孔管作为被动排气的隔墙。根据填埋场的土体类型,可在排气沟外侧设置实体的透水性很小的隔墙,以增进排气沟的被动排气。若土体是与排气沟透气性相同的沙土,则需在排气沟外侧铺设一层柔性薄膜,以阻止气体流动,使气体经排气口排出。如果周边地下水较深,作为一个补救方法,可用泥浆墙阻止气体流动。

被动排气设施根据设置方向分为竖向收集方式(图 6-17)和水平收集方式

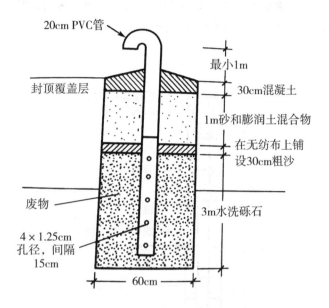

图 6-17 竖向收集方式(单个排气口)

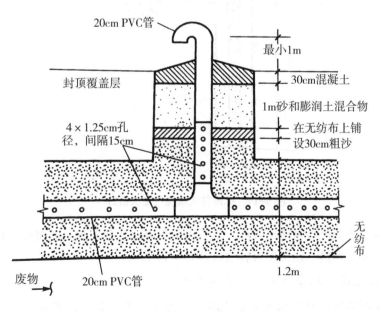

图 6-18 水平收集方式

（图 6-18）两种类型，多孔收集管置于废物之上的砂砾排气层内，一般用粗砂作排气层，但有时也可用土工布和土工网的混合物代替。水平排气管与竖直提升管或风力扩散器通过 90°的弯管连接，气体经过垂直提升管排至场外。排气层的上面要覆盖一层隔离层，以使气体停留在土工膜填场或土的表面并侧向进入收集管，然后向上排入大气，排气口可以与侧向气体收集管连接，也可不连接。为防止霜冻膨胀破坏，管子要埋得足够深，要采取措施保护好排气口，以防地表水通过管子进入到废物中。为防止填埋气体直接排放对大气的污染，在竖井上方常安装气体燃烧器，如图 6-19 所示。燃烧器可高出最终覆盖层数米以上，可人工或连续引燃装置点火。

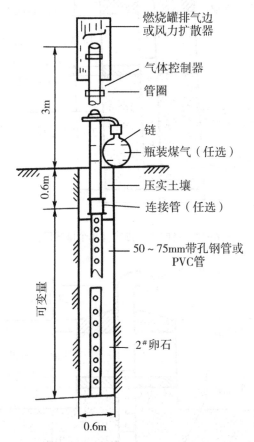

**图 6-19　标准并式填埋气燃长器口**

被动导排系统的优点是费用较低，而且维护保养也比较简单。若将排气口与带阀门的管子连接，被动导排三系统即可转变为主动导排系统。

（二）填埋场气体集气/输送系统设计

在设计填埋场气体收集和导排系统时，应考虑气体收集方式的选择、抽气井的布置、管道分布和路径、冷凝水收集和处理、材料选择、管道规格（压力差）等。

**1. 气体收集方式的选择**

如前所述，主动和被动气体收集方式各有其适用对象和优缺点，表6-10为各种填埋场气体收集系统的比较。在选择填埋场气体控制方式时，应立足于填埋场的实际情况，进行综合考虑，确定最佳方案。就我国的情况而言，在现有较为简单的城市垃圾填埋场、堆放场中，气体大多无组织释放，存在爆炸隐患，并造成环境危害，建议采用被动控制的方式对气体进行导排燃烧。在一些容量较大、堆体较深、垃圾有机物含量高且操作管理水平较高的填埋场，可以考虑采用主动方式回收利用填埋场气体。对于新建填埋场，可以在填埋初期通过被动方式控制气体释放，当产气量提高到具有回收利用价值之后，开始对气体进行主动回收利用。

表6-10 各种填埋场气体收集系统比较

| 收集系统类型 | 适用对象 | 优 点 | 缺 点 |
| --- | --- | --- | --- |
| 垂直井收集系统 | 分区填埋的填埋场 | 价格比水平沟收集系统便宜或相当 | 在场内填埋面上进行安装，操作较困难，易被压实机等重型机构损坏 |
| 水平沟收集系统 | 分层填的填埋场山谷自然凹陷的填埋场 | 因不需要钻孔，安装方便；在填埋面上也很容易安装，操作 | 底层的沟易破坏，难以修复；如填埋场底部地下水位上升，可能被淹没；在整个水平范围内难于保持完全的负压 |
| 被动收集系统 | 顶部、周边、底部透气性较好的填埋场 | 安装、保养简便、便易 | 收集效率一般低于主动收集系统 |

气体收集设施根据设置方向可分为竖向收集方式和横向水平收集方式两种类型。竖向收集方式的装置为竖井，横向水平收集方式的装置是水平沟。

（1）横向水平收集方式。横向水平收集方式就是沿着填埋场纵向逐层横向布置水平收集管，直至两端设立的导气井将气体引出场面。水平收集管是由HDPE（或UPVC）制成的多孔管，多孔管布设的水平间距为50m，其周围铺砾石透气层。此收集方式适于小面积、窄形、平地建造的填埋场，简单易行，可以适应垃圾填埋作业，在垃圾填埋过程直至封顶时使用都方便。

但这种方式也存在许多问题：①工程量大、材料用量多、投资高，因为气体收集管需要布满垃圾填埋场各分层，管间距只有40~50m；②水平多孔管很容易因垃圾不均匀沉陷面被破坏；③水平多孔管经受不住各种重型运输机械碾压和垂直静压；④水平多孔管与导气井或输气管接点很难适应场地的沉陷；⑤在垃圾填埋加高过程难以避免吸进空气、漏出气体；⑥填埋场内积水会影响气体的流动。

（2）竖向收集井方式。竖向收集井或竖井横斜向收集管的导排收集方式用得比较多，此方式结构相对简单，集气效率高，材料用量少，一次投资在垃圾填埋过程容易实现密封。

竖井的作用是在填埋场范围内提供一种透气排气空间和通道，同时将填埋场内渗滤液引至场底部排到渗滤液调节池和污水处理站，并且还可以借此检查场底HDPE膜泄露情况，对在垃圾填埋过程中立井的填埋场，竖井是随垃圾填埋过程依次加高，加高时应注意密封和井的垂直度。

竖井向上收集方式目前常采用竖井向上收集导排方式，即气井所收集的气体沿气井向上流动，引出地面点火燃烧或收集利用。气体输送管布置在填埋场顶面。若是在垃圾填埋过程立井，敷设在顶面的输气管就与垃圾填埋作业发生矛盾。这种方法，欧美国家常用在已完成的填埋场，即填埋场封顶后钻井，敷设管道。目前在垃圾填埋过程立井收集气体已逐渐被采用，这样不仅提高了气体的控制程度，而且提高了气体收集率，从而减少气体的危害并减少了能量（沼气）的损失。

竖井向下横斜向收集方式与竖井向上收集原则相同，只是将填埋场顶面气体输送管改到填埋场内，也就是采用所谓竖井与横斜向收集管相结合的方式。一口井一根输气管，输气管从气井下半部接出，其接点位置应高于场内渗滤液液面，并尽可能靠近场底，以便建立支撑物。对于一个有良好渗滤液排出系统的填埋场，其积水液面是不高的，根据场底标高和坡向，多数井底在液面之上，故为输气管设置支撑物提供条件。为了保证安全可靠地输送气体，横斜向的输气管除采用支撑物外还要采用加厚的不开孔的HDPE 管，对于重型机械经过的地段应加铸铁套管，与气井接点处用柔性短管连接。管道坡向集气井以利排水。

竖并向下横斜向收集方式的优点是垃圾填埋过程可以有效控制气体的散发，提高了气体收集率，并且与垃圾填埋作业不发生矛盾。

2. 抽气井的布置

竖井的间距是抽气有效与否的关键，应根据竖井的影响半径（$R$）按相互重叠原则设计，即其间距要使各竖井的影响区相互交叠。边长为 $\sqrt{3}R$ 的正三角形布置有 27% 的重叠区，而以边长为 R 的正六边形布置则有 100% 的重叠，正方形布置可有 60% 的重叠区。最有效的竖并布置通常为正三角形布置，其井距可用下式计算：$X = 2R\cos30°$ 式中，$X$ 为三角形布置井的间距；$R$ 为影响半径。

竖井影响半径及井距由以下几个因素决定：垃圾堆积量，填埋场深浅及产气速率；竖井井距与竖井抽力大小的正确与否，直接影响气体控制的安全性、有效性、气体成分和经济性。若井距太小，则竖井间工作会相互干扰，且增加了不必要的井，浪费资金。井距过小或抽力过大还会把空气抽入，产生气体回流现象。应通过现场试验确定竖井的影响半径，具体做法如下。在试验井周围的一定距离内，按一定原则布置观测孔，通过短期或长期抽气试验，观测距离井不同距离处的真空度变化。离井最近的观测孔负压最高，随距离增加，负压迅速下降，影响半径即是压力近于零处的半径。对于旨在减少填埋气体迁移的抽气系统，短期试验就足够了。但对于确定回收方案，应长期试验。抽气井应穿过 80%～90% 的废物厚度，至少 48h 抽气一次，使所有探头上的压力能维持连续三天（每天至少观测两次）的监测。由于气体的产生量随时间的增长而减少，也使用非均布井，并通过调节井的气体流量来控制井的影响半径。

在缺少试验数据的情况下，影响半径可采用 45m。对于深度大并有人工薄膜的混合覆盖的填埋场，常用的井间距为 45～60m；对于使用黏土和天然土壤作为覆盖层材料的填埋场，可以使用近一点的间距，如 30m，以防把外界空气抽入气体回收系统中。

被动导排法凭借场内气体产生的静压将气体从竖井导排至地面，竖井作用半径就是从井边到静压为零的距离。井距一般为 30~40m，对于中小型填埋场，场内产生的气体静压为 0~13.2mbar。静压由覆盖层厚和场自由深度来决定。场内气体流动压降梯度为 0.5~1.3Pa/m。

主动导排法是在被动导排法的基础上加装抽气机，用机械动力从气井抽出气体送给用户，由于抽气机抽力形成真空，因此改变了竖井的作用半径，井距增至 90~100m，对于一个中型填埋场，设备抽力在 11~42mbar，场内气体流动阻力在 0.5~1.3P/m，气井总压降在 5~10mbar。

### 3. 气体输送系统的布置

不论采用竖井还是水平管线收集，最终均需要将填埋气体汇集到总干管进行输送，输气管的设置除必要的控制阀、流量压力监测和取样孔外，还应考虑冷凝液的排放，输送系统也有支路和干路，干路互相联系或形成一个"闭合回路"。这种闭合回路和支路间的相互联系，可以得到一个较均匀的真空分布和剩余真空分布，使系统运行更加容易、灵活。

管道网络布置重点考虑的问题包括：确定冷凝水去除装置的数量、位置，收集点间距，每个收集点收集冷凝水量和管道坡度，以及管沟设计和布置。

井头的管道必须充分倾斜，以提供排水能力，集气干管一般最小要 3% 的坡度，对于更短的管道系统甚至要有 6%~12% 的坡度。为排出冷凝液，在干管底部可设置冷凝液排放阀。在多数情况下，受长管道的开沟深度限制等原因，很难达到理想的坡度。只有缩短排水点位间距离并增加其数量，才能得到尽可能高的合理坡度。

### 4. 冷凝水收集和排放

由于填埋气体收集系统中的冷凝水能引起管道振动，大量液体物质还会限制气流，增加压力差，阻碍系统改进、运行和控制，因此，冷凝水的收集、排放是填埋气体收集系统设计时考虑的重点。

通常垃圾填埋场内部填埋气体温度范围在 16~52℃，收集管道系统内的填埋气体温度则接近周边环境温度。在输送过程中，填埋气体会逐渐变凉而产生含有多种有机和无机化学物质、具有腐蚀性的冷凝液。

为排出集气管中的冷凝液，避免填埋气体在输送过程中产生的冷凝液聚积在输送管道的较低位置处，截断通向井的真空，减弱系统运行，除允许管道直径稍微大一点外，应将冷凝水收集排放装置安装在气体收集管道的最低处，避免增大压差和产生振动。在寒冷结冰地区还要考虑防止收集到的冷凝水结冰，系统中要有防冻措施，保证冷凝水在结冰情况下也能被收集和存放。

在抽气系统的任何地方，饱和填埋气体中冷凝液的产生量与温度有关，在某一点上收集到的冷凝液总量与这段时间内通过该点的填埋气体体积有关，利用网络分析可以确定一段时间内整个抽气系统将会收集到的冷凝液的量。应分别对夏季和冬季温度进行管网计算，确定分支或井口处气体流量及其冷凝液产生量的极端最坏值和平均值。大概每产生 $10^4\text{m}^3$ 气体可产生 $70\sim800\text{L}$ 冷凝水，冷凝水收集井每间隔为 $60\sim150\text{m}$ 设置一个。

当冷凝水已经聚集在水池或气体收集系统的低处时，它可以直接排入水泵站的蓄水池中，然后将冷凝水抽入水箱或在污水处理系统中处理后排放，或回流到填埋场，或排入公共市政污水管网。冷凝液是必须控制的污染物，其处置和排放也是要严格控制的。大多数管理部门倾向于将冷凝液直接排回到垃圾中而不需要特殊的废物管理。

5. 气体收集管道规格和压差计算

管道规格确定是一个反复的过程，一般需要经过：估算单井最高流量，确定干路和支路管道的设计流量，用当量管道长度法计算阀门阻力，用标准公式计算管道压差，根据每个干路和支路的需要重复上述过程。气体收集管道压差和管道尺寸的设计计算可按如下步骤进行。

(1) 假设气体在管道中的流动为完全紊流，主动抽气一般是紊流。假设一个合适的尺寸，通常为 $100\sim200\text{mm}$。

(2) 估算气流速度，使用连续方程

$$Q=AV \tag{6-25}$$

式中，$Q$ 为气体流量（$\text{m}^3/\text{s}$）；$A$ 为截面积（$\text{m}^2$）；$V$ 为气流速度（$\text{m}/\text{s}$）。

若知道管道的内径和气体释放估计量，就可以由上式计算气流速度。假设气体的产生速率为 $18.7\text{m}^3/$（$\text{t}\cdot\text{年}$），每一抽气井的气体流量 $Q$ 可通过该井覆盖范围内的废物总量和气体产生速率估算。

$$Q=(\text{d}Q_{\text{LDG}}/\text{d}t)m_0 \tag{6-26}$$

式中，$Q$ 为气体流量（$\text{m}^3/\text{年}$）；$\text{d}Q_{\text{LDG}}/\text{d}t$ 为气体的产生速率 [$\text{m}^3/$（$\text{t}\cdot$年）]；$m_0$ 为废物总量（$\text{t}$）。

(3) 计算雷诺数。

$$N_{\text{Re}}=DV\rho_g/\mu_g \tag{6-27}$$

式中，$N_{\text{Re}}$ 为雷诺数；$D$ 为管道内径（$\text{m}$）；$V$ 为气流速度（$\text{m}/\text{s}$）；$\rho_g$ 为填埋场气体的密度，$0.001\,36\text{t/m}^3$；$\mu_g$ 为填埋场气体的黏滞系数，$12.1\times10^{-9}\text{t}/$（$\text{m}\cdot\text{s}$）。

(4) 用经验公式计算达赛摩擦系数。

$$f\approx0.005\,5+0.000\,55\times(20\,000\varepsilon/D)\times(100\,000/N_{\text{Re}})/3 \tag{6-28}$$

式中，$f$ 为达赛摩擦系数；$\varepsilon$ 为绝对粗糙度（$\text{m}$），PVC 管取 $1.68\times10^{-6}\text{m}$；$D$ 为管道内径（$\text{m}$），$N_{\text{Re}}$ 为雷诺数。

(5) Darcy-Deisbach 压差方程。

$$\Delta P=0.102f\gamma_g LV^2/(2gD) \tag{6-29}$$

式中，$\Delta P$ 为压差（$\text{mmH}_2\text{O}$）；$f$ 为达赛摩擦系数；$\gamma_g$ 为填埋场气体容重，为 $9.62\text{N/m}^3$；$L$ 为管长（$\text{m}$）；$V$ 为气体的当量速度（$\text{m}/\text{s}$）；$g$ 为重力加速度，$9.81\text{m/s}^2$；$D$ 为管道内径（$\text{m}$）。

上式系数 $0.102$ 为压力差由 $\text{N/m}^2$ 转换为 $\text{mmH}_2\text{O}$ 的转换系数，$1\text{N/m}=0.102\text{mmH}_2\text{O}$。

6. 气体收集系统管道材料

最常用的填埋气体输送管道材料是 PVC 和 PE。PE 柔软，能承受沉降，使用寿命长，是气体收集系统理想的首选材料。PE 的安装费用是 PVC 的 3~5 倍，扩延系数是 PVC 的 4 倍。如果用作地上管道系统会因太阳辐射和气体输送过程中升温等造成热胀现象，而在设计中充分考虑 PE 的热胀并完全补偿是非常困难的。PVC 的热胀冷缩率、初始投资费用和维护费用较低，是地上气体输送管道系统的理想材料 PC 管在气候温暖地区应用广泛，工作性能良好；在温度低于 4℃ 的寒冷气候条件下工作性能不太好；在露天时受紫外线损害使工作性能不好，容易变脆，但如涂上兼容漆，可延长其使用寿命。

管道安装时必须留有伸缩余地，允许材料热胀冷缩。管道固定要设计缓冲区和伸缩圈。选择气体收集系统所用的弹性材料（如橡胶和塑料）和金属材料时，必须考虑冷凝液 pH 值、有机酸、无机酸、碱、特殊的碳水化合物等对材料的影响，是否会对金属产生腐蚀、弹性体变形和挤压破坏等问题。如果需要用金属，不锈钢是最佳选择，冷凝液对碳钢强腐蚀性。

## 六、地表径流的控制

地表径流作为渗滤液的主要来源，对它的有效控制，实际上也成为填埋场周围水环境污染的首选控制措施，对整个填埋场的建造和运行费用将产生较大的影响。

地表径流控制的目的是把可能进入场地的水引走，防止场地排水进入填埋区内，以及接收来自填埋区的排水。通常采用的方法有导流渠、导流坝、地表稳态化和地下排水四种。

### （一）导流渠

导流渠一般环绕整个场地挖掘，这样使地表径流汇集到导流渠中，并经土地表水和填埋场地下坡方向的天然水道排走。导流渠的尺寸、构造形式及结构材料可根据场地的特点来确定。导流渠起码要能积聚排除正常条件下的地表径流水。常用的结构材料有植草的天然土壤、土衬沥青、碎石混凝土等。

### （二）导流坝

导流坝是在场地四周修筑堤坝，以拦截地表径流，把其从场地引出流入排水口。导流堤坝一般用土壤修筑，用机械压实。

### （三）地表稳态化

地表稳态化是用压得很密实的细粒土壤作为覆盖材料，以控制地表径流的速度，减少天然降水的渗入，减少表面覆盖层的冲刷侵蚀。地表稳态化土壤的选择和施工要结合封场统一考虑。

### （四）地下排水

地下排水是在填埋物之上覆盖层之下铺设一层排水层或一系列多孔管，使已经渗透过表面覆盖层的雨水通过排水层进入收集系统排走。

## 七、填埋作业

### (一) 基本要求

制订一个简明而有组织的运行计划。运行计划不仅满足于常规作业操作，而且要对每天、每年的运行提出指导，使填埋场得到有效的利用，并保证生产安全和不引发环境问题。

通向填埋场的道路应设栏杆和大门加以控制，对进场生活固体废物必须进行计量监测及鉴别，有毒有害废弃物严禁入场填埋。场内道路必须设有醒目的标志牌和指示正确的交通路线等。

固体废物堆体要尽量压实，压实密度大于 $0.8t/m^3$，保证堆体稳定和得到最大的填埋容量。

按单元分区作业，减少固体废物裸露面。要根据每天入场的固体废物量，确定填埋区域和每天的作业层面，填埋作业面应尽量的小。

保证在各种气候条件下处置场道路通畅并能正常填埋作业过的水体作为污水应尽快引出并作相应处理。

雨水、地表水、地下水尽量不与固体废物接触，用沟槽排出场区。

管理人员应熟悉消防知识和了解应急措施，以防止各类事故的发生，还应了解填埋场的监测和维护要求。

填埋场最终形成的坡面坡度应小于 1:3（垂直:水平）。

### (二) 工艺流程

固体废物从城区由固体废物运输车运至填埋场，经入口处的地磅计量鉴别后再由场内道路进入填埋库区卸车平台，在现场人员的指挥下按填埋作业顺序进行倾倒、摊铺、压实、撒药和覆土。生活固体废物按单元分层填埋。其工艺流程见图 6-20。

### (三) 作业方法

1. 填埋作业区的作业程序

山谷性填埋场一般填埋方法采取斜坡式作业方式，固体废物按单元分层填埋。固体废物运至填埋库区内，采用"分区—单元式"填埋，进场固体废物每天一个单元，并根据日产固体废物量填成梯形斜坡，按从下而上的顺序填埋。填埋自固体废物坝下部开始，然后按 1:3 的坡度逐步向库后区上升填埋，直至终场填埋到库尾处。

2. 固体废物压实与中间覆盖

在指定地点卸车后，按当天固体废物量为一填埋单元，用推土机推平，固体废物厚度为一般在 25m 左右，底面长度和宽度视固体废物入库量不同而改变，然后用压实机碾压，每层碾压 8~10 遍并坚持每日一覆盖。固体废物填到计划的层高时，覆盖一定厚度的黏土作为中间覆土并进行压实。

3. 填埋单元

填埋单元根据日产固体废物实际入库量确定，每天作业一单元。每单元填成长方形斜体，地面长度和宽度根据固体废物入库量改变，其斜坡面坡度为 1:3（垂直:

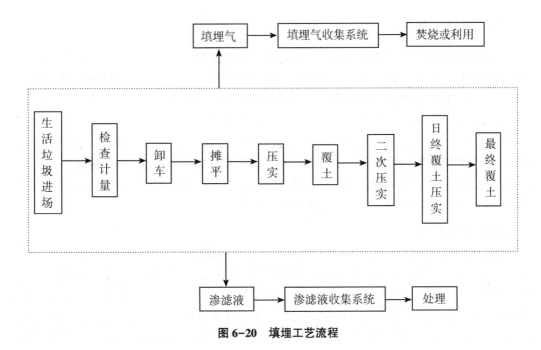

图 6-20 填埋工艺流程

水平)。

（四）封场作业

为了固体废物场的安全并有利于填埋气体的收集与引排，减少渗滤液产生量，降低污水处理成本，还必须对已完成的坝顶以上部分 1:3 的外坡及已完成的填埋终场区域进行封场处理。

1. 封场的技术要求

固体废物填埋场封场结构一般要求考虑防止雨水进入堆场内、填埋气体的收集与导排、保持水土稳定、植被恢复和开发利用等。由于生活固体废物的腐熟、降解等产生不均匀沉降，因此封场设计还需考虑堆体不均匀沉降问题。

为避免在封场顶部与固体废物不均匀沉降出现积水现象，对填埋场的最终覆盖要外形平整并能有效防止填埋场局部沉陷，最终覆盖平整后的坡度不应小于 2%，但也不能超过 10%。封场四周边和坡中间设置排水沟，排水沟收集的雨水经流渠导排入填埋场的环库截洪沟中。

2. 封场开发利用

可考虑开发为苗圃花卉培植基地、果园或经济性草皮。

3. 封场后续处理。

封场后应继续进行下列管理工作，并延续到封场后 20 年。

（1）维护最终覆盖层的完整性和有效性。

（2）维护监测检漏系统。

（3）继续进行填埋气体和渗滤液的收集和处理。

（4）继续监测地下水水质的变化。

## 八、复原工程

填埋场复原指的是废物填埋作业完成之后、在它的顶部铺设的覆盖层。封场系统也称为最终覆盖层系统或者简称为盖层系统。固体废物填埋场的最终覆盖是填埋场运行的最后阶段，同时也是最关键的阶段。通过封场系统以减少雨水等地表水入渗进入废物层中，是减少或防止渗滤液产生的关键。而且，封场系统还有导气、绿化、填埋场土地利用等方面功能。封场系统的功能可以概括为以下几点：①减少雨水和融化雪水等渗入填埋场；②控制填埋场气体从填埋场上部的释放；③抑制病原菌的繁殖；④避免地表径流水的污染，避免危险废物的扩散；⑤避免危险废物与人和动物的直接接触；⑥提供一个可以进行景观美化的表面；⑦便于填埋土地的再利用。

### 封场系统的结构

现代化填埋场的封场系统由多层组成，主要分为两部分，第一部分是土地恢复层，即为表土层；第二部分是密封工程系统，由保护层、排水层（可选）、防渗层（包括底土层）和排气层组成，如图 6-21 所示。其中，排水层和排气层并不一定要有，应根据具体情况来确定。排水层只有当通过保护层入渗的水量（来自雨水、雪水、地表水、渗滤液回灌等）较多或者对防渗层的渗透压力较大时才是必要的。而排气层只有当填埋废物有降解产生较大量填埋场气体时才要。各结构层的作用、材料和使用条件列于表 6-11 中。

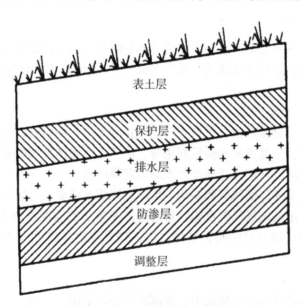

**图 6-21 封场覆盖系统结构示意**

表土层的设计取决于填埋场封场后的土地利用规划，通常要能生长植物表土层的厚度，要保证植物根系不造成下部密封层的破坏。此外，在冻结区表土层的厚度必须保证防渗层位于霜冻带以下。表土层的最小厚度不应小于 30cm。

保护层的设置是为了防止上部植物根系以及挖洞动物对下层的破坏，保护防渗层不受干燥收缩、冻结解冻等的破坏，防止排水层的堵塞，维持系统稳定等。

排水层的设置旨在排泄通过保护层的降雨下渗水等，降低入渗水对下部防渗层的水压力。当通过保护层入渗的水量过多，对防渗层构成较大渗透压力时，该层的设置才是必要的。排水层设计的最小渗透系数为 $10^{-3}$cm/s，坡度一般 ≥3%。

防渗层是终场防渗系统中最为重要的部分。其主要功能是阻止入渗水进入填埋废物中，防止填埋场气体逸出填埋场。防渗材料有压实黏土、柔性膜、人工改性防渗材料和复合材料等。防渗层的渗透系数要 ≥ $10^{-7}$cm/s，铺设坡度 ≥2%。

调整层用于控制填埋场气体，将其导入填埋气体收集设施进行处理或者利用，同时也起到支撑上述各层的作用。

覆盖材料包括自然土、工业渣土、建筑渣土和陈垃圾等。自然土是最常用的覆盖材料，它的渗透系数小，能较好地阻止渗滤液和填埋气体的扩散，但除掘埋法外，其他类型的填埋场都存在因大量取土而导致的占地和破坏植被问题。工业渣土和建筑渣土作为覆盖材料，不仅能解决自然土取用问题，而且能为废弃渣土的处理提供出路。陈垃圾筛分后的细个颗粒作为覆盖土也能有效地延长填埋场的使用年限，增加填埋容量，因此陈垃圾也可以作为废物填埋覆盖材料的来源。

表 6-11　填埋场封场系统

| 性　质 | 层 | 主要功能 | 常用材料 | 备　注 |
|---|---|---|---|---|
| 土地恢复层 | 表土层 | 取决于填埋场封场后的土地利用规划，能生长植物并保证植物根不破坏下面的保护层和排水层，具有抗侵蚀等能力，可能需要地表排水管道等建筑 | 可生长植物的土壤以及其他天然土壤 | 需要有地表水控制层 |
| 密封工程系统 | 保护层 | 防止上部植物根系以及挖洞动物对下层的破坏，保护防渗层不受干燥收缩、冻结解冻等的破坏，防止排水层的堵塞，维持系统稳定 | 天然土等 | 需要有保护层，保护层和表层有时可以合并使用一种材料，取决于封场后的土地利用规划 |
| | 排水层 | 排泄入渗进来的地表水等，降低入渗水对下部防渗层的水压力，还可以有气体导排管道和渗滤液回管回收设施等 | 砂、砾石、土工网格土工合成材料和土工布 | 此层并不是必需的，当通过保护层入渗的水量较多或者对防渗层的渗透压力较大时必须要排水层 |
| | 防渗层 | 防止入渗水进入填埋废物中，防止填埋场气体逃离填埋场 | 压实黏土、柔性膜、人工改性防渗材料和复合材料等 | 需要有防渗层，通常要有保护层、柔性膜和土工布来保护防渗层，常用复合防渗层 |
| | 排气层 | 控制填埋场气体，将其导入填埋气体收集设施进行处理或者利用 | 砂、土工网格和土工布 | 只有当废物产生较大量的填埋场气体才需要 |

# 第四节　填埋机械

为了保证填埋场的正常作业且满足其他工作、生活需要，必须配备相应的填埋机具。其选型和配置应首先符合我国国情，立足国内，同时也要兼顾本地区经济发展水平及今后的整体实力等。以下主要介绍填埋场常见的机具。

为了使填埋场的日常操作规范化、标准化，填埋场应该配备完整的填埋机械设备。表6-12列出了一般固体废物卫生填埋场各种主要大型机械设备的配置要求。

## 一、推土机

推土机用于将填埋场的大块固体废物在相对短的距离内从一处向另一处搬运或推铺，由于具有履带式牵引，推土机可以爬上陡坡，并可以毫无问题的在不平坦的表面移动。这在处置固体废物时是一个重要因素。将固体废物在一硬表面分薄层仔细推铺可得良好的压实坡度。推土机具有推铺、搬移和压实固体废物的功能。

**表6-12　填埋场主要机械设备的配置**

| 规模（t/d） | 推土机 | 压实机 | 挖掘机 | 铲运机 |
| --- | --- | --- | --- | --- |
| ≤200 | 1~2 | 1~2 | 1~2 | 1~2 |
| 200~500 | 1~2 | 1~2 | 1~2 | 1~2 |
| 500~1 200 | 2 | 2 | 2 | 2 |
| ≥1 200 | 2~3 | 2~3 | 2 | 2~3 |

注：1. 卫生填埋机械使用率不得低于65%。2. 不使用压实机的，可两倍数量增配推土机

目前推土机主要用于填埋场推铺进场垃圾，也用于固体废物的日覆盖以及按需要修筑或挖沟，对填埋场来说，推土机必不可少。推土机也可在拖运抛锚的陷入泥潭或出故障的运输车辆的时候发挥作用。

选择推土机的要点：推土机接地压力适当，使推土机能在固体废物上不下陷，推土机功率合适，能在填埋场正常作业。

## 二、压实机

卫生填埋场用压实机的主要作用是铺展和压实废弃物，也可用于表层土的覆盖。当然最重要的是要达到最大的压实效果。

影响压实密度的最重要的可控因素是每一压实层的深度。为达到最大压实密度，废弃物应以厚400~800mm为一层进行铺展和压实（成分不同，厚度不同），一般情况下采用500mm为层厚。

固体废物的密度也取决于压实的次数。压实2~4次后可以达到理想的密度继续压实的效果不会太明显。

前方斜面操作是使用压实机最有效的方法。斜面越平坦，压实效果越好，因为只有

在较平坦的工作面才能最有效地利用压实机自身的重量。另外，平坦的工作面能够减少压实机燃料的消耗。前方斜面操作还可以很有效地控制雨水的流向使之不会在装卸区积存。

固体废物中水分的含量对压实密度有很大的影响。对于一般家庭废弃物，达到最大压实效果的最适宜水分含量约为50%（质量）。把废弃物含水量减少，通常也可使最终的压实密度提高。

选择压实机应该注意如下几点。

（1）压实机以柱螺栓连接的金属轮取代了履带，它集合了推土机及每一只车轮得到的额外压力的总重量，车轮专门设计了独特的轮缘用于操作。通过使用压实机，可使原始固体废物获得更大的减容。

选择要点：在同等效率的情况下，压实力较大，而功率较小；整机对地面压力小于固体废物表面的承载力。

（2）每天处理废弃物的吨数、体积及填埋场占地费用是决定合适的压实机重量的主要参考数据。在辨清废弃物主要成分后，在将要进行填埋的固体废物的种类和将要达到的压实效果基础上，选择合适的压实机。

（3）压实要求在填埋场管理中变得越来越重要，高度压实可延长填埋场使用从而降低填埋场单位面积固体废物的处理成本。

另外，在选择压实机时还应该综合考虑压实方法、运输道路状况、天气、覆盖材料的类型和特性等。

压实机分为钢轮压实机、羊角压实机、充气轮胎压实机、振动式空心轮压实机。

## 三、挖掘机

挖掘机的基本结构由工作装置、动力装置、行走装置、回转机构、司机室、操纵系统、控制系统等部分组成。挖掘机在填埋场主要用于挖掘各种基坑、排水沟、管道沟、电缆沟、灌溉渠道、壕沟，拆除旧建筑物。也可用来完成堆砌、采掘和装载等作业。

1. 履带式挖掘机

功能：用于挖土并装汽车，适用于日常或初始的固体废物覆盖（对于挖沟法），也可以用来完成一些特定的土方工程。

特点：挖掘机装有柴油发动机和液压系统，液压系统控制着挖掘臂和铲斗的运动。挖掘循环由装料、装载、抖动、卸料四个阶段组成。

挖掘循环所需要的时间长短由设备的尺寸和场地条件决定。根据设备的型号、场地情况（如土壤类型、挖掘深度）和不同的制造商提供的商业资料，可以计算或估算出每一个循环所需要的时间。挖掘臂的长短决定着挖掘的深度（从地面算起）。

2. 前铲挖掘机

功能：用来挖填固体废物的沟，日常的填埋单元的初步覆盖（没有压实和平整的功能）。

特点：前铲挖掘机安装有履带，并装有140～169马力（1马力＝7 355W）的柴油发动机，履带由履带片联结而成。

这些设备装有机械操作的挖掘臂，挖掘臂长度可以从 10~15m；根据设备型号不同，其旋转半径可以从 6.1~13.7m；根据土壤的类型和挖斗的尺寸，挖掘深度可以达到 15m，挖斗的容量一般为 0.57~0.76m³。操作状态下的 140 马力的设备大约重 20 500kg。

## 四、铲运机

铲运机是一种利用铲斗铲削土壤，并将碎土装入铲斗进行运送的铲土运输机械，能够完成铲土、装土、运土、卸土和分层填土、局部碾实的综合作收，适于中等距离的运土。在填埋场作业中，用于开挖土方、填筑路堤、开挖沟渠、修筑堤坝、挖掘基坑、平整场地等工作。

铲运机由铲斗（工作装置）、行走装置、操纵机构和牵引机等组成。铲运机的装运重量与其功率有关。125 和 20 马力的铲运机分别可铲运 12t 和 18t 这些机械的标准推板尺寸为长 3 965m、宽 0.71m、厚 25mm。推板可达到的最大角度是 90°可在任何位置上工作。刮板上有 11 个可以更换的齿。挖土深度，根据机器的不同从 0.15~0.22m。

# 第五节　填埋场环境监测与虫害治理

填埋场环境监测和虫害治理是填埋场管理的重要组成部分，也是确保填埋场正常运行和进行环境评价的重要手段。对填埋场的监督性监测的项目和频率应按照有关环境监测技术规范进行，监测结果应定期报送当地环保部门，并接受当地环保部门的监督检查。

## 一、填埋场环境卫生管理

### （一）废气收集与处理

填埋区设置垂直排气石笼（兼排渗滤液）加导气管，导气管服务半径为 25m，从而控制气体横向迁移，初期收集的气体通过排放管直接排放或燃烧后排放，填埋作业过程中的尘土可以通过渗滤液的回灌来控制。

### （二）污水处理

管理区的生活污水、填埋区的渗滤液经输送管送至污水调节池，然后处理。

### （三）固体废物处理

1. 填埋区轻物质和尘土控制

为了防止在强风天气中垃圾飞散，除采取覆盖措施外，还需考虑设置移动式栅栏，防止轻物质飞散，可以采用钢丝编织网。另外，为防止填埋作业尘土飞扬，可利用垃圾渗滤液进行喷洒。

2. 防止垃圾运输过程中产生的污染

建设填埋场专用道路，采用密闭垃圾运输车运输垃圾，保证沿途环境不受污染。

（四）噪声控制

处理场大部分机器设备噪声在选型上均控制在 85dB 以下。对噪声较大的机具设备，可以采取消音、隔音和减振措施，这样可以减少机具和设备的噪声污染。

（五）臭气控制

填埋场封场后垃圾堆体中产生的气体由导气系统排出，早期收集后集中点燃，后期加以利用。

（六）保证场内环境质量

填埋区的垃圾填埋应严格按填埋工艺要求进行，每天填埋的垃圾必须当天覆盖完毕，以减少蚊蝇的滋生和老鼠的繁殖以及尘土飞扬和臭气四逸。封场时最终覆土厚度不小于 1.0m，其中 0.5m 为渗透系数小于 $10^{-7}cm/s$ 的黏土，防止雨水入渗，减少渗滤液量，其余为营养土。

对于厂外带进的或厂内产生的蚊、蝇、鼠类带菌体，一方面组织人员喷药杀灭，另一方面加强生产管理，消除厂内积滞污水的地带，及时清扫散落的垃圾。

填埋区和生活区都应当进行绿化，以减少灰尘及杂物的飘散，改善场区生活生产环境。

## 二、环境监测

（一）填埋场渗滤液监测

利用填埋场的每个集水井进行水位和水质监测。

采样频率：应根据填埋物特性、覆盖层和降水等条件加以确定，应能充分反映填埋场渗滤液变化情况。渗滤液水质和水位监测频率应至少每月一次。

（二）地下水监测

地下水监测井布设应满足下列要求。

（1）在填埋场上游应设置一眼监测井，以取得背景水源数值。在下游至少设置三眼井，组成三维监测点，以适应下游地下水的水流几何形流向。

（2）监测井应设在填埋场的实际最近距离上，并且位于地下水上下游相同水力坡度上。

（3）监测井深度应足以采取具有代表性的样品。

（4）取样频率。填埋场运行的第一年，应每月至少取样一次；在正常情况下，取样频率为每季度至少一次。

（5）发现地下水水质出现变坏现象时，应加大取样频率，并根据实际情况增加监测项目，查出原因以便进行补救。

（三）地表水监测

地表水监测是对填埋场附近的地表水进行监测，其目的是确定地表水体是否受到填埋场的污染。地表水监测主要是在靠近填埋场的河流、湖泊中采样进行分析。采样频率和监测项目根据场地的监测计划和环保部门的要求确定。

### （四）气体监测

填埋场气体监测包括场区大气监测和填埋气体监测，其目的是了解填埋气体的排出情况和周围大气的质量状况。

（1）采样点布设及采样方法按照 GB 16297-1996《大气污染物综合排放标准》的规定执行。

（2）污染源下风方向应为主要监测范围。

（3）超标地区、人口密度大和距工业区近的地区加大采样点密度。

（4）采样频率：填埋场运行期间，应每月取样一次，如出现异常，取样频率应适当增加。

## 三、填埋场虫害治理

当填埋场温度条件适宜时，幼虫在垃圾层被覆盖之前就能孵出，以致在倾倒区附近出现大量苍蝇，当出现这种情况时，需在填埋操作区喷洒杀虫药剂进行控制。

# 第六节　固体废物填埋处置案例

以深圳市危险废物填埋场为例。

## 一、工程概况

本危险废物安全填埋处置工程建设项目是 1994 年经由深圳市人民政府委托、以深圳市环保局为第一完成单位，在清华大学环境工程设计研究院和冶金部长沙冶金设计研究院协作下于 1995 年 3 月共同完成的，于同年 6 月通过工程验收，并于 1998 年 12 月通过国家环境保护总局主持召开的工程技术鉴定会的鉴定。由于本项工程在我国尚属首例，有关单位希望本实例对制定我国危险废物安全填埋场的设计和标准有所参考。

## 二、场址选定与场地布置

### （一）场区环境基本条件

本场位于深圳经济特区北部山区的石夹坑（本场被命名为红梅填埋场），占地面积约 $610m^2$，该处远离居民区，其北侧系标高为 245.8m 的高山，最近建筑物在其西南 400m，在西南、正南和东南方向 300~1600m 的扇形地带、面积约 $900m^2$，建有十多家企事业单位，有住户 505 家，共计人口约 5 500 人。该区用水水源 70% 来自自来水，另外 30% 来自地下水，场址紧邻特区二线边界，距离前方 250m 为梅观公路，交通运输较为便利。

本地区有大面积燕山晚期花岗岩体，还发育有震旦系、中侏罗系及第四系地层，地质构造以断裂构造为主，其活动期在白垩纪晚期以前，随后逐渐减弱，现已基本不活动。本区非处于主干断裂通过地段，据国家地震局完成的《深圳市地震危险性分析和地震烈度》研究报告，确定本市的地震基本烈度为Ⅵ~Ⅶ度，鉴于本区岩体稳定，区内建筑物按地震烈度Ⅶ度设防。

（二）场区工程地质条件

本场区为呈"U"字形的低山丘，开口朝南，走向近南北向，长约60m，宽40~80m，大多已人工填埋泥土、废石块、其他固体废物等，厚5~15m。

区内地层自上而下发育有：①人工填土层以回填土石为主，厚度2~20m，内摩擦角为25°，承载力标准值为100kPa；②第四季沉积层以砂质黏性土、粉质黏性土、粉土及砾质黏性土为主，厚度7.5~31.8m，内摩擦角24°~32°，承载力标准值为150~300kPa；③基岩主要为混合花岗岩和混合岩，大致呈南北向分布，其单轴饱和抗压强度平均值为5.4~83.2MPa，承载力标准值为600~5 000kPa。

（三）场区水文地质条件

本区属相对独立的水文地质单元，汇水面积约0.14km²，地下水枯期径流模数为280m³/（d·km²），属贫水区，地下水类型为松散空隙水，其上层滞水及基岩裂隙水主要由大气降水补给，自北向南径流，而两侧山脊地下水则向丘沟谷排泄，由于场区内填土层和砾质土层的透水性强，需通过铺设人工防渗系统以控制和解决填埋物的渗漏问题。

（四）场地特点

选定的场地有以下优点。

（1）填埋场地容量较大。经测算其一期场容为2 300m³；二期为100 000m³，估计封场期、即可使用年限在15年以上，而且该场地还有扩建和发展余地。

（2）具有相对独立的水文地质单元条件。该场地与深圳市取水水源分属不同水系，除地处水源地南侧外，并有一定保护地带。填埋场的渗滤液最终不会影响市民用水水质。此外，该区汇水面积较小，雨季时的径流量通过城市下水道流入深圳河，对周围水环境无大的影响。

（3）场地人文条件较为理想。该场址远离居民住宅区，无文物古迹，不属于公园风景区或动物保护区。场区内由于开山采石，地貌破坏严重。而通过填埋场的最终封场处理，将有修复地貌和恢复生态的积极作用。

（4）具备良好的地质、交通条件。该场址地质稳定性较好，地基基础为厚层状坚硬岩区，岩石力学性质适宜。另外，进出场区的外部道路，基本上可利用现有市政公路，交通方便。

场地的不足之处：首先是进场道路坡度较大，其次是场区内表土层渗透性较强；基岩起伏变化较大，覆盖层分布不均匀；缺少可用的优质黏土层等。这些缺点需要通过设计中的合理工程措施加以妥善解决。

（五）场地的平面布置

本危险废物填埋场的平面布置如图6-22所示。

# 三、填埋场总体及主要辅助设施设计

（一）总容量设计

本工程预计处理处置的废物总容量为22 000m³，经稳定化处理后，最终需安全填埋的废物总量为 23 000m³，因此，填埋场的有效容积即按此规模设计。

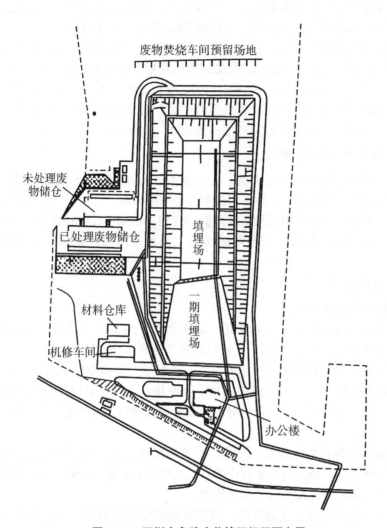

**图 6-22 深圳市危险废物填埋场平面布置**

（二）场形及边坡设计

设计的安全填埋场占地面积约 4 600m²，场地近似正方形。其底部面积为 2 640m²，由北向南设 5% 的底坡，以利于场内渗滤液收集（在基地南端的标高为 66m，北端为 69m）。此外，场地底面的东西两侧分别向中线设 2% 的底坡。

在填埋场东西两侧的边坡系利用天然山坡修整而成的，坡度为 1∶2.5。其南侧边坡为回填土至标高为 75m 的平台所形成，其北端筑以高 3m，顶宽 2m 的堆土坝。所有边坡及坝的回填部分均应分层压实，当密实度达到 95% 后，方可修整呈 1∶2.5 的边坡。

（三）防渗层设置

本场防渗层设计参照美国 EPA 最新技术规范，并结合现场实际，采用双防渗层系统。其中，上部为人工材料防渗层，下部为复合材料防渗层。后者能最大限度地防止渗滤液的渗出，从而可使其对周围环境的污染影响大为减少。而前者虽仅单层，但施工难度低，且能达到有效收集渗滤液的效果。

1. 复合材料防渗层

由黏土层上覆人工材料层共同组成。影响黏土层防渗性能的主要因素有塑性指数，粒径、密实度、黏土矿物学等，美国对黏土层渗透系数的最低要求为 $<10^{-7}$cm/s。

根据对本场区土壤的取样分析结果，主要为含砂或含砾粉土。塑性指数一般为 9。土中微粒成分较少，经压实后的渗透系数为 $10^{-3} \sim 10^{-6}$cm/s，很难达到上项指标要求，若从外调运优质黏土或将本地土壤过筛后再混以钠或钙基膨润土，虽可降低渗透系数，但所需费用过高，且施工难度过大。为此在设计中采用结合实际情况的提高黏土层土壤渗透系数为 $<10^{-5}$cm/s 的措施，办法是将本地土质较好的粉土、用人工拣出碎石和杂物，并保持一定含水率，在按照工程要求铺施后分层压实，使密实度达到 95%，以确保渗透系数符合前项规定。

2. 人工材料防渗层

依照《生活垃圾卫生填埋处理技术规范》（CB 50869-2013）对人工防渗材料的质量要求，通过调研和比对，选定高密度聚乙烯（HDPE）防渗膜为适用于危险废物安全填埋场防渗层的最佳材料。其主要优点：渗透系数很小，达 $10^{-13}$cm/s，对大部分化学品有良好的抵抗力、强度高、焊接容易、耐低温、不易老化、使用寿命长等。表 6-13 中列举了其主要技术指标。

表 6-13　高密度聚乙烯防渗膜主要技术指标

| 性　能 | 测试方法 | 指　标 | | |
|---|---|---|---|---|
| 厚度/mm | | 1.0 | 2.0 | 3.0 |
| 最小密度/（g/ml） | ASTM D1505 | 0.94 | 0.94 | 0.94 |
| 最大熔流指数/（g/10min） | ASTM D1238 E（190℃，2.16kg） | 0.3 | 0.3 | 0.3 |
| 极限抗拉强度/（1b/in² 宽） | | 160 | 320 | 480 |
| 屈服抗拉强度/（1b/in² 宽） | ASTM D638 Ⅵ型 | 95 | 190 | 290 |
| 极限拉伸/% | Dumb-bell at 2r/min | 700 | 700 | 700 |
| 屈服拉伸/% | | 13 | 13 | 13 |
| 初始撕裂抵抗力/N | ASTM D1004 Die C | 30 | 55 | 80 |
| 低温脆化温度/℃ | ASTM D46 method B | -80 | -80 | -80 |
| 环境应力断裂最小时数/min | ASTM D1204（212 °F，1h） | 1 500 | 1 500 | 1 500 |
| 抗穿刺力/1b | ASTM D696 | 52 | 105 | 150 |
| 热线膨胀系数/［×$10^{-4}$cm/（cm·℃）］ | | 1.2 | 0.2 | 1.2 |

### 3. 防渗层结构

本场采用双防渗层结构，其布设情况如图6385所示，下层为高密度聚乙烯防渗膜与厚50cm的压实黏土层组合而成的复合防渗层；上层为高密度聚乙烯防渗膜。所用的这种膜材在满足抗撕拉和抗穿刺强度的基础上，还考虑经济条件和便于铺设及焊接，此外，在下层膜的上面和上层膜的两侧均铺设无纺土工布作为保护层，以防施工及使用期间对防渗膜造成破损。

### （四）渗滤液的收排设施

本场底部的渗滤液收集包括位于底部第一防渗层内的排水和通过该防渗层的渗滤液，以及第二防渗层内的排水和通过此层的渗滤液，有关这两部分的产生量分别可根据计算得出。其收集和排出则可依照示于图6-23中的系统进行。

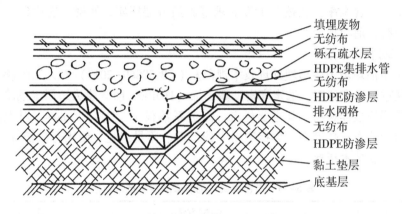

图6-23　填埋场双防渗层结构及铺设示意

### 1. 第一渗滤液集排系统

该系统由疏水层加导水干管组成，在场底布设碎石层导水，然后在碎石层上铺设土工布，以防填埋的废物混入碎石之间影响水流通畅。在场四周之边坡处铺设砂层以利于疏水。此层所收集的排水（包括渗滤液），直接流向设于场内的收集井中。

### 2. 第二渗滤液收排系统

估计进入此层的液量较少，考虑采用排水网格作为疏水层，其优点在于既有一定的导水性，又不占用场地容积，而且便于施工。其布设的形式则是在已设在场内的初级渗滤液收集井侧加设次级井，此井之底端直接埋于双层防渗膜之间（图6-24）。

### （五）场内集排气设施

因本场填埋的废物除含有少量挥发性有机物外，不存在可能产生大量填埋气体的生物降解性物质，也不存在通过相互化学作用产生气体物质的可能。因此，场内布设填埋废物的集排气系统只考虑用由简单的竖式导气石笼和顶端弯曲、下段周边带有多孔的排气管所组成的系统。整个系统的结构示于图6-25中。此竖管之材质为高密度聚乙烯料，其底端直接与渗滤液收集系统的碎石层相连，上端则与填埋物封场后铺填的顶部粗砂集气层相接触。粗砂层厚约30cm，其渗透系数>0.01cm/s，具备良好的集排气性能。

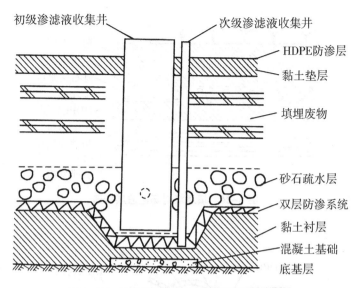

图 6-24　设于场底的渗滤液收排设施示意

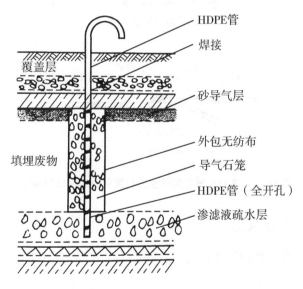

图 6-25　填埋场集排气系统的布设示意

## （六）封场覆盖层的构造

本填埋场在完成危险废物填埋，并达到设计的填埋标高后，进行封场处理，以恢复场地的表面景观，减少大气和降水的入侵，降低渗滤液的产量，达到复垦和土地利用的良性循环。此覆盖层的布设依次由土工布层、粗砂导气层、黏土垫层、防渗膜、土工布层、砾石疏水层、土工布层、覆盖土层与植被层所共同组成。其构造如图 6-26，图 6-27 所示。

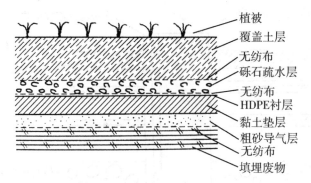

**图 6-26 填埋场封场覆盖层构造**

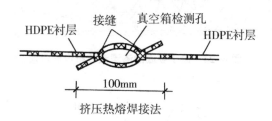

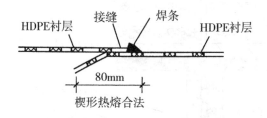

**图 6-27 高密度聚乙烯防渗膜衬层材料的接口焊接法**

## 四、填埋场的工程施工

本填埋场的施工程序按以下工序进行，即：

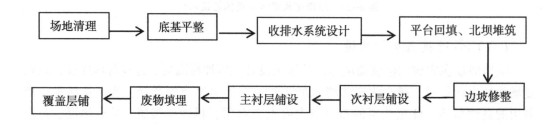

下同工序的施工质量要求如下所述。

1. 场基垫层

场底黏土层的施工要用羊角碾配合重型压路机分层多次压实，并及时监测其密实度和渗透率等指标，确保施工质量达到要求。

2. 防渗层铺设

防渗膜的焊接采用挤压热熔焊接法和楔形热熔合法进行，其焊接的接口形状如图6-27所示，使用专业设备，由富有焊接经验的施工人员负责操作。对所有焊缝分别采用加压或真空测试法检验其施工质量，并抽样鉴别其焊接强度。

3. 危险废物填埋作业

当场地的基础设施完工后，即可进行废物的填埋工序，其操作过程是：将经过预处理的待填埋废物用自卸车自临时堆场（在本场北面）沿指定路线运进场内，在指定位置卸车后，再用推土机将废物堆推开摊平，并以压路机分层压实，直到标准密实度（90%）。在此项工序的过程中需注意将不同级别的废物加以混合，然后做填埋处理。在场地的边坡处，应随着填埋高度的上升加铺砂层以免防渗膜受到侵蚀。而有些废物如含氟污泥等则需经过检查，再直接运往指定地点进行填埋。

4. 封场临时覆盖作业

本工程一期的实际填埋废物压实容量约为18.5km$^3$，为确保与二期工程的衔接并尽可能使其服务期限延长，将封场覆盖层的原设计改作临时覆盖处理，具体做法：在已有的危险废物量全部入场填埋后，铺设30cm厚的压实黏土，并修整成由南向北倾斜的坡面，在此坡面之上再铺设一层厚1.0mm的防渗膜，以防降水的渗入。场内的地表径流则导入设在场底的箱涵，由此排出场外。在填埋场地的四周设以排水明沟，使场内地表水得以排出。本工序的工程结构断面如图6-28所示。

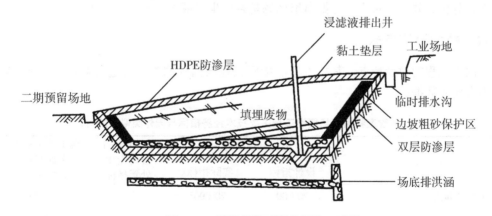

**图6-28 填埋场临时覆盖层施工剖面**

5. 封场后地表坡度

本场在封场后的地表坡度设计：自北向南为5%，由中间向东西两侧各为2%。如此可以有利于地表径流的收排。

6. 气体收集层的布设

在危险废物填埋作业完成后，其表面应加以压实，然后再铺以一定厚度的粗砂作为气体的收集层，以防止有害气体可能对封场覆盖部分产生的破坏作用。

7. 防渗覆盖层的铺设

此层由压实黏土层与人工防渗材料复合组成。前者的厚度为 60cm，对其施工质量的要求与场底黏土层相同。而对于后者的材质要求则有所不同于场底的防渗膜，这里的人工防渗膜可以用稍薄的高密度聚乙烯防渗膜，也可以采用一般的线型低密度聚乙烯膜。本场所选用的是厚度为 1.0mm 的高密度聚乙烯防渗膜。

8. 地表水集排系统的施工

此系统由铺设在整个场顶防渗层上方的 30cm 厚碎石疏水层和场地东西两侧的排水管道所组成。场地表面渗入疏水层的降水沿坡度流出场外，并经排水管排走。

9. 覆盖土层及植被

此层应有足够厚度，在其上覆以有机营养土层，以供种植青草或小灌木。如有必要，还应在覆盖层内设置生物屏障，防止掘土性动物侵入造成破坏。

## 五、监测系统

本系统包括对地表水、地下水、渗滤液和大气的监测。其中前三者采用定期取样分析方式进行连续监测，而对于大气则采用定期的取样分析方式。若未发现渗漏情况时，对液态物和水样的连续监测周期可根据实际情况适当调整。对地表水的取样分别自排洪沟和雨水管采集，对渗滤液则分别自主、次渗滤液收集系统取样，进行分析。在主、次收集井内设有水位连续记录装置，可以随时监测渗滤液的产生量，并可通过水位的连续观测、探明井内水位的变化规律。在填埋场的南端及场地下游的一定距离布设了两口监测井，而在其北端的一定距离还设置了两口背景值监测井，通过对各井中的地下水位观测和水质分析，并加以对比，可做出填埋场是否发生渗漏的判断。

## 六、技术经济指标

根据本工程的建设特点，其技术经济指标只能与国外同类工程进行对比，表 6-14 中列出有关的数据。

表 6-14　危险废物填埋场建设工程主要技术经济指标与国外类似者的对比

| 项　目 | 深圳红梅填埋场 | | 美国 Chemie 公司废物处置指标 | 瑞士桑多斯库爆炸废物处置指标 |
| --- | --- | --- | --- | --- |
| | 设计指标 | 实际指标 | | |
| 危险废物总量/$m^3$ | 20 000 | 20 000 | | 25 000 |
| 日处理量（$m^3$/d） | 300 | 300 | 600 | 250 |
| 工程造价/$\times 10^4$ 元（直接费用） | 1 844 | 1 537 | 4 500 | 17 000 |
| 预处理费用（元/$m^3$） | 509 | 475.3 | ≥680 | 6 800 |
| 处置成本（元/$m^3$） | 363.69 | 360 | 350 | |
| 场地边坡坡度 | 1∶2.5 | 1∶2.5 | ≤1∶3.0 | |

（续表）

| 项　目 | 深圳红梅填埋场 | | 美国 Chemie 公司废物处置指标 | 瑞士桑多斯库爆炸废物处置指标 |
|---|---|---|---|---|
| | 设计指标 | 实际指标 | | |
| 增容系数 | 1.1 | 1.1 | 1.1 | |
| 处理效果 | 达标 | 达标 | 达标 | 无害 |
| 工程特点 | 充分利用了自然边坡 | | | 水洗工艺 |

# 习题与思考题

1. 填埋场选址总的原则是什么？选址时主要考虑哪些因素？

2. 现代填埋场的建造及运行包括哪些具体步骤？

3. 简述填埋场的类型与基本构造。

4. 绘出生活垃圾卫生填埋场的典型工艺流程。

5. 简述填埋场水平防渗系统的类型及其特点。

6. 简述填埋场终场防渗系统结构的组成及各层的作用。

7. 填埋场库容的确定需要考虑哪些因素？

8. 渗滤液水质特征主要受哪些因素影响？

9. 试述卫生填埋法在我国城市垃圾处理处置中的应用前景。

10. 试述现代填埋场的处理功能及其机理。

11. 试述填埋场渗滤液收集系统的主要功能及其控制因素。

12. 试述厌氧生物填埋场的不足及其发展方向。

13. 试述固体废物管理"三化"原则对城市生活垃圾处置技术发展的影响。

14. 一个 100 000 人的城市，平均每人每天产生垃圾 0.9kg，若采用卫生填埋法处置，覆土与垃圾之比取 1∶5，填埋后垃圾压实密度取 $700kg/m^3$，试求：

①填埋体的体积。

②埋场总容量（假定填埋场运营 30 年）。

③填埋场总容量一定（填埋面积及高度不变），要扩大垃圾的填埋量，可采取哪些措施？

15. 某填埋场总面积为 $5.0hm^2$，分 3 个区进行填埋。目前已有 2 个区填埋完毕，其面积为 3.0hm，浸出系数 0.2。另有 1 个区正在进行填埋施工，填埋面积为 $2.0hm^2$，浸出系数 0.6。当地的年平均降水量为 3.3mm，最大月降水量的日换算值为 6.5mm。求污水处理设施的处理能力。

16. 某卫生填埋场设置有功能完善的排水设施。填埋场总面积为 $3.0×10^5m^2$，其中已封顶的填埋区面积为 $2.0×10^5m^2$，填埋操作区面积为 $5.0×10^4m^2$。假定填埋场所在地的年平均降水量为 1 200mm，降水量成为渗滤液的体积分数在已封顶填埋区和填埋操作区分别占 30%和 50%，则该填埋场渗滤液的产生量有多少？可能的渗滤液处理方案有哪些？你认为何种方案最佳，为什么？

17. 对人口为 10 万人的某服务区的生活垃圾进行可燃垃圾和不可燃垃圾分类收集。对收集后的不可燃垃圾进行破碎分选后，其中不可燃垃圾、可燃垃圾、资源垃圾分别占40%、30%、30%，焚烧残渣（可燃垃圾的 10%）和不可燃垃圾（含分类收集及分选后的）进行填埋。垃圾产生系数为 1kg/人，其中可燃垃圾 0.7kg/人·天，不可燃垃圾0.3kg/人·天，填埋场垃圾压实密度 900kg/m³。求使用 20 年得垃圾填埋场的容量。

18. 某填埋场底部黏土衬层厚度为 1.0m，$K=1×10^{-7}$cm/s。计算渗滤液穿透防渗层所需的时间。若采用膨润土改性黏土防渗，设防渗层的孔隙率 $n=6\%$，防渗层上渗滤液积水厚度不超过 1m，膨润土改性黏土 $K=5×10^{-9}$cm/s。

19. 一填埋场中污染物的 COD 为 10 000mg/L，该污染物的迁移速度为 $3×10^{-2}$cm/s，降解速率常数为 $6.4×10$s。试求当污染物的浓度降到 1 000mg/L 时，地质层介质的厚度应为多少？污染物通过该介质层所需的时间为多少？

# 参考文献

何品晶，2011. 固体废物处理与资源化技术［M］.北京：高等教育出版社.

蒋建国，2013. 固体废物处置与资源化（第二版）［M］.北京：化学工业出版社.

李登新，甘莉，刘仁平，等，2014. 固体废物处理与处置［M］.北京：中国环境出版社.

李国鼎，等，1990. 固体废物处理与资源化［M］.北京：清华大学出版社.

李秀金，2018. 固体废物处理与资源化［M］.北京：科学出版社.

聂永丰，金宜英，刘富强，2013. 固体废物处理工程技术手册［M］.北京：化学工业出版社.

宁平，2010. 固体废物处理与处置［M］.北京：高等教育出版社.

任芝军，2018. 固体废物处理处置与资源化技术［M］.哈尔滨：哈尔滨工业大学出版社.

孙秀云，王连军，李健生，等，2015. 固体废物处理与处置［M］.北京：北京航空航天大学出版社.

唐雪娇，沈伯雄，王晋刚，等，2018. 固体废物处理与处置（第二版）［M］.北京：化学工业出版社.

张小平，2017. 固体废物污染控制工程（第三版）［M］.北京：化学工业出版社.

赵由才，牛冬杰，柴晓利，等，2019. 固体废物处理与资源化（第三版）［M］.北京：化学工业出版社.

庄伟强，刘爱军，2015. 固体废物处理与处置（第三版）［M］.北京：化学工业出版社.

# 第七章　固体废物的资源化与综合利用

## 第一节　工业固体废物的综合利用

### 一、钢渣的综合利用

#### （一）钢渣的来源与性质

1. 钢渣来源

钢渣指炼钢过程中排出的固体废物。主要来源于铁水和废钢中所含元素氧化后形成的氧化物，加入的造渣剂如硅石、石灰石、萤石等，金属炉料带入的杂质，以及脱硫产物、氧化剂和被侵蚀的炉内材料等。钢渣是利用空气或者氧气除去炉料里的碳、硅、锰、磷等元素，高温下与石灰石发生反应，形成熔渣。

2. 钢渣性质

（1）碱度。指钢渣中氧化钙与二氧化硅、五氧化二磷的含量之比。根据碱度，钢渣常分为高碱度渣、中碱度渣和低碱度渣。

（2）活性。指钢渣中具有水硬胶凝性活性矿物的含量。

（3）稳定性。指钢渣中的游离氧化钙等不稳定组分的含量。

（4）耐磨性。钢渣的耐磨程度与其矿物组成和结构有关。如果用 1 来衡量标准沙的耐磨指数，则高炉渣的耐磨指数为 1.04，钢渣的耐磨指数为 1.43。钢渣比高炉渣还耐磨，适合作路面材料。

（5）密度。钢渣的含铁量较高，密度通常为 $3.1\sim3.6\text{g/cm}^3$。

#### （二）钢渣的综合利用

由于炼钢设备、造渣制度、工艺设置、钢渣物化性能的差异，决定了钢渣资源化利用的多样性。钢渣的主要利用方式是炼钢企业内部自行循环使用，返回高炉或者烧结炉内作为炼铁原料，代替石灰石作为熔剂，也可以用作水泥材料、路基材料和土壤改良等。目前有多种钢渣处理和资源化利用的途径。

1. 作农肥和酸性土壤改良剂

钢渣是一种以 Ca 和 Si 为主，含有很多种养分的具有速效和缓效的复合矿质肥料。钢渣在冶炼过程中经过高温煅烧后会改变其溶解度，所含有的各种主要成分易溶量达到全量的 1/3～1/2，有的甚至更高，更易于被植物吸收。钢渣中含有微量的 Mn、Zn、

Cu、Te 等元素，因此对缺乏这些微量元素的不同作物和不同土壤，也起着不同程度的肥效作用。含磷量高的钢渣还可以生产钢渣磷肥和钙镁磷肥，这些磷肥可以使缺磷碱性土壤增产，而且水田中和旱田中使用效果均好。我国许多地区土壤缺磷或呈酸性，充分利用钢渣资源，将会促进农业发展，一般可增产 5%～10%。除可以用作农肥外，钢渣还可以作为酸性土壤改良剂，同时利用钢渣中的磷和各种微量元素。

2. 作筑路和回填工程材料

钢渣具有强度高、密度大、稳定性好、表面粗糙、与沥青结合牢固、耐磨和耐久性好的特点，被广泛应用于工程回填、各种路基材料、填海工程、修砌加固堤坝等方面。由于钢渣具有一定活性，能板结成大块，适用于沼泽、海滩筑路造地。钢液还可用作公路碎石，具有良好的渗水与排水性能，用于沥青混凝土路面，耐磨防滑。由于钢渣的疏水性好，是电的不良导体，不会干扰铁路系统电信工作。用钢渣铺路不会长杂草，干净整洁，不易被雨水冲刷而产生滑移，是铁路道砟的理想材料。

3. 作烧结熔剂

用铁矿石制备烧结矿时，一般需要加入石灰石作为助熔剂，利用颗粒小于 10mm 的钢渣可以部分代替烧结熔剂。转炉钢渣一般含有 40%～50% 的氧化钙，同时钢渣具有物相均匀、软化温度低的优点，在烧结过程中能促进烧结矿的液相生成，增加黏结性，提高烧结速度，有利于烧结成球等，显著改善烧结矿的质量，得到粒度组成均匀的优质烧结矿；同时还能提高烧结机的利用系数，利用了钢渣中的有用元素，降低了煤耗；另外，由于钢渣中含有大量的 $SiO_2$ 和 $CaO$，在生产一定碱度的烧结矿时，可节约部分石灰石。

4. 作高炉或化铁炉熔剂

利用加工筛选出的 10～40mm 粒径的钢渣返回高炉，回收钢渣中的 Fe、Ca、Mn 等元素，不仅可以减少高炉炼铁熔剂消耗，而且有利于改善高炉运行状况，同时达到节能降耗的目的。钢渣中的氧化镁和氧化锰也可改善钢渣的流动性。钢渣也可以作为铁炉熔剂代替石灰石和部分萤石，实践表明，其对铁水含硫量、铁水温度、炉渣碱度、熔化率及流动性均无明显影响，在技术上是可行的，使用化铁炉的钢厂和一部分生产铸件的机械厂都可以应用。

5. 钢渣回收钢铁

钢渣中一般含有 7%～10% 的废钢和钢粒，我国堆积的 1 亿多吨钢渣中，约有 700 万吨废钢铁。经过破碎、磁选和精加工后可以回收其中 90% 以上的钢铁，还可以回收部分磁性氧化物。钢渣进行加工处理以回收其中的废钢，是钢渣综合利用的一项重要内容，不仅提高了钢铁冶金的利用率和回收率，同时也可为钢渣的资源化利用提供先决条件。从钢渣中回收废钢也可以为钢铁企业带来巨大收益。

6. 钢渣生产水泥

钢渣中含有和水泥相类似的硅酸二钙、硅酸三钙和铁铝酸盐等活性矿物，具有水硬胶凝性，因此可以成为生产无熟料或者少熟料水泥的原料，也可以作为水泥掺和料。现在生产的钢渣水泥品种有：少熟料钢渣矿渣水泥、无熟料钢渣矿渣水泥、钢渣矿渣硅酸盐水泥、钢渣沸石水泥、钢渣硅酸盐水泥和钢渣-矿渣-高温型石膏水泥等。这些水泥适于蒸汽养护,具有耐腐蚀、后期强度高、耐磨性好、微膨胀、水化性低等特点,并且还具有投资少、生产简便、节省能源、设备少等优点。

## 二、高炉渣的综合利用

### (一) 高炉渣的来源、组成及性质

高炉渣是生铁冶炼过程中从高炉里排出的一种废渣。炼铁的原料主要是铁矿石、焦炭和助熔剂,当高炉温度达到 1 400~1 600℃时,原料焦炭中的灰分、铁矿石中的脉石和助熔剂及其他不能被利用的杂质,形成以铝酸盐和硅酸盐为主的熔渣浮在铁水上,称为高炉渣。高炉渣的产生量会随着冶炼方法和矿石的不同而有所变化。

高炉渣主要由氧化钙、二氧化硅、三氧化二铝、氧化镁、氧化锰、氧化亚铁和硫等组成的硅酸盐和铝酸盐。我国大部分炼铁厂高炉渣的化学成分见表 7-1。

表 7-1 我国炼铁厂高炉渣的化学成分 (质量分数)

| 名 称 | CaO | $SiO_2$ | $Al_2O_3$ | MgO | MnO | $Fe_2O_3$ | $TiO_2$ | $V_2O_5$ | S | F |
|---|---|---|---|---|---|---|---|---|---|---|
| 普通渣 | 38~49 | 26~42 | 6~17 | 1~13 | 0.1~1 | 0.15~2 | — | — | 0.2~1.5 | — |
| 高钛渣 | 23~46 | 20~35 | 9~15 | 2~10 | <1 | — | 20~29 | 0.1~0.6 | <1 | — |
| 锰钛渣 | 28~47 | 21~37 | 11~24 | 2~8 | 5~23 | 0.1~1.7 | — | — | 0.3~3 | — |
| 含氟渣 | 35~45 | 22~29 | 6~8 | 3~7.8 | 0.1~0.8 | 0.15~0.19 | — | — | — | 7~8 |

### (二) 高炉渣的综合利用

1. 利用水渣作建材

高炉渣主要用于生产水泥和混凝土。在我国有 75%左右的水泥中掺有水渣。由于水渣具有潜在的水硬凝胶性能,在石灰、石膏和水泥熟料等激发剂作用下,可显示出水硬凝胶性能,是优质的水泥原料。目前我国使用的水泥渣制作的建材主要有以下几种。

(1) 矿渣硅酸盐水泥。矿渣硅酸盐水泥是用粒化高炉渣和硅酸盐水泥熟料加 3%~5%的石膏混合磨细制成的水硬凝胶材料,其水渣加入量一般为 20%~70%。由于这种水泥的吃渣量较大,所以是我国目前水泥用量最多的品种。与普通水泥相比,硅酸盐水泥具有以下特点:具有较强的硫酸侵蚀性能和抗溶出性能,可用于海港、水上工程以及地下工程等,但不适用于在酸性水及含镁盐的水中使用;耐热性较强,可用于高温车间及高炉基础等容易受热的地方;水化热较低,适合于浇筑大体积混凝土;早期强度低,而后期强度增长率高,因此在施工时应注意早期养护。

(2) 石灰矿渣水泥。石灰矿渣水泥是将干燥的粒化高炉渣、生石灰以及 5%以下的天然石膏,按照适当的比例配制、磨细而成的一种水硬凝胶材料。石灰的掺入量一般为10%~30%,其作用是激发矿渣中的活性成分,生成水化铝酸钙和水化硅酸钙。石灰掺入量的多少会影响水泥凝结的稳定性,石灰掺入太少,矿渣中的活性成分难以被充分激发;石灰掺入太多,会使水泥凝结不正常、安定性不好和强度下降。

(3) 石膏矿渣水泥。石膏矿渣水泥也是一种水硬凝胶材料,由 80%左右的水渣加

入 15%左右的石膏和少量硅酸盐水泥熟料或石灰混合磨细制备。其中，少量硅酸盐水泥熟料或石灰对矿渣起碱性活化作用，能促进铝酸钙和硅酸钙的水化，属于碱性激发剂，一般情况下，石灰的加入量为 3%~5%，硅酸盐水泥熟料的掺入量为 5%~8%；石膏提供水化时所需要的硫酸钙成分，属于硫酸盐激发剂。这种石膏矿渣水泥成本较低，具有良好的抗渗透性和抗硫酸盐侵蚀性能，适用于水工混凝土建筑物和各种预制砖砌建筑。

（4）矿渣混凝土。矿渣混凝土是以水渣为原料，加入激发剂，加水碾磨与集料拌和而成。矿渣混凝土的各种性能，比如弹性模量、抗拉强度、钢筋的黏结力和耐疲劳性能都和普通混凝土相似。其优点是具有良好的抗水渗透性能，可以制成不透水性能很好的防水混凝土，具有很好的耐热性能，可以用于工作温度 600℃以下的热工工程中，制成强度达 50MPa 的混凝土，这种混凝土适合在小型混凝土预制厂生产混凝土构件，不适宜在施工现场使用。

（5）矿渣砖。矿渣砖所用的水渣粒度一般不超过 8mm，入窑蒸汽温度为 80~100℃，养护时间为 12h，出窑后即可使用。用 87%~92%的粒化高炉矿渣，5%~8%的水泥，加入 3%~5%的水混合，所生产的砖强度可达到 100MPa 左右，可以用于地下建筑和普通房屋建筑。另外，将高炉矿渣粉碎，按照质量比加入高炉渣，加入水混合成型，然后再在 1.0~1.1MPa 的蒸汽压力下，蒸压一定时间，可得抗压程度较高的砖。

2. 矿渣碎石的利用

矿渣碎石的物理性质与天然岩石相近，其整固性、稳定性、耐磨性、撞击强度和韧度均满足工程要求。矿渣碎石的用途很广，用量也大，在我国矿渣碎石可以代替天然石料用于机场、公路、铁路道砟、地基工程、混凝土集料和沥青路面等。

（1）配制矿渣碎石的混凝土。矿渣碎石混凝土是利用矿渣碎石作为集料配制的混凝土。其配制方法与普通混凝土相似，但用水量稍高，其增加的用水量一般按矿渣质量的 1%~2%计算。矿渣碎石混凝土和普通混凝土有着相似的物理力学性能，具有良好的隔热、保温、抗渗、耐热和耐久性能。

（2）矿渣碎石在道路工程中的应用。矿渣碎石对光线的漫射性能好，具有缓慢的水硬性，而且摩擦系数大，非常适合于修建道路。用矿渣碎石作基料铺成的沥青路面防滑性能好，具有良好的耐磨性能，可以缩短制动距离。同时矿渣碎石比普通碎石具有更高的耐热性能，更适用于喷气式飞机跑道。

（3）矿渣碎石在地基工程中的应用。矿渣碎石的强度与天然岩石的强度差不多，其块体强度一般都超过 50MPa，因此矿渣碎石的颗粒强度完全可以满足地基的要求。在我国矿渣碎石用于处理软弱地基已经有了几十年的历史，一些大型设备的混凝土都可以用矿渣碎石作集料。

（4）矿渣碎石在铁路道砟上的应用。矿渣碎石可以用来铺设铁路路基，并且可以吸收列车行走时产生的振动和噪声。我国铁路上采用矿渣道砟的历史较久，目前矿渣道砟在我国钢铁企业专用铁路线上已经得到广泛的应用。

3. 膨珠作轻集料

近年来发展起来的膨珠生产工艺制取的膨珠质轻、面光、吸声、自然级配好、隔热性能好，可以制作内墙板、楼板等，也可用于承重结构。膨珠矿渣珠可以用于轻混凝土制品及结构，比如用于制作楼板、砌砖、预制墙板，以及其他的轻质混凝土制品。膨珠矿渣珠内部空隙封闭，吸水少，混凝土干燥时产生的收缩就小，这是天然浮石和膨珠页岩等轻骨料所不能比及的。

4. 高炉渣的其他应用

高炉渣还可以用来生产一些用量不多而价值高，又具有某些特殊性能的高炉渣产品。例如矿渣棉及其制品、矿渣铸石、热铸矿渣，以及硅钙渣肥、微晶玻璃等。

（1）生产矿渣棉。矿渣棉是酸性高炉渣用喷吹法制成的一种白色丝状矿物纤维材料，可用作隔热保温以及吸声材料。

（2）制取铸石制品。适当地控制熔渣冷却速度，可以浇铸铸石制品。铸石强度高，耐磨性好，在某些场合可以替代石材及钢材。

（3）生产微晶玻璃。将矿渣、硅石和结晶促进剂一起熔化成液体，用吹、压等玻璃成型方法成型，可制成矿渣微晶玻璃。这种玻璃具有耐热、耐磨、抗腐蚀性、绝缘性能好等一系列优点，可用于工业部门。

## 三、粉煤灰的综合利用

### （一）粉煤灰的来源、组成及性质

粉煤灰是煤非挥发性残渣，是煤粉经高温燃烧后形成的一种似火山灰质的混合材料，主要是冶炼厂、化工厂和燃煤电厂等企业排放的固体废物。燃煤电厂燃烧产生的高温烟气经收尘装置捕集而得到粉煤灰。少数煤粉燃烧时因碰撞而初结成块沉积于炉底成为底灰。飞灰占灰渣总量的 80%~90%，底灰占 10%~20%。

粉煤灰是高温下高硅铝质的玻璃态物质，经快速冷却后形成的蜂窝状多孔固体集合物，外观类似水泥，颜色从乳白到灰黑，其物化性质取决于燃煤品种、煤粉细度、燃烧方式及温度、收集和排灰方法等。粉煤灰单体由 $SiO_2$、$Al_2O_3$、$CaO$、$Fe_2O_3$、$MgO$ 和一些微量元素、稀有元素等组成，杂糅有表面光滑的球形颗粒和不规则的多孔颗粒的硅铝质非晶体材料，其物理性能及典型化学成分如表 7-2、表 7-3 所示。

表 7-2　粉煤灰的物理性能

| 真密度（g/cm³） | 堆积密度（g/cm³） | 比表面积（m²/g） | 粒径（μm） | 灰分（%） | pH 值 | 可溶性盐（%） | 理论热值（kJ/kg） | 表观热值（kJ/kg） |
|---|---|---|---|---|---|---|---|---|
| 2.0~2.4 | 0.5~1.0 | 0.25~0.5 | 1~100 | 80~90 | 11~12 | 0.16~3.3 | 550~800 | 300~500 |

表 7-3　粉煤灰的典型化学成分　　　　　　　　　　　　　　单位：%

| 成分 | $SiO_2$ | $Al_2O_3$ | $Fe_2O_3$ | $CaO$ | $MgO$ | $Na_2O$ | $K_2O$ | $P_2O_5$ | $TiO_2$ | $P_2O_5$ | 烧失 |
|---|---|---|---|---|---|---|---|---|---|---|---|
| 含量 | 48.92 | 25.41 | 8.03 | 3.04 | 1.02 | 0.78 | 2.05 | 1.58 | 0.82 | 0.99 | 8.01 |

由表 7-2、表 7-3 可知，粉煤灰属硅铝酸盐，其中 $SiO_2$、$Al_2O_3$ 和 $Fe_2O_3$ 的含量约占总量的 82.36%，由于富含多种碱金属、碱土金属元素，其 pH 值较高；同时，粉煤

灰具有粒细、多孔、质轻、密度小、黏结性好、结构松散、比表面积较大、吸附能力较强等特性。

## (二) 粉煤灰的综合利用

### 1. 粉煤灰在农业上的应用

粉煤灰农用投资少、用量大、需求平稳、发展潜力大，是适合我国国情的重要利用途径。目前，粉煤灰农用量已达到5%，主要方式为土壤改良剂、农肥和造地还田等。

（1）改良土壤。粉煤灰松散多孔，属热性砂质，细砂约占80%，并含有大量可溶性硅、钙、镁、磷等农作物必需的营养元素，因此有改善土壤结构、降低密度、增加孔隙率、提高地温、缩小膨胀率等功效。可用于改造重黏土、生土、酸性土和碱性土，弥补其黏、酸、板、瘦的缺陷。上述土壤掺入粉煤灰后，透水与通气得到明显改善，酸性得到中和，团粒结构得到改善，并具有抑制盐、碱作用，从而利于微生物生长繁殖，加速有机物的分解，提高土壤的有效养分含量和保温保水能力，增强了作物的防病抗旱能力。

（2）堆制农家肥。用粉煤灰混合家畜粪便堆肥发酵比纯用生活垃圾堆肥慢，但发酵后热量散失也少，雨水不易渗下去，这对防止肥效流失有利；另外粉煤灰比垃圾干净，无杂质、无虫卵与病菌，有利于田间操作及减少作物病虫害的传播；把粉煤灰堆肥施在地里不仅能改良土壤、增加肥效，还可增加土壤通气与透水性，有利于作物根系的发育。

（3）加工磁化肥。粉煤灰中含铁较多，经磁化后，再配入其他有效养分即得磁化肥。磁化肥的施入可使土壤颗粒发生磁性活化而逐步团聚化，从而改善土壤的通气、透水和保水性；其中 $Fe^{2+}$ 和 $Fe^{3+}$ 的转换又加快了土壤中其他成分的氧化还原过程，促进了农作物的呼吸和新陈代谢，提高了土壤的宜耕性，有利于有机组分的矿质化，提高营养元素的有效态含量。实践证明，磁化肥用量少、功能多、肥效长，弥补了用大量粉煤灰进行土壤改良的不足，同时与化肥有协同作用，可使根系稳定，促进细胞分裂和生长，提高农作物产量。

（4）加工复合肥。粉煤灰粒径小、流动性好，用作复合肥原料具有减少摩擦、提高粒肥制成速度的作用，而且能提高粒肥的抗压强度；加之其蓬松多孔、比表面积大、吸附性能好，可吸附某些养分离子和气体，以调节养分释放速度。因此，利用粉煤灰制成硅酸钙、硅酸钾等复合肥，不仅可提高土壤中有效磷、有效硅的含量，平衡土壤的酸碱度，还能大大改善土壤活性，促进有机成分在土壤中生物的抗性，使有益微生物占据优势。

（5）其他农用途径。粉煤灰有促进水稻生长的作用，可代替牛粪、马粪等用作水稻秧田的覆盖物，育出的秧苗壮实、根系发达、分蘖能力强；粉煤灰质软松细、营养成分全面，有利于小麦增产和麦苗安全越冬；粉煤灰可用于马铃薯、大白菜、甘薯等的栽种，对洋葱、秋菜花、黄瓜等施用粉煤灰也能取得良好效果。此外，土壤中掺入粉煤灰还有利于铁、硅、硫、钼等元素的吸收，可增强植物的防病抗虫能力，起到施加农药的效果，如可用其防治果树黄叶病、稻瘟病及麦锈病等。

但农用粉煤灰时，高量的污染元素（如镉、铬、砷、铅、汞等）、强致癌及放射性物质的存在，也可能造成土壤、水体与生物的污染。如在贮灰场纯灰种植条件下，玉米、苜蓿、胡萝卜、兰草、洋葱、甘蓝、高粱等，都有砷、硼、镁和硒的明显积累趋势。这是因为重金属的生物效应与土壤的 pH 值有很大的关系，因此在粉煤灰的农耕土壤中要注意土壤及农作物中重金属的积累，需要加以合理调控和管理。

2. 粉煤灰在环保上的应用

粉煤灰粒细质轻、疏松多孔、表面能高，具有一定的活性基团和较强的吸附能力，在环保领域中已广为应用，主要用于废水治理、废气脱硫、噪声防治及用作垃圾卫生填埋的填料等。粉煤灰主要是通过吸附过程去除有害物质，包括中和、絮凝、过滤等协同作用。

物理吸附。吸附无选择性、可在低温下自发进行，对各种污染物都有一定的去除能力，其效果取决于粉煤灰的多孔性和比表面积，比表面积越大，吸附效果越好。

化学吸附。粉煤灰的分子表面存在大量的 Si-O-Si 和 Al-O-Al 活性基团，能与污染物分子产生偶极—偶极键的吸附，或是阴离子与粉煤灰中次生的带正电荷的硅酸铝、硅酸钙和硅酸铁之间形成离子交换或离子对的吸附。其特点是选择性强，通常不可逆。

中和反应。粉煤灰组分中含有 $CaO$、$MgO$、$Fe_2O_3$、$K_2O$、$Na_2O$ 等碱性物质，可用来中和气体中的酸性成分，净化含酸性污染废水和废气。

絮凝沉淀。粉煤灰中的某些成分还能与废水中的有害物质作用使其絮凝沉淀，构成吸附—絮凝沉淀协同作用，如 $CaO$ 溶于水后产生的 $Ca^{2+}$ 能与染料中的磺酸基作用生成磺酸盐沉淀，也能与 $F^-$ 生成 $CaF_2$ 沉淀。因此，当用 $CaO$ 含量较低的粉煤灰处理染料废水或含氟废水时，常采用粉煤灰—石灰体系，目的就是增加溶液中 $Ca^{2+}$ 的浓度。

过滤截留。由于粉煤灰是多种颗粒的机械混合物，孔隙率在 $60\% \sim 70\%$，废水通过粉煤灰时，粉煤灰也可过滤截留一部分悬浮物。

（1）在废水处理工程中的应用。粉煤灰具有较强的吸附性能，经硫铁矿渣、酸、碱、铝盐或铁盐溶液改性后，辅以适量的助凝剂，可用来处理各类废水，如城市生活污水、电镀废水、焦化废水、造纸废水、印染废水、制革废水、制药废水、含磷废水、含油废水、含氟废水、含酚废水、酸性废水等。实践表明，在废水脱色除臭、有机物和悬浮胶体去除、细菌微生物和杂质净化，以及 $Hg^{2+}$、$Pb^{2+}$、$Cu^{2+}$、$Ni^{2+}$、$Zn^{2+}$ 等重金属离子的去除上，粉煤灰均有显著的处理效果。

影响粉煤灰处理废水效果的主要因素有以下几点。

粉煤灰的粒径和比表面积。粒径越细、比表面积越大，处理效果越好。如粉煤灰粒径从 $125\mu m$ 下降到 $53\mu m$ 时，对含铬染料 COD 的去除率由 64% 增加至 91%。

粉煤灰的化学组分。粉煤灰中 $SiO_2$ 及 $Al_2O_3$ 等活性物质含量高，有利于化学吸附。粉煤灰中 $CaO$ 含量较低时，应投加石灰对粉煤灰进行改性。高温脱除粉煤灰中的结合水，能够使粉煤灰活化，提高处理效果。

废水的 pH 值。pH 值对废水处理效果的影响与污染物的性质有关，如粉煤灰处理含氟废水，酸性条件效果好，而处理含磷废水，则选中性为宜。

温度。温度越低，废水中有害物质的去除率越高，如用粉煤灰处理含铬染料废水时，温度从30℃升至50℃，去除率从91%下降至69%。

污染物的性质。废水中污染物的溶解度、分子极性、分子量大小、浓度等对处理效果均有影响，如分子量越大、溶解度越小，处理效果越好。

（2）在噪声防治工程中的应用。制作保温吸声材料。粉煤灰可按粗、细进行分类，细灰作为水泥与混凝土的混合材料，而粗灰因强度差难以再利用，可用于水泥刚体多孔吸声材料上，具有良好的声学性能。将70%粉煤灰、30%硅质黏土材料以及发泡剂等混配后，经二次烧成工艺制得粉煤灰泡沫玻璃，具有耐燃、防水、保温、隔热、吸声和隔声等优良性能，可广泛应用于建筑、石油、化工、造船、食品和国防等工业部门的隔热、保温、吸声和装饰等工程中。可用电厂70%的干灰和湿灰加黏结剂、石灰、黏土等制成直径80~100mm料球，放入高温炉内熔化成玻璃液态，经过离心喷吹制成粉煤灰纤维棉，再经深加工，可制作新型保温吸声板等建材。

制作GRC双扣隔声墙板。粉煤灰GRC圆孔隔墙板面密度$40~55kg/m^3$，仅为同厚度黏土砖墙的1/6，具有质量轻、强度高、防火与耐水性能好、生产成本低、运输安装方便等优点，若再采用边肋与面板一次复合成型结构，组成GRC双扣隔声墙板，即双层GRC隔墙板夹空气层结构，隔声指数大于45dB，可达到国家二级或一级隔声标准，接近24cm厚实心砖墙的隔声效果，能满足工程上对隔声降噪性能的要求。

（3）在烟气脱硫工程中的应用。电厂烟气脱硫的主要方法是石灰—石灰石法，此法原料消耗大、废渣产量多，但在消石灰中加入粉煤灰，则脱硫效率可提高5~7倍，工艺流程如图7-1所示。赵毅等在碱液中，加入经活化焙烧后的粉煤灰，经水热处理、洗涤、烘干后即得到合成沸石，它对电厂$SO_2$的吸附容量为31.8mg/g；此粉煤灰脱硫剂还可用于处理垃圾焚烧烟道气，以去除汞和二噁英等污染物。如在喷雾干燥法的烟气脱硫工艺中，将粉煤灰和石灰浆先反应，配成一定浓度的浆液，再喷入烟道中进行脱硫反应，或将石灰、粉煤灰、石膏等制成干粉状吸收剂喷入烟道。

粉煤灰焙烧 ⟶ NaOH 水热处理 ⟶ 结晶静置 ⟶ 过滤⟶滤液 ⟶ 洗涤 ⟶ 烘干⟶ 合成沸石

**图7-1　粉煤灰水热反应合成沸石流程**

3. 粉煤灰在建材工业中的应用

（1）水泥、混凝土掺料。粉煤灰具有火山灰活性，在碱性激发剂下，能与CaO等碱性矿物在一定温度下发生"凝硬反应"，生成水泥质水化胶凝物质。作为一种优良的水泥或混凝土掺合料，它减水效果显著、能有效改善和易性、增加混凝土最大抗压强度和抗弯强度、增加延性和弹性模量、提高混凝土抗渗性能和抗蚀能力，同时具有减少泌水和离析现象、降低透水性和浸析现象、减少混凝土早期和后期干缩、降低水化热和干燥收缩率的功效。因此，在各种工程建筑中，粉煤灰的掺入不仅能改善工程质量、节约水泥，还降低了建设成本、使施工简单易行。我国三峡大坝的建设中，已广泛应用了粉煤灰硅酸盐水泥，效果良好。

（2）粉煤灰砖。粉煤灰可以和黏土、页岩、煤矸石等分别制成不同类型的烧结砖，如蒸养粉煤灰砖、泡沫砖、轻质黏土砖、承重型多孔砖、非承重型空心砖以及炭化粉煤灰砖、彩色步道板、地板砖等新型墙体材料。粉煤灰制砖已有 60 多年的历史，其生产工艺及主要设备与普通黏土砖基本相同，但兼具工艺简单、建厂速度快、用灰量大（粉煤灰掺入量最高可达 80%~90%）、节约黏土和燃料等特点。大部分粉煤灰砖都具有轻质保温、隔热隔声、绿色环保等性能，因此随着国家淘汰实心黏土砖力度的加大，粉煤灰砖市场前景广阔。

（3）小型空心砌块。以粉煤灰为主要原料的小型空心砌块可取代砂石和部分水泥，具有空心质轻、外表光滑、抗压保暖、成本低廉、加工方便等特点，成为近年来有较大发展的绿色墙体材料，其进一步的发展方向是：①加入复合无机胶凝材料，充分激发粉煤灰活性，提高早期强度；②利用可替换模具的优势使产品多样化，亦可生产标砖；③采用蒸养工艺生产蒸养制品，必须控制胶骨比和单位体积的胶凝材料用量；④提高原料混合的均匀度，减少砌块强度的离散性，提高成型质量。

（4）硅钙板。以粉煤灰为硅质材料、石灰为钙质材料、加入硫酸盐激发剂和增强纤维，或使用高强碱性材料，采用抄取法或流浆法生产的各种硅酸钙板，简称 SC 板。它具有质轻、高强、不燃、无污染、可任意加工等特点，尤其是其干缩变形小的特点，更是解决了长期困扰石膏板、GRC 板等非金属板材施工后出现的翘曲和对接处存在板缝的问题。这种 SC 板被广泛用于框架结构建筑的内墙体、吊顶、吸声、隔热、电绝缘设施及工业、民用和别墅式建筑屋顶及其他装饰方面。

（5）粉煤灰陶粒。它是以粉煤灰为原料，加入一定量的胶结料和水，经成球、烧结而成（粉煤灰掺量约 80%），具有质轻、保温、隔热、抗冲击等特点，用其配制的轻混凝土容重可达 13 530~ 17 260N/m$^3$、抗压强度可达 20~60MPa，适用于高层建筑或大跨度构件，其质量可减轻 33%、保温性可提高 3 倍。

（6）其他建材制品。利用粉煤灰生产的辉石微晶玻璃，与普通矿渣微晶玻璃相比，具有很高的强度、硬度，其耐蚀和耐磨性也有数倍提高；利用粉煤灰作沥青填充料生产防水油毡，无论外观质量、还是物理性能，都与用滑石粉作填充料的防水油毡相同，并使成本大大降低；此外，还可以利用粉煤灰制备矿物棉、纤维化灰绒、陶砂滤料，提高玻璃纤维水泥制品的寿命，在砂浆中代替部分水泥、石灰或砂等。

4. 粉煤灰在工程填筑的应用

粉煤灰可代替砂石，应用在工程填筑上，如筑路筑坝、围海造田、矿井回填等。这是一种投资少、见效快、用量大的直接利用方式，既解决了工程建设的取土难题和粉煤灰堆放污染，又大大降低了工程造价。

（1）用作路基材料。将粉煤灰、石灰和碎石按一定比例混合搅拌，即可制作路基材料。掺入粉煤灰后路面隔热性能好，防水性和板体性好，利于处理软弱地基。粉煤灰的掺加量最高可达 70%，且对其质量要求不高。此种铺设道路技术成熟、施工简单、维护容易，可节约维护费用 30%~80%。法国用砾石、粉煤灰和石灰混合料作路面的基层与底基层，混合比例分别为 85%、12% 和 3%。近年来，粉煤灰在市政工程中应用的范围不断扩大，除用于高速公路，还用于大桥、护坡、引道、飞机场跑道等工程，如三峡大坝、厦门黄海大桥、黄浦江隧道等，施用技术日趋成熟，经济效益良好。

（2）用于工程回填。矿区因采煤后易塌陷，形成洼地，利用粉煤灰对矿区的煤坑、洼地等进行回填，既降低了塌陷程度，用掉了大量粉煤灰，还能复垦造田，减少农户搬迁，改善矿区生态。安徽淮北煤矿利用粉煤灰填充塌陷区取得令人满意的效果，山东新汶煤矿用粉煤灰作充填材料，使工程成本降低约 29%，另外黏土砖瓦厂取土后的坑洼地、山谷等可用粉煤灰来填充造田。

5. 从粉煤灰中回收有用物质

粉煤灰作为一种潜在的矿物资源，不仅含有 $SiO_2$、$Al_2O_3$、$Fe_2O_3$、$CaO$、未燃尽 C 和微珠等主要成分，还富集有许多稀有元素，如 Ge、Ga、Ni、V、U 等，其主要矿物有石英、莫来石、玻璃体、铁矿石及炭粒等，因此从中回收有用物质，既可节省开矿费用、获得有价原料和产品，又可达到防治污染、保护环境的目的。

（1）分选空心微珠。空心微珠直径为 $1 \sim 300 \mu m$，主要成分为 $SiO_2$、$Al_2O_3$ 和 $Fe_2O_3$，分厚壁玻璃珠和薄壁玻璃珠两种。空心微珠的分选方法有干法机械分选和湿法两种，原状粉煤灰中的微珠含量约为 70%，若采用干法分选时，按回收率为 85% 及 2002 年的不变价计算，1 t 粉煤灰处理成本约 60 元，分选后的产品约创产值 120 元。空心微珠的应用范围非常广泛：作为塑料、橡胶制品的填充料；生产轻质耐火材料、防火涂料与防水涂料；用于汽车刹车片、石油毡机刹车块等耐磨制品；用于人造大理石的主要填料与人造革的填充剂；以及用于石油产品、炸药、玻璃钢制品等。

（2）提取工业原料。粉煤灰的主要金属成分为铝和铁。采用磁选法，从含铁 5% 左右的粉煤灰可获得含铁 50% 以上的铁精矿粉，铁回收率可达 40%。化学法回收铁铝等物质的方法主要有热酸淋洗、高温熔融、气-固反应及直接溶解法等，从粉煤灰中提取铝比从铝矾土提炼的成本要高 30%。在提取粉煤灰中 $Al_2O_3$ 的 10 余种方法中，碱加压法、石灰石和苏打焙烧法较为成熟。粉煤灰中还含有一定量未燃尽的炭粒，含碳量超过 12% 的粉煤灰具有回收炭粉的价值，回收方法有浮选法和电选法。某发电厂投建了 20 t/a 的粉煤灰浮选脱炭车间，用柴油为捕收剂，松油为起泡剂，炭的回收率为 85.6%。

（3）回收稀有金属。粉煤灰中的硼可用稀硫酸提取，控制最终溶液的 pH 值为 7.0，硼的溶出率为 72% 左右。浸出的硼溶液通过螯合树脂富集，并用 2-乙基-1,3-己二醇萃取剂分离杂质，得到纯硼产品。粉煤灰压成片状，并在一定的温度和气氛下加热分离锗和镓，其中镓的回收率为 80% 左右。粉煤灰中的锗可用稀硫酸浸出，过滤，滤液中加锌粉置换，料液经过滤回收锌粒后，滤液蒸发、粉碎、煅烧、过筛、加盐酸蒸馏，然后经水解、过滤，得到 $GeO_2$，最后用氢气还原，即得到金属锗。镓可采用还原熔炼-萃取法及碱熔-碳酸化法，从粉煤灰中加以提取金属镓。此外，国内外还开发了从粉煤灰中回收钼、钛、锌、铀等稀有金属的新技术，其中有些实现了工业化提取。

6. 生产功能性新型材料

粉煤灰可作为生产吸附剂、混凝剂、沸石分子筛与填料载体等功能性新型材料的原料，广泛用于水处理、化工、冶金、轻工与环保等方面。如粉煤灰在作为污水的调理剂时有显著的除磷酸盐能力；作为吸附剂时可从溶液中脱除部分重金属离子或阴离子；作为混凝剂时，COD 与色度去除率均高于其他常用的无机混凝剂；而利用粉煤灰制成的分子筛，质量与性能指标已达到或超过由化工原料合成的分子筛。

（1）复合混凝剂。粉煤灰复合混凝剂的主要成分为 Al、Fe、Si 的聚合物或混合物，因配比、操作程序、生产工艺不同而品种各异。其中利用粉煤灰中的 $SiO_2$ 来制备硅酸类化合物和在粉煤灰中添加含铁废渣是应用研究的大趋势，其目的是提高絮凝能力，并充分利用粉煤灰的有效成分。

（2）沸石分子筛。粉煤灰合成沸石分子筛的方法有水热合成法、两步合成法、碱熔融-水热合成法、盐-热（熔盐）合成法、痕量水体系固相合成法等，其应用范围包括：①交换废水中的 $Cu^{2+}$、$Cd^{2+}$、$Fe^{3+}$、$Pb^{2+}$、$Cs^-$、$Co^{2+}$ 等重金属离子；②用粉煤灰合成不同种类的沸石，用于选择性吸附 $NH_3$、$NO_x$、$SO_2$、$Hg$ 等以净化气体和除臭；③用作土壤改良剂，脱除 Cu、Ni、Zn、Cr 等易滤性金属离子，防止其对地表水和地下水产生污染。

（3）催化剂载体。国外很早就采用粉煤灰、纯碱和氢氧化铝为原料制备 4A 分子筛，作为化学气体和液体的分离净化剂和催化剂载体。采用粉煤灰制备分子筛具有节约原料、工艺简单等特点，已大规模用于工业化生产中。

（4）高分子填料。以粉煤灰为原料，加入一定量的添加剂和化学助剂，可制成一种粉状的新型高分子填料，这种材料耐水、耐酸、耐碱、耐高低温、耐老化，广泛应用于楼房、地面、隧道工程等作为防水、防渗材料。

此外，粉煤灰还可用于制造粉煤灰泡沫玻璃、轻质多孔球形生物滤料、防氧化材料与人造鱼胶等，随着粉煤灰综合利用的不断发展，其应用的深度和广度正不断扩大。

## 四、硫铁矿渣的综合利用

### （一）硫铁矿渣的来源与组成

硫铁矿渣是硫铁矿在沸腾炉中经高温焙烧产生的废物。作为硫酸生产大国，我国每年排放的数千万吨硫铁矿渣，约占化工废渣总量的 1/3。不同铁硫矿焙烧所得的矿渣组分是不同的，但其主要成分是 $Fe_2O_3$、金属氧化物和硅酸盐，部分 $Fe_3O_4$，以及少量的铜、铅、锌、金、银等有色金属和金属硫酸盐。硫铁矿烧渣元素含量如表 7-4 所示。硫铁矿烧渣经高温煅烧其活性下降，常温下很难溶于硫酸，净化除杂也相当困难。

表 7-4 硫铁矿烧渣元素含量（%）

| 元素 | Cu | Cr | Ti | As | V | Ni | Zn | Co | Mn | Pb | Ag |
|------|-----|------|-----|------|------|-------|------|--------|------|--------|--------|
| 含量 | 0.02~0.04 | 0.003~0.005 | 0.5~0.8 | 0.01 | 0.02~0.08 | 0.006 | 0.03 | 0.005~0.006 | 0.08 | 0.003~0.05 | 0.000 2 |

根据不同角度，可以将硫铁矿烧渣进行不同的分类。

（1）根据产出地不同，分为尘和渣。每生产 1 t 硫酸约排出 0.5 t 酸渣，从炉气净化收集的粉尘 0.3~0.4 t，大部分酸渣已将尘与渣混在一起。

（2）按颜色分为红渣、棕渣、黑渣。当渣中以 $Fe_2O_3$（即赤铁矿）为主时为红渣，

当渣中以 $Fe_3O_4$（即磁铁矿）为主时为黑渣；棕渣介于红渣和黑渣之间。

（3）渣的颜色变化，反映了磁铁矿的含量，可以按磁性率（TFe/FeO）将渣进行分类。磁性率越低，说明烧渣的氧化程度越高，磁铁矿含量就越少。

（4）按有用组分含量，可分为贫渣、铁渣、有色-铁渣。贫渣铁品位较低，无综合利用价值；铁渣中铁含量较高，有色金属及其他有价金属含量低；有色-铁渣中综合回收的成分较多，如铁、铜、金、银、钴等均具有回收价值。

目前，除少量硫铁矿渣被用作水泥助熔剂外，绝大部分露天堆放，占用大量土地，污染土壤、大气和水源。硫铁矿渣中含有大量铁及少量铝、铜等金属，有的还含有金、银、铂等贵金属，用硫铁矿烧渣可制取铁精矿、铁粉、海绵铁等，还可回收其他金属。对于含铁较低或含碱较高的硫铁矿烧渣难以直接用来炼铁，可用于生产化工产品，如作净水剂、颜料、磁性铁的原料。因此，无论从治理环境还是从缓解铁资源贫乏来看，硫铁矿烧渣综合利用的研究在我国具有重要的意义。

## （二）硫铁矿渣的综合利用

### 1. 炼铁及回收有色金属

（1）直接掺烧。硫铁矿渣在炼铁厂烧结机中以 10% 的比例直接掺烧后炼铁，对烧结块的质量和产量均无不利影响，且能降低烧结成本，但处理矿渣量有限。

（2）经选矿后炼铁。通过控制硫铁矿中 Fe≥35%，粒度<3~5mm 及排气口 $SO_2$ 浓度 13.3%~13.5%，渣色为棕黑色，使炉子排出的矿渣以磁性铁为主，这样得到的渣不经还原焙烧就可以进行磁选，产出的尾砂可作为水泥厂的原料。此法对于含铁量偏低（小于 40%）或含硫量偏高（大于 1%）的矿渣，可在磁选前于球磨机矿石入口处掺入一定量的低品位的自然矿（含铁 23% 左右）混合磁选，以提高铁精矿的品位和降低含硫量。成品铁精矿可进一步加工成氧化球团矿后出售、利润更大，深受钢铁厂的欢迎。目前国内许多厂家采用此法处理硫铁矿渣，是一种较好的处理方法。

（3）回收有色金属。氯化焙烧回收有色金属，分高温、中温两种。高温氯化焙烧是将含有色金属的矿渣与氯化剂（氯化钙）等均匀混合，造球、干燥并在回转窑或立窑内经 1 150℃ 焙烧，使有色金属以氯化物挥发后经过分离处理回收，同时获得优质球团供高炉炼铁。中温氯化法是将硫铁矿渣、硫铁矿与食盐混合，使混合料含硫 6%~7%，食盐 4% 左右，然后投入沸腾炉内在 600~650℃ 温度下进行氯化、硫酸化焙烧，使矿渣中的有色金属由不溶物转为可溶的氯化物或硫酸盐。浸出物可回收有色金属和芒硝。此法对硫铁矿中钴的回收率较高，可专门处理钴硫精矿经焙烧硫后产出的硫铁矿渣，且工艺简单，燃料消耗低，无须特殊设备。其缺点是工艺流程长，设备庞大，对于粉状的浸出渣还需要烧结后才能入高炉炼铁。

### 2. 生产净水剂

利用硫铁矿渣较高的铁含量（55%~60%）、较细的粒度（0.04~0.15mm），采取盐酸法或硫酸法，生产无机铁系凝聚剂（净水剂），是目前研究较多的综合回收途径。

（1）盐酸法。在常压下，采用 15% 的盐酸在 60~70℃ 进行一段溶出，将得到的低盐基度、含一定游离酸的溶出液通过与新烧渣的继续反应强制溶出 $Al_2O_3$ 和 $Fe_2O_3$，即得聚合氯化铁铝（PAFC），这种常压二段溶出方式节省了用于调节盐基度的其他碱原料，降低了成本，同时，具有投资少、安全性好等优点，且整个工艺过程中不存在二次污染。其工艺流程如图 7-2 所示。

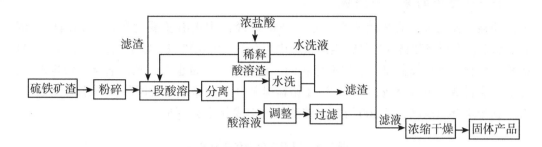

**图 7-2　硫铁矿渣制备 PAFC 工艺流程**

（2）硫酸法。将适量的矿渣、20% 的钛白废硫酸混入反应器中，配以少量 $MnO_2$，用压缩空气搅拌，维持锅内物料温度在（$90 \pm 5$）℃，反应 25min 后，趁热抽滤。往滤液中加入絮凝剂，6~8h 后浓缩到波美度为 43~45，即得到外观为浅棕黄色液体成品聚合羟基硫酸铁。使用此法，矿渣中铁的浸出率可达 80%，且工艺简单，既处理了废渣，又处理了废酸。

3. 制铁系产品

用硫铁矿渣可生产出用途广泛、质地优良的铁系产品。主要途径：高温还原制取金属化团块（即海绵铁）；选矿方法制取铁精矿；生产硫酸亚铁或聚合硫酸铁；干法、湿法生产铁红、铁黄、铁黑、硫酸亚铁等产品。目前国内主要是用硫铁矿渣制取高纯氧化铁，其方法如下：将酸-渣反应生成物用水浸取而制得含有 $Fe_2(SO_4)_3$ 和 $FeSO_4$ 及少量 $MgSO_4$ 等杂质的混合溶液，并加入适的硫酸以防止高价铁盐过早发生水解反应。过滤去不溶物及杂质残渣，即可制得较纯净的酸解液。之后用碱性液调节溶液的 pH 值，在合适温度下用空气均匀鼓泡氧化，并经过除杂处理，而得到高纯氧化铁。试验工艺流程如图 7-3 所示。

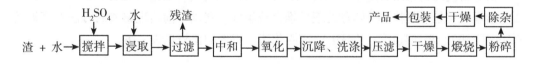

**图 7-3　硫铁矿烧渣制备出高纯氧化铁的试验工艺流程**

4. 其他综合利用

硫铁矿渣经加工磨细、磁悬富集的磁性精矿粉可用作选煤加重剂；在还原气氛中于 700℃ 温度下磁化焙烧，经盐酸溶解、过滤、浓缩、结晶、干燥、压块、氢还原制得的还原铁粉可用作电焊条或粉末冶金的原料；还可用作微量元素肥料，其效果与硫酸铜相同。由其制得的绿矾，与氯化钾一道，可联产硫酸钾、氧化铁及氯化铵等产品。在建材方面，可用于制砖，或用作建筑用砂浆。此外，硫铁矿渣还可以处理含硫废水、有机废水，并用作气体脱硫剂等。

### 五、铬渣的综合利用

#### （一）铬渣的来源与组成

铬盐工业是重要的基础原料工业，在国民经济中占有重要地位，占到国民经济10%以上。金属铬和铬盐产品的生产过程中，会产生大量铬渣。鉴于原料品位不一、粉碎程度殊异、生产设备和工艺的不尽相同，铬渣的产生量也有波动。通常，每生产 1 t 金属铬会排放约 10 t 铬渣，每生产 1 t 铬盐排放 3~5 t 铬渣。我国年排放铬渣约 20 万吨，迄今堆存铬渣已超过 300 万吨。铬渣的化学成分见表 7-5。

**表 7-5　铬渣的典型化学成分**

| 铬渣 | $Cr_2O_3$ | $Al_2O_3$ | $SiO_2$ | CaO | MgO | $K_2O$ | $Na_2O$ | S | P | $H_2O$ | $Fe_2O_3$ | 烧成 |
|---|---|---|---|---|---|---|---|---|---|---|---|---|
| 老渣/% | 4.66 | 5.74 | 10.17 | 30.02 | 22.33 | 0.042 | 2.18 | 0.008 | 0.08 | 14 | 9.44 | 19.28 |
| 新渣/% | 3.44 | 4.58 | 9.57 | 31.11 | 21.79 | 0.26 | 0.74 | 0.021 | 0.051 | 22 | 8.13 | 19.65 |

由表 7-5 可知，铬渣既是有害废渣，又是可利用的二次资源。一方面，铬渣中可溶性的 $Cr^{6+}$ 毒性剧烈，不仅危害生态环境，影响动植物生长，而且可通过消化道和皮肤进入人体，分布在肝和肾中，或经呼吸道积存于肺部，长期接触 $Cr^{6+}$ 在 $100\mu g/m^3$ 以上的环境，可引起皮炎、铬疮、支气管炎、肺炎、肺气肿等疾病。国内外因铬渣中 $Cr^{6+}$ 的强氧化性、致突变性和致癌性所引发的公害事故时有发生。另一方面，由于我国铬资源缺乏，综合利用铬渣中各种形态的铬十分必要，近些年来，我国在铬渣制砖、生产钙镁磷肥、用作玻璃着色剂、制彩色水泥、制矿渣棉制品及铸石制品等方面已取得了不同程度的进展。

#### （二）铬渣的综合利用

##### 1. 铬渣的无害化处理

由于铬渣的物相组成复杂、危害大，在综合利用之前，需进行无害化治理，国外对铬渣治理的总趋势是将 $Cr^{6+}$ 解毒处理后堆存或填埋。我国目前治理铬渣的方法有高温还原法（干法）、湿法还原法（湿法）和固化法，三者的比较见表 7-6。

**表 7-6　铬渣无害化处理的三种比方法**

| 方　法 | 原　理 | 应用实践 | 特　点 |
|---|---|---|---|
| 干法 | 将粒度小于 4mm 的铬渣与煤粒按 100:15 的比例进行混合，在高温下进行还原焙烧，使 $Cr^{6+}$ 还原成不溶性的 $Cr_2O_3$ | 烧制玻璃着色剂、钙镁磷肥助溶剂、炼铁辅料、铸石和水泥等 | 可得到有价值的产品；但处理成本高，吃渣量小，铬渣解毒不彻底 |
| 湿法 | 将粒度小于 120 目的铬渣酸解或碱解后，向混合溶液中加入 $Na_2S$、$FeSO_4$ 等还原剂，将 $Cr^{6+}$ 还原成 $Cr^{3+}$ 或 $Cr(OH)_3$ | 与呈还原性的造纸废液、味精废水等联合应用，可达到以废治废的目的 | 处理后 $Cr^{6+} \leqslant 2\times10^{-6}$，但处理费用高，不宜处理大宗铬渣 |

（续表）

| 方　法 | 原　理 | 应用实践 | 特　点 |
|---|---|---|---|
| 固化法 | 将铬渣粉碎后加入一定量的 $FeSO_4$、无机醋和水泥，加水搅拌、凝固，使铬渣被封闭在水泥里，不易再次溶出 | 以水泥固化为主，也有少量沥青、石灰、粉煤灰和化学药剂的固化应用 | 需加入相当量的固化剂，经济效益差 |

2. 铬渣用作建筑材料

（1）生产辉绿岩铸石。辉绿岩铸石是优良的耐酸碱、耐磨材料，广泛用于矿山、冶金、电力、化工等工业部门，生产铸石时需用铬铁矿作为晶核剂。铬渣中含有残存的铬，是生产铸石的良好晶核剂，铬渣中还有一定数量的硅、钙、铝、镁、铁等，这些都是铸石所需要的元素。

（2）生产铬渣棉。矿渣棉是优良的保温、轻体建筑材料。用铬渣制成的渣棉质量和性能与矿渣棉基本相同，由于是在 1 400℃ 的高温下还原解毒，因此解毒彻底。浸液毒性试验结果表明，矿渣棉水溶性六价铬含量为 0.15mg/kg，大大低于有关固体废物污染控制标准。

（3）制砖。将铬渣同黏土、煤混合烧制红砖或青砖，该法技术简单、投资及生产费用低、用渣量大。研究表明，由于原料中大量黏土在高温下呈酸性，加之砖坯中煤及其汽化后 CO 的作用，有利于 $Cr^{6+}$ 分解为 $Cr^{3+}$，使成品砖所含 $Cr^{6+}$ 明显下降，特别是制青砖的饮窑工序形成的 CO 不仅将红褐色氧化铁还原为青灰色的四氧化三铁，而且进一步将残余 $Cr^{6+}$ 解毒，效果更好；铬渣掺量较少时，对成品砖的抗压、抗折强度无明显影响。如某铬盐厂以铬渣 40%（粉碎至 100 目），黏土 60% 制成的青砖，经化验分析，$Cr^{3+}$ 为 0.5%~3%，砖的抗压强度 140kg/cm³ 以上，抗折强度 60kg/cm³ 以上。

（4）制水泥。铬渣的主要矿物组成为硅酸二钙、铁铝酸钙和方镁石（三者含量达 70%），与水泥熟料相似。铬渣用于制水泥有三种方式：①铬渣干法解毒后作为混合材，同水泥熟料、石膏磨混制得水泥，铬渣用量约为成品水泥的 10%；②铬渣作为水泥原料之一烧制水泥熟料，铬渣用量占水泥熟料的 5%~10%；③铬渣代替氟化钙作为矿化剂烧制水泥熟料，铬渣用量占水泥熟料的 2%。三种方式的铬渣用量主要取决于原料石灰石的含镁量。

3. 用作玻璃制品的着色剂

在玻璃熔制过程中引入含铬化合物时，该玻璃可吸收某些波长的光，呈现与透过部分波长的光相应的颜色。玻璃料在高温熔融时，$Cr^{6+}$ 不稳定，转化为 $Cr^{3+}$，而使玻璃呈现绿色。以前，作绿色玻璃着色剂的主要为铬铁矿、红矾钠、$Cr_2O_3$ 等。20 世纪 60 年代中期起，沈阳、天津及青岛等地开始用铬渣代替铬矿及其他铬系产品作绿色玻璃着色剂。该法要求铬渣粒度为 0.2mm 左右，含水量低于 10%。由于各厂所用原料的化学组成不尽相同，铬渣的加入量也有差异。根据部分厂家的经验，铬渣作玻璃着色剂的加入量为 3%~5%。铬渣代替其他铬系原料作绿色着色剂的优点可概括为：①六价铬解毒彻底，无二次污染，稳定性好，资源化程度高，但在粉碎、运输、装卸过程中应注意劳动保护；②用铬渣代替铬矿粉所得的玻璃色彩鲜艳，质量有所提高；③铬渣是经高温氧化燃烧的活性物质，内含一定量的熔剂，能降低玻璃料的熔融温度，缩短熔化时间，节约能源；④铬渣价廉易得，除其中铬离子可使玻璃着色外，其中的 $MgO$、$CaO$、$Al_2O_3$、$SiO_2$ 等也是玻璃的有用成分。

因此用铬渣可相应减少某些原料加入量，从而有效地降低了玻璃制品的生产成本。

4. 代替石灰用于炼铁

炼铁需用石灰石、白云石作熔剂。铬渣中含 50%～60%的 $MgO$ 和 $CaO$，此外尚含 10%～20%的 $Fe_2O_3$，这些都是炼铁所需的成分。少量铬渣代替石灰同铁矿粉、煤粉混合在烧结炉中烧结后，送高炉冶炼，炉内高温和 CO 强还原气氛将渣中 $Cr^{6+}$ 还原为 $Cr^{3+}$ 甚至金属铬，金属铬融入铁水，其他成分融入熔渣，后者水淬后可作水泥混合材。少量铬渣对烧结矿质量、高炉生产无影响，炼铁成本略有下降。

5. 代替蛇纹石生产钙镁磷肥

用铬渣代替蛇纹石作助熔剂生产钙镁磷肥，肥料质量符合钙镁磷肥三级标准，经田间试验，肥效与用蛇纹石制造的钙镁磷肥相同。由于利用铬渣中的钙、镁节约了蛇纹石，使每吨成本降低 10%以上，每吨钙镁磷肥可处理铬渣约 400kg。生产中以煤或焦炭为燃料和还原剂，所以可把铬渣中的 $Cr^{6+}$ 还原成 $Cr^{3+}$，达到无害化的目的。

6. 制防锈颜料

铬渣经物理方法加工制成钙铁粉，具有良好的防锈性能，其质量稳定，已应用于酚醛、醇醛和环氧等防锈涂料的防锈颜料，该产品经过急性试验系无毒产品，该技术已在两家企业生产。工艺要点是采用适当措施加速颗粒沉降速度，缩短生产周期，注意选用防潮性能良好的包装材料。该法铬渣用量大，每生产 1t 钙铁粉可消耗铬渣 1.2～1.3t。

7. 制备其他铬系产品

铬渣经过还原、分离、浸取、蒸发、酸化等工艺，可制成 $Na_2Cr_2O_7$、$Na_2S$ 等产品；铬渣与废盐酸混合，加入解毒剂、添加剂，可制成铬黄、石膏和氧化镁等。

还有研究人员对铬渣在 95℃下用水浸取溶解得到可溶性铬盐，然后用 15%NaOH 溶液调 pH 值至 13，再用 $H_2O_2$ 将 $Cr^{3+}$ 氧化为 $Cr^{6+}$，加入醋酸铅溶液，沉淀生成 $PbCrO_4$，经过滤干燥后即得到产品铬酸铅。试验中原料的最佳配比为铬渣：$H_2O_2$（30%）：$(CH_3COO)_2Pb=7:3:3.2$，1kg 铬渣可以制得 0.457kg 铬酸铅。

## 六、碱渣的处理与资源化

### （一）碱渣的来源、组成与性质

纯碱是重要的基础化工原料，氨碱法制碱生产过程中排放的碱渣，俗称白泥。每生产 1 t 纯碱约排废液 $10m^3$，其中白泥 300～600kg（视石灰石原料的好坏而定）。国内外白泥的主要处理措施是排海或堆放，大部分碱厂对白泥的资源化综合利用由于多种因素还没有形成产业化，白泥的处置问题仍是个世界性的问题。

白泥主要化学成分见表 7-7。粒级大致为有 49.8%小于 $1.6\mu m$；有 32.9%在 1.6～$3.14\mu m$；有 17.3%大于 $3.14\mu m$；其中近 50%小于 $1.6\mu m$，80%以上小于 $3.14\mu m$。白

泥的特点：①是经化学反应和自然沉淀作用形成的以钙盐为主的纳米级胶体化合物，具有粒度细、比表面积大、吸附性好的优点，因氯离子含量高，无法经济利用而成为废渣。②主要成分为 $CaCO_3$、$Mg(OH)_2$，含有 Ca、Mg、Si、K、P 等多种微量元素。③氯化物含量高，最高含量可达 15%（绝干状态），主要以 $CaCl_2$、NaCl 形式存在。④白泥中存在的大量氯离子、含水率高和难脱水是造成白泥难以利用的主要原因。

表 7-7　白泥主要化学成分

| 成　分 | $CaCO_3$ | $Mg(OH)_2$ | CaO | $CaSO_4$ | $SiO_2$ | $CaCl_2$ | NaCl | 酸不溶物 |
|---|---|---|---|---|---|---|---|---|
| 含量（干基）/% | 49.46 | 9.34 | 6.33 | 5.59 | 2.52 | 9.82 | 4.89 | 15.05 |

### （二）碱渣的综合利用

我国碱渣资源化利用技术，主要在碱渣制造建筑材料及碱渣制水泥等技术方面的研究。碱渣的综合利用途径主要是：碱渣制水泥、建筑胶凝材料、钙镁肥、填衬材料和燃煤脱硫剂等，但实际规模化生产还有待形成。

我国的白泥处理与资源化利用如下。

（1）天津碱厂。从 1997 年开始，用白泥制钙镁肥，在我国南方等地代替石灰改良酸性土壤。但受各种因素的影响未能推广应用。1983 年用 50% 白泥、38%~40% 石粉和 5%~6% 粉煤灰等烧制 425 号水泥，并建成年产 4 000t 碱渣水泥中试线。但存在如下问题：①产品性能不稳定；②产生大量 HCl，设备腐蚀和大气污染严重，项目实际难以产业化。虽然可用白泥生产氯氧镁普通硅酸盐水泥，这对排除氯离子要求不高，但实际应用仍有困难。

在白泥中加入粉煤灰、钢渣、石灰、建筑垃圾等制造碱渣土作为工程回填土来应用，可以满足一般要求（可建 4~5 座楼房）。天津碱厂从 20 世纪 80 年代开始利用白泥作为填垫材料，用于厂区、住宅区及厂内铁路地基建设。1996 年开始利用白泥制工程土在周边地区进行回填，回填土的地基承载力可达 150kPa 以上。现在主要将白泥山整治处理绿化建成公园。

（2）青岛碱厂。青岛碱厂对白泥的处理和资源化利用做了大量研究工作，工业应用的有利用白泥制备建筑砂浆改良剂。普通建筑砂浆是由水泥、石灰、砂三大组分构成。采用一定比例，配制成建筑上的抹灰砂浆和不同强度要求的砌筑砂浆，各项性能指标均符合要求。另外开展了利用白泥研制工程土、空心砖、空心砌块、炭化砖、提取氯化钙、钙镁肥、鸡饲料添加剂、填海造地、橡胶塑料填料、生产普通硅酸盐水泥等，均有一定进展。但受各种因素的影响未能推广应用。

（3）制作植物农肥。白泥中主要成分为 $CaCO_3$、$Mg(OH)_2$，含有大量农作物所需的 Ca、Mg、Si、K、P 等多种微量元素，可制得土壤改良剂或钙镁多元复混肥料。应用在植树、农牧业等方面，效果也很好，但都对氯离子含量有一定要求。污泥中含有含量为 55%~60% 的有机物和丰富的氮磷等营养物质，白泥中含有丰富的钙镁离子和微量元素，但二者单独制作农肥实际使用均存在一些问题。有研究者循环经济理念，将二者混合使用，通过添加其他工业固废，简单处理后能杀死污泥中的病原体，固化和缓释污泥中的重金属和白泥中的氯离子。污泥中加入 20%白泥和 2%工业废渣添加剂经一定工艺混合处理后，是很好的种植业树木速生肥料，可以增加土壤根际微生物群落生物量和代谢强度、抑制腐烂和病原菌，还可以用于林地、草地、市政绿化、育苗基质及严重扰动的土地修复与重建等。同时实现白泥和污泥的资源化，具有较好的经济和环境效益。

（4）生产建筑胶凝材料。焦作市化工三厂研究开发的碱渣建筑胶凝材料生产技术通过控制煅烧温度，使碱渣中的氯化物与生料中的相关组分形成稳定结构的矿相组分，再经复配、球磨得到类似水泥的胶凝材料，为氨碱废渣的资源化利用开辟了一条新途径。

# 第二节　矿业固体废物的综合利用

## 一、煤矸石综合利用技术

### （一）煤矸石的来源、组成与性质

1. 煤矸石的来源

煤炭是我国主要的能源物质，我国煤炭的开采量在全球位居第一。2012 年我国的煤炭产量高达 36.5 亿吨，占了全球煤炭总产量的 46.4%。煤矸石是煤炭的伴生矿物，在煤的生成过程中，一些有机化合物和无机化合物混合且与煤共同沉积的岩石，常夹在煤层中，或是煤层顶、底板岩石，并在露天开剥离或开采过程中排出来的矸石和煤炭洗选过程中排出来的固体废物。主要含有二氧化硅、氧化铝、氧化铁等无机灰分，实际上是含碳的无机矿物和其他岩石的混合物，是煤炭开采产生的最主要、量最大的固体废物。一般，每生产 1 t 煤会产生 0.15~0.2t 煤矸石。2012 年我国煤矸石产量就高达 6.2 亿吨，占全国工业固体废物总产生量的 40%，占原煤量的 16.9%。

2. 煤矸石的组成与性质

煤矸石的组成、化学成分、矿物组成以及工业成分是分析煤矸石性质的主要理论依据。煤矸石是无机质和有机质的混合物。煤矸石的化学成分随着矸石中所含岩石的种类和矿物组成变化而变化，是评价煤矸石性质、决定治理方式和综合利用的重要依据。主要化学成分包括二氧化硅、氧化铝、碳，其次是氧化钙、五氧化二磷、氧化镁、氧化钾、氧化钠、三氧化硫、氧化铁、氮和氢。各种煤矸石中氧化钙和氧化铁的含量差异较大，也可能含有少量稀有金属。煤矸石常见的矿物有碳酸盐类矿物、黏土类矿物、石英、黄铁矿、铝土矿、炭质长石和植物化石。主要由石英、蒙脱石、伊利石、高岭土、硫化铁、氧化铝和少量金属的氧化物组成。煤矸石主要从水分、灰分、挥发分和固定碳进行工业分析，我国的煤矸石灰分含量较多，干燥基灰分的含量为 70%~85%，在分选时可用干燥基灰分近似代表煤矸石中的物质即无机质的含量，固定碳高达 40%；挥发分一般不超过 20%，可固定碳和挥发分代表煤矸石中的有机质含量；煤矸石中含水量较少，一般在 0.5%~4%。

（1）煤矸石的发热量。单位质量煤矸石完全燃烧所放出的热量是煤矸石的发热量，单位: KJ/kg。其发热量的大小与煤矸石中所含的灰分、含碳量和挥发分都有关,含碳量和挥发分越多,其热值越大,灰分越多,发热量就越少。我国的煤矸石中灰分含量比较高,因此总体来说,发热量比较低。除此之外,其热值还受煤田地质条件和采掘方式的影响,也受煤田的时间和寿命变化的影响。

(2) 煤矸石的活性。煤矸石通过自然或者锻烧导致矿物相发生变化而产生活性。煤矸石中的黏土,在适当的温度下煅烧,便可与石灰化合成新的水化物,可用煤矸石中的黏土的含量来衡量其活性大小。煤矸石中的高岭石在 500~800℃脱水形成无定型偏高岭土,有火山灰活性;在 900~1 000℃继续结晶,生成莫来石,则无活性。

煤矸石在自然状态几乎是没有活性的,要想有效利用其组分的活化成分,必须降低晶格的活化能。煤矸石的活性激发主要包括热活化、微波辐射活化、物理活化和化学活化,在活化过程中,通常不是一个活化方式在起作用,而是几个活化方式的作用相结合。

(3) 煤矸石的熔融性。在一定条件下对煤矸石进行加热,随着温度的升高,煤矸石出现软化或者熔化的现象叫做煤矸石的熔融性。灰熔点是在规定条件下,温度的变化导致煤矸石的变形、软化和流动的特性。煤矸石的灰熔点高达 1 800℃,可做耐火材料。

(4) 煤矸石的膨胀性。在一定条件下,煤矸石煅烧时产生体积膨胀的现象叫做煤矸石的膨胀性。其原因是在熔融状态下,产生的气体不能直接从熔融状态的煤矸石内排出。煤矸石在煅烧过程中有两个膨胀点,900℃为一个膨胀点,1 160℃为另一个膨胀点。

(5) 煤矸石的可塑性。当煤矸石粉和适当的水混合后,可制成任意几何形状,应力去除后,该形状的性质可以继续保持,此现象就是煤矸石的可塑性。一般煤矸石的可塑性在 7~10。

(6) 煤矸石的强度。煤矸石的强度与其粒度的大小和氧化铝的分布有着一定的关系,粒度越大,强度越大;含氧化铝越多,强度越小。

(7) 煤矸石的硬度。煤矸石的硬度与其矿物组成、种类、埋藏深度、形成年代等有一定的关系。

(二) 煤矸石的综合利用

煤矸石作为一种非金属矿山固体废物,在综合利用上和金属矿山固体废物有点细微差别。我国是煤生产大国,每年产生的煤矸石数量庞大,截至 2011 年,我国煤矸石的综合利用量达 4.5 亿吨,利用率已经超过 70%,而欧美国家煤矸石的利用率早已超过 90%。我国还需继续加大对煤矸石综合利用的力度。

1. 作燃料,用来发电

每年我国煤矿耗电 360 亿千瓦时。除煤矸石掘井时所得废石以外,其他的矸石都混有一定的煤,某些含量较高的可高达 20%,其发热量为 3 347~6 376kJ/kg,占总体的 30%,而只有其热值为 6 270kJ/kg 以上的煤矸石才可以用于发电。虽然可用于发电的煤矸石不多,但是仍有 22%的煤矿用电来自煤矸石的发电。发电系统所用的煤矸石,首先要进行洗选,然后采用流化床燃烧技术进行燃烧发电。这样节省了纯度比较高的好煤，既减少了煤炭资源的使用量，也减轻了煤矸石对环境的污染。

### 2. 生产建筑材料

煤矸石是最好的建筑材料原料，因为用煤矸石生产的建筑材料具有高强度、化学稳定好、重量轻、吸水少、隔音和保温性能好等特点，工业上主要用来制砖和水泥。对于制砖来说，消耗的煤矸石量大，煤矸石所制的砖不仅完全满足建筑行业对砖的要求，符合国家标准，而且，与普通的黏土砖相比，其强度、耐酸碱和抗冻性也相对较好。煤矸石砖是以 80% 的煤矸石作为原料，加上少量的泥土，再加上火烧程序制成矸石砖。煤矸石和黏土在化学成分上极其相似，因而可代替黏土作为生产水泥的原材料，生产工艺与普通水泥并无差别，水泥的质量也不低于普通水泥。还有部分煤矸石用作产生轻骨料和空心砌砖的原材料。

### 3. 充填矿井采空区

同其他矿山固体废物一样，煤矸石也可以用来填充矿井采空区和塌陷区。对于煤含量较少的煤矸石，为了减少其堆积面积，降低自燃风险和对环境、生态的危害，可代替沙子填充，减少充填费用，也可用于回填，以化害为利，进行综合利用。

### 4. 用于填筑路基和路面结构层

煤矸石作为筑路材料，主要有两种路基结构方式：全填式和分层式。用全填式路基结构，采用振动压路机压实，可防止煤矸石与空气中的氧气、水分接触造成风化和崩解，一般压缩 8%~10%，使其符合路基抗压要求。而碎石土和煤矸石相间采用分层式路基，可避免由于煤矸石不稳定而引起的路基损坏。通常使用石灰、水泥、粉煤灰来增加抗水性、抗压强度和抗冻性，来稳定煤矸石。

### 5. 制取化工产品

煤矸石中含有主要的化合物包括 $SiO_2$、$FeS$、$Al_2O_3$、$Fe_2O_3$ 和元素 Mn、P、K 以及稀有金属 Ti、Ga 等，当煤矸石中的 $SiO_2$ 含量超过 50% 时，可有效提取和利用其中的硅元素，生产系列与硅相关的化工产品，如水玻璃、陶瓷原料等。当煤矸石中 $Al_2O_3$ 的含量超过 35% 时，可用来作为原料生产脱氧剂 Al-Si-Fe 合金，由于生产时产生的滤渣含有大量的硅，可用其制作水玻璃。当煤矸石含有较高的 FeS 时，高温煅烧煤矸石可使 FeS 氧化产生硫氧化物，是生产化工原料硫酸铵的一个有效途径。当煤矸石中某些化合物和元素含量差异比较大，当其含量达到一定的值时，可用作相应的化工原料，这样不仅可以减少煤矸石对环境带来的负担和危害，也可生产化工原料，节约资源，带来可观的经济效益。

## 二、冶金矿山固体废物的综合利用

### (一) 冶金矿渣的来源、组成及性质

我国拥有数量众多的各类矿山，如黑色金属矿山、有色金属矿山、黄金矿山等。在采矿、选矿、冶炼和矿物加工过程中，会产生数量庞大的固体状或泥状废物，主要包括选矿尾矿、采矿废石、赤泥、冶炼渣、粉煤灰、炉渣、浸出渣、浮渣、电炉渣、尘泥等。

矿业废物种类多、产量大、伴生成分多、毒性小，大多数废物可作为二次资源加以

利用。如综合回收其中的有价物质；作为一种复合的矿物材料，用于制取建筑材料、土壤改良剂、微量元素肥料；作为工程填料回填矿井采空区或塌陷区等。

据统计，我国矿业废物的堆存量已达 200 余亿吨，占我国工业固体废物堆积量的 85% 以上，并以 2 亿~3 亿吨的速度逐年增长。这些矿业废物若处理、处置不当，不仅侵占土地，给生态环境和人身健康造成严重危害，还将加剧排土场滑坡、泥石流、尾矿库溃坝等工程灾害，浪费有价资源，污染周围水体、土壤和大气，破坏生态植被、导致土地退化及沙漠化等一系列问题。

### （二）冶金矿渣的综合利用

#### 1. 回收有价金属

我国共生、伴生矿产多，矿物嵌布粒度细，以采选回收率计，铁矿、有色金属矿、非金属矿分别为 60%~67%、30%~40%、25%~40%，尾矿中往往含有铜、铅、锌、铁、硫、钨、锡等，以及钪、镓、钼等稀有元素及金、银等贵金属。尽管这些金属的含量甚微、提取难度大、成本高，但由于废物产量大，从总体上看这些有价金属的数量相当可观。

（1）铁矿尾矿。铁矿选厂主要采用高梯度磁选机，从弱磁选、重选和浮选尾矿中回收细粒赤铁矿。如瑞典斯特拉萨铁矿石选厂采用大型的 Sala480 型转盘式磁选机处理弱磁选和螺旋选矿机的尾矿，从含铁 11.15% 的尾矿中可得到含铁 42.61% 的精矿，铁回收率 44.1%。我国大孤山选矿厂尾矿经圆盘式磁选机粗选，粗精矿再磨后经脱水槽、磁选机、细筛再选，每年可回收 60% 左右铁精矿 8 万吨。

除从尾矿中回收铁精矿外，还可回收其他有用成分。芬兰用 Skimair 型浮选机以"闪速"浮选法从磁铁矿中回收铜；巴西从含铁石英岩中回收金；我国攀枝花铁矿年产铁矿石 1350 万吨，又从其尾矿中回收了钒、钛、钴、钪等多种有色金属和稀有金属。

（2）有色金属矿山尾矿。美国犹他州阿尔丘尔和马格纳铜选厂处理堆积的尾矿，日处理矿量 10.8 万吨，可得到含铜 20% 及少量钼的精矿。澳大利亚北布罗肯希尔公司从堆存 60 多年的老尾矿中回收锌，可得品位为 44.7% 的锌精矿，回收率达 87.7%。我国丰山铜矿对其尾矿经重选—浮选—磁选—重选联合工艺试验，可得含铜 20.5% 的铜精矿、含硫 43.61% 的硫精矿、含铁 55.61% 的铁精矿，含 $WO_3$ 82.7% 的钨粗精矿。铁山垅钨矿对部分硫化矿尾矿进行浮选回收银试验，可获得含银 808g/t 的含铋银精矿，采用三氯化铁盐酸溶液浸出，最终获得海绵铋和富银渣。

（3）金矿尾矿。黄金价值高，但在地壳中含量很低，所以从金矿尾矿中回收金就显得更为重要。澳大利亚新庆金矿选厂从 1990 年起建立尾矿处理厂，对尾矿首先经脱泥旋流器回收含金硫化矿粗颗粒，然后用圆锥选矿机和螺旋选矿机分选，所得精矿磨碎后再浸出，大大提高了金的总回收率。我国湘西某金矿对老尾矿采用浮选—尾矿氰化选冶联合流程，金总回收率达到 74%。黑龙江某金矿采用浮选法从氰化尾矿中回收铜，回收率达 89.01%，我国南方某金矿采用浮选—尾矿氯化—浸渣浮选的工艺，从老尾矿中回收金、锑、钨，回收率分别达到 81.18%、20.17%、61.00%。

#### 2. 生产建材

（1）尾矿制砖。尾矿砖种类多，废物消耗大，既可生产免烧砖、墙体砌块、蒸养砖等建筑用砖，也可生产铺路砖、涂化饰面砖等。某金矿于 1996 年投资 2 000 万元引进国家"双免"砖生产技术，建成了 4 条生产线，每年消耗尾矿 6 万吨。同济大学与某铁矿合作，研制出装饰面砖，更适合作外墙贴面砖，还可调入不同色彩颜料做成彩色光滑的面砖，代替普通瓷砖、人造大理石等作室内装饰用。中国地质科学院尾矿利用技术中心与湖南某铅锌矿合作，利用铅锌尾矿及当地黏土等辅料生产出 6 种颜色的墙地砖，经北京市建材质量监督检查站检验，符合彩色釉面陶瓷地砖的国家标准，现已投入大量生产。江苏铜山区某乡有 10 多家矸石砖厂，年用矸石 3.6 万吨，节约煤炭 6 300t，保护耕地 300 亩。

（2）生产水泥和混凝土。矿业废物不仅可以代替部分水泥原料，且能起到矿化作用，从而有效提高熟料产量、质量并降低煤耗。如某铜尾矿含 $SiO_2$ 36.52%、CaO 25.62%、$Al_2O_3$ 4.84%、T-Fe 16.27%，可以全部取代铁粉，部分代替黏土和石灰石原料，从而大大节约了铁粉、黏土、石灰石以及燃煤用电费用，全年累计可节约资金上百万元。山东省某县特种水泥厂用 5.32% 的铜尾矿进行配料后，熟料质量有所提高，能满足高标号水泥生产要求。每吨熟料耗煤比标定指标降低了 15.7%，可代替复合矿化剂，生产成本降低 12%。此外，尾矿还可作为配料来配制混凝土，使混凝土具有较高的强度和较好的耐久性。根据不同的粒级要求，尾矿颗粒不必加工，即可作为混凝土的粗细骨料直接使用。

（3）生产玻璃。利用尾矿砂生产玻璃的研究应用主要有以下两种。

利用高钙镁型铁尾矿生产饰面玻璃。由于这种尾矿 CaO、MgO 和 FeO 含量较高，玻化时容易铸石化，适当添加砂岩等辅助原料和采用合适的熔制工艺，可使之玻化成为高级饰面玻璃，铁尾矿用量可达 70%~80%，生产出的玻璃理化性能好，其主要性能优于天然大理石。

作为生产微晶玻璃的材料。微晶玻璃也是一种高级装饰材料，其制作成本较高，试验表明，在微晶玻璃的配方中引入尾矿可大大改善产品的性能。

（4）用作其他建筑材料。废石、尾矿还可以生产其他建筑材料，如陶瓷、石英砂等。如首钢选矿厂利用尾矿生产优质"中砂"，月生产能力 4 万~6 万吨，综合年效益可达 500 万元。彩色石英砂是国内近来开发的一种新型外墙装饰材料，采用石英含量较高的尾矿生产彩砂，则可省去破碎加工费用，降低成本，已开始应用。

3. 用作农肥

有些尾矿因其成分适宜，可用作土壤改良剂或微量元素肥料，以有效改善土壤的团粒结构，提高土壤的孔隙、透气性、透水性，促进作物增产。如铁尾矿含有少量的磁铁矿，经磁化后，再掺加适量的 N、P、K 等，即得磁化复合肥；镁尾矿中因含有 CaO、MgO 和 $SiO_2$，尾矿可用作土壤改良剂对酸性土壤进行中和处理；锰尾矿除含锰外，通常还含有 $P_2O_5$、$Cl^-$、$SO_2^-$、MgO 和 CaO 等，可将其作为一种复合肥使用；钼尾矿施于缺钼的土壤，既有利于农业增产，又可降低食道癌的发病率。

4. 采空区回填、覆土造田

用来源广泛的尾砂、废石、尾矿代替砂石进行地下采空区回填，耗资少、操作简单，可防止地面沉降塌陷与开裂，减少地质灾害的发生。如铜陵某铜矿利用全水速凝胶结充填工艺进行回填，充填成本可减少13%左右；某金矿分矿采用高水固结尾砂充填采矿法，比原来水泥河沙胶结充填工艺优势明显，提高了生产能力，节省了费用。

南京某铅锌银矿使用旋流器分选出粗、细砂，将细尾矿用箱式压滤机压成滤饼，伴以水泥及粗砂送入井下作充填料，既解决了尾矿堆存问题、防止地面陷落，又可每年节约几十万元的外购填料费用。

某钨矿在停用的尾矿库进行复垦，建起了一座旱冰场，矿区公园也有一部分位于此尾矿库上。此外，对坝坡进行了多年种植试验，完成了6 000m²以上的坝坡种植绿化。

某有色金属公司在篦子沟铜矿的莫家洼和韩家沟两个服役期满已闭的库田，运土约14万 m³，覆盖土层平均厚度400~600mm，共造田28.6万 m²。经多年耕作，种植的蔬菜、瓜果、粮食都获得了好收成，收获的小麦、玉米等经化验重金属毒物含量均未超过国家食品卫生标准，且尾矿库被绿色植物覆盖后，提高了当地空气湿度，空气中粉尘浓度大大降低。

# 第三节　城市生活垃圾的综合利用

虽然我国历来重视废旧物资回收利用，但由于过去只从经济目标，没有从减少垃圾量、保护资源，保护环境出发，还没有把回收作为一种义务而不仅是赚钱的手段，回收对象多集中为废旧金属、废纸等利润高的物资，而对废塑料、玻璃等废品和废电池的回收则缺少相关法律和经济手段进行调控，强制的和义务废旧物资回收制度还未建立，废品收购价格越来越低，越来越多废纸、废塑料、废金属、废玻璃、废电池等扔入垃圾中，甚至一些旧家具和旧家用电器也作为垃圾抛弃，使废旧物资回收率较低，导致资源的极大浪费，城市垃圾量大大增加。因此，应建立义务和强化回收制度，建立合适高效的废旧物资回收系统，促进废品回收利用，减少进入垃圾中的废品量。同时，应对所收集的垃圾进行必要的分类收集，采用合适的机械和人工分选方法，以利于垃圾的资源化和无害化处理。

## 一、城市固体废物资源回收系统

城市固体废物的收集有分类收集和混合收集两种方式。在垃圾发生源进行分类收集便于资源回收利用和处理，能耗最少，是最理想的收集方法。许多工业发达国家在20世纪70年代末就采用家庭分类存放，按照颜色不同的容器或垃圾袋存放不同的家庭垃圾，可回收利用的资源直接被送往回收利用场所收集。目前，中国尚未采取分类收集的方法，只是少数城市正在试行分类存放和收集的方法。通常的做法是居民将混合垃圾放置到垃圾桶内。当垃圾中有相当一部分（30%~50%）适合回收利用时，才适宜采用分类收集。废物的多样性决定了设置多少种分类收集的垃圾箱。

### （一）垃圾存放容器设置

垃圾存放容器之间的距离。城市固体废物的存放容器，通常又称垃圾箱、垃圾桶或垃圾袋，垃圾箱之间的距离太小会增加容器设置的成本，并且因收集量不足而造成人力和日常管理的浪费；垃圾箱之间距离过大会使废物投放者因距离太远而增加就近扔掉垃圾的行为。垃圾箱之间的距离是否合适是收集系统运行良好的一个重要前提。

垃圾存放容器的外观舒适度。舒适度是指垃圾箱的外观和气味等是否满足垃圾投放者的感官要求的程度。垃圾箱太脏，而且总是散发令人感觉不适的气味，垃圾投放者不愿意接近，这样不利于垃圾的收集。气味主要与有机废物在垃圾箱存留时间和当地气温条件有关，设计收集系统时应考虑。

（二）收运系统组成

一个收运系统主要组成包括：垃圾产生者、产生的垃圾、收集处理设备和收集程序。垃圾产生者有家庭、企事业单位和相关设施；产生的垃圾是城市固体废物定义中所指的废弃物；收集处理设备就是垃圾箱、垃圾袋、垃圾车；收集程序是人在收集系统制定的工作程序和管理方法。

一个良好的收运系统，实质上是人力劳动（司机和操作者）、技术水平和管理方法的最佳结合。

（三）城市固体废物收运系统的特点

城市固体废物的收运系统是城市垃圾处理系统中第一环，其特点是耗资大、操作过程复杂。据统计，收运费用占整个城市垃圾处理系统费用的 60%～80%。一般城市固体废物收运制原则是：在满足环境卫生要求的前提下，降低收运费用。因此，必须科学地制订收运计划和提高收运效率。

先进的收运系统是在垃圾的产生源进行垃圾分类收集。分类收集能耗最低，不仅有益于环境卫生，而且便于资源回收，同时减少固体废物的处理处置量。

## 二、城市垃圾的分选回收系统

城市生活垃圾分选回收系统包括城市生活垃圾收集运输和分选子系统，分选子系统又包括破碎筛选、人工分选、重力分选、磁力分选、摩擦与弹跳分选、浮选等方法和技术。该系统分选回收可得到如下产品：轻质可燃物，主要有纸类、塑料、布料等有机物质；金属类，主要为废钢、废铁、废铜废铝等；玻璃；其他无机物，主要为非金属类。城市生活垃圾分选回收方法及系统工艺流程如图 7-4 所示。

（1）破碎技术。工业生产中常用的破碎机如颚式破碎机、锤式破碎机、剪切破碎机等，可以用于工业废物的处理。因为工业废物品种单一而量大，根据废物性质选择某种破碎装置即可以满足要求。但是对于生活垃圾，特别是城市垃圾种类繁多，有大型废汽车、旧机器、家用电器的废冰箱、电视机，以及日常生活用品的陶瓷、玻璃、旧的衣物鞋帽、塑料制品、纸张等。这些垃圾首先要采用手选分类后，根据垃圾性质和后期处理的要求，选择不同破碎装置，进行破碎或粉碎。如破碎大型钢铁类废物，需用剪切、压轧；破碎较强韧性型的橡胶、塑料等废物，则用切断；旧衣服、纸张等破碎时，为了防止产生较多的粉尘，宜采用湿式破碎等。

（2）分选技术。在工业生产中，为了提高原材料的品位，常用分选技术。但是对生活垃圾因为其组分复杂，简单沿用矿业、化工、农业等领域的分选技术，往往是不可行的。对于城市垃圾的分选技术主要是根据被分选物的物理性质如颗粒大小、密度、电

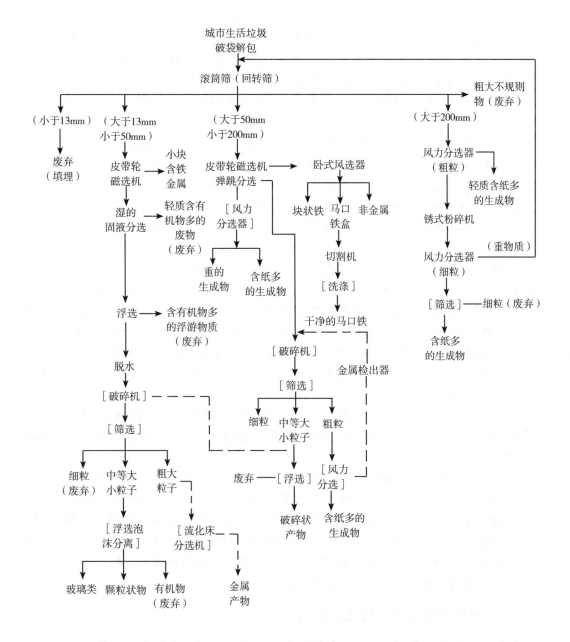

**图7-4 城市生活垃圾分选回收方法及系统工艺流程**

磁性能、光学性质等方面的差异来进行分选。

风力分选技术属于干式分选，多用于城市垃圾成分的分选，作为预处理的方法。与后面介绍的湿式分选相比，能量消耗较少。此法先将城市垃圾破碎到一定粒度，再调整水分在45%以下，定量送入卧式惯性分离机分选。当垃圾在机内落下之际，受到鼓风机送来的水平气流吹散，即可粗分为重物质（金属、砖瓦块、砾石类），中重物质（木块、硬塑料类）和轻物质（塑料薄膜、纸类）。再分别送入振动筛筛成大小两级后，各自送至立式锯齿形风力分选装置。以分离有机物和无机物。

半湿式破碎分选技术是将垃圾均匀调湿（既非干法又非完全浆液化的湿法）后再进行破碎，由于物料中各种杂质具有不同的强度与脆度，在破碎时产生不同的粒度，从而得到分选的效果。半湿法既可提高破碎效率，又能节省动力消耗。

半湿式选择性破碎分选装置装有第一级、第二级不同筛孔的滚筒筛，对应各级筛网装有转速不同的刮板，由各自的驱动装置带动旋转。当滚筒转动时，垃圾在滚筒内壁被升到轴以上高度而落下受到刮板冲击和相互撞击而破碎。耐冲击最薄弱的玻璃、瓦片、陶瓷及厨房垃圾首先被破碎成粒状或碎片经滚筒外壁的第一级筛网排出成为第Ⅰ组废物，进一步由分选机分成厨房垃圾及其他部分。剩余垃圾被送入第二级滚筒，中等强度纸类在此过筛排出为第Ⅱ组。最后剩下是延展性大的垃圾以滚筒另一端排出为第Ⅲ组，并可进一步利用密度差异分选为金属类、纤维、木片、橡胶和皮革等类，以及塑料薄膜类。

塑料浮选分离技术是根据塑料表面具有疏水性，而水里溶有表面润湿剂时又能使某些特定的塑料表面变成亲水性。因此，对多种塑料混合物，如加入某种润湿剂，并使产生大量气泡，就能使表面发生亲水性的特定塑料沉入水中，而仍为疏水性的塑料，则会吸附气泡而上浮。如聚乙烯（PE）、聚丙烯（PP）、聚苯乙烯（PS）、聚氯乙烯（PVC）等混杂塑料，加入表面润湿剂可使聚氯乙烯下沉而其他三种塑料上浮；再用其他表面润湿剂，对浮上的三种塑料分离，则聚丙烯浮上而其他两种下沉。经浮选分离可得纯度97%~99%的产品。

利用溶剂溶解废塑料的分离再生技术是利用塑料在溶剂中具有不同溶解度的特点来分离各种塑料。如对天然高分子化合物的纸浆用无机碱溶解一样。对合成高分子化合物也可用溶解方法。

PVC、PS、PE、PP等和纸、铝箔等不溶解物混合体用二甲苯溶解。首先PS在常温下可溶解，升温到120~130℃时，可以溶解PE及PP，但PVC不溶解，可和其他不溶解杂质一起经筛分、过滤等方法分离。同时可以分离其他不溶解的沉淀物。溶解的聚合物、填充剂、颜料等留在溶液中，可经冷却析出或其他结晶方法分离成PS和［PE+PP］两组，以粉末状分选回收。被溶解的单体可用冷却法析出或再结晶。溶剂可以通过水蒸气蒸馏或减压干燥等方法回收再利用。

## 三、废旧塑料处理与资源化利用

废旧塑料资源化处理和解决污染问题的方法有：①回收再利用；②资源转化与回收；③生产建筑材料；④填埋处理；⑤发展可降解塑料。将废旧塑料资源化利用不仅可以消除环境污染，而且可以获得宝贵的资源或能源，产生明显的环境效益、社会效益和经济效益，特别是PET回收与利用具有显著的经济效益。废旧塑料资源化利用主要有以下几个方面。

（1）加工成塑料原料。把收集到的较为单一的废旧塑料通过分选、破碎、清洗、掺混、熔融、混炼，最后加工成粒状塑料原料，这是最广泛采用的再生利用技术。主要用于热塑性树脂，用再生的塑料原料可做包装、建筑、农用及工业器具等原料。

（2）再生利用。废旧塑料的直接利用是指不需进行各类改性，将废旧塑料经过分选清洗、破碎、塑化，直接加工成型，或与其他物质经简单加工制成有用制品。再生利用包括直接再生利用和加工成塑料制品。前者是指废旧塑料直接塑化，破碎后塑化，经过相应前处理破碎塑化后，再进行加工制得再生塑料制品的方法。这类再生工艺比较简单且表现为直接处理成型。这种再生制品性能欠佳，一般为低档塑料制品。

加工成塑料制品技术，先将废旧塑料加工成塑料原料，再将同种或异种废旧塑料直接成型加工成制品。一般多为厚壁制品，如板材或棒材等，有的在加工时装入一定比例的木屑和其他无机物，或使塑料包裹木棒、铁心等制成特殊用途制品。

（3）燃料化利用。废旧塑料热值高，是一种理想的燃料，可制成热量均匀的固体燃料，普遍的方法是将废旧塑料粉碎成细粉或微粉，再调和成浆液或造粒后作燃料，但要求含氯量应控制在0.4%以下，并有废气处理装置。无氯废旧塑料燃料化利用典型应用是用于水泥窑、热电联产和作为代替传统的焦炭炼铁原料。当利用废旧塑料焚烧回收热能和电能时，系统必须形成规模（至少要在100t以上）才能取得经济效益。废旧塑料进行焚烧的处理方式主要有三种：①使用专用焚烧炉焚烧；②将废旧塑料作为补充燃料与生产蒸汽的其他燃料掺混使用；③通过氢化作用或无氧分解，使废旧塑料转化成可燃气体或其他形式的可燃物，再通过它们的燃烧回收热能。

目前，在日本有焚烧炉近2 000座，利用焚烧废旧塑料回收的热能约占塑料回收总量的38%。德国有废旧塑料焚烧厂40多家，它们将回收的热能用于火力发电，发电量占火力发电总电量的6%左右。

（4）热解制油。热分解技术的基本原理是，将废旧塑料制品中原树脂高聚物进行较彻底的大分子链分解，使其回到低分子量状态，而获得使用价值高的产品。废旧塑料热解制得的油可做燃料或粗原料。热解装置有连续式和间断式两种，热解温度按热解方式不同有400~500℃、650~700℃、900℃（与煤炭共分解）以及1 300~1 500℃（燃烧气化），另外，催化高压加氢分解等技术也在研究之中。

（5）改性后生产各种材料。为了改善废旧塑料再生料的基本力学性能，采取了改性方法对废旧塑料进行改性，以达到或超过原塑料制品的性能，以满足专用制品的质量需求。常用的改性方法有物理改性和化学改性。物理改性方法主要有活化无机粒子的填充改性、废旧塑料增韧改性和增强改性。化学改性指通过接枝、共聚等方法在分子链中引入其他链节和功能基团，或是通过交联剂等进行交联，或是通过成核剂、发泡剂进行改性，使废旧塑料被赋予较高的抗冲击性能，优良的耐热性，抗老化性等，以便进行再生利用。

废旧塑料改性后生产的各种材料主要有：①生产建筑材料，废塑料生产建筑材料是塑料资源化的重要途径。目前已经开发了许多新型建筑材料产品，塑料油膏、防水涂料、防腐涂料、胶黏剂、色漆、塑料砖等。②制备涂料，如各色荧光漆、珠光漆、夜光漆、示温漆等。③生产板材，如软质拼装型地板、塑料砖、地板块、木质塑料板材等。

## 四、废旧橡胶处理与资源化利用

废旧橡胶的综合利用方法可分为整体再用制造再生胶、生产胶粉、焚烧转能、热解回收和掩埋、储能六大类。

(1) 原形及改造利用。原形利用最主要的方式就是轮胎翻新（修）。轮胎翻修是指旧轮胎经局部修补、加工、重新贴覆胎面胶之后，进行硫化，恢复其使用价值的一种工艺流程。翻新一条胎的费用一般只相当新胎生产的 30%，而使用寿命可达新胎的 60%～70%；一般载重轮胎能翻新 2 次以上，航空轮胎可翻新 10 次。因此，轮胎翻新引起了世界各国的普遍重视。欧共体规定，2000 年翻新胎的数量指标为 25%。

废旧轮胎还可做码头及船舶护舷、防破护堤、渔礁、漂浮灯塔等。出口废旧轮胎也是原形利用的一种方式。通过裁剪、冲切及冲压等方式将废旧胎改造为胶垫、泥桶、马具及鞋底等，也是原形利用的一种方式，不过在这方面的利用量不大，而且发展余地也有限。

(2) 热能利用。美国、欧洲及日本的不少水泥厂、发电厂、造纸厂、钢铁厂及冶炼厂等采用废旧橡胶做燃料。由于其燃烧值较高（比煤约高 5%～10%），成本低、能消耗大量的废旧轮胎，因此，此种利用方式目前大量存在。对水泥厂来说，由于废胎中的钢丝帘线和胎圈钢丝可代替制造水泥所需的铁矿石成分，从而降低原材料成本，因此乐意用它作燃料。由于燃烧会造成一定程度的大气污染，限制了此种方式的利用。

(3) 热分解。废旧轮胎热解可产生液态、气态碳氢化合物和炭残渣，这些产品经进一步加工处理能被转化成具有各种用途的高价值产品，如炭黑转化成活性炭，液态产品被转化成高价值的燃料油和重要化工产品，气态产品被直接作为燃料等。据报道，采用此法可从每吨废胎中回收利用燃油 550kg，炭黑 350kg 和钢丝 150kg，具有较高的经济效益和环境效益。但目前存在设备投资大、运行费用高、热解产品的质量难以保证和废气处理难等问题。

(4) 再生橡胶。再生橡胶是指废旧橡胶经过粉碎、加热、机械分选等物理化学过程，使其弹性状态变成具有塑性和黏性的，能够再硫化的橡胶。生产再生胶的关键步骤为硫化胶的再生，硫化胶的再生习惯上称为"脱硫"，是一个与硫化相反的过程。生产工艺主要有油法（直接蒸汽静态法）、水油法（蒸煮法）、高温动态脱硫法、压出法、化学处理法、微波法等。但应用的原理基本上是水法和油法。将废旧橡胶脱硫后制成再生胶，并掺入橡胶制品中，可降低成本。制造再生胶能耗高、附加值低、污染环境，加之再生胶性能欠佳，应用范围受到了限制。因此，在发达国家除特种橡胶外，基本上已不再生产再生橡胶。但仍有人在研究新型脱硫技术，以提高再生橡胶的质量和回收率。

(5) 制造胶粉。废旧轮胎在常温时为韧性材料，粉碎功耗大，难以达到 40 目以下的粉粒，常规粉碎时大量生热使胶粉老化变形，品质变差。为解决此问题，利用橡胶等高分子材料处在玻璃化温度以下时，本身脆化，此时受机械作用很容易被粉碎成粉末状物质的性质，可采用低温粉碎的方式。

与生产再生胶相比，制造胶粉的加工过程简单，不存在废水、废气污染等问题，且性能优越，可广泛应用于各类橡胶制品、建筑、公路、机场、运动场地、装饰材料及塑料改性等方面，是集环保和资源再利用于一体的很有前途的回收方式，例如，将胶粉用于沥青路面，可比普通路面使用寿命延长一倍，道路噪声降低 70%，还能改善路面耐热和耐寒（80℃高温不软，零下 35℃低温不裂）、防滑性及制动性，并缓解强光刺眼。因此，在近几年，胶粉的生产在国内外受到了重视。

目前应用已较成熟的工业化的胶粉生产的方法有：室温粉碎（占胶粉总量的63%）、湿法粉碎（占胶粉总量的13%）、冷冻粉碎（占胶粉总量24%）和臭氧粉碎。冷冻粉碎工艺包括低温冷冻粉碎工艺、低温和常温并用粉碎工艺。臭氧粉碎在1997年已具有年生产能力3 000t的工业装置。

我国目前废旧橡胶再利用方式仍以通用型橡胶为主，还处于国际发展过程的第一阶段，胶粉的开发利用及非通用型合成橡胶的再生，仍处于开始阶段。1990年活化胶粉的应用研究取得突破性进展，1991—1955年胶粉用量由300t增至20 000t，合成橡胶再生进入工业化生产，但高能耗和胶粉的微细化粉碎方法尚待解决。胶粉粉碎方法主要为低温粉碎、普通胶粉常温粉碎和精细粉碎。

胶粉主要应用于轮胎胶鞋和其他的橡胶制品的行业，混入沥青或水泥中做成道路等铺装衬料，制造各种新型建筑和工业材料。

## 五、废电池再生利用技术

电池种类繁多，主要有锌-二氧化锰酸性电池、锌-二氧化锰碱性电池、镍镉充电电池、铅酸蓄电池、锂电池、氧化汞电池、氧化银电池、锌-空气纽扣电池等。每种电池都有许多不同的型号。其组成成分也有很大的不同，因此处理方法有很大的差别。普遍采用的有单类别废电池的综合处理技术及混合废电池综合处理技术两大类。对于单类别的废电池综合利用技术因电池种类不同而大不相同。

### （一）废旧干电池的综合处理技术

废旧干电池的回收利用主要回收金属汞和其他有用物质，其次是废气、废液、废渣的处理。目前，废旧干电池的回收利用技术主要有湿法和火法两大类。

1. 湿法冶金

废干电池的湿法冶金过程是将锌-锰干电池中的锌、二氧化锰与酸作用生成可溶性盐而进入溶液，然后净化溶液电解生产金属锌和电解二氧化锰或其他化工产品（如立德粉、氧化锌）、化肥等。主要方法有焙烧浸出法和直接浸出法。

（1）焙烧浸出法。焙烧浸出法是将废旧干电池机械切割，分选出炭棒、铜帽、塑料，并使电池内部粉料和锌筒充分暴露，然后在600℃的温度条件下，在真空焙烧炉中煅烧6~10h。使金属汞、$NH_4Cl$等挥发为气相，通过冷凝设备加以回收，并严格处理尾气，使汞含量减至最低。焙烧产物经过粉磨后加以磁选、筛分可以得到铁皮和纯度较高的锌粒，筛出物用酸浸出（电池中的高价氧化锰在焙烧过程中被还原成低价氧化锰，易溶于酸），然后从浸出液中通过电解回收金属锌和电解氧化锰。该法的流程如图7-5所示。

（2）直接浸出法 直接浸出法是将废干电池破碎、筛分、洗涤后，直接用酸浸出锌、锰等金属物质，经过滤、滤液净化后，从中提取金属或生产化工产品。不同工艺其产品也不同。图7-6~图7-8为制备立德粉、化肥以及锌和二氧化锰的工艺流程。

总体来讲，湿法冶金流程过长，废气、废液、废渣难处理，而且近年来逐步实现电池无汞化，加上铁、锌、锰价格疲软，致使回收成本过高，所以湿法冶金回收废干电池逐步被减少使用。

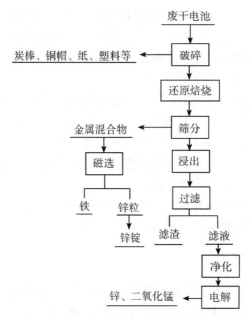

**图 7-5　废干电池的还原焙烧浸出法工艺流程**

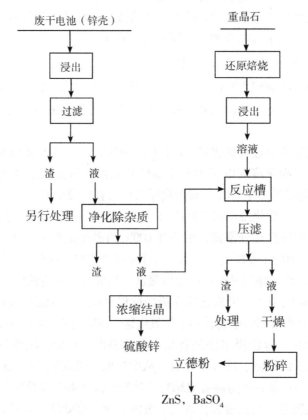

**图 7-6　废干电池制备立德粉工艺流程**

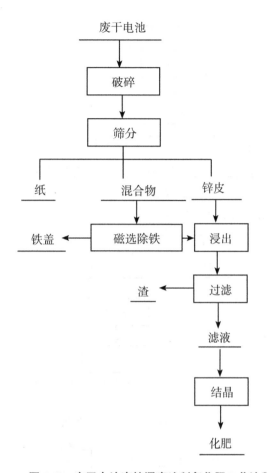

图 7-7　废干电池直接浸出法制备化肥工艺流程

## 2. 火法冶金

火法冶金处理废干电池是在高温下使废干电池中的金属及其化合物氧化、还原、分解和挥发及冷凝的过程。火法又分为传统的常压冶金法和真空冶金法两类。常压冶金法所有作业均在大气中进行，而真空法则是在密闭的负压环境下进行。部分专家认为火法对汞的处理回收最有效。

（1）常压冶金法。处理干电池的常压冶金法有两种：一是在较低的温度下加热废干电池，废干电池先使汞挥发，然后在较高的温度下回收锌和其他金属，二是将废干电池高温焙烧，使其中易挥发的金属及其氧化物挥发，残留物作为冶金中间产物或另行处理。

（2）真空冶金法。由于常压冶金法的所有作业均在大气中进行，同样有流程长、污染重、能源和原材料的消耗及生产成本高等缺点。因此，人们又研究出了真空法。真空法是基于组成废旧干电池各组分在同一温度下具有不同的蒸汽压，在真空中通过蒸发与冷凝，使其分别在不同的温度下相互分离，从而实现综合回收利用。蒸发时，蒸汽压高的组分进入蒸汽，蒸汽压低的组分则留在残液或残渣内，冷凝时，蒸汽在温度较低处

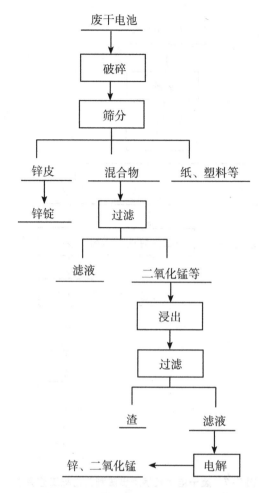

**图7-8 废干电池制备锌、二氧化锰工艺流程**

凝结为液体或固体。

德国阿尔特公司将分拣出镍镉电池后的废电池在真空中加热，其中的汞迅速蒸发并将其回收，然后将剩余原料磨碎，用磁体提取金属铁，再从余下的粉末中提取锌和锰。

真空法流程短，对环境污染小，各有用成分的综合利用率高，具有较大优越性。

（二）废旧镉镍电池的综合处理技术

镉镍电池的回收利用技术可分为火法和湿法两大类。表7-8、表7-9列出了火法、湿法回收的典型工艺。

**表7-8 镉镍电池火法处理工艺**

| 研究者 | 回收工艺 | 备　注 |
|---|---|---|
| H. Gunjishima 等 | 加热到 500℃，氢氧化物分解，有机物挥发，再加热到 900℃，非氧化气氛回收镉 | 日本专利 No. 04128324, 1992 - 04 - 28 |

（续表）

| 研究者 | 回收工艺 | 备　注 |
|---|---|---|
| J. Sun 等 | 高温高压下煤还原，然后蒸馏回收镉 | 中国专利 No. 1063314，1992 - 08 - 05 |
| Y. Sakata 等 | 由小型镉镍电池蒸馏回收镉 | 日本专利 No. 04371534，1992 - 12 - 24 |
| H. Gunjishima 等 | 加热到 500℃，去掉有机相，加热到 900℃，蒸馏回收镉 | 日本专利 No. 05247553，1993 - 09 - 02 |
| H. Morrow | 加热到 400℃，去掉有机相，再加热到 900℃还原性气氛下蒸馏回收镉，镍铁合金送到冶炼厂冶炼成不锈钢 | 瑞典 Saft Nife 应用。Cd 的纯度可达 99.5% |
| J. David | 加热到 400℃，去掉有机相，再加热到 900℃还原性气氛下蒸馏回收镉，镍铁合金送到冶炼厂冶炼成不锈钢 | 法国 SNAM 和 SAVAM 所用工艺 |
| Sakata 等 | 加热到 900℃ 以上，蒸馏回收镉，剩余物质与铁水反应生成合金 | |
| R. J. Delisle 等 | 加热到 1 000℃ 回收镉，残余物质中的镍按常规方法处理 | 欧洲专利 No. 608098，1994 - 07 - 27 |

　　火法回收基本上是利用了金属镉易挥发的性质。从各工艺温度条件可知，火法回收镉的温度范围为 900~ 1 000℃。镍的火法回收，简单的方式是让其融入铁水，或者采用较高温度的电炉冶炼，火法回收的产品是 Fe-Ni 合金，没有实现镍的分离回收。由于电池中的镉、镍多以氢氧化物状态存在，加热易变成氧化物，故采取火法回收时，要加入碳粉作为还原剂。

　　从表 7-9 中可以看出，湿法工艺的浸出阶段，大多数采取硫酸浸出，少数采取氨水浸出，而在实验条件下也有采用有机溶剂选择浸出的，采用氨水浸出，铁不参加反应，浸出剂易于回收，可以循环利用，无二次污染，硫酸虽然成本低，但是大量的铁参加反应，浸出剂消耗量大，其较难回收，二次污染严重。具体到 $Ni^{2+}$、$Cd^{2+}$ 的分离，有电解沉淀、沉淀析出、萃取及置换等几种方式。

**表 7-9　镉镍电池湿法处理工艺**

| 研究者 | 回收工艺 | 备　注 |
|---|---|---|
| D. A. Wilson B. J. Wiegand | 洗掉 KOH 电解液→加热到 500℃，1h，镉盐、镍盐分解，镉氧化成 CdO→加入 $NH_4NO_3$ 浸出 Cd（Ni，Fe 不反应）→通入 $CO_2$，生成 $CdCO_3$ 沉淀→加热到 40~60℃，pH 值 = 4.5，抽真空→加 $HNO_3$ 中和去碱，浸出剂循环使用 | 只有 94% Cd 浸出，Fe、Ni 未分离，加热设备投资大 |
| H. Hamanasta 等 | 在加热条件下，硫酸浸出 Ni、Cd、Fe，pH = 4.5~5，→加 $NH_4HCO_3$ 沉淀出 $CdCO_3$→加 $Na_2CO_3$、NaOH 沉淀出 Ni $(OH)_2$ | Ni、Cd 分离的好办法，但要保证 $NH_4HCO_3$ 的质量 |

（续表）

| 研究者 | 回收工艺 | 备　注 |
|---|---|---|
| H. Reinhardt 等 | 滤除 KOH 电解液→用 $NH_4HCO_3+NH_3 \cdot H_2O$ 浸出 $Cd^{2+}$、$Ni^{2+}$、$Co^{2+}$→空气氧化 $Co^{2+}$ 成 $Co^{3+}$→加络合剂 $Li_x64N$ 萃取 Ni→驱走 $NH_3$，$Cd(OH)_2$ 沉淀析出→加热到 100℃，1h，$Cd(OH)_3$ 沉淀析出 | 可回收 95% 以上的 Ni，99%以上的 Cd，络合剂成本高，连续处理设备投资大 |
| T. Furuse | 粉碎→筛分→$H_2SO_4$ 浸出→电解沉积镉→加水稀释，用空气或氧化剂氧化，石灰中和使 pH 值为 7→滤除铁→加 $CaSO_4$，冷却至室温，$NiSO_4$ 生成 | 镉纯度可达 99.75%，但电解电流密度不易控制，能耗高 |
| L. Kanfmann 等 | $H_2SO_4$ 浸出 Ni、Cd 等→加 40g～100g/L NaCl→pH 值为 2.5～4.5，温度 25～30℃，加铝粉置换 Cd→pH 值为 2.1～2.4，温度为 55～60℃，加 NaCl 120g/L，加铝置换 Ni | 回收产品纯度低 |
| N. E Barring | 镉镍电池废料→60℃，pH 值为 1.8，硫酸浸出→稀释、调整 pH，电解沉积 Cd→60℃，除铁→加 $Na_2S$，生成 Cd 沉淀→进一步回收镍 | 曾工业化应用 |
| Dobos Gabor 等 | HCl 浸出，然后分两步萃取回收 | 匈牙利专利 |
| Pentek 等 | $H_2SO_4$ 浸出→加锌置换镉→加 $NH_4HCO_3$ 析出 $ZnCO_3$、$Fe(OH)_3$ 等 | 纯度低 |
| J. Agh 等 | 用有机物分两步选择浸出 Ni、Cd，最后分别得到氢氧化物 | Hung 专利 No. 57837 |
| X. Yu 等 | 煅烧的 CdO、NiO，然后选择浸出，分别得氢氧化物 | 中国专利 No. 1053092 |
| X. Guo 等 | $H_2SO_4$ 浸出→电解沉积 Cd | 中南工业大学 |
| J. Van Erkel 等 | 酸浸出→过滤→萃取 Cd→电解沉积 Cd→$Ni(OH)_2$ 析出 | 美国专利 No. 5407463 |
| Alavi，Salami | 压碎→磁选→磁性物质为铁镍混合物→其余物质溶于稀酸→选择性萃取 | 美国专利 No. 5377920 |
| Xianghua，Kong | 氨水浸出→驱氨，过滤后煅烧处理→二次氨浸→过滤分离，固体物质为氧化镍→液体驱氨后得氢氧化镉 | 回收产品纯度较高 |

　　荷兰研究院（Dutch Research Institute，TNO）进行过废电池镍镉湿法冶金回收处理的深入研究，并于 1990 年进行了这一工艺的中试研究。图 7-9 为这一工艺的流程。首先对废镉镍电池进行破碎和筛分，分为粗颗粒和细颗粒。粗颗粒主要为铁外壳，以及塑料和纸。通过磁分离将粗颗粒分为铁和非铁两组分，然后分别用盐酸在 30～60℃温度下清洗，去除黏附的镉。清洗过的铁碎片可以直接出售给钢铁厂生产铁镍合金，而非铁碎片由于含有镉而需要作为危险废物进行处置。细颗粒则用粗颗粒的清洗液浸滤，约有 97% 的细颗粒和 99.5% 的镉被溶解在浸滤溶液中。过滤浸滤液，滤出主要为铁和镍的残渣。残渣约占废电池的 1% 左右，作为危险废物进行处置。过滤后的浸滤液用溶剂萃取

出所含的镉，含镉的萃取液再萃取，产生氯化镉溶液。将溶液的 pH 值调到 4，然后通过沉淀、过滤去除其中所含的铁，最终通过电解的方法回收镉，可以得到纯度为99.8%的金属镉。提取镉的浸滤液含有大量的铁和镍，铁可以通过氧化沉淀去除，然后用电解方法从浸出液中回收高纯度的镍。

　　美国 INMETCO 公司在 1 260℃下用旋转炉处理各种已经破碎的镉镍电池，然后用水喷淋所收集的气体。水中的残渣，除了含有大量的镉之外，还含有铅和锌，被送到镉的精炼工厂进一步提高纯度。炉中的铁镍残渣被送入电炉熔化制取铁镍合金，这一产品可以卖给不锈钢工厂，而副产品无毒残渣可作为建筑用骨料出售。

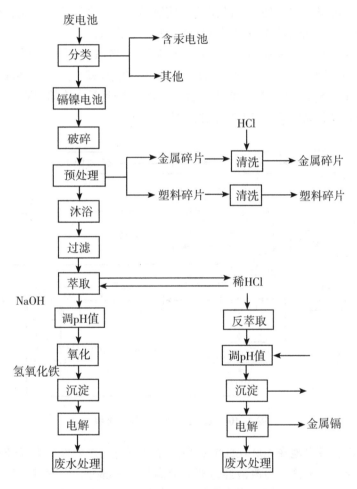

**图 7-9　TNO 废镉镍电池处理流程**

　　法国 SNAM 公司 SAVAM 工厂进行镉镍电池处理。工业镉镍蓄电池进入工厂后，首先拆掉其塑料外壳，倾倒出电解液并进行处理，以去除其中所含的镉，然后再出售给电池制造商。接下来将电池中的镉阳极板和镍阴极板分离开来。这样的材料与普通民用镉镍电池一起被分选成三类：含镉废物，含镍但不含镉的废物和既不含镉也不含镍的废物。含镉的废物进入热解炉以去除有机物，剩下的金属废物进入蒸馏器。加热后镉蒸气立即在蒸馏器中被冷却，以镉矿渣的形式回收镉。可以通过铸造的工艺提纯镉，经过提纯，回收的镉纯度可达到 99.95%。剩下的铁镍废渣同含镍废料一起熔融，炼制铁镍合金，出售给不锈钢制造商。

## （三）混合电池的处理技术

对于混合型废电池目前采用的主要技术为模块化处理。即首先对于所有电池进行破碎、筛分等预处理，然后按类别分选电池。混合电池的处理也采用火法或湿法、火法混合处理的方法。

废电池中五种主要金属（汞、镉、锌、镍和铁）具有明显不同的沸点，因此，可以通过将废电池准确地加热到一定的温度，使所需分离的金属蒸发气化，然后再收集气体冷却。沸点高的金属通过较高的温度在熔融状态下回收。

镉和汞沸点比较低，镉的沸点 765℃，而汞仅为 357℃，通常先通过火法分离回收汞，然后通过湿法冶金回收余下的金属混合物。其中铁和镍一般作为铁镍合金回收。

瑞士 Recytec 公司利用火法和湿法结合的方法，处理不分拣的混合废电池，并分别回收其中的各种重金属。图 7-10 为处理流程。

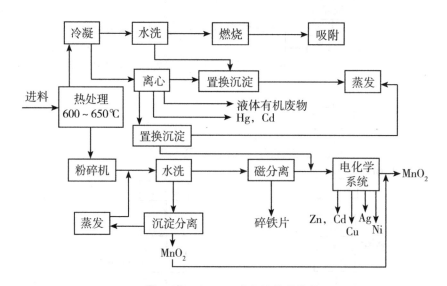

**图 7-10　Recytec 废电池处理流程**

首先，将混合废电池在 600~650℃ 的负压条件下进行热处理。废气经冷凝，其中的大部分组分转化成冷凝液。冷凝液经过离心分离分为三部分，即含有氯化铵的水，液态有机废物和废油，以及汞和镉。废水用铝粉进行置换沉淀去除其中含有的微量汞后，通过蒸发进行回收。从冷凝装置出来的废气通过水洗后进行二次燃烧以去除其中的有机成分，然后通过活性炭吸附，最后排入大气。洗涤废水同样进行置换沉淀去除所含微量汞后排放。

热处理剩下的固体物质首先要经过破碎，然后在室温至 50℃ 下水洗。这使得氧化锰在水中形成悬浮物，同时溶解锂盐、钠盐和钾盐。清洗水经过沉淀去除氧化锰（其中含有微量的锌、石墨和铁），然后经蒸发，部分回收碱金属盐。废水进入其他过程处理，剩余固体通过磁选回收铁。最终的剩余固体进入被称为"RecytecTM 电化学系统和溶液"（RecytecTM Electrochemical Systems and Solutions）的工艺系统中。这些固体是混合废电池的富含金属部分，主要有锌、铜、镉、镍以及银等金属，还有微量的铁。在这一系统中，利用氟硼酸进行电解沉积。不同的金属用不同的电解沉积方法回收，每种方法都有它自己的运行参数。酸在整个系统中循环使用，沉渣用电化学处理以去除其中的氧化锰。据介绍，整个过程没有二次废物产生，水和酸闭路循环，废电池组分的95%被回收，但回收费用较高。

### （四）铅酸蓄电池的回收利用技术

铅酸蓄电池广泛应用于汽车、摩托车的启动，应急灯设备的照明等。根据其用途可以确定废铅蓄电池的来源有以下几种：发电厂、变电所、电话局等的固定型防酸式废铅蓄电池；各种汽车、拖拉机、柴油机启动、点火和照明用废铅蓄电池；由叉车、矿用车、起重车等作为备用电源的废铅蓄电池；铁路客车上作为动力牵引及照明电源用废铅蓄电池；内燃机车的启动和照明、摩托车启动、照明、点火及一些其他用途的废铅蓄电池。按全国废铅酸蓄电池的年产生量 2 500 万只左右计，其中废铅量大约为 30 万 t，其组成见表 7-10。

**表 7-10 废铅蓄电池铅膏的成分/（%质量）**

| 成　分 | Pb$_总$ | Pb | S | PbSO$_4$ | PbO | Sb | FeO | CaO |
|---|---|---|---|---|---|---|---|---|
| 含量 | 72 | 5 | 5 | 42.1 | 38 | 2.2 | 0.75 | 0.88 |

铅酸蓄电池的回收利用主要以废铅的再生利用为主，还包括废酸以及塑料壳体的利用，电解液中金属成分见表 7-11。由于铅酸蓄电池体积大，易回收，目前，国内废铅酸蓄电池的金属回收率达到 80%~85%。远高于其他种类的废电池。

**表 7-11 电解液中的金属成分**

| 金　属 | 铅　粒 | 溶解铅 | 砷 | 锑 | 锌 | 锡 | 钙 | 铁 |
|---|---|---|---|---|---|---|---|---|
| 浓度/（mg/L） | 60~240 | 1~6 | 1~6 | 20~175 | 1~13.5 | 1~6 | 5~20 | 20~150 |

构成铅蓄电池的主要部件是正负极板、电解液、隔板和电池槽，此外还有一些零件如端子、连接条和排气栓等。从废铅蓄电池的组成可以看出，其中含有大量的金属铅、锑等。铅的存在形态主要有溶解态、金属态、氧化态，可通过冶炼过程将其提取再生利用。

发达国家再生铅企业最低规模都在 2 万 t/年以上，日本、西欧、美国的再生铅企业生产规模大都在 10 万 t/年以上。企业的规模扩大，有利于进行规范的管理，同时，一定程度上保证了其处理技术的先进程度。

在发展中国家，大部分只是进行手工解体，去壳倒酸等简单的预处理分解，一般采用小型反射炉及土炉较多。铅酸电池的回收利用主要以废铅的再生利用为主，好的铅合金板栅经清洗后可直接回用。可供蓄电池的维修使用。其余的板栅主要由再生铅处理厂对其进行处理利用。再生铅业主要采用火法和湿法及固相电解三种处理技术。

（1）火法冶金工艺。火法冶金工艺又分为无预处理混炼、无预处理单独冶炼和预处理单独冶炼三种工艺。无预处理混炼就是将废铅蓄电池经去壳倒酸等简单处理后，进行火法混合冶炼，得到铅锑合金。该工艺金属回收率平均为 85%～90%，废酸、塑料及锑等元素未合理利用，污染严重。无预处理单独冶炼就是废蓄电池经破碎分选后分出金属部分和铅膏部分，二者分别进行火法冶炼，得到铅锑合金和精铅，该工艺回收率平均水平为 90%～95%，污染控制较第一类工艺有较大改善。

经过预处理单独冶炼工艺就是废蓄电池经破碎分选后分出金属部分和铅膏部分，铅膏部分脱硫转化，然后二者再分别进行火法冶炼，得到铅锑合金和软铅，该工艺金属回收率平均为 95% 以上，如德国的布劳巴赫厂其回收率可达 98.5%。火法处理又可以采取不同的熔炼设备，其中普通反射炉、水套炉、鼓风炉和冲天炉等熔炼的技术落后，金属回收率低，能耗高，污染严重。国内有大量采用此工艺的处理厂生产规模小而分散，污染严重。

我国在"八五"期间，曾对无污染再生铅技术进行科技攻关，掌握了先进的再生铅生产技术，并建成了 3 个无污染再生铅示范厂。这些先进的再生铅利用厂采用 M. A 破碎分选技术，但在脱硫方案及脱硫剂选择、短窑冶炼技术条件、燃烧技术、加料系统等方面做了较大修改，使之更加适合我国国情。金属回收率达到 98%；破碎分选各组分互含率为 0.5%，意大利 CX 破碎分选系统的互含率为 0.8%；采用碳酸氢铵脱硫，成本较 $Na_2CO_3$ 及 NaOH 低，脱硫后物料含 S<0.5%，国外先进水平为 0.8%；能耗为 300kg ce/t，与国外先进水平相同；渣含铅<0.3%，国外先进水平约为 2.5% 左右。

（2）固相电解还原工艺。固相电解还原是一种新型炼铅工艺方法，采用此方法金属铅的回收率比传统炉火熔炼法高出 10% 左右，生产规模可视回收量多少决定，可大可小，因此便于推广，对于供电资源丰富的地区，就更容易推广。该工艺机理是把各种铅的化合物放置在阴极上进行电解，正离子型铅离子得到电子被还原成金属铅。其设备采用立式电极电解装置。其工艺流程为：废铅污泥→固相电解→熔化铸淀→金属铅。每生产 1t 铅耗电约 700 度，回收率可达 95% 以上，回收铅的纯度可达 99.95%，产品成本大大低于直接利用矿石冶炼铅的成本。

（3）湿法冶炼工艺。湿法冶炼工艺，可使用铅泥、铅尘等生产含铅化工产品。如三盐基硫酸铅、二盐基亚硫酸铅、红丹、黄丹和硬脂酸铅等，可应用于化工和加工行业，工艺简单，容易操作，污染低，可以取得较好的经济效益。

工艺流程为：铅泥→转化→溶解沉淀→化学合成→含铅产品。据介绍该工艺的回收率在 95% 以上。全湿法处理，产品可以是精铅、铅锑合金、铅化合物等，该类工艺处于半工业化试验或研究阶段，无工业生产报道。

废酸经集中处理可用作多种用途：经提纯、浓度调整等处理，可以作为生产蓄电池的原料；经蒸馏以提高浓度，可用于铁丝厂作除锈用；供纺织厂中和含碱污水使用；利用废酸生产硫酸铜等化工产品，等等。

铅酸蓄电池多采用聚烯烃塑料制作隔板和壳体，属热塑性塑料，可以重复使用。完整的壳体经清洗后可继续回用；损坏的壳体经清洗和破碎后可重新加工成壳体，或加工成别的制品。

回收利用工艺过程中的底泥处理工序中，硫酸铅转化为碳酸铅。转化结束后，底泥通过酸性电解液从电解池中浸出。电解液中含铅离子和底泥中的锑得到富集。在底泥富集过程中，氧化铅和金属铅发生作用。

# 第四节　典型工程实例
## ——粉煤灰综合利用案例

粉煤灰的主要来源是以煤粉为燃料的火电厂和城市集中供热企业，其中 90% 以上为湿排灰，不但活性较干灰低，且费水费电，污染环境，也不利于综合利用。为了更好地保护环境并有利于粉煤灰的综合利用，考虑到除尘和干灰输送技术的成熟，干灰收集后综合处理已成为今后粉煤灰收集的发展趋势。本节介绍一个火力发电厂粉煤灰综合利用的案例，以便对粉煤灰的综合利用有更深入的了解。

## 一、项目概况

某电厂总装机容量 2 520MW，拥有发电机组 6 台，其中一、二期工程安装国产 300MW 机组 4 台，三期工程安装进口 660MW 机组 2 台，燃用煤种为山西贫煤，年发电量约 130 亿 kW·h。电厂一、二期工程两台机组采用干灰正压浓相气力集中除灰方式。由于粉煤灰年产生量巨大，该电厂经过多方考察和调查研究发现：干排粉煤灰经适当的分选加工，可生产出一种具有高附加值的建筑材料微珠。在粉煤灰湿排方式下，虽然可以提取出价值更高的粉煤灰产品漂珠，但是漂珠的产量极少，而干排除灰方式不仅可以节约大量的水资源，而且可以保持粉煤灰的活性，提高粉煤灰的可利用价值。该厂三期工程采用干排除灰方式，分选出的粉煤灰产品主要是微珠。另外，碱—集料反应易造成混凝土工程（尤其是水工工程、大桥工程等）的破坏，并且这种破坏在短期内不易被发觉，其危害程度更加严重。据有关资料表明：控制混凝土工程（尤其是重大砼结构工程）碱—集料反应最有效的措施是选用含碱量 <0.6% 的低碱水泥。某水泥厂通过对原燃材料的系统分析，利用电厂的粉煤灰代替黏土进行配料，并在水泥湿法回转窑上进行低碱水泥试生产，获得了成功并投入正常生产。现产品已投放市场并取得了较好的经济效益。

## 二、设计规模和物理性质

（一）处理规模

电厂三期机组年排灰约 94.2 万 t，灰场占地 197.23hm²。

（二）性质和化学成分

粉煤灰是火力发电厂煤炭燃烧过程中遗留下来的未充分燃烧的物质，主要包括从烟筒排出的飞灰、除尘器中排出的细灰和燃烧炉中排出的灰渣。粉煤灰排放目前大多是湿排，需耗用大量的水，堆放需占用大量的土地。据估算，当前我国每年排灰用水已超过10亿t；贮灰占地超过3万$hm^2$，粉煤灰排放量每年超过1.6亿t，历年累积堆放总量已超过10亿t。在火电厂周围，废弃的灰渣堆积如山，不但占用土地，而且造成严重的环境污染。如能将其加以利用，既节能节地，又能化害为利、变废为宝。因此灰渣综合利用受到各级政府部门的重视和支持。

研究表明：火电厂粉煤灰的化学成分以$SiO_2$和$Al_2O_3$为主，主要氧化物组成为$SiO_2$、$Al_2O_3$、$FeO$、$Fe_2O_3$、$CaO$、$TiO_2$、$MgO$、$K_2O$、$Na_2O$、$SO_3$、$MnO_2$等，此外还有$P_2O_5$等。其中$SiO_2$、$TiO_2$来自黏土和页岩，$Fe_2O_3$、$FeO$主要来自黄铁矿，$MgO$和$CaO$来自与其相应的碳酸盐和硫酸盐。

## 三、微珠生产工艺

### （一）简介及其生产机制

大型燃煤电厂制粉、燃烧条件优越，煤粉在高温温度场中燃烧时，煤粒热分解早期脱出挥发分，燃烧在煤颗粒的内部和外表面同时发生，煤粒成塑性状态，失去了原有的颗粒棱角，突熔后形成多孔状近似球形颗粒。粉煤颗粒完全燃烧后，煤粉中的大多数无机矿物质形成了玻璃体状的球形微粒。经除尘装置收集到的绝大多数为微小的玻璃形体，被称为微珠。由于其颗粒小，比表面积大，含未燃尽炭极少，因此，比一般粉煤灰用途要广。经X射线粉末衍射仪对微珠所进行的矿物定性定量分析显示：微珠主要由硅、铝、铁、钙等矿物质组成，其中还含有少量的镁、钛、钠、钾等化合物和微量其他元素。化合物主要是硅酸盐、氧化物和硫酸盐，以及少量的磷酸盐和碳酸盐。微珠具有熔点高（>1 500℃）、导热系数小［0.063~0.114W/（m·K）］的特性，微珠与水泥外观相似，但细度超过一般水泥，其活性比天然或人工火山灰强。在一定湿润条件下，表现出较强的黏聚力，常温下微珠的可溶性硅、铝氧化物与水泥水化过程中产生的氢氧化钙缓慢化合，形成稳定的不溶性硅酸钙。随着火山灰反应的发展，混凝土的强度逐渐提高，密实性增加，混凝土的耐久性提高。

由于微珠多是微小光滑的玻璃球，具有水硬胶凝性能，可以改善砼的和易性，减少单方用水量，增强砼的防渗性能，还可降低水泥的水化性。粉煤灰微珠中有大量玻璃体，且粉煤灰微珠具有颗粒小、质量轻、强度高、耐磨、耐高温的特点，符合地面涂料填料的性质要求。掺入工程聚烯类塑料中，可制成消声器材，有效地将噪声从95~100dB降到60dB甚至更低，而且微珠还可以用做隔热保温耐火涂料的原材料。

粉煤灰生成的质量与锅炉设计、负荷及燃烧条件有关。电厂三期工程钢炉的炉腔最高温度超过1 600℃，在这样的温度下，矿物杂质除少量石英外，几乎可以全部熔融。粉煤灰烧成温度越高，其中玻璃微珠的成珠率越高，含碳量低，质量好。影响硅酸盐灰粒熔融温度的主要因素有两个：一是粉煤灰颗粒的矿物组成，二是煤粉的颗粒粒径。矿物组成不同的各种硅酸盐玻璃灰粒的粒径大小与熔融温度的关系如表7-12所示。煤粉颗粒越粗，矿物组成越复杂；反之，煤粉颗粒越细，矿物组成越简单，越利于形成玻璃微珠。电厂三期工程锅炉容量大，炉膛温度高，煤粉细度好，产生微珠的条件极佳。

表 7-12 硅酸盐灰粒粒径与熔融温度的关系

| 硅酸盐灰粒粒径（μm） | 熔融温度（℃） | 硅酸盐灰粒粒径（μm） | 熔融温度（℃） |
|---|---|---|---|
| 100 | 1 500~1 550 | 10 | 1 280~1 380 |
| 45 | 1 400~1 480 | 1.0 以下 | 1 080~1 180 |

### （二）电厂粉煤灰品质分析

电厂分选的微珠中主要包括Ⅰ级灰和Ⅱ级灰两种产品，根据检测化验显示，这两种粉煤灰产品均符合 GB/T1596-91 的技术标准和要求。

### （三）电厂微珠生产工艺

由于电厂三期机组除灰系统为干排方式，仅需适当改造即可分离出粉煤灰中用途广、市场大的微珠产品。2002 年和 2003 年电厂分别投资 227 万元和 357 万元在三期干除灰系统中改造增加了粉煤灰分选设备，分选能力合计为 85t/h，年生产微珠 50 万 t。

电厂粉煤灰微珠分选采用低正压输送方式，整个分选及输送系统主要由空压机房、除尘器设备、输送管线、微珠库、输送配电室及集控室六部分组成。空压机房内装有 3 台（2 台运行，1 台备用）C-250-38/0.17 型回转滑片式空气压缩机作为气源输送风机。经除尘器收集到的粉煤灰被气力传送到旋风分离器，由于粉煤灰中不同等级微珠产品的颗粒密度不同，受力不同而终端沉降速度不同，在旋风分离器中受离心力及重力作用被分选成不同等级商品粉煤灰，再分别被收集进细灰库和粗灰库，为提高对细灰的收集效果，在分选系统的后部安装布袋除尘品对细灰进行二次收集，所收集到的细灰也通过管道进入细灰库。其生产工艺流程为原灰库→给料装置→系统主管道→分选机→收集器→布袋除尘器→细灰库。整个粉煤灰分选系统是闭路循环运行，既提高了商品粉煤灰的产量，又减少了环境污染。

### （四）环保及效益

通过利用电除尘和分选设备，该电厂采用微珠全封闭系统进行生产，避免了微珠生产过程中给环境造成污染；采用袋装或罐装包装方式，微珠的生产经营过程完全符合环保要求，避免给环境带来二次污染。

随着国家对高掺量粉煤灰建材产品的鼓励支持力度不断加大，高附加值商品粉煤灰市场空间越来越大。企业近两年以来生产情况表明：从粉煤灰中提取微珠对粉煤灰进行再利用，具有投资小、生产过程稳定、工艺技术易于掌握、指标好、效益高等优点，并且减轻了粉煤灰大量排放与堆积所造成的环境污染问题。2004 年，通过对粉煤灰进行分选加工，电厂年增创产值 600 万元，增加利润 150 余万元，同时节省粉煤灰处理费用 600 万元，有效缓解了环境保护压力，经济及社会效益显著。

## 四、水泥生产工艺

### (一) 原配料方案及水泥中的碱含量

#### 1. 原配料方案

该厂原湿法回转窑生产主要采用石灰石、砂岩、黏土、铁粉四组分配料。根据湿法生产的质量要求，该厂熟料三率值控制范围为：饱和比 (KH) = 0.92±0.02；硅酸率 (SM) = 2.20±0.10；铝酸率 (IM) = 1.30±0.10。其配料方案 (其中，煤灰掺入量=煤耗×灰分含量=0.32×25% = 8.0%) 及各原料化学组成质量分数见表 7-13。

**表 7-13 生产原料组成、原料配比和生熟料组成 (%)**

| 名 称 | 烧失量 | $w(SiO_2)$ | $w(Al_2O_3)$ | $w(Fe_2O_3)$ | $w(CaO)$ | $w(MgO)$ | $w(K_2O)$ | $w(Na_2O)$ | 原料配比 |
|---|---|---|---|---|---|---|---|---|---|
| 石灰石 | 40.21 | 3.43 | 0.59 | 0.28 | 51.30 | 2.40 | 0.12 | 0.04 | 85.00 |
| 砂岩 | 6.34 | 67.59 | 13.42 | 5.88 | 2.86 | 1.37 | 0.67 | 0.30 | 2.50 |
| 黏土 | 6.40 | 62.53 | 14.57 | 5.68 | 2.54 | 1.48 | 3.90 | 1.60 | 10.00 |
| 铁粉 | 8.74 | 19.83 | 0.29 | 61.02 | 3.81 | 2.57 | 0.87 | 0.41 | 2.50 |
| 生料 | 35.20 | 11.35 | 2.30 | 2.48 | 44.03 | 2.29 | 0.53 | 101.39 | 100.00 |
| 灼烧生料 | — | 17.52 | 3.55 | 3.83 | 67.95 | 3.53 | 0.82 | 0.32 | — |
| 煤灰 | — | 54.46 | 23.98 | 7.68 | 5.87 | 1.94 | 0.22 | 0.11 | — |
| 熟料 | — | 20.46 | 5.18 | 4.14 | 63.10 | 3.41 | 0.77 | 0.30 | — |

#### 2. 原水泥中碱量

该厂生产的 42.5 级普硅水泥，采用熟料、矿渣、石膏共同粉磨而成 (水泥配比见表 7-13)，其水泥中钾、钠含量见表 7-14。

**表 7-14 原水泥配比及其含碱量 (%)**

| 名 称 | $w(K_2O)$ | $w(Na_2O)$ | 配 比 |
|---|---|---|---|
| 熟料 | 0.77 | 0.30 | 85 |
| 矿渣 | 0.44 | 0.33 | 10 |
| 石膏 | 0.22 | 0.12 | 5 |
| 水泥 | 0.71 | 0.29 | — |

根据公式 $w(R_2O) = 0.658×w(K_2O) + w(Na_2O)$，计算得到原产水泥中的碱含量为 0.761%。省级水泥质检中心的多次检验结果是：该厂 42.5 级普硅水泥中的碱含量一般在 0.7%～0.8%，与计算值相符。因此原生产配比不能满足生产低碱水泥 [$w(R_2O)$ 小于 0.6%] 的要求。

### （二）低碱水泥配料方案的确定

分析表 7-13 可知，水泥中碱含量超标的主要原因是使用了部分高碱原料，其中由黏土带入水泥中的碱含量最高。因此，要满足生产低碱水泥的要分求，必须寻找一种低碱原料代替黏土进行配料。经过对多种原料检验分析得出，粉煤灰是较为理想的原料。

1. 粉煤灰与黏土的成分对比

粉煤灰由某热电厂提供，其化学成分如表 7-15 所示。与表 7-13 中黏土组成相比，粉煤灰中的氧化硅、氧化铝等成分与黏土接近，而碱含量只有黏土的 1/5，可有效地降低水泥中的碱含量。

2. 新配料方案

通过理论计算，利用粉煤灰代替黏土，同时适当调整其他原料配比，完全可以配制出符合设计要求的低碱水泥配料方案。调整后的原料配料方案为石灰石：砂岩：粉煤灰：铁粉 = 85.0：8.0：4.8：2.2，调整后的原料及其生熟料组成见表 7-15，计算熟料率值为 KH = 0.914，SM = 2.11，IM = 1.29，符合设计方案的要求。

**表 7-15　粉煤灰组成及其利用粉煤灰代黏土配料后的生熟料组成（%）**

| 名　称 | 烧失量 | $w(SiO_2)$ | $w(Al_2O_3)$ | $w(Fe_2O_3)$ | $w(CaO)$ | $w(MgO)$ | $w(K_2O)$ | $w(Na_2O)$ |
|---|---|---|---|---|---|---|---|---|
| 粉煤灰 | 3.45 | 53.17 | 23.09 | 10.85 | 4.60 | 1.26 | 0.85 | 0.28 |
| 生料 | 35.04 | 11.41 | 2.51 | 2.57 | 44.14 | 2.27 | 0.22 | 0.08 |
| 灼烧生料 | — | 17.56 | 3.86 | 3.95 | 67.95 | 3.49 | 0.34 | 0.12 |
| 熟料 | — | 20.50 | 5.48 | 4.25 | 63.10 | 3.37 | 0.33 | 0.11 |

注：煤灰、石灰石、铁粉的组成不变，同表 7-13。

3. 用粉煤灰配料生产水泥中的碱量

保持原水泥中熟料、矿渣、石膏的配比不变，同表 7-14。由于用粉煤灰生产熟料中 $w(K_2O)$ 仅为 0.33%，$w(Na_2O)$ 仅为 0.11%，计算得到，水泥中：$w(K_2O)$ = 0.336%，$w(Na_2O)$ = 0.133%，$w(R_2O)$ = 0.354%。

### （三）生产效果

该水泥厂从 2001 年 3 月下旬开始，在湿法回转窑上进行了用粉煤灰代替黏土配料，试生产低碱水泥，并将生产的低碱水泥样品送省水泥质检中心进行检验，实测水泥中 $w(R_2O)$ = 0.43%，完全符合低碱水泥 $w(R_2O)$ 小于 0.6% 的指标要求。同时粉煤灰与其他原材料共同粉磨，能起到很好的助磨作用，可提高磨机产量约 1t/h，单位生料粉磨电耗约降低 1.5kW·h/t；此外在湿法生产中，掺加粉煤灰能提高出磨料浆的流动度，降低入窑料浆水分约 2%，熟料烧成煤耗约减少 5kg/t，回转窑台产增加 2%~3%，具有较好的经济效益。

## 五、案例点评

粉煤灰是火力发电的必然产物，中国的能源消耗七成以上都来自煤炭，其中电力行业的耗煤量更是占到了一半以上。当有重金属和放射性物质随着粉煤灰扩散不仅到周边地区时，不仅严重破坏当地生态环境，对人类健康亦造成巨大威胁。案例中电厂对生产出来的粉煤灰自行综合利用，而且扩大了其他行业对粉煤灰的回收利用，减少了浪费和污染。

通过已有的粉煤灰综合处理的案例，我们可以得出结论：粉煤灰处理技术是一项综合性、边缘性的科学技术，其技术的可持续性、创新性发展依赖于周围学科的综合发展，若能合理利用，既能够用来化解粉煤灰所带来的环境问题，又能将粉煤灰作为一个新兴的资源以开发多种实用性的产品，在建筑领域、化学工业、农业、污水处理方面必将有光明的前景。

# 习题与思考题

1. 钢渣的基本性质是什么？钢渣的综合利用途径有哪些？

2. 高炉矿渣的综合利用方式有哪些？

3. 粉煤灰的利用途径有哪些？试探讨粉煤灰在环保工业上的应用前景。

4. 硫铁矿渣主要来自哪里？其综合利用途径有哪些？

5. 铬渣的危害有哪些？综合利用前为何要先进行解毒处理？

6. 铬渣的综合利用途径有哪些？

7. 碱渣的主要来源以及特点分别是什么？

8. 煤矸石的利用途径有哪些？请就煤矸石的深加工利用提出您的建议。

9. 冶金矿渣主要包括哪些废物？其综合利用途径有哪些？

10. 城市生活垃圾分选回收系统包括哪些方面？试探讨分类收集对垃圾产量的影响。

11. 废塑料的资源化利用途径有哪些？

12. 废旧橡胶的综合利用方式有哪些？

13. 简述各种废电池的回收利用技术，讨论对废电池应进行怎样的管理？

# 参考文献

宁平，2007. 固体废物处理与处置 [M]. 北京：高等教育出版社.

徐晓军，管锡君，羊依金，2007. 固体废物污染控制原理与资源化技术 [M]. 北京：冶金工业出版社.

杨春平，吕黎，2017. 工业固体废物处理与处置 [M]. 郑州：河南科学技术出版社.

赵由才，牛冬杰，柴晓利，等，2006. 固体废物处理与资源化 [M]. 北京：化学工业出版社.

# 第八章　危险废物的处理与管理

## 第一节　危险废物的固化/稳定化

### 一、概述

危险废物的固化/稳定化（solidification/stabilization）能够使危险废物中的污染组分呈现化学惰性或被包容起来，以便于运输、利用和处置。危险废物的固化过程是使用添加剂改变废物的工程特性（例如渗透性、强度和可压缩性），其可以看作一种特定的稳定化过程，也可以理解为稳定化的一部分。危险废物的稳定化过程是一种将污染物全部或部分地固定于支持介质、黏结剂上的方法，主要是通过选用某种适当的添加剂与危险废物混合，从而降低废物的毒性和减少废物中污染物到环境中的迁移率。危险废物的固化/稳定化虽然在概念上有所区别，但其目的都是为减小废物的毒性和迁移性，同时改善被处理对象的工程性质。

危险废物固化/稳定化的基本要求。

（1）危险废物经固化处理后所形成的固化物应具有良好的抗渗透性、抗浸出性、抗干湿性、抗冻融性以及具有足够的机械强度等。固化物最好能够作为资源加以利用，如作为路基材料和建筑材料等。

（2）固化过程中的材料和能量消耗要低，增容比（固化物体积与被固化危险废物体积之比）要低。

（3）固化工艺过程简单、便于操作，处理费用低，能有效措施减少污染物质的逸出。

（4）固化剂来源丰富，价廉易得。

固化/稳定化的基本要求大多是原则性的，实际操作过程中没有一种固化/稳定化方法和产品可以完全满足这些要求，但综合效果较优的，在实际中可以得到应用和发展。

固化/稳定化技术可以追溯到 20 世纪 50 年代放射性废物的固化处置。例如，美国在处理低水平放射性液体废物时，首先用蛭石等矿物进行吸附，或者用普通水泥固化后再填埋处置。在欧洲，放射性废物基本上是先用水泥固化，其次用惰性材料包封，最后进行海洋处置。20 世纪 70 年代后，随着危险废物污染问题日趋严重，固化/稳定作为危险废物最终处置的预处理技术在一些工业发达国家首先得到研究和应用。

传统的水泥固化技术在处理含水率较高的危险废物时，需要使用大量水泥，致使废物增容比较大，使后续运输与处理困难，也大大地提高了处置费用。另外，由于缺乏对危险废物固化过程的控制手段，出现了一些不可预见的情况。例如，废物中含有阻碍水泥正常凝固的成分时，常发生固化物强度低、有害物质浸出率高等问题。对此，人们进而开发了以脲甲醛和沥青等高分子有机物为基材的固化技术。此类固化技术的优点是与危险废物的相容性更高，增容比相对较小，而且固化体的质量也较轻。随着技术的发展，人们还发现通过向水泥中添加硅酸钠，可以使水泥固化产生更好的效果。另外，开始出现以有机聚合物为基材的塑料固化和利用水泥、粉煤灰、石灰及黏土混合处理废物的技术。实践证明，这些方法都可以达到一定的稳定化效果。例如，美国的一些企业利用石灰/粉煤灰处理钢铁酸蚀工艺产生的浓缩废液，石灰用来中和酸，然后加入粉煤灰、黏土或水泥使之形成易于贮运的固化物。当时并没有考虑危险成分的稳定化效果，处理的唯一目的只是改变废物的物理形态，并中和强酸以适用于填埋处置。后来，这一技术又用于处理炼油厂的含油污泥，也形成了具有良好物理特性的固化物。但是，对固化物中危险成分的稳定程度以及固化体对环境可能造成的潜在影响等问题都未予以检测和考虑。

20 世纪 80 年代以后，随着科技进步，固化/稳定化技术得到迅猛发展。目前，得到开发和广泛应用的固化/稳定化技术主要包括：水泥固化、石灰固化、塑料材料固化、熔融固化和自胶结固化等几种类型。

## 二、固化/稳定化的方法

### (一) 水泥固化

水泥固化是将废物和水泥混合后，经水化反应后形成坚硬的水泥固化物，从而降低废物中危险成分浸出，其基本原理在于通过水泥固化包容减少有害固化物的表面积和降低其可渗透性，达到稳定化、无害化的目的。水泥作为一种常用的危险废物稳定剂，其作为固化剂的品种很多，通常有普通硅酸盐水泥、矿渣硅酸盐水泥、火山灰质硅酸盐水泥和沸石水泥等。在水泥品种的选择上，可根据固化处理废物的种类、性质以及对固化剂性能要求来决定。

水泥固化过程中，由于废物组成的特殊性，常会遇到混合不均匀、过早或过迟凝固、操作难以控制、产品的浸出率高、固化物的强度较低等问题。为改善固化条件，提高固化体的性能，固化过程中需视废物的性质和对产品质量的要求掺入适量的添加剂。常用的添加剂有吸附剂（如活性氧化铝、黏土、蛭石等）、缓凝剂（如酒石酸、柠檬酸、硼酸盐等）、促凝剂（如水玻璃、铝酸钠、碳酸钠等）和减水剂（表面活性剂）等。

固化产物性能可根据最终处置或使用要求，调节废物—水泥—添加剂—水的配比来控制。对于最终进行填埋处置或装桶存放的废物固化体，其抗压强度的要求较低，一般控制在 980.7~4 903.3kPa；对于准备用作建筑基材使用的固化物，其抗压强度要求较高，一般控制在 10MPa 以上。固化体的浸出率要尽可能低，浸出液中污染物浓度起码要低于相应污染物的浸出毒性鉴别标准。

水泥固化是一种比较成熟的有害废物处置方法，它具有工艺设备简单、操作方便、材料来源广、价钱便宜、固化产物强度高等优点，因此被世界许多国家所采用，并广泛应用于处理各类重金属（镉、铬、铜、铅、镍和锌等）的危险废物。例如，用水泥固化方法处理电镀污泥：固化采用的是 425 号普通硅酸盐水泥，当水/水泥质量比为 0.47~0.88，水泥/废物质量比为 0.67~4.00 时，固化物抗压强度为 5.79~29.5MPa。铅的浸出浓度为 $1.7~16.3×10^{-3}$mg/L，镉的浸出浓度为 $0.09~0.45×10^{-3}$mg/L，铬的浸出浓度为 $7.45~17.10×10^{-3}$mg/L，远低于相应的浸出毒性鉴别标准。但其缺点是体积增加倍数较大，一般增容比达 1.5~2，且抗浸出性能不如沥青固化体好。

### （二）石灰固化

石灰固化是指以石灰、粉煤灰、水泥窑灰以及熔矿炉炉渣等具有波索来反应（Pozzolanic Reaction）的物质为固化基材而进行的危险废物固化/稳定化的操作。在适当的催化环境下进行波索来反应，将废物中的重金属成分吸附于所产生的胶体结晶中。但因波索来反应不同于水泥水合作用，石灰固化处理所能提供的结构强度不如水泥固化，因而较少单独使用。

石灰固化常用的技术是加入氢氧化钙的方法使废物得到稳定。石灰中的钙与废物的硅铝酸根会产生硅酸钙、铝酸钙的水化物或者硅铝酸钙。同时，与其他稳定化过程类似，与石灰同时向废物中加入少量添加剂，可以获得额外的稳定效果。使用石灰作为稳定剂具有提高 pH 值的作用。此种方法也基本上应用于处理重金属污泥等无机污染物。

石灰与凝硬性物料结合会产生能在化学及物理上将废物包裹起来的黏结性物质。天然材料和人造材料都可以用（例如火山灰、人造凝硬性物料、烧过的黏土、页岩和废油页岩、烧过的纱网、烧结过的砂浆和粉煤灰等）。化学固定法中最常用的凝硬性物料是粉煤灰和水泥窑灰，这两种物料本身就是废料，因此这种方法具有共同处置的明显优点。石灰—凝硬性物料反应机理的推测包括为：①凝硬性物料经历着与沸石类化合物相似的反应，即它们的碱离子成分相互交换；②凝硬性反应是由于像水泥的水合作用那样生成了被称为硅酸三钙的新的水合物。

### （三）塑料材料固化法

塑性材料固化法属于有机性固化/稳定化处理技术，因使用材料的性能不同划分为热固性塑料包容和热塑性材料包容两种方法。

（1）热固性塑料包容。热固性塑料是指在加热时会从液体变为固体并硬化的材料，且再加热和冷却时仍保持其固体状态。目前，用于废物处理的热固性材料主要包括脲甲醛、聚酯及聚丁二烯等，酚醛树脂和环氧树脂也在小范围内使用。热固性塑料包容主要用来处理放射性废物，应用于危险废物的处理时，其范围受到一定的限制，主要可以处理含有机氯、有机酸、油漆、氰化物和砷的废物，另外，脲甲醛也可用于处理电镀污泥、镍/镉电池废物。

（2）热塑性材料包容。热塑性材料是指在加热和冷却时能反复软化和硬化的有机塑料，常用的有沥青、石蜡和聚乙烯等。采用该技术时，需要对废物进行干燥或脱水等预处理，以提高废物的固化质量。然后与聚合物在较高温度下混合。热塑性包容技术可以用来处理电镀污泥及其他重金属废物、油漆、炼油厂污泥、焚烧飞灰、纤维滤渣和放射性废物等。

作为代表性的方法，此处对沥青固化技术做简单的介绍。

沥青固化以沥青为固化剂，与有害废物在一定的温度下均匀混合，产生皂化反应，使有害废物包容在沥青中形成固化体。用于有害废物固化的沥青有直馏沥青、氧化沥青、乳化沥青。

沥青固化的优点在于固化产物空隙小，致密度高，难于被水渗透，同水泥固化相比，有害物质的浸出率小 $2 \sim 3$ 个数量级，为 $10^{-6} \sim 10^{-4} g/ (cm \cdot d)$，且不论废物的性质和种类如何，均可得到性能稳定的固化体。此外，沥青固化处理后随即就能固化，不像水泥固化那样必须经过 $20 \sim 30 d$ 的养护。但是，由于沥青的导热性不好，加热蒸发的效率不高，若废物中含水率较大，蒸发时会有起泡现象和雾沫夹带现象，容易排出废气造成污染。再则，沥青具有可燃性，因此必须考虑到加热蒸发时如果沥青过热就会着火，在存放和运输时也要采取适当的防火对策。

（四）熔融固化技术

熔融固化技术也称为玻璃化技术，其是将待处理的危险废物与细小的玻璃质（如玻璃屑、玻璃粉）混合，造粒成型后，在 $1\,000 \sim 1\,100 ℃$ 高温熔融下形成玻璃固化体，借助玻璃体的致密结晶结构，确保固化体的永久稳定。该技术的一种改型方法是将石墨电极埋到废物之中，并在现场进行玻璃化。熔融固化技术能耗大、成本高，只有处理高剂量放射性废物或剧毒废物时，才考虑使用。

（五）自胶结固化技术

自胶结固化是利用废物自身的胶结特性来达到固化的目的。自胶结技术主要用来处理含有大量硫酸钙和亚硫酸钙的废物，例如磷石膏、烟道气脱硫污泥和烟道气洗涤污泥等。通常先将废物在控制的温度下进行煅烧，然后将其与特制的添加剂和填料混合成为稀浆，经凝结硬化形成自胶结固化体。其固化体含有抗透水性高、抗微生物降解和污染物浸出率低的特点。

# 第二节　医疗废物的处理

## 一、医疗废物的定义、种类及发生量

医疗废物的定义。医疗废物是指"医疗卫生机构在医疗、预防、保健以及其他相关活动中产生的具有直接或者间接感染性、毒性以及其他危害性的废物"。此外，"医疗卫生机构收治的传染病人或者疑似传染病人产生的生活垃圾，按照医疗废物进行管理和处置"。我国在《危险垃圾名录》中将医疗废物列为 1 号危险垃圾。医疗废物含有大量的病原微生物（如 SARs 病毒等）、寄生虫，还合有其他的有害物质，必须严格处理与管理，应该控制包装、存放和处理过程中可能发生传染性物质、有害化学物质的流散等，以确保居民健康和环境安全。

医疗废物一般分为两类，一般性废物和危险性废物。一般性废物主要产生于医疗机构的行政管理或后勤部门，维修医疗设备时所排放的废物也在此范围，一般性废物通常作为普通城市废物进行处理。而危险性废物指的是被列入《国家危险废物名录》中的"与医疗机构有关的医院临床废物、废药物、废药品、感光材料废物、废酸、废碱等"废弃物。通常我们所说的医疗废物指的是医疗机构产生的具有危险性的废物。根据我国印发的《医疗废物分类名录》，医疗废物的分类如表8-1所示。根据世界卫生组织（WHO）1999年对亚洲发展中国家医疗废物组成的统计报告，医疗废物中80%为一般性废物，15%为感染性和病理性废物，3%为药物性和化学制品性废物，1%为损伤性废物。

随着我国医疗事业的大力推进，医疗废物的产生量也持续性大幅增加。据统计：2013年我国医疗垃圾产量约为183.2万吨，到2016年国内医疗垃圾年产量为214.6万吨。我国对医疗废物的处置长期重视不够，集中处置设施建设严重滞后，大部分危险废物处于低水平综合利用、简单存放或直接排放状态。2016年全国医疗废物处置量为74.7万吨，我国医疗垃圾处置率从2008年的26.4%增长至2016年的34.8%，与发达国家相比，我国医疗垃圾处理率依旧偏低。根据环保部统计数据：我国持危险废物经营许可证的企业家数从2007年的1 107家增加到2015年的1 578家，业内在调研中了解到，这1 578家企业绝大部分是综合利用企业，无害化处置企业较少。此外，由于我国相当部分的医疗废物是结合工业危险废物一同处置，而现有的专门的医疗废物处置中心又基本都于2005年前建设并投产，且主要分布在各省份的主要城市。建设年代已久，扩建不及时等问题，也导致了目前各地的医疗废物处置规模基本不能满足我国医疗废物的产生量。

表8-1　危险性医疗废物的分类

| 类　别 | 特　征 | 常见组分或者废物名称 |
| --- | --- | --- |
| 感染性废物 | 携带病原微生物具有引发感染性疾病传播危险的医疗废物 | 1. 被病人血液、体液、排泄物污染的物品，包括：棉球、棉签、引流棉条、纱布及其他各种敷料；一次性使用卫生用品、一次性使用医疗用品及一次性医疗器械；废弃的被服；其他被病人血液、体液、排泄物污染的物品 |
| | | 2. 医疗机构收治的隔离传染病病人或者疑似传染病病人产生的生活垃圾 |
| | | 3. 病原体的培养基、标本和菌种、毒种保存液 |
| | | 4. 各种废弃的医学标本 |
| | | 5. 废弃的血液、血清 |
| | | 6. 使用后的一次性使用医疗用品及一次性医疗器械视为感染性废物 |
| 病理性废物 | 诊疗过程中产生的人体废弃物和医学实验动物尸体等 | 1. 手术及其他诊疗过程中产生的废弃的人体组织、器官等 |
| | | 2. 医学实验动物的组织、尸体 |
| | | 3. 病理切片后废弃的人体组织、病理蜡块等 |

（续表）

| 类　别 | 特　征 | 常见组分或者废物名称 |
|---|---|---|
| 损伤性废物 | 能够刺伤或者割伤人体的废弃的医用锐器 | 1. 医用针头、缝合针 |
| | | 2. 各类医用锐器，包括：解剖刀、手术刀、备皮刀、手术锯等 |
| | | 3. 载玻片、玻璃试管、玻璃安瓿等 |
| 药物性废物 | 过期、淘汰、变质或者被污染的废弃的药品 | 1. 废弃的一般性药品，如：抗生素、非处方类药品等 |
| | | 2. 废弃的细胞毒性药物和遗传毒性药物，包括：致癌性药物，如硫唑嘌呤、苯丁酸氮芥、萘氮芥、环孢霉素、环磷酰胺、苯丙氨酸氮芥、司莫司汀、三苯氧氨、硫替派等；可疑致癌性药物，如顺铂、丝裂霉素、阿霉素、苯巴比妥等；免疫抑制剂 |
| | | 3. 废弃的疫苗、血液制品等 |
| 化学性废物 | 具有毒性、腐蚀性、易燃易爆性的废弃的化学物品 | 1. 医学影像室、实验室废弃的化学试剂 |
| | | 2. 废弃的过氧乙酸、戊二醛等化学消毒剂 |
| | | 3. 废弃的汞血压计、汞温度计 |

## 二、医疗废物的收集与处理

鉴于医疗废物固有的、可能对人类健康和环境产生危害的一些特性（化学反应性、毒性、易燃性、腐蚀性及致病性）等，在其收集、运输、存放过程中必须实行不同于一般废物的特殊管理措施。

对医疗废物进行合理分类与收集是控制医疗废物危害最有效的措施。医疗废物的分类系统应在全国范围内强制实施，从而降低医疗废物可能产生的危害。医疗废物应实行源头分类，即产生部门应按照《医疗废物分类目录》对其进行分类，且在储存运输过程中应继续对废物进行分类。源头分类首先应该是对医疗机构产生的一般性的废物（75%~90%）和危险性的医疗废物（10%~25%）进行分类收集。因为危险性医疗废物安全处理与处置费用通常比普通废物高10倍多，因此所有无危险的废物，可采用与生活垃圾相同的处理方式，用黑色袋子收集。对于危险性医疗废物，其源头分类工作应更加细化，通过不同颜色或标识的包装袋或容器来收集不同种类的废物，如对于强传染性废物采用黄色的、具"高传染性"标识、坚固的防漏包装袋或能进行高压灭菌的容器，而对于锐器，则应该采用具"损伤性废物"标识、防穿透性金属或高密度塑料容器。典型的医疗废物收集容器如图8-1所示。在分类收集的具体操作过程中，还有很多细节问题需要注意，如注射器使用后，使用过的注射器应存放于黄色的有"损伤性废物"标识的容器中，而注射器的包装应与普通废物一起存放。大部分情况下，针头不应从注射器上取下，因为该操作存在伤害风险。医疗废物的有效分类收集首先要依赖于医务人员的积极主动配合，院方可把医疗废物分类工作作为一项业绩考核的指标，并由专门的人员对其进行监督，促进分类工作的顺利进行。

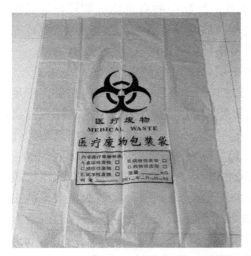 

**图 8-1 标有医疗废物警示标识和文字说明的医疗废物收集用塑料袋（左）和锐器盒（右）**

国家推行医疗废物的集中无害化处置，特殊情况下采用集中和分散处置相结合的医疗废物的处理要本着安全处置原则，降低二次污染，减小对生态环境的污染风险，确保安全化、稳定化、无害化处理。医疗废物处理技术主要包括焚烧技术、高压蒸汽灭菌技术、微波灭菌技术、化学消毒技术、等离子体技术。

焚烧法是目前应用最普遍的医疗废物处理方法。焚烧法不仅可以消灭有毒有害病毒病菌和分解有机毒物，消除废物的传染性及臭味，还可以最大限度地减少医疗废物的体积和数量，可以实现无害化和减量化，而且医疗废物较生活垃圾具有较高的热值，适宜于焚烧，因而该技术颇受青睐。医疗废物焚烧系统与一般生活垃圾焚烧系统有很多相似点，但二者的根本目的不同。医疗废物的焚烧处理目的首先是焚毁有毒有害物质，然后是废物的减量化和能量回收。医疗废物的焚烧系统针对医疗废物传染性和病毒性等特点，在进料系统、焚烧炉系统、烟气净化以及残渣处理系统上有以下特点：①由于医疗废物具有极强的传染性，进料系统采用自动投料，避免与人体的直接接触。②医疗废物的焚烧过程一般均必须在封闭的焚烧炉内进行。根据国外经验以及 WHO 的建议用于医疗废物焚烧的焚烧炉，一般要求具有两个燃烧室，控制一燃室的温度 ≥850℃，废物停留时间 ≥1h，控制二燃室的温度在 （1 050±50）℃，烟气停留时间 ≥2s。医疗废物在一燃室可基本实现消毒灭菌，并去除绝大部分有毒有害的污染物，同时也可能因不完全燃烧产生一些有毒有害气体，这些气体随焚烧烟气一同进入二燃室，在二燃室的高温下，进一步焚毁燃室新产生的有害气体和其他残存的污染物。③在尾气处理中，焚烧易产生二噁英等剧毒气体，对环境和人体造成巨大威胁，一套合格的焚烧系统必须配备有烟气净化系统，该系统包括急冷装置、活性炭喷射吸附装置及袋式除尘器。通过急冷装置使烟气在短时间内急速冷却至 250℃ 以下，跃过二噁英的形成阶段（250~450℃）。通过一个活性炭喷射吸附装置，使烟气和活性炭在管道中强烈混合，从而吸附气体中二噁英等有害污染物。经过上述处理，使烟气排放达到国家相关的排放标准。④医疗废物焚烧产生的飞灰属于危险废物，应送至危险废物安全填埋场进行处置。

　　焚烧处理后的医疗废物能够达到消毒杀菌彻底、废物中的有机物都被转化为无机物、减容减量等显著效果。此外，医疗废物焚烧相关的设计、制造、验收等标准规范齐全、技术成熟。因此焚烧法在各类处理法中是首推的可供选择的医疗废物处理方法。一些发达国家如日本、法国、英国、荷兰，都主要采用焚烧法处理医疗废物。

　　高压蒸汽灭菌法，也叫湿热法，是将医疗废物置于金属压力容器（高压釜，有足够的耐压强度），利用压力容器产生的过热蒸汽杀灭其中致病微生物的过程。蒸汽消毒是医院消毒可重复使用的医疗器械时的标准方法，而这种方法也适用于医疗废物的处理。具体做法是：在密封的高压容器中通入 130~190℃ 的蒸汽，使内部产生 100~500kPa 的压强，具体数值取决于设备的类型和尺寸以及废物的组成。废物在高压灭菌器中停留 30~90min，得到充分穿透，确保病原体被破坏。影响高压蒸汽灭菌效果的主要因素有高压灭菌器的温度和压力、进料废物的尺寸和组成、废物对蒸汽压的耐受力等。新一代的高压蒸汽灭菌技术中加入了浸渍和研磨，确保蒸汽更好地穿透废物，获得更好的处理效果。该技术适宜处理感染性强的医疗废物，不适宜处理病理性废物，如人体组织和动物尸体，也不宜处理药物性和化学性医疗废物。高压蒸汽灭菌技术在美国、加拿大、摩洛哥、埃及等国家以及欧洲有着比较广泛的应用。在一些发展中国家，一些小型的高压蒸汽设施也逐渐建立起来。

　　微波灭菌是通过一定频率和波长的微波作用，通过微波激发预先破碎且润面的废弃物以产生热量并释放出蒸汽，从而完成对医疗废物的灭菌。微波消毒具有节能、作用温度低、热损失慢、作用快速，消毒之后的废物无毒性、无残留物、损坏轻、环境污染小等待点。该技术适用于处理感染性废物、损伤性废物、病理性废物（人体器官和传染性的动物尸体院外），不适用于处理药物性废物、化学性废物。

　　我国于 2006 年出台的《医疗废物微波消毒集中处理工程技术规范》（试行）（HJ/T229-2005）要求，微波消毒处理系统一般包括：进料单元、破碎单元、微波消毒处理单元、卸料单元、自动化控制单元、废气/废水处理单元。其中进料单元、破碎单元的操作均在密闭及负压状态下进行。微波处理单元包括反应室、微波发射源、搅拌器、喷雾装置、出料装置等。出料单元设置自动输送装置直接卸入废物接受容器中，并对包装有专门要求，在此环节完成对废渣的污染控制。

　　微波处理技术是继焚烧之后经证实并取得广泛应用的医疗废物处理技术之一，近几年在美国、欧洲、澳大利亚等发达国家地区已经得到应用。

　　化学处理技术在消毒和灭菌方面有着较长的历史和较广泛的应用。化学消毒技术适用于处理感染性废物、损伤性废物和病理性废物（人体器官和传染性的动物尸体等除外），不适合处理药物性废物和化学性废物。我国于 2006 年颁布的《医疗废物化学消毒集中处理工程技术规范》（试行）（HJ/T228-2005）要求医疗废物化学消毒工艺需要包括进料单元、破碎单元、药剂供应单元、化学消毒处理单元、出料单元、自动控制单元和废气、废水处理单元。其中进料单元和破碎单元需要在密闭的负压环境中进行，且废物破碎后颗粒要小于5cm。化学消毒可以分为干式化学消毒法和湿式化学消毒法。经过破碎的医疗废物与化学消毒药剂（如石灰粉、次氯酸钠、次氯酸钙、二氧化氯等）混合均匀，并停留足够的时间，使得传染性病菌被杀灭或失活，最终达到规定的消毒效果。从化学法处理医疗废物的本质上来看消毒药剂与医疗废物的最大接触是保障处理效果的前提，通常使用旋转式破碎设备提高破碎程度，更好混合均匀，保证消毒药剂能够将其穿透。另一个关键的因素是必须采用高效的化学消毒剂，并确保选择的药剂的使用浓度、作用时间和作用条件（温度、湿度、pH值等）符合规定要求。

目前，化学消毒法处理医疗废物在发达国家占有一定的比例，但对我国来说还是一个崭新的话题，同高压蒸汽和微波消毒等非焚烧处理技术一样，其技术都是以引进为主，且管理经验不足。

等离子体裂解技术是通入电流使惰性气体（如氩）发生电离，形成电弧，产生6 000℃左右的高温，通过高温将医疗废物中的病原微生物杀死。等离子技术可以将废物变成玻璃状固体或炉渣，产物可直接进行填埋处置。等离子体裂解技术具有低渗出、高减容和高强度的特性。等离子体技术可处理任何形式的医疗废物，处理效率高，尾气排放少，二噁英和呋喃浓度很低。但该技术投资和运行费用比较高。

# 第三节　电子固体废物的处理

电子废弃物包括废弃的电子产品和电子产品生产过程中产生的废物。电子废物俗称电子垃圾（E-waste）。联合国环境规划署（uNEP）对电子废物的定义为：电子废物是指各种老化了的，已经终止使用并且对所有者来说已不具备使用价值的电子和电器产品或设备。一般来讲，电子废物是指被遗弃的电子产品以及其中的电子配件、组件或消耗品。随着科技的发展，电脑、手机、电视等设备日益普及，且其更新换代的速度也日益加快。人们在充分享受高科技带来的方便之余，也随之产生了大量的电子垃圾。

电子垃圾中富含金、银、镍等贵金属，还含有铁、铝、铜、塑料等其他可再利用的资源物质；但是，电子垃圾中的某些有害物质如铅、汞、铬、铬、溴化阻燃剂等，在处理不当的情况下会严重污染土壤、河流、地下水、大气，危及人体健康。所以，电子废物的循环再利用无论是从经济效益还是从环境效益的角度来看，都具有非常重要的意义。

电子废物主要来源于人们日常生活和办公过程中产生的已经损坏或者被淘汰的坏旧电子电器设备，和工业制造和工业生产过程中产生的电子电器废品。具体来说有以下四个主要来源：日常生活（包括电视机、洗衣机、冰箱、空调、固定电话、手机、电脑、音响设备、微波炉、烤箱、电子玩具等）、办公（包括电脑、打印机、复印机、扫描仪、传真机、电话等，其中废旧电脑所占比例最高）、工业制造（包括集成电路生产过程中的废品、报废的电子仪等自动控制设备等）、工业生产（包括医疗电器设备、电子测量和监控仪器及电子计算机应用产品等）。电子废物具有数量大、增长速度快、成分复杂、含有危险性物质和处理困难等特点。

目前我国废旧电子电器产品的流向主要有三个。

一是通过走街串巷的小商贩上门回收或者通过生产厂家、销售商"以旧换新"等方式回收后，流入旧货市场，销售给低端消费者。

二是拆解、处理，提取贵金属等原材料。目前的环境污染问题主要集中在第二个流向中，即由于一些地方存在为数众多的拆解处理废弃电子电器产品的个体手工作坊。它们为追求短期效益，采用露天焚烧、强酸浸泡等原始落后方式提取贵金属。随意排放废气、废液、废渣，对大气、土壤和水体造成了严重污染，并对人类健康造成危害。

三是交给电子产品生产企业设立的电子废物回收处理系统或交给第三方设立的正规的电子垃圾回收处理机构进行规范化的回收处理。例如，由中国移动通信联合摩托罗拉、诺基亚、波导、LG、联想、NEC、松下、夏新在全国中国移动营业厅与 8 家企业的销售、服务中心开展的"绿箱子环保计划"，专门用于回收废弃手机和配件，再由主办方委托有环保资质的专业电子垃圾回收处理企业进行无害处理。

电子废弃物的回收处理工艺最主要的是机械处理，机械处理不需要产品干燥和重金属污泥的处置等问题，而且还可以在设计阶段将可回收利用的性能融入产品中，因而具有一定的优越性。除机械处理外、火法冶金，湿法冶金、微波回收法等工艺也在电子废物的处理过程中有所应用。

20 世纪 70 年代末美国矿产局（USBM）通过锤磨、磁选、气流分选、电分选和涡流分选等冶金加工技术有关物理方法处理军用电子废物，实现了初步的回收处理。20 世纪 90 年代后，机械处理方法不仅在美国和欧洲得以实施，在日本、新加坡、中国都已经开始研究，并进入了工业规模的应用阶段。机械处理的工艺单元主要包括拆卸、破碎和分选。

（1）拆卸是按照一定步骤，从电子废物中拆除某些部件或者分解为它的各个部分。其重要性体现在：对高价值、高品位零部件的再利用，如印刷线路板、电缆等；对有价值组分的材料再利用，如冰箱的金属外壳等；对有害部件的分离；简化后续处理工艺，降低处理成本。

（2）电子废物的破碎程度不仅影响到破碎系统的能耗，也会影响后续的分选效果。常用的设备主要包括锤碎机、锤磨机、切碎机和旋转破碎机等。对于拆除元件后的废印刷线路板，采用具有剪、切作用的常温破碎设备可达到较好的离解效果。除常温破碎之外，利用液氮的低温脆化破碎工艺应用也很广泛。低温破碎工艺可以提高回收金属的纯度，但液氮冷却操作费用较高，其经济性取决于回收效率的高低。研究发现，废印刷线路板的破碎过程会产生大量富含玻璃纤维和树脂的粉尘，此外，溴阻燃成分主要集中在 0.6nm 以下的颗粒中。因此，破碎过程必须注意除尘和通风。

（3）分选阶段主要利用电子废物中各种材料的磁、电特性、密度以及外观视觉颜色的差异进行分选。①电选和磁选技术：电子废物破碎后，可利用传统的磁选机将铁磁性物质分离出来。除传统磁选机之外，涡流分选机（也叫涡电流分选机）现已广泛应用于从破碎的电子废弃物中回收非铁金属。涡流分选机是利用涡流电力分离金属和非金属的方法，特别适用于轻金属与密度相近的塑料（如铝镁与塑料）之间的分离，但此法对进料的形状、表面平整性、粒径有较高的要求。静电分选也常用于分离非铁金属和塑料，研究表明当进料粒径均匀时可达到较好的分选效果。②密度分离技术。风力分选机及旋风分离器可分选塑料和金属，还可进一步分选铜和铝，但该工艺的稳定性受进料影响较大。此外，用于选矿的风力摇床（重力分选机）已成功地应用于电子废物的商业化回收。颗粒在气流作用下分层，下层的重质颗粒受板的摩擦和振动而向上移动，上层的轻质颗粒则由于板的倾斜度而向下飘移，从而完成金属和塑料的分离。该工艺同样也对进料粒径有所要求，进料粒径和形状相差太大，则不能实现有效分层。因此，电子废物破碎后必须采用窄级别物料筛分后才能采用该分选工艺。③视觉差异分选技术。近年来随着半导体成像识别和自动化机械控制技术的长足进步，自动视觉差异分选技术在日本等国的电子废物商业回收中得到了成功的应用。

火法冶金回收法是通过焚烧、等离子电弧炉或高炉熔炼、烧结或熔融等火法处理手段去除电子废物中塑料及其他有机成分而使金属得到富集并进一步回收利用的方法。该方法主要包括焚烧、热解两种类型。火法冶金回收可以处理所有形式的电子废弃物，回收的主要金属包括金、银、锅等贵金属以及铜等贱金属，且这些金属的回收效率较高。但火法冶金易造成有毒气体的逸出，此外电子废弃物中的陶瓷及玻璃成分使炉渣量增加、易造成某些金属损失于其中而无法回收，并伴随大量的非金属成分损失。

湿法冶金回收法利用电子废物中的绝大多数金属（包括贵金属和贱金属）能在硝酸、硫酸、王水等介质中溶解而进入液相的特点、使绝大部分贵金属和其他金后进入液相而与电子废物中的非金属物料分离，然后从液相中回收贵金属和其他贱金属。该方法主要是通过电解来回收印刷线路板中的金属。与火法回收技术相比，湿法回收技术的优点是：废气排放少、回收得到的产品是单一的金属，经济效益显著。但湿法回收技术的化学试剂消耗量大，工艺复杂，产生的废水、污泥量大。

微波法是将印刷线路板粉碎后放入坩埚中用微波加热，使其中的有机物分解挥发。再加热到 1 400℃左右使余下的废料熔化形成玻璃状物质。将玻璃状物质冷却，其中的金、银及其他金属便以小金属珠的形态分离出来，剩余的玻璃质物质可以回收用作建筑材料。

开展清洁生产是当今世界工业与环境协调发展的产业政策，清洁生产也是环境管理由末端治理转向源头控制的新的环境管理策略。电子工业行业应率先开展清洁生产，从源头控制电子废物的产生和污染。电子行业的清洁生产主要是通过替代或减少有害物质的使用量、或使用便于回收利用的材料等途径，降低电子废物的环境污染，促进资源的循环再利用。世界各国包括中国的电子废物管理法律法规大都体现了清洁生产的原则。我国虽已于 2003 年颁布实施了《中华人民共和国清洁生产促进法》，但是我国电子行业的清洁生产尚属起步阶段。据报道，中国移动公司开展的 SIM 卡绿色消费体系，创新性开展了用料更少，更环保的新型 SIM 卡小卡化工程。据测算，卡体原材料可节能 50%并实现零排放、卡体印刷颜料可节约 70%以上、外包装节能达 45%、物流仓储环节可节能 50%以上。

总体来说，必须对电子产品实行"生命全过程管理"，即从源头上对电子电器产品实行清洁生产到末端对电子废物进行有效回收再利用，才能真正解决电子废物产生的污染，实现电子工业的持续发展。

# 习题与思考题

1. 危险废物固化/稳定化的基本要求及方法？

2. 危险医疗废物分类及特征？

3. 医疗废物处理技术主要包括哪些？

4. 我国电子垃圾的来源及主要流向？

5. 简要分析电子废弃物的回收处理工艺及其优缺点？

# 参考文献

蒋学先，2009. 浅论我国危险废物处理处置技术现状［J］. 金属材料与冶金工程，37（4）：57-60.

唐雪娇，沈伯雄，2018. 固体废物处理与处置（第二版）［M］. 北京：化学工业出版社.

魏金秀，汪永辉，李登新，2005. 国内外电子废弃物现状及其资源化技术［J］. 东华大学学报：自然科学版（3）：133-138.

赵由才，牛冬杰，柴晓利，2019. 固体废物处理与资源化利用（第三版）.［M］. 北京：化学工业出版社.

下篇　实验部分

# 实验一　固体废物样品中的水分含量分析

## 一、实验目的

掌握含水率的计算方法。

## 二、实验原理

固体废弃物样品在（105±2）℃烘至恒重时的失重，即为样品所含水分的质量。

## 三、仪器、设备

分析天平（万分之一）；小型电热恒温烘箱；干燥器（内盛变色硅胶或无水氯化钙）。

## 四、实验步骤

将样品破碎至粒径小于15mm的细块，分别充分混合，用四分法缩分三次。确实难全部破碎的可预先剔除，在其余部分破碎缩分后，按缩分比例，将剔除成分部分破碎加入样品中。

将试样置于干燥的搪瓷盘内，放于干燥箱，在（105±5）℃的条件下烘4~8h，取出放到干燥器中冷却0.5h后称重，重复烘1~2h，冷却0.5h后再称重，直至恒重，使两次称量之差不超过试样量的千分之四。

## 五、结果表达

$$水分（干基）\% = \frac{(m_1 - m_2) \times 100}{m_2 - m_0}$$

式中：$m_0$——烘干空铝盒的质量，g；

$m_1$——烘干前铝盒及土样质量，g；

$m_2$——烘干后铝盒及土样质量，g。

# 实验二　挥发性有机物含量的测定

## 一、实验目的

掌握挥发性有机物含量的测定原理；掌握马弗炉的使用原理。

## 二、实验原理

固体废物中的有机质可视为 600℃ 高温灼烧失重。

## 三、仪器

马弗炉；30mL 瓷坩埚；分析天平（万分之一天平）。

## 四、操作步骤

取 2.0g 左右烘干样品（精确至 0.000 1g），置于已恒重的瓷坩埚中（坩埚空烧 2h）。将坩埚放入马弗炉中升温至 600℃，恒温 6~8h 后取出坩埚移入干燥器中，冷却后称重，再将坩埚重新放入马弗炉中同样温度下灼烧 10min，同样冷却称重，直到恒重。

## 五、结果表达

$$有机质的含量\ C\ (\%) = \frac{(m_1 - m_2) \times 100}{m_{样}}$$

式中：$m_1$——坩埚和烘干样品的质量，g；

　　　$m_2$——灼烧后坩埚和样品的质量，g；

　　　$m_{样}$——称样量，g。

# 实验三　固体废物样品的热值分析

## 一、实验目的

1. 掌握氧弹量热计的使用；用氧弹量热计测定固体废物的燃烧热；
2. 掌握精密贝克曼温差温度计的使用；
3. 掌握氧气钢瓶的使用。

## 二、实验原理

称取一定量的试样置于氧弹内，并在氧弹内充入 1.5~2.0MPa 的氧气，然后通电点火燃烧。燃烧时放出的热量传给水和量热器，由水温的升高 （$\triangle T$) 即可求出试样燃烧放出的热量：

$$Q=K \cdot \triangle T$$

式中：$K$ 为整个量热体系（水和量热器）温度升高 1℃ 所需的热量。称为量热计的水当量。其值由已知燃烧热的苯甲酸（标样）确定。

$$K=Q/\triangle T$$

式中：$\triangle T$ 应为体系完全绝热时的温升值，因而实测的 $\triangle T$ 须进行校正。

## 三、仪器与试剂

1. 试剂

分析纯苯甲酸（$Q_v = 26\ 480J \cdot g^{-1}$）；固体废弃物样品；引火丝（本实验采用铁丝，$Q=6\ 700J \cdot g^{-1}$）。

2. 仪器

HR-15A 数显型氧弹量热计一台；压片机（苯甲酸和样品各用一台）；精密贝克曼温差温度计（精确至 0.01℃，记录数据时应记录至 0.002℃）；台秤一台；分析天平一台。

## 四、实验步骤

1. 水当量的测定

（1）量取 10cm 引火丝，在分析天平上称重（约 0.010g）；

（2）压片——在台秤上称取苯甲酸 1~1.2g ；用压片机压片，同时将燃烧丝压入。注意压片前后应将压片机擦干净，苯甲酸和样品不能混用一台压片机。

（3）称重——将片样表面刷净，然后在分析天平上准确称重至 0.000 2g，减去引火丝重量后即得试样重量。

（4）系燃烧丝——拧开氧弹盖，将盖放在专用架上。将坩埚放在坩埚架上，然后将试样置入其中，并将引火丝的两端紧在两个电极上，用万用表检查两电极是否通路。

（5）充氧——取少量（约 2mL）水放入氧弹中（吸收空气中的 $N_2$ 燃烧而成的 $HNO_3$）；盖好并拧紧弹盖，接上充气导管，慢慢旋紧减压阀螺杆，缓缓进气至出口表上指针指在 1.5~2.0MPa，充气约 1min 后，取下充气管，关好钢瓶阀门。

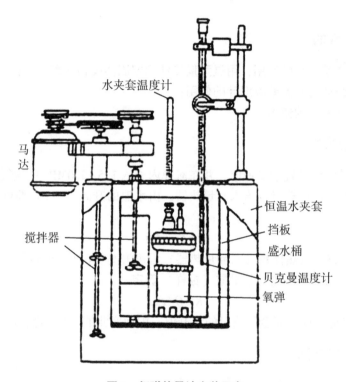

**图1　氧弹热量计安装示意**

（6）用容量瓶取 3000ml 水倒入量热容器中，并将氧弹放入，检查是否漏气。

（7）将点火电极套在氧弹上。

（8）将贝克曼温度计置入量热器中。

（9）接通电源，开动搅拌器，5min 后，开始记录时间 $t$-温度 $T$ 数据。（即使量热计与周围介质间建立起稳定的热交换后开始记录数据）整个实验过程中，数据记录分前期、中期和末期三个阶段：前期是试样燃烧以前的阶段。每隔 1min 读取温度一次，共六次。目的是观察在实验开始温度下，量热体系与环境的热交换情况。主期是试样燃烧，并把热量传给量热计的阶段。在前期最后一次读取温度的同时。按点火开关点火，并每 0.5min 读取温度一次，直至温度持平或开始下降。末期是温度持平或下降后的 5min，每 0.5min 读取温度一次，目的是为了观察在末期温度下，量热体系与环境的热交换情况。

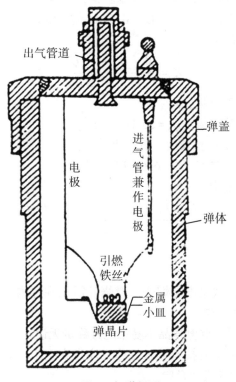

**图2 氧弹剖面**

（10）测温停止后，关闭搅拌器，先取下温度计放好；再取出氧弹擦干，套上放气罩释放余气，拧开弹盖，检查燃烧是否完全，（若弹中有炭黑或未燃尽的试样，表明实验失败。）若燃烧完全，则取下剩余的引火丝量取长度，求出实验消耗掉的长度。最后，将量热容器中的水倒出，用毛巾擦干全部设备，以待下次使用。

2. 样品的燃烧热的测定

将样品用四分法缩分后粉碎至粒径小于0.5mm的微粒，并在（105±5）℃的条件下烘干至恒重。

操作步骤与 $K$ 值测定完全相同。

## 五、数据处理

1. 温度校正值△$T$ 校正的确定

氧弹式量热计不是严密的绝热系统，在测量过程中，系统与环境难免发生热交换，因此，从温度计上读得的温度差不是真实的温度差，可用下式进行校正：

$$\triangle T_{校正} = m \cdot \frac{V_1 + V_2}{2} + r \cdot V_2$$

式中：$V_1$——前期温度平均变化率；

$V_2$——末期温度平均变化率；

$m$——主期升温速率> 0.3 ℃ / 0.5min 的间隔数。

（点火后第一间隔不管升温多少，都包括在 $m$ 内）

$r$——主期升温速率< 0.3 ℃／0.5min 的间隔数。

2. 仪器水当量 $K$ 的确定

$$K = \frac{W \cdot Q_1 + l \cdot Q_2}{T_2 - T_1 + \triangle T_{校正}}$$

式中：$W$ —— 苯甲酸重量，g；

$Q_1$ —— 苯甲酸热值（$Q_v$ = 26 480J · g$^{-1}$）；

$l$ —— 烧掉的引火丝长度，折算成质量，g；

$Q_2$ —— 引火丝热值（$Q$ = 6.694kJ · g$^{-1}$）。

3. 样品燃烧热 $Q$ 的确定

$$Q = \frac{K \cdot (T_2 - T_1 + \triangle T_{校正}) - l \cdot Q_2}{W_{禁}}$$

## 六、注意事项

1. 压片的紧实适中，太紧不易燃烧。燃烧丝需压在片内，如浮在片子面上会引起样品熔化而脱落，不发生燃烧。

2. 保证待测样品干燥，受潮样品不易燃烧且称量无误。

3. 使用氧气钢瓶，一定要按照要求操作，注意安全。往氧弹内充入氧气时，一定不能超过指定的压力，以免发生危险。

4. 燃烧丝与两电极及样品片一定要接触良好，而且不能有短路。

5. 测定仪器热容与测定样品的条件应该一致。

6. 氧气遇油脂会爆炸。因此氧气减压器、氧弹以及氧气通过的各个部件，各连接部分不允许有油污，更不能使用润滑油。

# 实验四　固体废物样品中的氮含量分析

## 一、实验目的

掌握测氮的原理；熟悉凯氏定氮仪的使用。

## 二、实验原理

试样在催化剂（即硫酸钾、五水合硫酸铜与硒粉的混合物）的参与下，用浓硫酸消煮时，各种含氮有机化合物经过复杂的高温分解反应，转化为铵态氮。碱化蒸馏出来的氨用硼酸吸收后，以酸标准溶液滴定，可计算出固体废物全氮含量（不包括全部硝态氮）。

## 三、试剂

浓硫酸，$\rho = 1.84 g/mL$；浓盐酸，$\rho = 1.19 g/mL$；无水碳酸钠（$Na_2CO_3$）基准试剂，使用前须经 180℃ 干燥 2h；2% 硼酸吸收液（$m/V$）；35% 氢氧化钠溶液（$m/V$）；0.02mol/L 盐酸标准溶液（使用前须标定）。

甲基红—溴甲酚绿指示剂：分别称取 0.3g 溴甲酚绿和 0.2g 甲基红（精确至 0.01g）于研钵中，加入少量 95% 乙醇研磨至指示剂全部溶解，用 95% 乙醇稀释至 100mL，可保存一个月。

催化剂：分别称取 100g 硫酸钾、10g 五水合硫酸铜（$CuSO_4 \cdot 5H_2O$）和 1g 硒粉于研钵中研细并充分混合均匀，存放于磨口瓶中。

## 四、主要仪器

分析天平（万分之一天平）；可调电炉；KDY-9820 型凯式定氮仪（北京市通润源机电技术有限责任公司）。

## 五、操作步骤

1. 试样的消解

称取约 0.5g 试样（精确至 0.000 1g）于三角瓶中，加入少量的蒸馏水湿润样品，加 2g 催化剂和 8.0mL 浓硫酸，摇匀，瓶口盖一小漏斗，置调温电炉上低温加热，待瓶内反应缓和时（约 30min），适当调高温度，使溶液保持微沸，温度不宜过高，以硫酸蒸气在瓶颈上部 1/3 处冷凝回流为宜，待消解液全部变为灰白稍带绿色后，再继续消解

1h，停止加热使其冷却。将上述冷却后的消解液全部转移到 50mL 容量瓶中，并用少量蒸馏水洗涤 2~3 次一并转移至 50mL 容量瓶中，定容、摇匀，静置得到上清液。

2. 氨的蒸馏

从 50mL 中吸取 10.00mL 消解液于消煮管中上凯式定氮仪，加硼酸 5mL 和氢氧化钠 10mL，蒸馏 4min，取下用标准盐酸滴定。

## 六、分析结果表达

全氮浓度 c（%）＝（$V-V_0$）× $C_0$×14.01×5×100 /（1 000×$m$）

式中：$V$——滴定试样所用盐酸标准溶液体积，mL；

$V_0$——滴定空白时所用盐酸标准溶液的体积，mL；

$C_0$——盐酸标准溶液的浓度，mol/L；

5——分取倍数；

$m$——试样质量，g；

14.01——氮原子的摩尔质量，g/mol。

## 七、备注

盐酸标准溶液的标定：称取适量的 270~300℃灼烧至质量恒定的基准无水碳酸钠，精确至 0.000 1g。溶于 50mL 水中，加 10 滴溴甲酚绿—甲基红混合指示液，用配制好的盐酸溶液滴定至溶液由绿色变为暗红色，再煮沸 2min，冷却后，继续滴定至溶液再呈暗红色，记录所用盐酸溶液的体积。

$$C(\text{HCl，mol/L}) = \frac{m(\text{Na}_2\text{CO}_3)}{M\left(\frac{1}{2}\text{Na}_2\text{CO}_3\right) \cdot V(\text{HCl})}$$

式中：$m$（Na$_2$CO$_3$）——称取无水碳酸钠的质量，g；

$M$（1/2 Na$_2$CO$_3$）——基本单元 1/2 Na$_2$CO$_3$ 的摩尔质量，g/mol；

$V$（HCl）——滴定消耗的 HCl 标准溶液的体积，mL；

$C$（HCl）——所求盐酸标准溶液的浓度，mol/L。

# 实验五　固体废物样品中的磷含量分析

## 一、实验目的

掌握测磷的原理；熟悉分光光度计的使用。

## 二、实验原理

垃圾样品经硫酸—高氯酸消煮，其中难溶盐和含磷有机物分解形成正磷酸盐进入溶液。在酸性条件下，磷与钼酸铵反应生成黄色的三元杂多酸，于420nm波长处进行比色测定。

## 三、试剂

浓硫酸（$H_2SO_4$，$\rho = 1.84g/mL$，分析纯）；高氯酸（$HClO_4$，$\rho = 1.68g/mL$，分析纯）；10%（$m/V$）无水碳酸钠（$Na_2CO_3$）溶液；2，6—二硝基酚（$C_6H_4N_2O_5$）指示剂：称取0.2g 2，6—二硝基酚溶于100mL水中。

偏钒钼酸铵溶液：

钼酸铵［（$NH_4$）$_6MO_7O_{24}\cdot 4H_2O$］溶液：将25g钼酸铵溶于400mL水中。

偏钒酸铵（$NH_4VO_3$）溶液：将1.25g偏钒酸铵溶于300mL沸水中，冷却后，加入50mL浓硝酸，冷却至室温。将钼酸铵溶液慢慢加入偏钒酸铵溶液中稀释至1 000mL，若有沉淀应过滤。

磷标准储备液：准确称取经105~110℃烘干1h在干燥器中冷却至室温的磷酸二氢钾（$KH_2PO_4$）2.1970g，溶于水中，定容至500mL。此标准溶液磷浓度为1mg/mL。本溶液在玻璃瓶中可存放6个月。

磷标准使用液：吸取磷标准储备液10mL于500mL容量瓶中定容，此溶液磷含量20ug/mL。

## 四、仪器

754可见紫外分光光度计；分析天平；可调温电炉。

## 五、操作步骤

1. 标准曲线绘制

分别吸取磷标准使用液（20mg/L）0.00、1.00、2.00、4.00、5.00、6.00、

8.00mL 加入 7 个 50mL 容量瓶中，滴加 2，6 一二硝基酚指示剂 2 滴，用 10%无水碳酸钠溶液调至黄色，再加入 10mL 偏钒钼酸铵混合溶液后定容。即得 0.00、0.40、0.80、1.60、2.00、2.40、3.20kg/mL 磷标准系列溶液，放置 30min，在波长 420nm 处进行比色，读取吸光值，绘制标准曲线。

2. 试样消解

称取约 0.5g 的试样于锥形瓶中，精确至 0.000 1g。用水润湿样品，加入 3.0mL 浓硫酸，滴加 20 滴高氯酸，瓶口盖一小漏斗，将锥形瓶置于电炉上加热消煮，开始温度不宜过高，炉丝微红，勿使硫酸冒白烟，消化 5~8min。如样品呈灰白色，继续消煮，使硫酸发烟回流，全部消煮时间 40~60min。取下锥形瓶冷却至室温，将瓶内消煮液全部转移到 100mL 容量瓶中，加水至刻度，摇匀，静置得到上清液测定。

3. 测定

吸取 10mL 上清液于 50mL 容量瓶中，用水稀释至总体积约 3/5 处。滴加 2，6 一二硝基酚指示剂 2 滴，用 10 %无水碳酸钠溶液调至黄色，以下操作同标准曲线。室温下放置 30min，在波长 420nm 处，进行比色，以空白试样为参比液调节仪器零点，进行比色测定，读取吸光值，从校准曲线上查得相应的含磷量。

## 六、分析结果的表述

$$垃圾中全磷\% = m \times V_1 \times V_3 \times 100 / (m_1 \times V_2 \times 10^6)$$

式中：$m$——从标准曲线上查得待测液中磷的浓度，mg/L；

　　　$m_1$——称样量，g；

　　　$V_1$——消解液定容体积，mL；

　　　$V_2$——消解液吸取量，mL；

　　　$V_3$——待测液定容体积，mL。

# 实验六　固体废物样品中的钾含量分析

## 一、实验目的

掌握测钾的原理；熟悉火焰光度计的使用。

## 二、实验原理

垃圾中的有机物和各种矿物，在高温（720℃）及熔融氢氧化钠溶剂的作用下被氧化和分解。用酸溶解灼烧产物，使钾转化为钾离子，经适当稀释，可直接用火焰光度计测定。

## 三、试剂

本标准所用试剂除另有说明外，均为分析纯。

无水乙醇（$CH_3CH_2OH$）；氢氧化钠（$NaOH$）；盐酸（$HCl$），$1+1$（$V/V$）；0.2mol／L 硫酸（$H_2SO_4$）溶液；硫酸（$H_2SO_4$）溶液，$1+3$（$V/V$）。

钾标准储备液：称取在 110℃烘 2h 的氯化钾（$KCl$）0.1907g，用水溶解后定容至 1 L，摇匀储存于塑料瓶中，此溶液 1L 含钾为 100mg。

## 四、仪器

30mL 镍坩埚；马弗炉；火焰光度计（6400A 型，上海第三分析仪器厂）。

## 五、操作步骤

1. 标准曲线的绘制

取 6 只 50mL 容量瓶，分别加入钾标准储备溶液 0mL、0.50mL、1.00mL、2.00mL、4.00mL、8.00mL，再加入 5mL1mol/L 氢氧化钠和（1+3）硫酸 0.5mL，用水定容至 50mL。此系列溶液浓度分别为 0mg/L、1.00mg/L、2.00mg/L、4.00mg/L、8.00mg/L、16.00mg/L。用钾浓度为 0 的溶液调节仪器零点，并按照仪器操作程序进行测定，绘制标准曲线。

2. 待测液制备

称取约 0.25g 的试样（精确至 0.000 1g）于镍坩埚底部，加少量的无水乙醇使样品湿润后加 2g 固体氢氧化钠，平铺于样品表面，将坩埚置于马弗炉中，开始加热升温，当炉温升 400℃时，关闭电源 15min。以防坩埚内容物溢出，再继续升温至 720℃，保持

15min，关闭电炉。待炉温至 400℃以下后，取出坩埚使其冷却，加入 10mL 水，并加热至 80℃左右，用小玻璃棒轻轻搅拌，防止液体外溅，再煮沸 5min，冷却后转入 50mL 容量瓶中，用少量 0.2mol/L 硫酸溶液清洗坩埚数次，洗液一并倒入容量瓶内，使总体积约 40mL，再加（1+1）盐酸 5 滴和（1+3）硫酸 5mL，用水定容，放置澄清待测，同时进行空白试验。

3. 测定

吸取待测液 10.00mL（或适量）于 50mL 容量瓶中，用水稀释至刻度，并摇匀用火焰光度计测定。从标准曲线上查出待测液钾的浓度。

## 六、结果表达

$$垃圾中全钾\% = m \times V_1 \times V_3 \times 100 / (m_1 \times V_2 \times 10^6)$$

式中：$m$——从标准曲线上查得待测液中磷的浓度，mg/L；

$m_1$——称样量，g；

$V_1$——消解液定容体积，mL；

$V_2$——消解液吸取量，mL；

$V_3$——待测液定容体积，mL。

# 实验七　固体废物中的重金属（Cd、Pb）含量分析

## 一、实验目的

掌握重金属（Cd、Pb）的测定原理；了解原子吸收分光光度计的使用原理；掌握原子吸收分光光度计的操作方法。

## 二、实验原理

试样经硝酸、高氯酸消解后，采用盐酸—碘化钾–甲基异丁基甲酮体系萃取富集消解液中的铅、镉，用空气—乙炔火焰原子吸收法测定铅、镉吸光度，用标准曲线法定量。

## 三、试剂

1. 盐酸（HCl），$\rho = 1.19 \text{g/mL}$
2. 盐酸溶液，1+1（$V/V$）
3. 0.2%盐酸溶液（$V/V$）
4. 硝酸（$HNO_3$），$\rho = 1.42 \text{g/mL}$
5. 硝酸溶液，1+1（$V/V$）
6. 高氯酸（$HClO_4$），$\rho = 1.67 \text{g/mL}$
7. 10%抗坏血酸（$m/V$）
8. 16.6%碘化钾水溶液（$m/V$）
9. 甲基异丁基甲酮（MIBK）
10. 镉标准储备液 1.000mg/mL

准确称取 1.000 0g（精确至 0.000 2g）高纯金属镉，用20mL（1+1）硝酸溶液稍加热至完全溶解，转移到 1 000mL 容量瓶中，用水稀释至标线，摇匀；

11. 铅标准储备液 1.000mg/mL

准确称取 1.000 0g（精确至 0.000 2g）高纯金属铅，用20mL（1+1）硝酸溶液稍加热至完全溶解，转移到 1 000mL 容量瓶中，用水稀释至标线，摇匀；

12. 铅、镉标准使用液

铅5μg/mL，镉0.25μg/ml，用盐酸溶液（3.3）逐级稀释铅、镉标准储备液配制。

## 四、仪器

日立 Z-5000 型原子吸收分光光度计（日产）；分析天平（万分之一）；电热板。

## 五、实验步骤

1. 标准曲线的绘制

分别吸取铅、镉混合标准使用溶液 0.00mL、0.50mL、1.00mL、2.00mL、3.00mL、5.00mL 于 50mL 比色管中，然后加入 0.5mL 盐酸溶液（1+1），加蒸馏水至 25mL。然后加入 2mL10% 抗坏血酸溶液，5mL 碘化钾溶液，摇匀。然后准确加入 5.00mL 甲基异丁基甲酮，萃取 2min 并静置分层。吸取上层有机相用原子吸收分光光度火焰法进行铅和镉的测定。此时 MIBK 中 Pb 的浓度为 0.00μg/mL、0.50μg/mL、1.00μg/mL、2.00μg/mL、3.00μg/mL、5.00μg/mL；Cd 的浓度分别为 0.00μg/mL、0.025μg/mL、0.05μg/mL、0.10μg/mL、0.15μg/mL、0.25 μg/mL。

2. 试样的测定

称取试样 2.0g（精确至 0.0001g）于 150mL 三角瓶中，同时制作两个空白试样，加少许蒸馏水湿润试样，加浓硝酸 20mL，盖上小漏斗浸泡过夜，之后在电热板上消解近干，取下冷却后再加 8.0mL 高氯酸（视试样中有机质的量而定），继续消化至白烟几乎赶尽残渣变成灰白色近干为止。取下三角瓶冷却后加入 1mL（1+1）盐酸，溶解后将溶液转移到 50mL 容量瓶中定容。溶液澄清后吸取上清液 25.00mL 于 50mL 容量瓶中，以下步骤同（5.1）。

## 六、分析结果的表述

$$铅、镉的含量\ C\ (mg/kg) = m×2\ /\ m_{样}$$

式中：$C$——试样的浓度，mg/kg；

　　　$m$——标准曲线上查得试样中铅、镉量，μg；

　　　2——分取倍数；

　　　$m_{样}$——称样量，g。

# 实验八　固体废物中的重金属
## （Cu、Zn）含量分析

### 一、实验目的

掌握重金属（Cu、Zn）的测定原理；了解原子吸收分光光度计的使用原理；掌握原子吸收分光光度计的操作方法。

### 二、实验原理

采用硝酸—高氯酸全分解的方法，彻底破坏样品，使试样中的待测元素全部溶解进入到溶液。然后，将样品消解液经过 AAS 法测定。在火焰的高温下，铜、锌化合物离解为基态原子，该基态原子蒸气对相应的空心阴极灯发射的特征谱线产生选择性吸收。在特定波长下测铜、锌的吸光度。如果样品本身铁含量较高，会抑制锌的吸收，可加入硝酸镧溶液加以消除共存成分的干扰。

### 三、试剂

（1）盐酸（HCl），$\rho = 1.19g/mL$。

（2）硝酸（$HNO_3$），$\rho = 1.42g/mL$。

（3）硝酸溶液，1+1（$V/V$）。

（4）硝酸溶液，体积分数 0.2%。

（5）高氯酸（$HClO_4$），$\rho = 1.67g/mL$。

（6）硝酸—高氯酸混合液，$V(HNO_3) / V(HClO_4) = 1/4$。

（7）硝酸镧水溶液，质量分数为 5%。

（8）铜标准储备液，1.000mg/mL：称取 1.000 0g（精确至 0.000 2g）高纯金属铜于 50ml 烧杯中，加入硝酸溶液（3.3）20ml，温热，待完全溶解后，转至 1 000mL 容量瓶中，用水定容至标线，摇匀。

（9）锌标准储备液，1.000mg/mL：称取 1.000 0g（精确至 0.000 2g）高纯金属锌于 50ml 烧杯中，加入硝酸溶液（3.3）20ml，温热，待完全溶解后，转至 1 000mL 容量瓶中，用水定容至标线，摇匀。

（10）铜、锌混合标准使用液，铜 20.0mg/L，锌 10.0mg/L：用硝酸溶液（3.4）逐级稀释铜、锌标准储备液配制。

## 四、仪器

日立 Z-5000 型原子吸收分光光度计（日产）；分析天平（万分之一）；电热板。

## 五、实验步骤

1. 标准曲线绘制

吸取铜、锌混合标准使用溶液 0.00、0.50、1.00、2.00、3.00、5.00mL 于 50mL 容量瓶中，各加入 5mL 硝酸镧溶液，用硝酸溶液（3.4）定容至刻度，摇匀，待测。此时溶液中 Cu 的浓度为 0.00、0.20、0.40、0.80、1.20、2.00μg/mL；Zn 的浓度分别为 0.00、0.10、0.20、0.40、0.60、1.00μg/mL。

2. 试样的测定

称取样品约 1.0g（精确至 0.000 2g），放于 150mL 锥形瓶中，同时做空白两个，用少许蒸馏水润湿后，分别加入浓硝酸 15.00mL，瓶口盖一弯颈小漏斗浸泡过夜，然后于电热板上消煮，由低温逐渐升温使液面保持微沸状态，当激烈反应完毕后，大部分有机物被完全分开，取下锥形瓶，稍冷后沿瓶壁加入 8.00mL 硝酸—高氯酸混合液继续消解，直至高氯酸冒白烟，内容物成浆状，残渣发白近干。取下稍冷，用水冲洗瓶内壁，并加入 1mL 硝酸溶液（3.3）温热溶解残渣。然后将溶液转移至 50mL 容量瓶中，加入 5mL 硝酸镧溶液，冷却后用蒸馏水定容至标线摇匀，备测。然后上原子吸收分光光度计测定其吸光度。

## 六、结果表达

样品中铜、锌的含量 W（Cu、Zn，mg/kg）按下式计算：

$$W = \frac{cV}{m}$$

式中：c——试液的吸光度减去空白实验的吸光度，然后在校准曲线上查得铜、锌的含量，mg/L；

V——试液定容的体积，mL；

m——称取试样的重量，g。

# 实验九　固体废物中的 Hg 和 As 含量分析

## 一、实验目的

掌握固体废物中有毒元素汞和砷的测定方法和原理；掌握原子荧光分光光度仪的操作方法。

## 二、实验原理

采用硝酸–盐酸混合试剂在沸水浴中加热消解固体废物试样，再用硼氢化钾（$KBH_4$）或硼氢化钠（$NaBH_4$）将样品中所含汞还原成原子态汞，由载气（氩气）导入原子化器中，在特制汞空心阴极灯照射下，基态汞原子被激发至高能态，在去活化回到基态时，发射出特征波长的荧光，其荧光强度与汞的含量呈正比。与标准系列比较，求得样品中汞的含量。

样品中的砷经加热消解后，加入硫脲使五价砷还原为三价砷，再加入硼氢化钾将其还原为砷化氢，由氩气导入石英原子化器进行原子化分解为原子态砷，在特制砷空心阴极灯的发射光激发下产生原子荧光，产生的荧光强度与试样中被测元素含量呈正比，与标准系列比较，求得样品中砷的含量。

## 三、试剂

本部分所使用的试剂除另有说明外，均为分析纯试剂，实验用水为去离子水。

(1) 盐酸（HCl）：$\rho = 1.19g/mL$，优级纯。

(2) 硝酸（$HNO_3$）：$\rho = 1.42g/mL$，优级纯。

(3) 硫酸（$H_2SO_4$）：$\rho = 1.84g/mL$，优级纯。

(4) 氢氧化钾（KOH）：优级纯。

(5) 硼氢化钾（$KBH_4$）：优级纯。

(6) 硫脲（$H_2NCSNH_2$）：分析纯。

(7) 抗坏血酸（$C_6H_8O_6$）：分析纯。

(8) 三氧化二砷（$As_2O_3$）：优级纯。

(9) 重铬酸钾（$K_2Cr_2O_7$）：优级纯。

(10) 氯化汞（$HgCl_2$）：优级纯。

(11) 硝酸盐酸混合试剂〔（1+1）王水〕：取 1 份硝酸（3.2）与 3 份盐酸（3.1）混合，然后用去离子水稀释一倍。

（12）还原剂［1％硼氢化钾（KBH₄）+0.2%氢氧化钾（KOH）溶液］：称取 0.2g 氢氧化钾（3.4）放入烧杯中，用少量水溶解，称取 1.0g 硼氢化钾（3.5）放入氢氧化钾溶液中，用水稀释至 100mL，此溶液现用现配。

（13）载液［（1+19）硝酸溶液］：量取 25mL 硝酸（3.2），缓缓倒入放有少量去离子水的 500mL 容量瓶中，用去离子水定容至刻度，摇匀。

（14）载液［（1+9）盐酸溶液］：量取 50mL 盐酸（3.1），加水定容至 500mL，混匀。

（15）保存液：称取 0.5g 重铬酸钾（3.9），用少量水溶解，加入 50mL 硝酸（3.2），用水稀释至 1 000mL，摇匀。

（16）稀释液：称取 0.2g 重铬酸钾（3.9），用少量水溶解，加入 28mL 硫酸（3.3），用水稀释至 1 000mL，摇匀。

（17）硫脲溶液（5%）：称取 10g 硫脲（3.6），溶解于 200mL 水中，摇匀。用时现配。

（18）抗坏血酸（5%）：称取 10g 抗坏血酸（3.7），溶解于 200mL 水中，摇匀。用时现配。

（19）汞标准贮备液：称取经干燥处理的 0.1354g 氯化汞（3.10），用保存液（3.15）溶解后，转移至 1 000mL 容量瓶中，再用保存液（3.15）稀释至刻度，摇匀。此标准溶液汞的浓度为 100μg/mL（有条件的单位可以到国家认可的部门直接购买标准贮备溶液）。

（20）汞标准中间溶液：吸取 10.00mL 汞标准贮备液（3.19）注入 1 000mL 容量瓶中，用保存液（3.15）稀释至刻度，摇匀。此标准溶液汞的浓度为 1.00 μg/mL.

（21）汞标准工作溶液：吸取 2.00mL 汞标准中间溶液（3.20）注入 100mL 容量瓶中，用保存液（3.15）稀释至刻度，摇匀。此标准溶液汞的浓度为 20.0 ng/mL（现用现配）。

（22）砷标准贮备液：称取 0.660 0g 三氧化二砷（3.8）（在 105℃烘 2h）于烧杯中，加入 10mL 10%氢氧化钠溶液，加热溶解，冷却后移入 500mL 容量瓶中，并用水稀释至刻度，摇匀。此溶液砷浓度为 1.00mg/mL（有条件的单位可以到国家认可的部门直接购买标准贮备溶液）。

（23）砷标准中间溶液：吸取 10.00mL 砷标准贮备液（3.22）注入 100mL 容量瓶中，用（1+9）盐酸溶液（3.14）稀释至刻度，摇匀。此溶液砷浓度为 100μg/mL。

（24）砷标准工作溶液：吸取 1.00mL 砷标准中间溶液（3.23）注入 100mL 容量瓶中，用（1+9）盐酸溶液（3.14）稀释至刻度，摇匀。此溶液砷浓度为 1.00μg/mL。

## 四、仪器

1. 氢化物发生原子荧光光度计；
2. 汞空心阴极灯；
3. 砷空心阴极灯；
4. 水浴锅。

## 五、实验步骤

### 1. 试样制备

称取经风干、研磨并过 0.149mm 孔径筛的样品 0.2~1.0g（精确至 0.000 2g）于 50mL 具塞比色管中，加少许水润湿样品，加入 10mL（1+1）王水（3.11），加塞后摇匀，于沸水中消解 2h，取出冷却。

样品测汞时，立即加入 10mL 保存液（3.15），用稀释液（3.16）稀释至刻度，摇匀后放置，取上清液待测，同时做空白试验。

样品测砷时，用水稀释至刻度，摇匀后放置。吸取一定量的消解试液于 50mL 比色管中，加 3mL 盐酸（3.1）、5mL 硫脲溶液（3.17）、5mL 抗坏血酸溶液（3.18），用水稀释至刻度，摇匀放置，取上清液待测。同时做空白试验。

### 2. 空白试验

采用与 5.1 相同的试剂和步骤，制备全程序空白溶液。每批样品至少制备 2 个以上空白溶液。

### 3. 校准曲线

汞的分析：分别准确吸取 0.00mL、0.50mL、1.00mL、2.00mL、3.00mL、5.00mL、10.00mL 汞标准工作液（3.21）置于 7 个 50mL 容量瓶中，加入 10mL 保存液（3.15），用稀释液（3.16）稀释至刻度，摇匀，即得含汞量分别为 0.00ng/mL、0.20ng/mL、0.40ng/mL、0.80ng/mL、1.20ng/mL、2.00ng/mL、4.00ng/mL 的标准系列溶液。此标准系列适用于一般样品的测定。

砷的分析：分别准确吸取 0.00mL、0.50mL、1.00mL、1.50mL、2.00mL、3.00mL 砷标准工作溶液（3.24）置于 6 个 50mL 容量瓶中，分别加入 5mL 盐酸（3.1）、5mL 硫脲溶液（3.17）、5mL 抗坏血酸溶液（3.18），然后用水稀释至刻度，摇匀，即得含砷量分别为 0.00ng/mL、10.0ng/mL、20.0ng/mL、30.0ng/mL、40.0ng/mL、60.0ng/mL 的标准系列溶液。此标准系列适用于一般样品的测定。

### 4. 仪器参考条件

不同型号仪器的最佳参数不同，可根据仪器使用说明书自行选择。表 1 列出了本部分通常采用的参数。

表 1　仪器参数

| 参数 | 数值 | | 参数 | 数值 | |
|---|---|---|---|---|---|
| | Hg | As | | Hg | As |
| 负高压/V | 280 | 300 | 加热温度/℃ | 200 | 200 |
| A 道灯电流/mA | 35 | 0 | 载气流量（mL/min） | 300 | 400 |
| B 道灯电流/mA | 0 | 60 | 屏蔽气流量（mL/min） | 900 | 1 000 |
| 观测高度/mm | 8 | 8 | 测量方法 | 校准曲线 | 校准曲线 |
| 读数方式 | 峰面积 | 峰面积 | 读数时间/s | 10 | 10 |
| 延迟时间/s | 1 | 1 | 测量重复次数 | 2 | 2 |

5. 测定

（1）对于汞的测定。将仪器调至最佳工作条件，在还原剂（3.12）和载液（3.13）的带动下，测定标准系列各点的荧光强度（校准曲线是减去标准空白后的荧光强度对依度绘制的校准曲线），然后测定样品空白、试样的荧光强度。

（2）对于砷的测定。将仪器调节至最佳工作条件，在还原剂（3.12）和载液（3.14）的带动下，测定标准系列各点的荧光强度（校准曲线是减去标准空白后荧光强度对依度绘制的校准曲线），然后依次测定样品空白、试样的荧光强度。

## 六、分析结果的表述

样品总汞含量 $w$ 以质量分数计，数值以毫克每千克（mg/kg）表示，按下式计算：

$$w = \frac{(c - c_0) \times V}{m \times (1 - f) \times 1\ 000}$$

$C$——从校准曲线上查得砷元素含量，单位为纳克每毫升（ng/mL）；

$C_0$——试剂空白溶液测定浓度，单位为纳克每毫升（ng/mL）；

$V$——样品消解后的定容体积，单位为毫升（mL）；

$m$——试样质量，单位为克（g）；

$f$——含水量；

1 000——将"ng"换算为"μg"的系数。

重复试验结果以算术平均值表示，保留三位有效数字。

样品总砷含量 $w$ 以质量分数计，数值以毫克每千克（mg/kg）表示，按式（1）计算：

$$w = \frac{(c - c_0) \times V_2 \times V_{总} / V_1}{m \times (1 - f) \times 1\ 000}$$

$C$——从校准曲线上查得砷元素含量，单位为纳克每毫升（ng/mL）；

$C_0$——试剂空白溶液测定浓度，单位为纳克每毫升（ng/mL）；

$V_2$——测定时分取样品溶液稀释定容体积，单位为毫升（mL）；

$V_{总}$——样品消解后定容总体积，单位为毫升（mL）；.

$V_1$——测定时分取样品消解液体积，单位为毫升（mL）；

$m$——试样质量，单位为克（g）；

$f$——含水量；

1 000——将"ng"换算为"μg"的系数。

重复试验结果以算术平均值表示，保留三位有效数字。

## 七、精密度和准确度

按照本部分测定固体废物中总汞，其相对误差的绝对值不得超过5%。在重复条件下，获得的两次独立测定结果的相对偏差不得超过12%。

按照本部分测定固体废物中总砷，其相对误差的绝对值不得超过5%。在重复条件下，获得的两次独立测定结果的相对偏差不得超过7%。

## 八、注释

（1）操作中要注意检查全程序的试剂空白，发现试剂或器皿玷污，应重新处理，严格筛选，并妥善保管，防止交叉污染。

（2）硝酸盐酸消解体系不仅由于氧化能力强使样品中大量有机物得以分解，同时能提取各种无机形态的汞。而盐酸存在条件下，大量 $Cl^-$ 与 $Hg^+$ 作用形成稳定的 $[HgCl]^-$ 络离子，可抑制汞的吸附和挥发。但应避免使用沸腾的王水处理样品，以防止汞以氯化物的形式挥发而损失。样品中含有较多的有机物时，可适当增大硝酸盐酸混合试剂的浓度和用量。

（3）由于环境因素的影响及仪器稳定性的限制，每批样品测定时须同时绘制校准曲线。若样品中汞含量太高，不能直接测量，应适当减少称样量，使试样含汞量保持在校准曲线的直线范围内。

（4）样品消解完毕，通常要稀释定容同保存液一起保存，以防止汞的损失。样品试液宜尽早测定，一般情况下只允许保存 2~3d。

# 实验十　固体废物浸出毒性实验

## 一、实验目的

熟悉固体废物中有害物质的浸出方法，掌握固体废物浸出液中重金属的测定方法和标准限值。

## 二、实验原理

固体废物受到水的冲洗、浸泡，其有害成分将会转移到水相而污染地表水、地下水，导致二次污染。浸出试验以纯水为浸提剂，模拟废物在特定场合中受到地表水或地下水的浸沥，其中有害组分浸出进入环境的过程。我国规定的分析项目有：汞、镉、砷、铬、铅、铜、锌、镍、锑、铍、氟化物、氰化物、硫化物、硝基苯类化合物。

## 三、试剂

浸提剂：去离子水

## 四、仪器

天平、烧杯、铝盒、筛、真空过滤器、2L 具广口聚乙烯瓶或玻璃瓶、水平往复振荡器、0.45μm 滤膜（水性）、原子吸收火焰分光光度计或 ICP-AES 等。

## 五、实验步骤

1. 含水率测定

称取 20~100g 样品置于铝盒中，于 105℃下烘干，恒重至两次称量值的误差小于±1%，计算样品含水率。

2. 样品破碎

固体废物通过破碎、切割或研磨后过 5mm 孔径的筛。

3. 重金属浸出

称取 100g 样品，置于 2L 提取瓶中，根据样品的含水率，按固液比 1∶10（kg/L）计算出所需浸提剂的体积，加入浸提剂，盖紧瓶盖后固定在水平振荡器上，调节振荡频率为（110±10）次/min，振幅 40mm，在（23±2）℃下振荡 8h 后，静置 16h。在真空过滤器上装好滤膜，过滤并收集浸出液。用原子吸收火焰风光光度法或 ICP-AES 测试浸出液中重金属的浓度。每批样品做 3 个浸出空白。

## 六、结果分析

根据我国国家《危险废物鉴别标准——浸出毒性鉴别》（GB5085.3-2007），以浓度值是否超过允许值来判断其毒害性。

## 七、注意事项

（1）为降低空白值，应注意玻璃器皿的清洗和试剂的纯度。

（2）振荡期间可能会有气体释放，应适当打开瓶塞释放压力。

（3）容器的材料必须与废物不发生反应。

（4）进行含水率测定后的样品，不得用于浸出毒性试验。

# 实验十一　有机垃圾好氧堆肥实验

## 一、实验目的

（1）掌握好氧堆肥基本原理和工艺流程。

（2）熟悉堆肥化设备，掌握堆肥试验设计方法，包括堆肥设备的选择、物料配比的计算、堆肥条件的控制、采样时间确定及堆肥过程中主要测定指标的筛选和堆肥腐熟度评价指标的确定及其测试方法，以及测定数据处理和分析方法，初步培养学生进行科学研究的能力。

（3）掌握堆肥腐熟度生物学检测方法之一的种子发芽指数的测定方法。

## 二、实验原理

堆肥化是指依靠自然界广泛分布的细菌、放线菌、真菌等微生物，或是通过人工接种特定功能的菌，在一定工况条件下，有控制地促进可被生物降解的有机物向稳定的腐殖质转化的生物学过程，其实质是一种生物代谢过程。有机原材料经过堆肥化处理后的成品称为堆肥。

堆肥化过程中主要经历三个阶段：①起始阶段（中温阶段），堆制初始，堆层呈中温（15~45℃），嗜温菌活跃，利用可溶性小分子物质不断增殖，在转换和利用化学能的过程中产生的能量超过细胞合成所需，剩余能量主要以热能形式由内部释放。由于堆层传热较慢，加之物料的保温作用，堆层内部温度不断上升。②高温阶段，堆层温度上升到45℃以上，大部分难降解的有机物继续被氧化分解，同时释放出大量热能。堆层温度迅速升高。当堆层中有机物质基本降解完，嗜热菌因缺乏养料而停止生长，产热随之停止，堆肥温度逐渐下降，当温度稳定在40℃，堆肥基本达到稳定，形成腐殖质。③熟化阶段 冷却后的堆肥中，新的嗜温菌再占优势，借助残余有机物生长，堆肥进入腐熟阶段，堆肥过程最终完成。

只有满足堆肥化中微生物所需的有机物含量、供氧量、含水率、碳氮比、温度和pH值等条件，才能保证微生物降解过程的顺利进行。因此，需要事先选择合适的堆肥发酵装置，严格确定好物料配比。

堆肥的质量包括农用的成分和养分符合要求，另外还要符合卫生安全和稳定性要求。通常情况下，堆肥产品的成分和养分，主要通过测定堆肥的含水率、pH值和全盐量、全碳含量、养分含量（氮、磷、钾）、重金属含量、杂质等；堆肥的卫生安全性质可根据"高温堆肥的卫生标准"来评定，如《粪便无害化卫生要求》（GB7959—

2012）中对粪便堆肥的卫生安全要求。堆肥的稳定性指堆肥产品的稳定程度，也称为腐熟度。最常用的评价综合毒性的方法是种子发芽力指数。

种子发芽力指数（GI）的测定原理：未腐熟的堆肥含有植物毒性物质，对植物的生长产生抑制作用，因此，考虑到堆肥腐熟度的实用意义，植物生长实验应是评价堆肥腐熟度的最终和最具说服力的方法。一般来讲，当堆肥水浸提液种子发芽指数（GI）达到或超50%时，可以认为堆肥对于种子的发芽基本无毒性，堆肥基本腐熟。当GI达到80%~85%时，这种堆肥就可以认为已经完全腐熟，对植物没有毒性。

### 三、试剂与材料

（1）根据试验确定的测定指标确定所需的试剂。如有机碳、氮、磷、钾测定所需的试剂，见实验二、试验四、试验五、试验六。

（2）试验材料为有机垃圾，如蔬菜废弃物、食品废弃物等。根据垃圾含水量和碳氮比，还需要准备相应的调理材料，如秸秆或锯末、鸡粪或尿素等。

### 四、仪器

（1）粉碎机。

（2）恒温生化培养箱。

（3）干燥箱。

（4）恒温摇床。

（5）pH计。

（6）$CO_2$测定仪或气体检测仪。

（7）温度计。

（8）电子天平。

（9）培养皿，玻璃三角瓶，移液管。

（10）强制通风好氧堆肥反应器或条垛式堆肥的场地或设备。（自制或购买）：如果是模拟装置，需要有保温措施，另外还要有通风设备、温度测定和控制设备、尾气净化装置等。可以根据条件自制。如果没有制作强制通风好氧反应器的条件，也可以采用条垛式系统进行。

### 五、实验步骤

1. 试验目的的确定

根据研究兴趣和需要解决的科学问题，确定堆肥试验设计和需要测定的指标等。如果没有其他特殊研究目的，本实验只关注好氧高温堆肥无害化工艺流程和探讨堆肥中物料反应稳定性变化来设计。

2. 试验原材料的准备和预处理

首先测定垃圾原料和调理剂的 C/N 和含水率，可参照实验一、实验二和实验四进行；如果垃圾粒径较大，堆制前还需要粉碎至4~6cm。

3. 试验装置和设备的准备

根据试验条件，选择强制通风静态垛、动态反应器或者条垛式堆肥反应装置，并确定其容量大小。

4. 物料配比的确定

根据原料的碳氮比和含水率，按照初始物料满足碳氮比 30，含水率 60% 和处理物料的总重来确定。

5. 堆制或装料

根据确定的物料配比，分别称好垃圾和调理剂的重量，充分混合，根据需要补充的水分量和经验判断，如果太干，加入适量水后用手攥紧混合物，指缝间有水浸出但不能滴下来即可。装入堆肥反应器或堆制容器中。记录堆肥初始物料的总重、含水率和碳氮比。并将通风设备、温度监测设备、保温措施以及尾气净化设备等都连接好，保证正常工作。

6. 堆肥过程特征参数的监测与分析

（1）堆温监测。用温度探针或者温度计检测堆体中部的温度，每天上午 10 点进行监测直至堆体温度降至室温。

（2）堆体出气口 $O_2$ 和 $CO_2$ 变化。将气体监测仪的探头伸入反应器的出气口 15cm 处，从仪器的显示器读取稳定后的数据，监测时间每天上午 10 时，直至堆肥腐熟结束。

（3）堆肥物料中性质测定。根据堆肥原理可知，堆肥物料的变化会总体上表现在堆体温度的变化上，因此，可根据堆肥温度的变化确定样品采集的时间，一般在堆制后 24~36 小时内，堆体进入高温期，然后持续 7 天左右，开始降温。所以，一般采样时间为堆肥化的第 0，3 天，7 天，14 天，21 天，28 天，35 天，49 天。也可以根据研究目的适当缩短时间和减少采样频率。样品采集后，新鲜样可以冷藏或冷冻保存，干样需要在 50~70℃烘干。然后粉碎至测定所需。

（4）堆料 pH 值变化。称取 1.0g 风干样，按样品：蒸馏水 = 1：10（m/V）进行浸提，振荡 20min 后过滤，用 pH 计检测。

（5）堆料有机碳、氮、磷和钾的测定参照试验二、四至六进行。

（6）种子发芽指数的测定。取鲜样 5 克，以鲜样：蒸馏水 = 1：20（m/V）的比例浸提，振荡 30min 后过滤。取滤液 5mL 于培养皿，在 9cm 培养皿内铺入相应大小的滤纸一张，均匀放进 20 粒颗粒饱满、大小接近的水芹或黑麦草种子进行发芽率实验。以蒸馏水作为对照，每个样品重复 3 次，25℃生化培养箱中培养 48h，统计种子发芽率，并测量根长，然后按照以下公式进行计算种子发芽力指数（GI），用下式计算：

$$GI（\%）= \frac{处理的种子发芽率×种子根长}{对照的种子发芽率×种子根长}×100\%$$

## 六、分析结果的表述

1. 堆肥过程特征参数的监测与分析（根据堆肥反应进程中的升温期、高温期、降温期进行表述）

（1）好氧堆肥过程温度监测及变化特征分析（制折线图）

（2）好氧堆肥过程 pH 监测及变化特征分析（制折线图）

（3）好氧堆肥过程出气口 $O_2$ 和 $CO_2$ 监测变化特征分析（制折线图）

（4）上述特征参数变化与堆体微生物反应的关系分析

2. 堆肥腐熟度检测与分析

（1）种子发芽力指数的变化，说明不同时期 GI 值的变化，根据其数值的变化判断堆肥是否成熟，并说明原因）。

（2）碳氮比的变化。分析不同时期碳氮比的变化，并据此变化说明堆肥的腐熟状况。

（3）其他特殊指标的分析。

## 七、注意事项

（1）测定物料的碳氮比，需要用干样，所以，要提前将样品粉碎至一定粒度，并混合均匀后在 50~70℃烘干。

（2）为了避免试验过程中的随机误差，每个处理最好有重复，每个样品测定时最好设置平行样，从而保证测定结果的可靠性。

（3）为了保证采集的样品具有代表性，采集堆肥样品时，最好在对体的不同部位采集后混合，或者将堆肥样品混匀后再采集。

思考：如何保证堆体快速升温并达到高温无害化的要求？

# 实验十二　有机垃圾厌氧发酵实验

## 一、实验目的

随着经济的增长和人们消费水平的提高，固体废弃物的产量越来越多。各种各样的电子垃圾、塑料制品、餐厨垃圾、人畜粪便等不仅占据了大量的空间也同时污染了生存环境。常用的固体废物处理处置方法有：焚烧法、堆肥法、填埋法等。对于有机废物的处理方法通常用堆肥法，其中根据整个过程中有无氧气参与又可以细分为好氧堆肥与厌氧堆肥两种。

通过本实验，希望达到以下目的。

（1）理解厌氧堆肥的原理、方法以及影响因素。

（2）观察厌氧发酵过程，掌握厌氧发酵的操作方法以及发酵过程中温度及 pH 值的变化规律。

（3）进行对比实验，观察含水率对于堆肥过程的影响。

（4）了解有机固体废物的资源化、无害化处置过程，能够定量的分析该过程中所产出的可利用资源（如肥料、$CH_4$ 等）。

（5）进行渗滤液处理，研究合适的渗滤液处理方法。

## 二、实验原理

厌氧堆肥是在人工控制的条件下，在一定的水分、碳/氮（C/N）比和厌氧条件下通过微生物的作用，将有机物废弃物（包括城市垃圾、人畜粪便、植物秸秆、污水处理厂的剩余污泥等）转化为稳定的、无害化的腐殖质的过程。其本质是有机物的厌氧消化过程。

有机物厌氧消化过程的理论背景：有机物的厌氧消化过程主要包括产酸和产甲烷两个阶段。而对于不溶性有机物（有机垃圾），一般可认为在上述两阶段之前多一个液化阶段。液化阶段起作用的细菌包括纤维素分解菌、脂肪分解菌、蛋白质水解菌，这些菌种利用胞外酶对垃圾有机物进行酶解，使固态物变成可溶于水的物质；产酸阶段起作用的细菌是醋酸分解菌和产氢菌，这些菌种将上述生成的可溶性物质生成酸性中间产物；产甲烷阶段是甲烷菌利用 $H_2/CO_2$、乙酸、甲醇等化合物为基质，将其转化成甲烷。其中，$H_2/CO_2$ 和乙酸是主要基质。最终剩余的固态物质沼渣经过再次微生物发酵后，便是价格较高的有机肥。有机垃圾厌氧发酵的三个阶段互相衔接、互相保持动态平衡。微生物的作用在固体废物的堆肥化和卫生填埋处理中起着主导作用。

固体废物采用本工艺进行处理有以下几个优点：①实现了固体废物的无害化与稳定化；②可以产出经济价值较高的沼气；③产出了可以增长土壤肥力的有机肥。我国是一个传统的农业大国，对肥料、能源有着巨大的需求，因而鼓励处理废弃物，使之变成农业资源返回到农业生态系统中，具有生态与经济双重意义。

### 三、实验装置与仪器

1. 实验装置

抽屉式堆肥器1套，每层两格。每个抽屉底部均布设穿孔管、集水管上有出气口。发酵物质间歇进料，发酵罐内装置搅拌器进行定期人工搅拌。反应装置如图1。发酵罐中物质经厌氧发酵产生的气体，经过湿式气体流量计检测其产生量，然后经过水封与尾气处理系统处理后排空。产生的气体经过相应的气体检测仪分析其气体浓度。

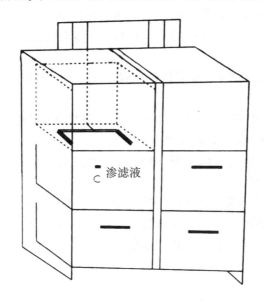

渗滤液

**图1 有机垃圾厌氧发酵实验装置**

2. 实验仪器

（1）手推车，数量×1。

（2）菜刀，数量×2。

（3）铁铲，数量×2。

（4）塑料纸，数量×1。

（5）烧杯（测定 TS）100ml，数量×2；500ml，数量×2。

（6）显微镜，数量×1。

（7）滴管，数量×2。

（8）量筒 100ml，数量×2；1 000ml，数量×2。

（9）洗瓶，数量×1。

（10）烘箱，数量×1。

（11）pH 值试纸，数量×1。

3. 实验所需试剂

（1）CaO（AR），数量×1。

（2）$H_2SO_4$，数×1。

（3）NaOH，数×1。

## 四、实验步骤

1. 成堆阶段

（1）取菜叶、木屑、活性污泥以及干泥土。

（2）将菜叶中不可堆肥物质分拣出来，和活性污泥等按比例一起装桶堆肥。

2. 常规监测阶段

（1）每天测量堆的参数（温度、外观、pH 值、含水率）变化，并做出记录。

（2）每隔三天对渗滤液（pH 值、水量、COD）的变化做出测定，并据此决定渗滤液的处理方案。

3. 改变堆的成分以及含水率，重复以上步骤，做一次对比实验。

4. 渗滤液处理阶段

（1）取 1L 的渗滤液装于锥形瓶中，密封，置于 35℃ 的恒温箱中恒温培养 1 周，每天观察记录外观变化并进行镜检以观察微生物变化。

（2）将步骤（1）得到的液体稀释 10 倍后，投加 CaO（0.8g/L），并剧烈搅拌 10min，然后静置 1h 以待其沉淀完全。

（3）取 SBR 小组培养出的活性污泥，然后用（2）得到的液体（稀释）逐步驯化（好氧曝气）以提高污泥的负荷。待污泥驯化成功后，用（2）的原液进水，曝气 40h，然后在 20h、40h 时分别测定出水的 COD，确定回流比。

渗滤液处理流程图：

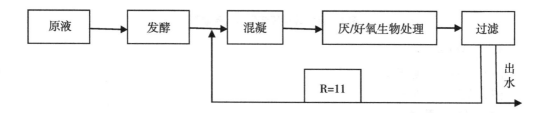

5. 对堆肥产品的质量做出评价，清理实验场地，写实验报告

注意事项如下。

（1）实验操作过程中定要戴手套，穿实验服，避免污染。

（2）实验结束后请注意清理场地。

## 五、实验结果

1. 堆肥阶段堆的参数检测

堆层结构：＿＿＿＿＿＿＿＿＿＿＿＿＿＿＿＿＿＿＿＿＿＿＿＿＿＿＿＿＿＿＿＿

堆高：＿＿＿＿＿＿＿＿＿＿＿＿＿＿　　圆柱形堆直径：＿＿＿＿＿＿＿＿＿＿＿＿＿＿

**表 1　堆肥过程中堆参数变化表**

| 实验时间 | 堆温度（℃） | 堆 pH 值 | 堆外观 | 含水率 |
|---|---|---|---|---|
|  |  |  |  |  |

2. 渗滤液参数的检测

**表 2　渗滤液变化检测表**

| 实验时间 | 渗滤液微生物镜检 | 渗滤液 TS | 渗滤液 pH 值 | 渗滤液 COD | 渗滤液水量 |
|---|---|---|---|---|---|
|  |  |  |  |  |  |

3. 渗滤液处理

**表 3　渗滤液处理结果**

| 实验时间 | SS（g/L） | 进水 COD（mg/L） | 出水 COD（mg/L） | 水量（L） | HRT（h） | COD 去除率（%） |
|---|---|---|---|---|---|---|
|  |  |  |  |  |  |  |

## 六、实验结果讨论

（1）堆肥过程中堆的 pH 值、温度、含水率随时间是如何变化的？

（2）实验中堆的含水率变化对于堆肥过程有什么影响？

（3）发酵过程中温度的变化对于发酵过程有什么影响？

（4）实验中为什么要添加木屑？

（5）渗滤液处理成本的核算说明。

（6）面对如此高的处理成本设想的最佳处理方案。

# 实验十三  可燃垃圾热解实验

## 一、实验目的

废物热解过程中，有机成分在高温条件下进行分解破坏，实现快速、显著减容。与生化法相比，热解方法处理周期短、占地面积小、可实现最大限度的减容、延长填埋场使用寿命，与普通焚烧法相比，热解过程产生的二次污染少，热解生成气或液体燃料在空气中燃烧与固体废物直接燃烧相比，不仅燃烧效率高，所引起的大气污染也低。

本实验的目的：（1）了解热解的概念；（2）熟悉热解过程的控制参数。

## 二、实验原理

热解是有机物在无氧或缺氧状态下加热，使之分解为气、液、固三种形态的混合物的化学分解过程，其中气体是以氢气、一氧化碳、甲烷等低分子碳氢化合物为主的可燃性气体；液体是在常温下为液态的包括乙酸、丙酮、甲醇等化合物在内的燃料油；固体为纯碳与玻璃、金属、土、砂等混合形成的炭黑。

$$有机物+热 \xrightarrow{\quad 无氧人或缺氧 \quad} gG（气体）+lL（液体）+sS（固体）$$

式中：$g$——气态产物的化学计量；

$\quad\quad$ G——气态产物的分子式；

$\quad\quad$ $l$——液态产物的化学计量；

$\quad\quad$ L——液态产物的分子式；

$\quad\quad$ $s$——固态产物的化学计量；

$\quad\quad$ S——固态产物的分子式。

## 三、实验材料

可以选取普通混合收集的有机城市生活垃圾，也可选取纸张、秸秆等单类别的有机垃圾。

## 四、仪器

实验装置（图1）主要由控制柜、热解炉和气体净化收集系统三部分组成。

（1）热解炉1台  可选取卧式或立式电炉，要求炉管能耐受800℃高温，炉腔

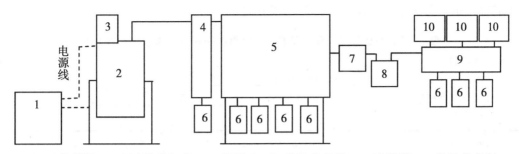

1. 控制柜；2. 固定床热解炉；3. 投料口；4. 旋风分离器；5. 冷凝器；6. 焦油分离瓶；
7. 过滤器；8. 煤气表；9. 采样装置；10. 气体收集瓶

**图 1　热解试验装置**

密闭。

（2）气体净化收集系统 1 套　要求密闭性好，有一定气体腐蚀耐受能力，它由以下几部分构成：旋风分离器、冷凝器、过滤器、煤气表。

（3）烘箱 1 台。

（4）漏斗、漏斗架、收集瓶若干。

（5）量筒 1 000mL 1 支。

（6）定时钟 1 只。

（7）破碎机 1 台。

（8）电子天平 1 台。

## 五、实验步骤

（1）称取 1 000g 物料，对物料采用破碎机或者其他破碎方法破碎至粒度小于 10mm。

（2）从顶部投料口将炉料装入热解炉。

（3）接通电源，升高炉温，升温速度为 25℃/min，将炉温升到 400℃。

（4）恒温，并每隔 15min 记录产气流量数据，总共记录 8h。

（5）可能条件下收集气体进行气相色谱分析。

（6）测定收集焦油的量。

（7）测定热解后固体残渣的质量。

（8）温度分别升高到 500℃、600℃、700℃、800℃，重复试验步骤（1）~（7）。

## 六、分析结果的表述

（1）记录实验设备基本参数，包括热解炉功率，旋风分离器的型号、风量、总高、公称直径等，气体流量计的量程，最小刻度。

（2）记录反应床初始温度，升温时间。

（3）参考表 1 记录实验数据。可以分析不同终温对产气率的影响；如能测定气体成分，也可分析不同终温对气体产物成分的影响。

**表 1  不同终温下产气量记录表（产气量/［cm³（标准状态）/h］）**

热解炉功率为：＿＿＿＿＿＿＿；

气体流量计量程：＿＿＿＿＿＿，最小刻度：＿＿＿＿＿＿；

旋风分离器型号：＿＿＿＿＿＿，风量：＿＿＿＿＿＿，总高：＿＿＿＿＿＿，

公称直径：＿＿＿＿＿＿。

| 实验序号 | 1 | 2 | 3 | 4 | 5 |
|---|---|---|---|---|---|
| 终止温度 | 400℃ | 500℃ | 600℃ | 700℃ | 800℃ |
| 恒温后 15min | | | | | |
| 恒温后 30min | | | | | |
| …… | | | | | |
| 恒温后 8h | | | | | |

（4）作图  为分析产气量同时间的关系，根据实验数据作图，纵坐标为产气量，横坐标为热解时间。

## 七、注意事项

（1）不同原料产气率会有很大差别，应根据实际情况适当调整记录气体流量的时间间隔。

（2）气体必须安全收集，避免煤气中毒。

# 实验十四　可燃垃圾焚烧实验

## 一、实验目的

焚烧处理固体废弃物是一个很重要的方法，废物在800～1 200℃的高温下氧化、热解而被破坏，能够同时实现资源化、减量化和无害化。焚烧温度、停留时间、混合程度和过剩空气率等主要影响因素，决定了焚烧的效果，也是提高焚烧效率，降低残渣量的关键。本实验以可燃的生活垃圾为原料，进行焚烧实验，其目的在于让同学们熟悉垃圾焚烧的原理、掌握焚烧炉的操作流程、熟悉焚烧效果相关指标的计算，并通过计算结果评价可燃垃圾焚烧的效果。

## 二、实验原理

可燃垃圾的焚烧，会经历一系列复杂的物理和化学反应过程。主要分为三个阶段：干燥阶段、燃烧和燃烬过程。干燥是利用焚烧系统热能，使入炉固体废物水分汽化、蒸发的过程。进入焚烧炉的固体废物，通过高温烟气、火焰、高温炉料的热辐射和热传导，首先进行加温蒸发和干燥脱水过程，以改善固体废物的着火点和燃烧效果。当物料完成干燥后，如果炉膛内的温度足够高，又有足够多的氧化剂，物料就会顺利进入燃烧阶段，在此阶段会经历强氧化反应、热解和原子基碰撞过程，从而将废物分解。物料在发生充分燃烧之后进入燃尽阶段。此时反应物质的量大大减少，而反应生成的惰性物质、气态的 $CO_2$ 和 $H_2O$ 及固态的灰渣增加，燃烧过程减弱。

评价焚烧效果的方法有多种，一般包括目测法、减量比法、热灼减量法、二氧化碳法以及有害物质破坏去除效率。本实验采用目测法和热灼减量法来衡量焚烧处理效果。

1. 目测法

在焚烧过程中，通过直接观测固体废物焚烧烟气的颜色，如黑度等，来判断固体废物的焚烧效果。通常如果固体废物焚烧炉烟气越黑、气量越大，说明固体废物焚烧效果越差。

2. 热灼减量法

指焚烧残渣在（600±25）℃经3h灼热后减少的质量占原焚烧残渣质量的百分数，其计算方法如下。

$$Q_R = \frac{m_a - m_d}{m_a} \times 100\%$$

式中，$Q_R$ 为热灼减量，%；$m_a$ 为焚烧残渣在室温时的质量，kg；$m_d$ 为焚烧残渣在（600±25）℃经 3h 灼热后减少的质量，kg。

## 三、试剂

生活垃圾取自学生公寓的垃圾集装点。

## 四、实验仪器

（1）小型垃圾焚烧炉。

（2）电子天平。

（3）烘箱。

（4）破碎机。

## 五、实验步骤

1. 样品制备

取 1kg 生活垃圾，105℃下烘干至恒重，用破碎机破碎至 10~100mm 范围。

2. 焚烧处理

打开风机，点火，升高炉温，将 1kg 样品投入炉膛进行燃烧。将炉温升到 600℃，垃圾稳定燃烧 30min 以上，冷却后取残渣进行热酌减量测定。改变焚烧温度，分别升高到 800℃、900℃、1 000℃，各取焚烧残渣进行热灼减量分析。

3. 炉渣收集

焚烧完毕，待温度冷却后，收集剩余炉渣，并测定炉渣重量。

4. 数据处理

通过目测法观察到的烟气，依据林格曼烟气黑度图法进行分级，并记录；按照热灼减量法计算热酌减量。

## 六、分析结果的表述

（1）记录实验设备基本参数，包括焚烧炉功率，鼓风机的型号、风量等。

（2）记录焚烧炉初始温度，升温时间。

（3）记录实验数据，见表1。

表 1　不同温度下的垃圾焚烧效果

| 实验序号 | 黑度等级（0~5 级） | 热灼减量（%） |
|---|---|---|
| 1 | | |
| 2 | | |
| 3 | | |

（续表）

| 实验序号 | 黑度等级（0~5级） | 热灼减量（%） |
|---|---|---|
| 4 | | |
| 5 | | |

## 七、注意事项

（1）焚烧炉一定要按照规定要求进行操作，注意用电及操作安全。

（2）在垃圾焚烧前，应先将炉膛内焚烧温度升至一定温度后，再投入生活垃圾。

（3）焚烧过程中，应避免碰触焚烧炉，免烫伤。

（4）焚烧飞灰和炉渣应妥善处置，不可随意丢弃。

# 实验十五 垃圾焚烧烟气成分测试

## 一、实验目的

（1）掌握奥氏气体分析器的操作，能独立进行烟气成分的测定
（2）根据烟气成分进行空气过剩系数 α 的计算，分析燃烧情况
（3）学习通过测定窑炉系统不同部位的烟气成分计算漏风量的方法

## 二、实验原理

一般来说，无论是固体燃料、液体燃料还是气体燃料，其燃烧产物——烟气的主要成分都是 $H_2O$，$CO_2$，$O_2$，CO 及 $N_2$。

工业上，用于烟气成分分析的仪器种类有很多，本实验介绍一种比较简单的仪器——奥氏气体分析器。它是一种利用不同的化学试剂对混合气体的选择性吸收来达到对烟气成分进行分析的方法。主要是对燃烧产物中的 $CO_2$，$O_2$ 和 CO 的体积百分比进行测定。其原理为：

1. $CO_2$ 的测定

用苛性钾（KOH）或苛性钠（NaOH）溶液吸收 $CO_2$，吸收过程如下：

$$2KOH + CO_2 \rightarrow K_2CO_3 + H_2O$$

同时，此溶液也吸收烟气中含量很少的 $SO_2$，其反应式为：

$$2KOH + SO_2 \rightarrow K_2SO_3 + H_2O$$

2. $O_2$ 的测定

用焦性没食子酸（$C_6H_3(OH)_3$）碱溶液吸收 $O_2$，吸收过程的反应式为：

$$C_6H_3(OH)_3 + 3KOH \rightarrow C_6H_3(OK)_3 + 3H_2O$$

三羟基苯钾

$$4C_6H_3(OK)_3 + O_2 \rightarrow 2(KO)_3 \cdot C_6H_3 \cdot C_6H_3(OK)_3 + 2H_2O$$

六羟基联苯钾

3. CO 的测定

用氧化亚铜（$Cu_2Cl_2$）的氨溶液吸收 CO，吸收反应如下：

$$Cu_2Cl_2 + 2CO + 4NH_3 + 2H_2O \rightarrow 2Cu + NH_4OOC - COONH_4 + 2NH_4Cl$$

三个吸收瓶的测定顺序切勿颠倒。在环境温度下，烟气中的饱和蒸气将凝结成水，因此在进入分析器前，烟气应先通过过滤器，使饱和蒸气被吸收，故在吸收瓶中的烟气容积为干烟气容积，测定的成分为干烟气容积成分百分数。

4. $N_2$ 的测定

烟气中的 $N_2$ 不做单独测定，测定 $CO_2$，$O_2$，CO 后剩余的气体都认为是 $N_2$。

## 三、试剂

1. KOH 溶液，注入吸收瓶 I

取一份重量的 KOH 溶于 2 份重量的蒸馏水中（如称取 65gKOH 溶于 130mL 蒸馏水中，）溶解要缓慢，以防发热飞溅。此溶液的吸收能力为每毫升约可吸收 40mL$CO_2$。待溶液中有白色结晶析出时，说明溶液已被饱和，应更换新的吸收液。

2. $C_6H_3(OK)_3$ 溶液（焦性没食子酸的碱溶液），注入吸收瓶 II

焦性没食子酸钾吸收液是由以下两种 A、B 溶液混合而成：

A 液：把 5g 焦性没食子酸溶于 15mL 蒸馏水中；

B 液：把 48g 氢氧化钾溶于 52mL 蒸馏水中。

此种溶液吸收氧的能力与溶液的温度和氧的含量有关。当温度不低于 25℃ 而混合气体中氧含量不超过 25% 时，吸收能力最强最快；如果氧含量大于 25% 而温度低于 15℃，吸收能力较小较慢；当温度低于 12 ℃时，便不能吸收。该溶液 1mL 约可吸收 12mL 的 $O_2$。

3. $Cu(NH_3)_2Cl$ 溶液（氯化亚铜的氨溶液），注入吸收瓶 III

将氯化铵 250g 溶于 750mL 水中，加入 200g 氯化亚铜，再把一份（体积）比重为 0.90 的氢氧化铵同上述的三份（体积）溶液混合。配制时应严格控制氢氧化铵的加入量，因为如果加入量不够，吸收力变小；如果加入量过大，氨蒸汽会影响测定结果。该溶液 1mL 可吸收约 15mL 的 CO。

4. 烟气发生器

烟气试样可直接取自锅炉烟道，也可取自烟气发生器（实验室用）。

## 四、仪器

实验室所用的奥氏气体分析仪如图 1 所示。仪器的主要部分是三个吸收瓶，每个吸收瓶是由底部连通的装有吸收液的前后两个瓶组成，前瓶通过旋塞 K 可吸入气样。为了加快吸收速度，在前瓶中装有许多组玻璃管，增大了气样与吸收剂的接触面积。后瓶则是在分析过程中存放吸收液，避免溢出。为防止吸收液在空气中吸收 $O_2$，在贮液瓶液面加少许石蜡封液。吸收瓶分别通过旋塞 $K_1$、$K_2$、$K_3$ 与梳形管 5 相通，梳形管一端经三通阀 7 和气样或大气相通，另一端与量气管相通。量气管下端通过胶管与水准瓶 6 连接，在水准瓶中用饱和食盐水做封闭液。为防止 $CO_2$ 溶于封闭液，可在封闭液中加少量 $Na_2CO_3$，以甲基橙着色，通过水准瓶的抬高或下降，可以把气体吸入或排出。干燥器 8 中装有干燥剂，可滤掉烟气中的灰尘和水气。仪器所有联结处都用胶管对接封严，旋塞及三通阀均涂凡士林密封。9 为取气胆，用来装被测烟气气样的。

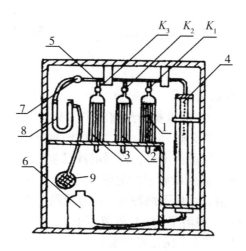

1、2、3. 吸收瓶；4. 量气管；5. 梳形管；6. 水准瓶；7. 三通管；
8. 干燥器；9. 取气胆；$K_1$、$K_2$、$K_3$吸收瓶活塞

**图1 奥氏气体分析仪**

## 五、实验步骤

### 1. 检查漏气

关闭活塞 $K_1$、$K_2$、$K_3$，打开三通活塞7和大气相通，提高水准瓶6，使量气管4内的液面上升到上端刻线处，然后关闭三通活塞7。放下水准瓶6，观察量气管4内的液面情况。若液面稳定不变，说明整个分析器系统是严密不漏气的。否则，需要检查漏气部位，并进行密封。

### 2. 取样

（1）用吸收剂洗吸收瓶。提高水准瓶6，并打开7，使4内液面上升到上端刻线附近，水准瓶6保持不变。再关7，然后打开 $K_1$，缓慢下移水准瓶6，使1中的液面上升至上端刻线，关上5。同样方法，使2、3中的液面上升到刻线，关闭 $K_2$、$K_3$。

（2）用烟气洗梳形管并使密闭液被气体饱和。将球胆与干燥器8相通，旋转活塞7，使系统与大气隔绝而与球胆相通，并打开球胆上的夹子，下移水准瓶6，使气样自动流入量气管4中约50mL，因为梳形管及各支管中有空气，此时所吸取的那份烟气中混有空气，不能当作试样，应把它排入空气中，随即旋转活塞7，使系统与大气相通而与球胆隔绝，提高水准瓶6，使量气管内液面上升到标线，以排出气体。用上述方法再取一份烟气，重新排出，这样重复3~4次，方能正式取样。

（3）开始取样。打开活塞7为二通，使得球胆与吸收器相通而与大气隔绝，同时放低水准瓶6，将烟气吸入量气管中，当液面下降至刻度100mL以下少许时，关闭活塞7，使量气管液面与水准瓶液面在同一高度下，打开活塞7为二通，使得吸收器与球胆隔绝而与大气相通，并小心升高水准瓶，使多余气体放出，而使量气管中液面升至刻度100mL。关闭活塞7为三不通，使烟气样与外界隔绝。

3. 分析并做好原始数据记录

升高水准瓶 6，给量气管 4 中待测气体施加压力，再打开装有 KOH 溶液的吸收瓶 1 的活塞 $K_1$，于是待被测气体进入 KOH 吸收瓶，直至量气管的液面到达标线为止。然后放下水准瓶，将气体抽回，如此往返 4~5 次，最后一次将气体自吸收瓶中抽回，当吸收瓶内液面回到原始顶端标线处，关闭 KOH 吸收瓶的旋塞 $K_1$，将水准瓶移近量气管，对齐液面，等候大约半分钟后，读出气体体积 $(V_1)$，吸收前后气体体积之差 $100 - V_1$，即是 100mL 混合气体中所含 $CO_2$ 的体积。在读取体积读数后，应检查吸收是否完全，为此，再重复上述吸收过程一次，如体积相差不大于 0.1mL，即认为已经吸收完全。否则，要继续重复上述过程，进行再吸收。

按同样方法，依次用 $C_6H_3(OK)_3$ 溶液（吸收瓶 2）、$Cu(NH_3)_2Cl$ 溶液（吸收瓶 3）来吸收 $O_2$、CO，吸收后分别测得体积为 $V_2$、$V_3$，则 $V_1-V_2$ 即为气体中所含 $O_2$ 的体积，$V_2-V_3$ 即为气体中所含 CO 的体积。$N_2$ 的体积百分含量可由下式计算得到：$V_{N2} = 100 - (V_{CO2} + V_{O2} + V_{CO})$。

注意：在吸收过程中，升降水准瓶一定使吸收瓶中的吸收液不得超过瓶颈，否则吸收液进入梳形管将会使测量产生很大的误差。

## 六、分析结果的表述

| 分析气体名称：烟气 | 试样体积（mL）：100mL | | |
|---|---|---|---|
| 瓶 I 吸收后试样剩余量 $V_1$（mL） | $CO_2$ 容积 $(100-V_1)$（mL） | | $CO_2$ 含量（%） |
| 瓶 II 吸收后试样剩余量 $V_2$（mL） | $O_2$ 容积 $(V_1-V_2)$（mL） | | $O_2$ 含量（%） |
| 瓶 III 吸收后试样剩余量 $V_3$（mL） | CO 容积 $(V_2-V_3)$（mL） | | CO 含量（%） |
| | $N_2$ 容积 $V_3$（mL） | | $N_2$ 含量（%） |

空气过剩系数 $\alpha$ 的计算：$\alpha = \dfrac{V_{N_2}}{V_{N_2} - 3.76(V_{O_2} - 0.5V_{CO})}$

## 七、注意事项

（1）奥氏气体分析器上的所有活塞不得互换使用。

（2）在整个实验过程中，封闭液和吸收液不得进入梳形管。

（3）吸收过程中，应缓慢提高和降低平衡瓶，以防止被测烟气与空气在吸收瓶与缓冲瓶的连接管处相互交换。

（4）每个吸收过程需要完全。

## 八、思考题

（1）试说明水准瓶在实验中的作用是什么？

（2）实验前为什么要检查仪器的严密性？如有漏气，如何处理？

（3）为什么在取气样和分析气样时都要洗气？如何洗气？

（4）影响奥氏气体分析器测量准确性的因素有哪些？